OSEK

Matthias Homann

OSEK

Betriebssystem-Standard für Automotive und Embedded Systems

Bibliografische Information Der Deutschen Bibliothek –
Die Deutsche Bibliothek verzeichnet diese Publikation in der
Deutschen Nationalbibliografie; detaillierte bibliografische
Daten sind im Internet über <http://dnb.ddb.de> abrufbar.

ISBN 3-8266-1552-2
2., überarbeitete Auflage 2005

Lektorat: Sabine Schulz
Fachkorrektorat: Friedrich Bollow
Sprachkorrektorat: Petra Heubach-Erdmann
Satz und Layout: G&U e.Publishing Services GmbH, Flensburg
Druck: Kösel, Krugzell

Inhaltsverzeichnis

Hinweis an den Leser zu den Kapiteln 7-10

The reader is reminded that this is an informative document only. Implementations shall be based on and comply, according to the conformance test process, with the official specifications released by the OSEK consortium which are freely available at http://www.osek-vdx.org, and which have also been adapted and published by ISO under ISO 17356.

Dies ist eine inoffizielle Übersetzung der offiziellen Spezifikation, welche in englischer Sprache durch das OSEK Konsortium kostenfrei unter http://www.osek-vdx.org zur Verfügung gestellt wird. Diese Spezifikation wurde auch durch ISO unter ISO 17356 adaptiert und publiziert. Für Implementierungen ist die offizielle Spezifikation sowie der durch OSEK festgelegte Zertifizierungsprozess verbindlich.

Kapitel 1

Einleitung

Rechnersysteme sind heutzutage allgegenwärtig. Da sind zum einen die Personalcomputer, die sich mehr oder minder einfach und komfortabel vom Benutzer bedienen lassen, die Großrechner in Rechenzentren für die Banken und Verwaltungen, die in der Lage sind, große Datenmengen zu speichern und zu verarbeiten, und zum anderen die Rechnersysteme, die im Verborgenen arbeiten, deren korrektes Funktionieren mehr Komfort und Sicherheit ermöglichen. Solche Rechnersysteme sind z.B. im Auto in der Airbagsteuerung, der Klimaanlage und in der elektronischen Motorsteuerung vorzufinden oder selbst im Kühlschrank, um die Temperatur zu regeln.

Der wesentliche Unterschied zwischen Personalcomputern und solchen eingebetteten Systemen ist – wir sprechen von *Embedded Systems* –, dass diese Systeme eigenständig laufen und keine oder zumindest kaum eine Interaktion mit dem Anwender benötigen. So benötigt die Airbag- und die Motorsteuerung keine Interaktion und der Kühlschrank nur eine Sollvorgabe für die Temperatur durch den Anwender.

Ein weiteres wesentliches Merkmal bei Embedded Systems ist, das die zur Verfügung stehenden Ressourcen an Arbeits- und Programmspeicher im Allgemeinen erheblich geringer sind als die bei einem Personalcomputer. So verfügen typische Embedded Systems nur über wenige kByte Datenspeicher (RAM). Erst bei Embedded Systems, die über Multi-Media-Fähigkeiten verfügen, werden mehrere MByte RAM-Speicher notwendig.

Von vielen Embedded Systems wird zudem eine Echtzeitfähigkeit gefordert, das heißt, das System muss in der Lage sein, ein Eingangsereignis innerhalb eines definierten Zeitrahmens zu erkennen, auszuwerten und eine Reaktion darauf auszugeben. Es ist leicht ersichtlich, dass eine Regelung für einen Kühlschrank über ein anderes zeitliches Verhalten verfügt als eine Motorsteuerung. Bei einem Kühlschrank liegt die Reaktionszeit bei der Temperaturregelung eher im Bereich von Sekunden (Zweipunktregler), während bei der Motorregelung die Reaktionszeit wenige Millisekunden betragen darf. Daraus ergeben sich unterschiedliche Anforderungen an ein Rechnersystem.

1.1 Embedded Systems

Im Bereich der Embedded-System-Entwicklung – und nicht nur dort – ist eine Zunahme der Komplexität bei Verringerung der Entwicklungszeit und höheren Anforderungen an die Qualität zu verzeichnen.

Die Anforderungen an die Qualität lassen sich dabei in innere und äußere Qualitätsmerkmale unterscheiden. Die innere Qualität beschreibt all die Aspekte, die zwar für den Anwender nicht sichtbar sind, aber ebenfalls den langfristigen Erfolg einer Embedded-System-Entwicklung ausmachen. Zu den inneren Qualitätsmerkmalen gehören unter anderem:

- Angemessene Verwendung von Rechenzeit und Speicher
- Wartbarkeit
- Verständlichkeit
- Strukturiertheit
- Dokumentiertheit

Die äußere Qualität sind Merkmale, die für den Anwender sofort sichtbar sind. Dazu gehören u.a.:

- Robustheit, d.h. Zuverlässigkeit des Embedded Systems auch unter nicht spezifizierten Betriebsbedingungen
- Zuverlässigkeit
- Korrektheit[1], das heißt, das Embedded System erfüllt die spezifizierten Anforderungen (»Das System macht das, was es machen soll«)
- Laufzeitverhalten, das heißt, die erwarteten Reaktionen oder Ergebnisse des Systems liegen innerhalb eines definierten und akzeptierten Zeitraumes vor

Dieses sind typische Anforderungen, die nicht nur an ein Embedded System gestellt werden. Sie erfordern einen durchgängigen Entwicklungsprozess, der die Wiederverwendung von bereits entwickelten und bewährten Komponenten berücksichtigt. Dieses gilt sowohl für den Bereich der Software- als auch der Hardwareentwicklung. Bei der Embedded-System-Entwicklung wird zunehmend auf vorgefertigte Standardkomponenten zurückgegriffen. Diese haben sich schon häufig in anderen Projekten bewährt, so dass häufig auf einen aufwändigen Test der inneren Funktionen verzichtet werden kann und nur noch ein Schnittstellen- und Integrationstest durchgeführt werden muss.

1 Das alles entscheidende Qualitätsmerkmal; wenn ein System nicht das macht, was von ihm erwartet wird, ist es wertlos, auch wenn alle anderen Qualitätsmerkmale erfüllt werden.

Solche Standardkomponenten sind im Bereich der Softwareentwicklung z.B. Komponenten für die Kommunikation mit CAN[2] oder das Betriebssystem OSEK[3]. Diese Standardkomponenten müssen für verschiedene Zielplattformen und Compiler zur Verfügung stehen, um eine breite Akzeptanz finden zu können und um eine einfache Portierung der Anwendung auf eine andere Plattform zu ermöglichen.

Für die Realisierung von Embedded Systems ist das möglichst reibungslose Zusammenspiel zwischen der Hardware- und Software-Entwicklung notwendig. In der sehr frühen Phase des Systemdesigns werden Entscheidungen getroffen, die sich zum Teil massiv auf die Hardware- und die Softwareentwicklung auswirken.

Diese Entscheidungen sind zum einen technisch und zum anderen aus rein kommerziellen Gesichtspunkten getrieben. Kommerzielle Gesichtspunkte sind die Stückkosten, die bei sehr hohen Stückzahlen über den Erfolg eines Projektes entscheiden können und die Entwicklungskosten in den Hintergrund drängen. Bei den Entwicklungskosten handelt es sich im Wesentlichen, wenn von der Pflege des Projektes abgesehen wird, um einmalige Kosten.

Bei der Entwicklung von Embedded Systems muss somit die Symbiose aus Stückkosten und die Beherrschung der Komplexität bei der Erfüllung von festgelegten Qualitätsanforderungen beherrscht werden. Zudem muss eine Wiederverwendung von Softwareteilen sichergestellt werden. Dadurch wird zum einen Technologie und somit Wettbewerbsvorsprung gesichert und zum anderen eine Steigerung der Qualität erreicht. Es wird bereits »betriebserfahrene« Software verwendet.

Bei der Hardware-Entwicklung sind u.a. folgende Aspekte zu berücksichtigen:

- höhere Funktionalität
- komplexere Bauelemente, insbesondere Mikrocontroller und deren Peripherie
- höhere Anforderungen an die Reduzierung des Stromverbrauchs und den damit verbundenen Konzepten zum Abschalten von Teilen der Hardware
- höhere Anforderungen an die Verfügbarkeit des Systems
- kommerzielle Gesichtspunkte

In Abhängigkeit der oben genannten Aspekte lassen sich für die gleiche Funktionalität unterschiedliche Hardwaredesigns realisieren. Wobei der funktionale Teil der Software bei einem geschickten Softwaredesignentwurf davon nicht betroffen wird, sondern nur hardwarenahe Bestandteile der Software. Durch ein Schichten-

2 Controller Area Network von der Firma Bosch als Sensor/Aktorbus für den Einsatz in Kraftfahrzeugen entwickelt.

3 OSEK steht für »Offene Systeme und deren Schnittstellen für die Elektronik im Fahrzeug« und ist im Mai 1993 durch die Automobilhersteller und Zulieferer BMW, Bosch, Daimler-Chrysler, Opel, Siemens und VW ins Leben gerufen worden.

modell lassen sich die hardwareabhängigen Bestandteile der Software kapseln und werden somit austauschbar, wenn sich Bestandteile der Hardware ändern.

1.2 Hardware

Die folgenden Abbildungen zeigen ein solches Beispiel. Die Anwendung bleibt identisch und somit die Schnittstelle der Hardware zur Umwelt, der durch den Block *Application* dargestellt wird. Was sich verändert, ist die Schnittstelle zwischen dem Mikrocontroller und dem *Application*-Block. Der in der Abbildung 1.1 verwendete Mikrocontroller verfügt über genügend digitale I/O-Ports, um den *Application*-Block direkt ansteuern zu können. Dazu muss der verwendete Mikrocontroller über eine genügend große Anzahl von Pins verfügen und es wird ein entsprechend großes Gehäuse benötigt, das diese Anzahl der Pins bereitstellt. Durch das größere Gehäuse lässt sich ein größerer Silizium-Chip verwenden, der mehr Funktionen und Speicher bereitstellt. Wenn aber gerade die Software für die Anwendung die Funktionen oder den zur Verfügung gestellten Speicher nicht benötigt, wird für den Mikrocontroller unter Umständen mehr bezahlt, als notwendig ist.

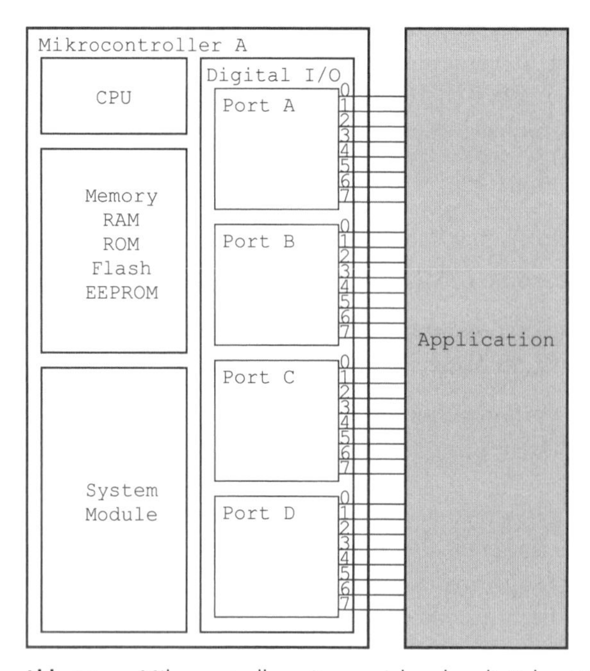

Abb. 1.1: Mikrocontroller mit ausreichenden digitalen I/O-Ports

Hinzu kommt, dass die größere Fläche des Chips mehr Leistung benötigt als ein Derivat mit weniger Funktionalität. Bei Anwendungen mit kritischen Anforderungen im Bereich des Stromverbrauches ist das ein wichtiger Aspekt.

Das Hardwarekonzept in der Abbildung 1.2 verwendet Latches, um die digitalen I/O-Ports des Mikrocontrollers zu multiplexen. Dadurch reduziert sich die Anzahl der benötigten Pins und somit die notwendige Größe des Gehäuses. Es kann also ein Derivat gewählt werden, das eher den benötigten Funktionen und dem Speicherbedarf gerecht wird.

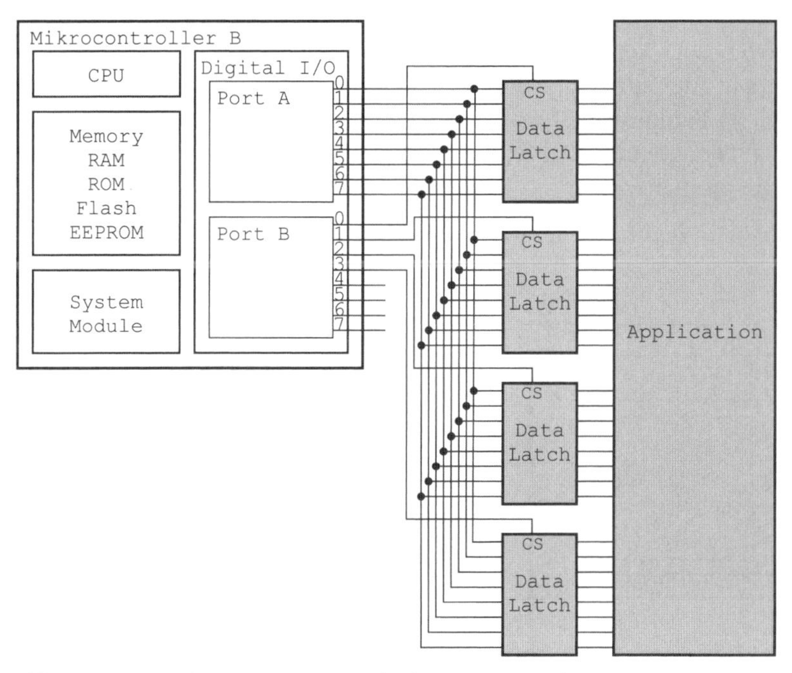

Abb. 1.2: Digitale I/O-Ports mit Multiplexern und Latches

Um dieses Konzept realisieren zu können, werden zum einen Multiplexer und Latches benötigt und somit evtl. mehr Fläche auf der Leiterkarte. Das Prozessrisiko bei der Fertigung steigt und es müssen mehr Bauteile gehandhabt werden. Zudem wird die Anwendungssoftware komplexer, da die Ansteuerung der Latches durch die Software erfolgen muss.

Im dritten Konzept, das in der Abbildung 1.3 zu sehen ist, wird auf ein serielles Bussystem gesetzt. Bei diesem Konzept sind die wenigsten Pins erforderlich und somit das kleinste Gehäuse. Dazu wird ein spezielles Modul im Chip, hier ein SPI[4]-Modul, benötigt. Zudem müssen spezielle SPI-fähige Latches verwendet werden, die aufgrund ihrer höheren Komplexität teurer sind. Dafür wird die Fläche der Platine verkleinert. Eine Erweiterung ist problemloser, da die Verbindung mit dem

4 Serial Peripheral Interface (SPI), eine synchrone serielle Schnittstelle zur Kommunikation zwischen Peripherie und dem Mikrocontroller. Es handelt sich um eine serielle Schnittstelle für die Kommunikation auf der Platine.

Mikrocontroller mit wenigen Leitungen erfolgt. Allerdings wird die Anwendungssoftware erheblich komplexer, da ein komplettes Protokoll für die Datenübertragung implementiert werden muss.

Wie an diesem kleinen Beispiel zu sehen ist, spielen viele Randbedingungen für das Hardwaredesign eine Rolle, so dass eine Entscheidung für ein bestimmtes Konzept unter verschiedenen Rahmenbedingungen anders ausfallen wird.

Was dieses Beispiel auch verdeutlichen soll, ist die Tatsache, dass unterschiedliche Hardwarekonzepte auch unterschiedliche Auswirkungen auf die Software haben, obwohl die gleiche Funktionalität realisiert werden soll. Eine wichtige und kommerziell entscheidende Forderung ist die Wiederverwendung und Austauschbarkeit von Softwarekomponenten.

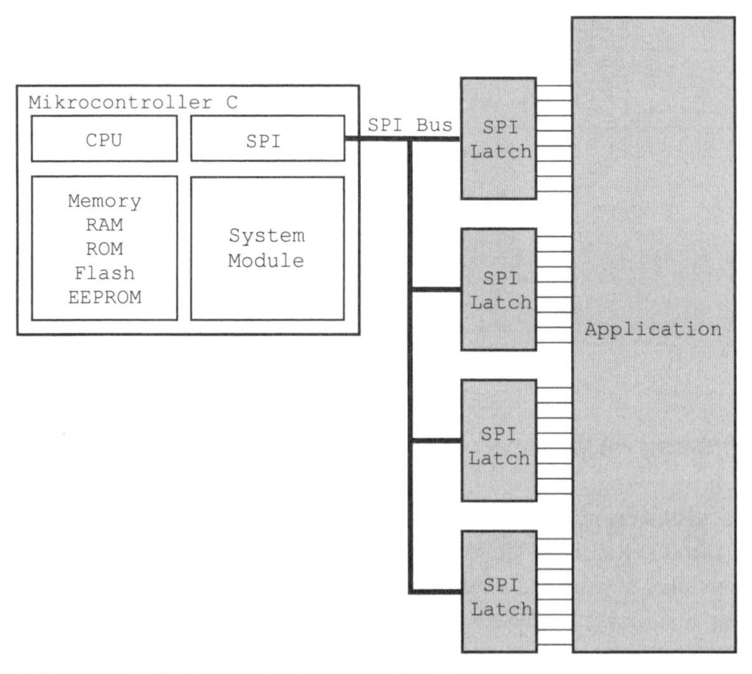

Abb. 1.3: Multiplexen mit einem seriellen Bus

1.3 System

Durch die Austauschbarkeit von Softwarekomponenten kann auf Änderungen der Hardware bis hin zum Wechsel einer Mikrocontroller-Familie leichter reagiert werden. Um eine Austauschbarkeit von Softwarekomponenten zu realisieren, sind klar definierte und standardisierte Schnittstellen nötig, die möglichst schmal sind, d.h. klein, um eine möglichst geringe Koppelung der einzelnen Komponenten zu erreichen.

Durch ein Schichtenmodell, wie in Abbildung 1.4 abgebildet, werden die Schnittstellen festgelegt und die sich darunter befindliche Hardware verkapselt. Wird die Hardware verändert, so ist nur die davon betroffene Schicht auszutauschen bzw. zu verändern.

Das in Abbildung 1.4 abgebildete Schichtenmodell verfügt über eine Zwischenschicht, bestehend aus der Kommunikation, dem Betriebssystem (OS) und einem Hardware Abstraction Layer (HAL). Diese Softwarekomponenten verfügen über zum Teil standardisierte oder genormte Schnittstellen. Die HAL hat dabei die Aufgabe, unterschiedliche Realisierungen von Hardwarekomponenten zu verkapseln.

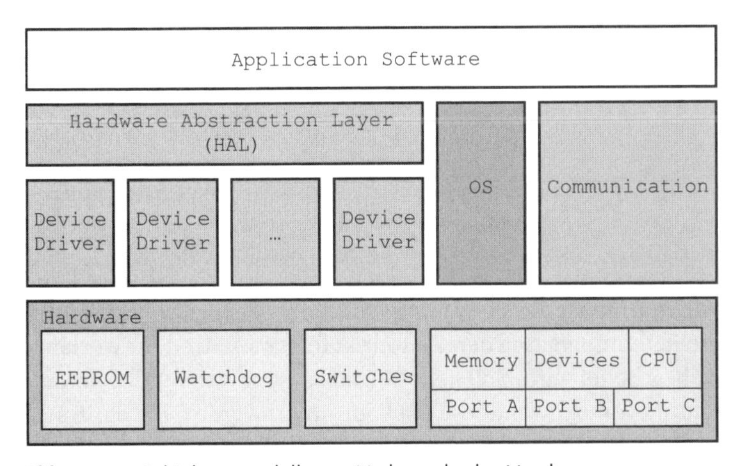

Abb. 1.4: Schichtenmodell zum Verkapseln der Hardware

So kann die Koppelung eines externen EEPROMs an den Mikrocontroller auf unterschiedliche Art erfolgen. Üblich sind heute serielle EEPROMs, die als serielle Schnittstelle über ein SPI-Interface oder eine I^2C-Schnittstelle verfügen. Das gewünschte Ergebnis, Daten im EEPROM zu speichern bzw. zu lesen, ist dasselbe. Es handelt sich bei den beiden Schnittstellen jedoch um unterschiedliche Konzepte, die zueinander nicht kompatibel sind.

Der HAL verfügt über »Device Driver«, die eine dedizierte Ansteuerung der Schnittstellen erlauben. Bei der Konfigurierung des Systems wird der bzw. die benötigten »Device Driver« angegeben und in dem HAL eingebunden. Für die Anwendungssoftware bedeutet das, dass ein Zugriff auf ein EEPROM vollkommen transparent ist und die Anwendung die Realisierung nicht kennen muss. Ein Re-Design der Hardware und ein evtl. damit verbundener Austausch des EEPROMs ist für die Anwendungssoftware nicht sichtbar.

1.4 Betriebssystem

Eine der verwendeten Softwarekomponenten ist das Betriebssystem. Da es sich hier um Embedded Systems handelt, kann die Frage gestellt werden, ob ein Betriebssystem überhaupt notwendig ist.

Dazu muss man sich die hier interessierende Bandbreite der zur Verfügung stehenden Mikrocontroller vor Augen halten. Die Bandbreite beginnt bei Mikrocontrollern mit 8 Bit Datenwortbreite, einigen kByte Programmspeicher und einigen hundert Byte Datenspeicher bis hin zu 32 Bit Datenwortbreite mit mehreren 100 kByte Programmspeicher und mehreren kByte Datenspeicher. Es stellt sich die Frage, welche Aufgabe ein Betriebssystem hat. Im Wesentlichen ist es die Verwaltung der Ressourcen des Rechnersystems. Dazu gehört die Verwaltung von:

- Prozessor
- Speicher
- Schnittstellen
- Rechenzeit

Ein wesentlicher Gesichtpunkt ist die Verwaltung von Rechenzeit. Die Verwaltung der Rechenzeit legt die Reihenfolge und den Zeitpunkt fest, wann und für wie lange welche Funktionalität bearbeitet wird. Soll kein Betriebssystem verwendet werden, dann muss die Verwaltung vom Anwender selbst koordiniert werden, die dann sehr spezifisch für die jeweilige Anwendung und den verwendeten Mikrocontroller ist.

Wenn ein Betriebssystem verwendet wird, dann wird für Embedded Systems häufig ein Echtzeit-Betriebssystem benötigt. Diese Betriebssysteme erlauben eine Vorhersage, wie schnell ein Ereignis, intern oder extern, zu einer Reaktion führt. Wobei ein externes Ereignis z.B. das Empfangen einer CAN-Botschaft, das Setzen oder Rücksetzen eines Portpins sein kann. Ein internes Ereignis ist z.B. das Ablaufen eines Timers.

Um das Vergleichen der verschiedenen Betriebssysteme zu vereinfachen, kann eine Entscheidungsmatrix erstellt werden. Einige der Kriterien für die Auswahl sind:

- Verfügbarkeit für unterschiedliche Mikrocontroller-Familien und Derivate
- Echtzeit-Betriebssystem
- Statisches oder dynamisches Betriebssystem
- Standardisiert/Normiert
- Lizenzmodelle

Die Kriterien erheben keinen Anspruch auf Vollständigkeit. Entscheidend sind die drei Kriterien: unterstützte Mikrocontroller, Typ des Betriebssystem (statisch oder dynamisch) und ob das Betriebssystem einer Standardisierung/Normierung unterliegt.

Durch die Auswahl eines Betriebssystems kann die Anzahl der möglichen Mikrocontroller-Familien stark eingeschränkt werden. Es existieren viele Betriebssysteme, die sich nur auf eine Mikrocontroller-Familie stützen und daraufhin optimiert sind. Muss die Mikrocontroller-Familie gewechselt werden, weil die zur Verfügung stehende Rechenleistung nicht mehr ausreicht oder die benötigte Funktionalität nicht bereitgestellt werden kann, dann bedeutet dieses u.a. ein Einarbeiten in das neue Betriebssystem und ggf. eine aufwändige Portierung bereits vorhandener Software. Die Betriebssysteme, die sich nur auf eine Mikrocontroller-Familie stützen, werden meist auch nur von einem Hersteller geliefert, woraus sich eine Abhängigkeit von dem jeweiligen Hersteller ergibt.

Der Typ des Betriebssystem, ob sich es um ein dynamisches oder statisches Betriebssystem handelt, wirkt sich zum einem auf die benötigten Ressourcen und zum anderen auf die Unterstützung durch Werkzeuge aus. Dynamische Betriebssysteme erlauben es, Ressourcen wie z.B. Speicher oder interne Kommunikationsmittel zur Laufzeit anzufordern. Bei Embedded Systems ist der Funktionsumfang der Anwendung fest definiert, das heißt, es kann zur Laufzeit keine neue Funktionalität hinzukommen oder verschwinden. Die dynamische Verwaltung von Betriebsmitteln zur Laufzeit erfordert einen nicht unerheblichen Aufwand an Ressourcen von Speicher (RAM und ROM) und an Rechenzeit und erhöht das Risiko einer Fehlfunktion des Systems.

Bei statischen Betriebssystemen wird das Betriebssystem bei der Erstellung des Systems konfiguriert. Es werden nur die Bestandteile und Ressourcen zur Verfügung gestellt, die die Anwendung zur Laufzeit benötigt. Es lassen sich somit sehr kompakte und effiziente Betriebssysteme erstellen. Ausschlaggebend dafür ist die Qualität der dazugehörigen Werkzeuge für die Konfiguration.

Ein weiterer Aspekt ist die Tatsache, ob ein Betriebssystem einer Standardisierung/Normierung unterliegt. OSEK/VDX ist ein solches Betriebssystem. Eine Standardisierung/Normierung bietet zusätzlich folgende Vorteile:

- Unterstützung durch verschiedene Hersteller
- Unterstützung von mehreren unterschiedlichen Mikrocontroller-Familien
- Durch die Zertifizierung des OS eine Qualitätssicherung
- Bereitstellung zusätzlicher Werkzeuge durch weitere Anbieter
- Verschiedene, zum Teil sehr flexible Lizenzmodelle

Die Betriebssysteme OSEK/VDX und OSEKtime[5] erfüllen die oben genannten Anforderungen. Es handelt sich um statische Betriebssysteme. Durch die Konfiguration des Betriebssystems zum Zeitpunkt der Erstellung des Systems kann das Betriebssystem sehr kompakt werden und es werden nur die Bestandteile zur Verfügung gestellt, die auch wirklich zur Laufzeit benötigt werden. Es wird somit kein unnötiger Ballast im System mitgeführt.

Durch die Standardisierung/Normierung dieses Betriebssystem steht ein klar definiertes Verhalten und eine klar definierte Schnittstelle zur Verfügung. Eine Änderung der Schnittstellen ist bei einer Normierung langwierig und sichert für den Anwender die bereits getätigten Investitionen über einen längeren Zeitraum.

1.5 Software

Wie eingangs bereits erwähnt, steigt auch im Embedded-Systems-Umfeld die Komplexität bei kürzeren Entwicklungszeiten und steigenden Qualitätsanforderungen. Um diese Anforderungen bei der Softwareentwicklung erfüllen zu können, müssen neue Methodiken und Werkzeuge eingeführt werden, die diese Vorgehensweisen unterstützen.

Die Anwendungssoftware lässt sich in zwei Anwendungsbereiche aufteilen:

- zeitkontinuierliche Systembestandteile
- zeitdiskrete Systembestandteile

Zeitkontinuierliche Systeme sind üblicherweise regelungstechnische Probleme, die sich z.B. mit Matlab gut umsetzen lassen, während zeitdiskrete Systeme zustandsbasiert sind. Auch hier gibt es verschiedene Werkzeughersteller, wie z.B. Rational/IBM, iLogiX und Artisan.

Die Werkzeuge erlauben neben der Modellierung die Simulation auf dem PC und die Generierung von Programmcode für die Zielplattform, den Mikrocontroller. Die Effizienz des generierten Programmcodes ist dabei stark abhängig vom Werkzeug, der Modellierung und dem Codegenerator.

Die genannten Werkzeuge haben gemeinsam folgende Nachteile, die einen Einsatz in mittelständischen Unternehmen und Ingenieurbüros erschweren oder gar unmöglich machen:

5 OSEKtime ist eine spezielle Variante von OSEK, die für zeitkritische Anwendungen entwickelt wurde und einen parallelen Betrieb mit OSEK/VDX zulässt. Auf OSEKtime wird in einem späteren Kapitel eingegangen.

1. Aufgrund der hohen Komplexität der Werkzeuge sind zum einen lange Einarbeitungsphasen nötig (bis zu drei Projekte), bis positive Effekte auftreten, und zum anderen muss kontinuierlich damit gearbeitet werden.
2. Der Anschaffungspreis und die damit verbundenen Wartungskosten sind hoch.
3. Das Modell entspricht häufig keiner standardisierten Darstellungsform.
4. Eine Anpassung des Codegenerators an die eigenen Anforderungen ist nicht oder nur schwer möglich.
5. Betriebssysteme werden nicht oder nur unzureichend unterstützt.

Betrachtet man das zu entwickelnde Anwendungsprogramm, wird man feststellen, dass es auf klar definierte Schnittstellen (OS, HAL und Kommunikation) aufsetzen kann. Ferner kann man feststellen, dass ein Task dem Konzept einer Klasse der objektorientierten Sichtweise sehr nahe kommt. Ein Task ist eine Funktion mit lokalen Daten. Eine Klasse kapselt Funktionen (Methoden) und Daten (Attribute).

Somit ist ein Blick über Embedded Systems in Richtung der kommerziellen Software erlaubt, die in Banken und Versicherungen verwendet wird. In diesem Bereich hat sich die Unified Modeling Language, kurz UML, durchgesetzt. Die Methodik von UML lässt sich auf die Belange von Embedded Systems übertragen. UML ist keine neue Programmiersprache, sondern ein Satz von standardisierten Diagrammen, die verschiedene Sichten auf ein Softwaresystem erlauben. Es werden folgende Diagrammtypen zur Verfügung gestellt:

- Use-Case-Diagramm
- Sequenzdiagramm
- Zusammenspieldiagramm
- Klassenstrukturdiagramm
- Zustandsdiagramm
- Aktivitätsdiagramm
- Komponentendiagramm
- Verteilungsdiagramm

Es werden nicht alle Diagrammtypen zwingend für die Darstellung eines Softwaresystems benötigt.

Im Anhang wird auf die einzelnen Diagrammtypen der UML näher eingegangen.

Soll UML als Beschreibungssprache verwendet werden, so ist der Einsatz eines Werkzeuges unumgänglich. Durch ein geeignetes Werkzeug wird die Konsistenz des Gesamtsystems sichergestellt. Dies bietet u.a. weitere Vorteile wie:

1. Reverse Engineering
2. Round-Trip Engineering
3. Refactoring
4. Konfigurationsmanagement
5. Verteilte Entwicklung
6. Dokumentation
7. Automatische Codegenerierung

Ein wesentlicher Aspekt für den Einsatz eines Werkzeuges ist die Möglichkeit, automatisch Code erzeugen zu können.

So lässt sich ein Automat leichter und verständlicher grafisch darstellen, als dieses mit Programmcode möglich ist. Die Abbildung 1.5 zeigt beispielhaft einen Automaten, der mit den UML-Sprachmitteln modelliert wurde. Die Sprachmittel sind Zustand, Transition, Aktion und Bedingung. Es lässt sich zusätzlich ein Startpunkt und ggf. ein Endpunkt definieren.

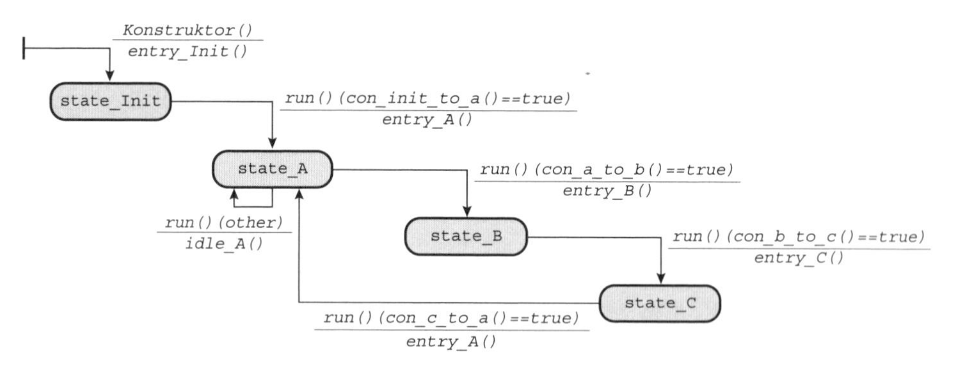

Abb. 1.5: UML-Modell eines Automaten

Der Zustand (dargestellt durch ein abgerundetes Rechteck und hier mit den Namen, *state_Init, state_A, ..., state_C* versehen, die beliebig sein dürfen) gibt den aktuellen Zustand des Systems wieder. Eine Transition beschreibt den Zustandswechsel, von dem gerade aktuellen Zustand in den neuen Zustand. Es sind dafür drei Parameter wichtig:

1. **Ereignis:** Das Auftreten eines Ereignisses führt zu einer Prüfung der Bedingungen für einen Zustandswechsel. Ereignisse können z.B. Timer-Ereignisse, das Empfangen von CAN-Botschaften, das Erreichen eines bestimmten analogen Werts oder das Ändern eines Werts sein. Durch geschickte Auswahl der Ereignisse lassen sich Systeme aufbauen, die hochgradig durch Ereignisse gesteuert werden. Es wird dadurch nur dann Rechenleistung benötigt, wenn es etwas zu

tun gibt, im Gegensatz zu zyklischen Systemen, die immer regelmäßig aktiviert werden und somit unnötig Rechenleistung benötigen.

2. **Bedingung:** Legt fest, welche Umstände bzw. Bedingungen vorliegen müssen, um einen Zustandswechsel durchzuführen.
3. **Aktion:** Ist die Tätigkeit, die durchgeführt wird, wenn ein Zustandswechsel durchgeführt wird. Die Aktion wird ausgeführt, bevor der neue Zustand eingenommen wird.

Die standardisierte Darstellung ermöglicht eine leichtere Lesbarkeit für alle beteiligten Softwaredesigner, Programmierer, Tester und Kunden.

Das folgende Listing zeigt exemplarisch den daraus automatisch erzeugten Programmcode.

```
void Automat::run () {
  switch (m_CurrentState ) {
    case state_Init:{
      if (con_init_to_a() == true) {
        entry_A();
        m_CurrentState = state_A;
        return;
      }
      break;
    }
    case state_A: {
      if (con_a_to_b() == true) {
        entry_B();
        m_CurrentState = state_B;
        return;
      }
      idle_A();
      m_CurrentState = state_A;
      break;
    }
    case state_B: {
      if (con_b_to_c() == true) {
        entry_C();
        m_CurrentState = state_C;
        return;
      }
      break;
    }
```

```
    case state_C: {
      if (con_c_to_a() == true) {
        entry_A();
        m_CurrentState = state_A;
        return;
      }
      break;
    }
    default: {
      defaultHandler();
      break;
    }
  } // switch ...
}
```

Der automatisch erzeugte Programmcode ist bei weitem nicht so gut lesbar wie das dazugehörige UML-Diagramm. Änderungen im Programmcode sind erheblich schwieriger einzupflegen, vor allem bei komplexeren Automaten, als im UML-Zustandsdiagramm.

Abbildung 1.6 zeigt die dazugehörige Klasse in der UML-Darstellung.

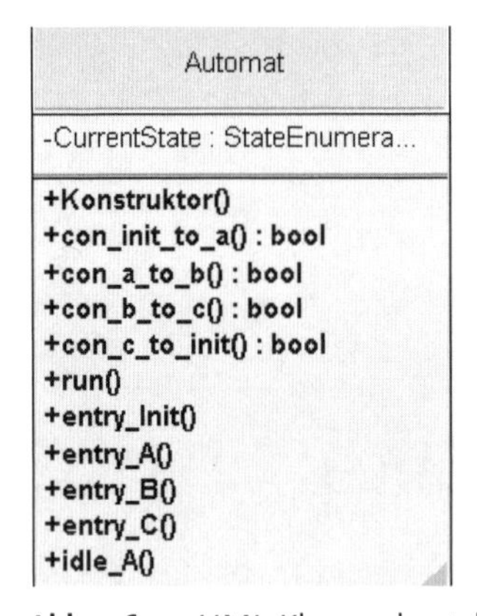

Abb. 1.6: UML-Klassendarstellung

UML erlaubt die grafische Darstellung von Softwaresystemen und ist objektorientiert. Daher werden Programmiersprachen wie C++ und Java vorausgesetzt. Teilweise bieten Werkzeuge die Möglichkeit, durch Codegeneratoren ANSI-C-Programmcode zu erzeugen.

Es ist somit der Weg offen, die Herausforderungen der Embedded-System-Entwicklung mit modernen Methoden und Werkzeugen zu realisieren, ohne dabei den Blick auf das Wesentliche zu verlieren. Die knappen Ressourcen an Speicher und

Rechenleistung sind die typischen Einschränkungen bei Embedded Systems. Durch die Einschränkung des Sprachumfangs und somit den Möglichkeiten der verwendeten Programmiersprache lassen sich rechen- und speicherintensive Konstrukte unterbinden.

Durch den Einsatz von standardisierten Komponenten, wie Betriebssystem, Hardware Abstraction Layer und standardisierten Werkzeugen lassen sich bessere Systeme entwickeln, die stabiler und fehlerfreier zu realisieren sind, als es mit proprietären Komponenten und Werkzeugen möglich ist. Das liegt unter anderen an der größeren Verbreitung der standardisierten Komponenten, wodurch eine bessere Pflege und Fehlerbereinigung ermöglicht wird.

Kapitel 2

Betriebssysteme

Betriebssystembegriff Ein Betriebssystem (engl. operating system) ist eine Software, die zusammen mit den Hardwareeigenschaften des Rechnersystems die Basis zum Betrieb bildet und insbesondere die Abarbeitung von Programmen steuert und überwacht.

Die DIN und der Duden definieren den Betriebssystembegriff wie folgt:

DIN 44300

> *Die Programme eines digitalen Rechensystems, die zusammen mit den Eigenschaften dieser Rechenanlage die Basis der möglichen Betriebsarten des digitalen Rechensystems bilden und insbesondere die Abwicklung von Programmen steuern und überwachen.*

DUDEN Informatik

> *Zusammenfassende Bezeichnung für Programme, die die Ausführung der Benutzerprogramme, die Verteilung der Betriebsmittel auf die einzelnen Benutzerprogramme und die Aufrechterhaltung der Betriebsart steuern und überwachen.*

Aus der Definition des Betriebssystembegriffs lassen sich folgende grundlegende Aufgaben ableiten:

- Bereitstellen einer Benutzerschnittstelle (»Kommandointerpreter«, »Shell«, »GUI«)
- Bereitstellen einer Programmierschnittstelle durch APIs und ggf. Bereitstellen von Entwicklungswerkzeugen wie Compiler, Linker, Editor usw.
- Verwaltung der Ressourcen des Rechnersystems. Darunter fallen:
  - Prozessor(en)
  - Speicher
  - Schnittstellen
  - Rechenzeit
- Bereitstellen von Schutzstrategien bei der Verwaltung der Ressourcen
- Koordination von Prozessen

2.1 Architekturen

Abbildung 2.1 zeigt die grundsätzliche Architektur eines Betriebssystems. Das Betriebssystem setzt dabei auf Hardware auf. Diese Hardware besteht aus dem Prozessor und den Peripherieeinheiten, wie z.B. Timer, Interruptcontroller und Kommunikationsschnittstellen (z.B. RS232, Ethernet, CAN, ...). Die Realisierung der Peripherieeinheiten ist hardwareabhängig. Um ein Betriebssystem unabhängig von der verwendeten Hardware, zumindest aber unabhängiger, gestalten zu können, wird häufig zwischen dem Betriebssystem und der Hardware ein »Hardware Abstraction Layer« eingefügt. Dieses Vorgehen stellt sicher, dass eine Änderung in der Hardware keine Auswirkungen auf das Betriebssystem und die darüber befindlichen Schichten hat.

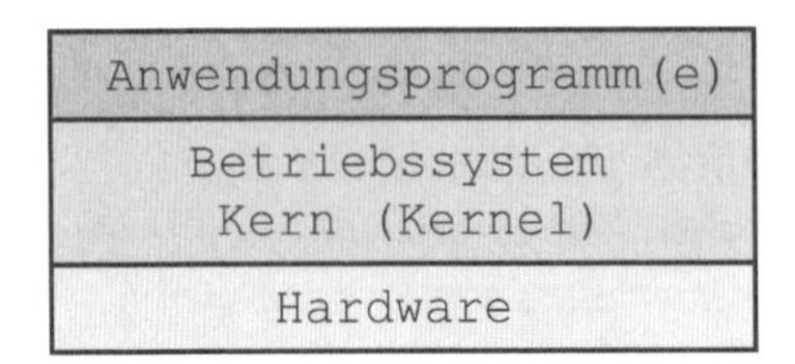

Abb. 2.1: Grundsätzliche Betriebssystemstruktur

Bei komplexeren Systemen, die zusätzlich stark mit einem Anwender agieren, werden über den eigentlichen Betriebssystemkern weitere Schichten gelegt, die z.B. für die Grafik zuständig sind oder für die Programmierschnittstelle (Application Programming Interface, kurz API).

Abbildung 2.2 zeigt die prinzipielle Architektur des Macintosh-Betriebssystem Mac OS X von Apple. Die Basis ist DARWIN, das neben dem Betriebssystemkern u.a. ein Dateisystem und Netzwerkmanagement enthält. Die nächste Schicht sind die drei Grafiksysteme QUARTZ, OPENGL und QUICKTIME. Als Schnittstellen zu den Anwendungen stehen die APIs CLASSIC, CARBON, COCOA und JAVA zur Verfügung.

Der Anwender selber, also der Benutzer der Programme, sieht nur das AQUA-Benutzerinterface.

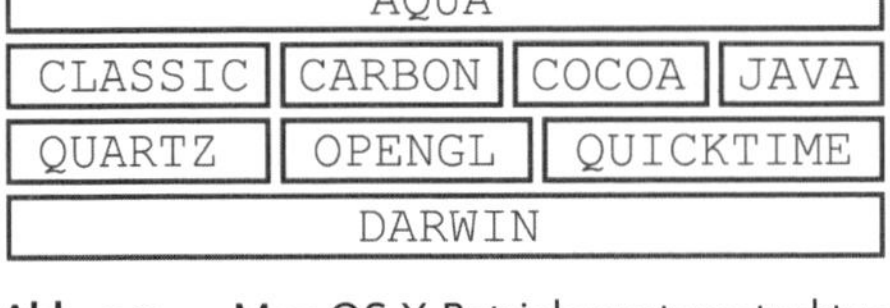

AQUA
CLASSIC | CARBON | COCOA | JAVA
QUARTZ | OPENGL | QUICKTIME
DARWIN

Abb. 2.2: Mac-OS-X-Betriebssystemstruktur

An dem Mac-OS-X-Betriebssystem kann die Komplexität moderner Betriebssysteme erahnt werden. An solche Betriebssysteme werden keine harten Echtzeitbedingungen gestellt, wie sie im Embedded-Systems-Umfeld zu finden sind, jedoch ähnliche Anforderungen an Stabilität und Fehlertoleranz.

2.2 Multitasking

Unter *Multitasking* wird die quasi parallele Abarbeitung von mehreren Teilen (Task) eines oder mehrerer Anwendungsprogramme auf einem Rechnersystem verstanden. Man möchte nun annehmen, dass die reale Laufzeit für die einzelnen Tasks länger ist, als wenn nur ein Programm auf dem Rechnersystem laufen würde. Die obere Sequenz von Abbildung 2.3 zeigt die Abarbeitung von drei Programmen (Tasks), die nicht unterbrochen werden. Die untere Sequenz zeigt die quasi parallele Abarbeitung der drei Programme. Bei der quasi parallelen Abarbeitung wird zusätzlich Rechenzeit für die Verwaltung durch den Scheduler benötigt, so dass die gesamte Rechenzeit steigt.

Nun ist es aber so, dass die Tasks nicht einfach aneinander gereiht werden, sondern dass bei ihrer Abarbeitung auf Ergebnisse oder Ereignisse gewartet wird. Wenn Tasks warten, d.h. keine Rechenzeit benötigen, kann die Kontrolle an den Scheduler übergeben werden, der die nun freie Rechenzeit an andere Tasks verteilen kann.

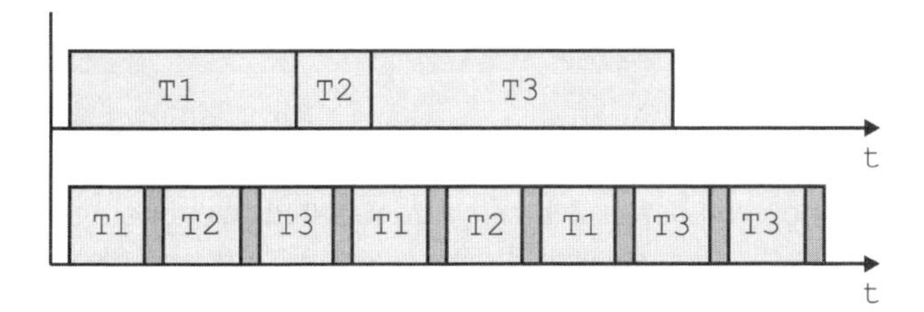

Abb. 2.3: Sequenzielle und Task-basierende Abarbeitung

Ein Task kann z.B. auf Ereignisse warten, wie das Ablaufen von Zeiten, Erreichen von Zählerwerten oder das Auslösen eines Interrupts. Nehmen wir an, dass Task 1 aus Abbildung 2.3 die Aufgabe hat, Daten aus einer Datei zu lesen, und dass es eine Hardware gibt, die das Einlesen erledigt. So muss der Task auf die Rückmeldung warten, dass neue Daten bereitstehen.

Die Betriebssysteme stellen eine API zur Verfügung, die es dem Anwendungsprogramm ermöglicht, dem Betriebssystem mitzuteilen, das z.B. auf ein Ereignis (Event) gewartet wird. OSEK stellt für diese Zwecke die Funktion

```
StatusType WaitEvent( EventMaskType )
```

zur Verfügung. Der Aufruf der Funktion hat bei dem OSEK-Betriebssystem zur Folge, dass der Scheduler aufgerufen wird.

2.3 Echtzeit

Die meisten Applikationen im Bereich der Embedded Systems erfordern sowohl ein hohes Maß an paralleler Verarbeitung als auch kurze Reaktionszeiten auf externe Ereignisse; das Rechnersystem steht mit externen Systemen in Wechselwirkung. Diese Umwelt kann nicht dazu gezwungen werden, sich der Verarbeitungsgeschwindigkeit des Rechnersystems unterzuordnen.

Die korrekte Funktionsweise des Rechnersystems hängt dabei nicht nur von den erzeugten Ausgabewerten ab, sondern auch von den Zeitpunkten, zu denen die Ausgabewerte verfügbar sind. Verspätete Rechnerreaktionen sind entweder nutzlos oder für das externe System schädlich. Die Rechtzeitigkeit der Reaktionen steht dabei im Vordergrund, nicht die Schnelligkeit der Bearbeitung. Die Rechtzeitigkeit wird dabei durch das externe System vorgegeben, die Reaktionen erfolgen innerhalb vorgegebener und vorhersagbarer Zeitschranken.

Abhängig davon, ob es tolerierbar ist, die Zeitschranken gelegentlich zu überschreiten oder nicht, teilt man Echtzeitsysteme in weiche Echtzeitsysteme und harte Echtzeitsysteme ein. Die Definition von harter Echtzeit wird meistens weiter eingeschränkt, denn die Forderung »unter allen Umständen rechtzeitig« folgt einer Kostenfunktion. Bei gleichzeitigen Ereignissen müssen stets andere Bearbeitungen zurückgestellt werden, wobei Rechtzeitigkeit für alle gilt. Ausfallsicherheit und Fail-Safe-Verhalten sind weitere Faktoren, die die Kosten beeinflussen.

Die »weiche Echtzeit« ist letztlich ausdehnbar auf Standard-Betriebssysteme ohne harte Echtzeit. Echtzeit bedeutet dann Benutzerkomfort und Effizienz, z.B. bei Buchungs- oder Auskunftssystemen.

Die Abbildung 2.4 verdeutlicht die Zusammenhänge auf der Zeitachse. Bei Embedded Systems sind meistens die closed loop Anwendungen von Interesse. Das Rechnersystem arbeitet reaktiv, Visualisierungsvorgänge verlaufen eher langsam und die Datenauswertung kann mit Standard-Betriebssystemen offline erfolgen.

Bei der Einführung des Zeitbegriffs muss zwischen der Antwortzeit eines Systems auf ein Ereignis und dem Zeitintervall zwischen zwei Ereignissen unterschieden werden. Bei asynchronen Ereignissen ist das Zeitintervall nicht definiert (z.B. stochastisch), bei synchronen Ereignissen ist die äquidistante Übertragung der Regelfall und damit eine Abtastfrequenz angebbar.

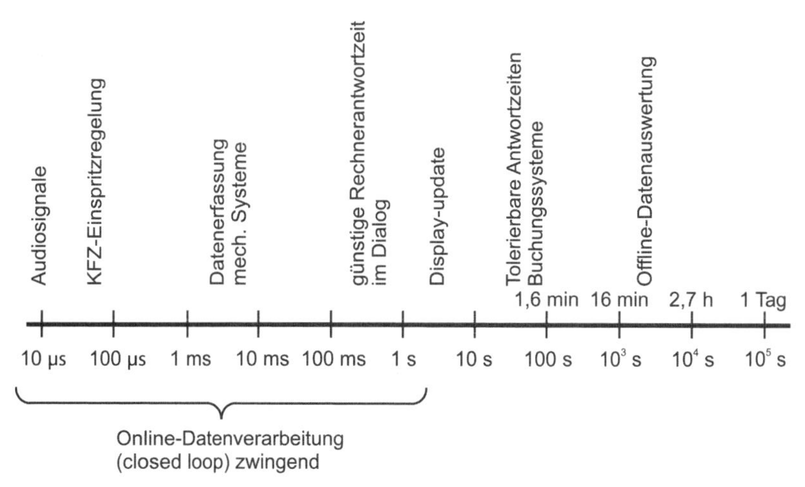

Abb. 2.4: Reaktionszeiten des Systems

Eine Präzisierung des Echtzeitbegriffes zeigt die folgende Tabelle:

	asynchron	synchron
Ereignisgesteuerte Verarbeitung	✓	
Kommunikation	✓	✓
Signalverarbeitung (mit Mess- und Regelungstechnik)		✓

Ereignisgesteuerte Verarbeitung Die Problematik der ereignisgesteuerten Verarbeitung liegt im nicht planbaren Auftreten und der Reaktion auf mehrere gleichzeitig auftretende Ereignisse.

Stets müssen dann andere Bearbeitungen zurückgestellt werden, wobei die Rechtzeitigkeit der Reaktion für alle auftretenden Ereignisse gilt.

Kommunikation Bei der Kommunikation sollen verteilte Rechner die gleichen Informationen besitzen, wobei nicht auf einen gemeinsamen Speicher zurückgegriffen werden kann. Unterschieden werden:

- Nachrichtenorientierte Kommunikation

  Datenübertragung bei Bedarf: Asynchrone Übertragung

- Prozessabbildende Kommunikation

  Die Datenübertragung erfolgt zyklisch, also mit synchroner Übertragung. Eine Variante ist die Datenübertragung bei der Änderung von Signalen.

Signalverarbeitung Schließlich stellt die Signalverarbeitung eine weitere Gruppe der Echtzeitdatenverarbeitung dar. Bei physikalischen Vorgängen (z.B. Regelstrecke) wird periodisch ein Messvorgang gestartet (T). Ist t die Zeit, die der Rechner für die Signalverarbeitung, den Regelalgorithmus und die Ausgabe eines Stellwerts benötigt, ist einsehbar, dass das System nur unter der Bedingung

$$t \leq T$$

korrekt arbeiten kann.

Am Beispiel der Musikwiedergabe wird deutlich, welche Anforderungen erfüllt werden müssen. Es ist beispielsweise wenig hilfreich, Musikdaten mit maximaler Schnelligkeit auszugeben. Auch dürfen die Ereignisse nicht nur im zeitlichen Mittel richtig verarbeitet werden, sondern genau zum richtigen Zeitpunkt und zeithaltend sind die zu erfüllenden Forderungen. Ähnliche Anforderungen können in der Steuerungs- und Regelungstechnik bestehen.

Harte Echtzeitfähigkeit ist für Mikroprozessoren selbstverständlich. Mit Interrupts und einem Timer sind viele Anforderungen an Echtzeitsysteme erfüllbar. Bei einfachen Applikationen wird diese Eigenschaft auch vielfach ausgenutzt, ein Betriebssystem kommt nicht zum Einsatz. Bei der geforderten parallelen Verarbeitung, steigenden Programmgrößen und mehreren Interrupts wird die Entwicklung einer Embedded-Applikation ohne Betriebssystem zu aufwändig.

Um die Entwicklungskosten und -zeiten klein zu halten, setzt man Multitasking-Betriebssysteme und Real-Time-Kernels ein. Der Entwickler verwendet die vorgegebene Funktionalität des Betriebssystems und nimmt lediglich Anpassungen auf die Zielhardware vor.

2.3.1 Dynamische Echtzeitbetriebssysteme

Bei dynamischen Echtzeitsystemen besteht die Möglichkeit, dass die Anwendung Ressourcen vom Betriebssystem zur Laufzeit anfordern kann. Um dies zu ermöglichen, müssen solche Echtzeitbetriebssysteme über eine dynamische Speicherverwaltung verfügen.

Des Weiteren können häufig Programme zur Laufzeit des Systems aus einem Massenspeicher oder von einer seriellen Schnittelle in den Speicher geladen und anschließend zur Ausführung gebracht werden. Dazu muss eine relative Adressierung vorliegen, da der Programmcode der Anwendung an unterschiedlichen Stellen geladen werden kann.

Die geschilderten Möglichkeiten erlauben, ein komfortableres System zu erstellen, das aber bei gleichem Leitungsumfang mehr Speicher und Rechenleistung benötigt. Dynamische Echtzeitsysteme sind somit relativ ungeeignet für kleine 8-Bit-Anwendungen.

2.3.2 Statische Echtzeitbetriebssysteme

In abgeschlossenen kleinen Systemen, die vornehmlich im Bereich Embedded Systems anzutreffen sind, ist das auszuführende Anwendungsprogramm bereits beim Starten des Rechnersystem im Programmspeicher vorhanden und kann zur Laufzeit nicht verändert werden (das Flashen des Speichers stellt einen besonderen Betriebsmodus dar). Das bedeutet, dass die benötigten Ressourcen bereits beim Start des Rechnersystems bekannt sind. Zu den benötigten Ressourcen gehören neben Arbeitsspeicher und Rechenleistung auch Ressourcen, die vom Betriebssystem verwaltet werden und dem Anwendungsprogramm bereitgestellt werden. Zu diesen Ressourcen gehören unter anderen:

- Taskverwaltung
- Events
- Counter
- Alarme

Die Entwicklungsumgebung, mit der das Anwendungsprogramm erstellt wird, erzeugt durch den Lauf von Compiler, Linker und Locater ein ausführbares Programm. Das ausführbare Programm besteht aus dem Anwendungsprogramm und dem Betriebssystem. Da zur Laufzeit des Systems kein neues Anwendungsprogramm hinzukommen oder Teile davon »verschwinden« können, kann das Betriebssystem die benötigten Ressourcen bereits ab Programmstart bereitstellen. Um einen Systemstart möglichst schnell und sicher durchführen zu können, werden die Ressourcen nicht während des Starts des Systems dynamisch angelegt, sondern bereits beim Kompilieren statisch erzeugt. Das Betriebssystem wird für das jeweilige Anwendungsprogramm genau zugeschnitten und es werden nur genau die Ressourcen zur Verfügung gestellt, die benötigt werden.

Um ein solch angepasstes Betriebssystem erzeugen zu können, werden Werkzeuge (Programme) bereitgestellt, ein Konfigurator, mit dem die benötigten Tasks, Tasktypen, die Größe des Stacks, die Anzahl der Events, Queues usw. konfiguriert werden. Mit Hilfe dieser Informationen wird ein kompaktes Betriebssystem erzeugt, das genau auf das Anwendungsprogramm zugeschnitten ist.

Der Erstellungsprozess eines OSEK-Systems erfolgt in folgenden Schritten:

1. Grobdesign der Anwendung, durch Aufteilung in verschiedene Tasks, der Kommunikation untereinander mit Events und Messages. Verteilen von Prioritäten.
2. Erstellen einer OSEK-Konfiguration mit Hilfsprogrammen, die eine Konsistenz sicherstellen, oder manuell durch Erstellen einer OSEK Implementation Language (OIL)-Datei.
3. Generieren eines OSEK-Systems.
4. Kompilieren und Zusammenbinden des OSEK-Systems mit der Anwendung.
5. Test des Systems.

2.4 Scheduling-Verfahren

Die Aufgabe des Schedulers ist es, den Prozessor (oder die verfügbaren Prozessoren in einem Multiprozessorsystem) den lauffähigen Rechenprozessen zuzuteilen. Der Scheduler entscheidet, welchem Rechenprozess zu welcher Zeit der Prozessor zugeteilt wird, und ist somit Bestandteil eines Echtzeitbetriebssystems. Er ist verantwortlich, dass die Zeitbedingungen aller Rechenprozesse eingehalten werden.

Rechenprozesse, die vom Scheduler verwaltet werden, werden als *Task*, alle verwalteten Tasks als *Taskset* bezeichnet.

Ein Taskset, das unter allen gegebenen Randbedingungen dem Prozessor zugeteilt werden kann, wird als *ausführbar* (feasible) bezeichnet.

Die Verfahren (Algorithmen) zum Scheduling bestehen aus Planungsalgorithmen und der Art und Weise, wie bei der Planung die Zuteilung erfolgt. Für die Anwendung der Planungsalgorithmen stellen sich folgende Fragen:

- Test der Schedulability; gibt es für ein gegebenes Taskset einen Test, um zu entscheiden, ob dieses Taskset ausführbar ist?
- Gibt es einen Algorithmus, der in endlicher Zeit einen Schedule findet?
- Ist der Algorithmus optimal in dem Sinne, dass er immer einen gültigen Schedule findet, wenn die Ausführbarkeit des Taskset nachgewiesen wurde?

Abbildung 2.5 zeigt die Klassifikation von Scheduling-Verfahren.

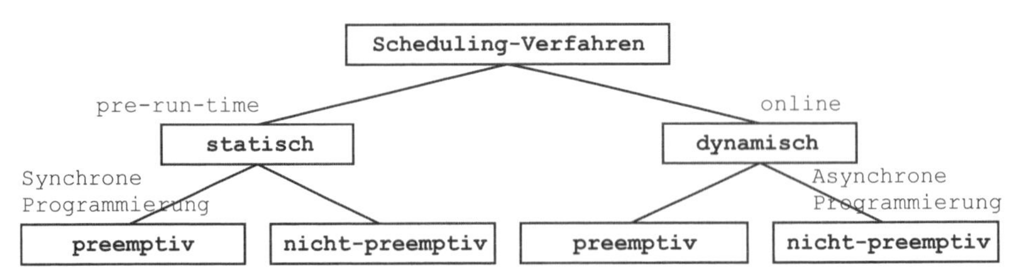

Abb. 2.5: Klassifikation von Scheduling-Verfahren

Ein preemptiver Task mit höherer Priorität verdrängt den Task mit geringerer Priorität. Es handelt sich dann um eine verdrängende Ablaufplanung. Der Entzug von Betriebsmitteln (hier des Prozessors) wird als *Preemption* bezeichnet.

Ein non preemptive Task kann nicht unterbrochen werden. Er läuft so lange, bis er selbst den Prozessor wieder freigibt. Dieses Verhalten wird als *kooperatives Scheduling* bezeichnet.

2.4.1 Statisches Scheduling

Beim statischen Scheduling wird eine Dispatching Table mit den Startzeitpunkten der einzelnen Tasks erstellt. Das Erstellen der Dispatching Table erfolgt bei der Konfiguration des Systems und somit nicht zur Laufzeit. Dieses Vorgehen hat folgende Vorteile:

- Der Laufzeit-Overhead ist minimal.
- Das System/Programm verhält sich absolut deterministisch, da zur Laufzeit keine Entscheidungen für das Scheduling durchgeführt werden.

Und folgende Nachteile:

- Sehr unflexibel
- Tasks müssen zyklisch eingeplant werden. Eine Änderung der Zeitvorgaben eines Tasks oder die Veränderung des Systems zieht eine komplette Neuberechnung der Tabelle vor der Übersetzung der Anwendung nach sich.

2.4.2 Dynamisches Scheduling

Im Gegensatz zum statischen Scheduling wird die Organisation des zeitlichen Ablaufes während der Ausführung des Tasks durchgeführt.

Der Ausschluss von Tasks und die Synchronisation müssen zur Laufzeit durch explizite Anweisungen zur Synchronisierung sichergestellt werden.

Der durch die Suche nach einem ausführbaren Schedule entstehende Laufzeit-Overhead kann dabei erheblich sein.

Die Verfahren werden dabei klassifiziert, ob ein laufender Task verdrängt (preemptive) oder nicht verdrängt (non-preemptive) werden darf.

2.5 Vergleich von Scheduling-Verfahren

Im Folgenden werden einige Scheduling-Verfahren miteinander verglichen. Dabei werden das Verfahren, der Aufwand der Implementierung und die Eignung für harte Echtzeit berücksichtigt.

2.5.1 FIFO

Es kommt der Task zum Zug, der am längsten wartet.

Verfahren	Non preemptive
Implementierungsaufwand	Einfach zu implementieren
Eignung für harte Echtzeit	Nicht geeignet für Echtzeitsysteme

2.5.2 Feste Prioritäten

Der Task mit der höchsten Priorität bekommt den Prozessor zugeteilt. Die Rechtzeitigkeit und Gleichzeitigkeit wird nur näherungsweise möglich.

Verfahren	Non preemptive oder Preemptive
Implementierungsaufwand	Einfach zu implementieren
Eignung für harte Echtzeit	Häufig eingesetzt in Echtzeitsystemen

2.5.3 Zeitscheibenverfahren

Jeder Task bekommt für eine bestimmte Zeit abwechselnd den Prozessor zugeteilt. Die Zuteilung erfolgt nach der Reihenfolge, in der die Tasks in einer Task-Verwaltungsliste des Betriebssystems stehen. Die Zeitdauer der Ausführung eines Tasks kann individuell festgelegt werden.

Verfahren	Preemptive
Implementierungsaufwand	Einfach zu implementieren
Eignung für harte Echtzeit	Untauglich für harte Echtzeit

2.5.4 Kleinste Restantwortzeiten

Kriterium für die Zuteilung des Prozessors ist die verbleibende Restantwortzeit bis zur Deadline. Gelangt ein Task in den Zustand *bereit* mit geringerer Restantwortzeit als der laufende Task, dann wird der laufende Task unterbrochen (preemptiv).

Verfahren	Preemptive
Implementierungsaufwand	Hoher Rechenaufwand im Scheduler
Eignung für harte Echtzeit	Für Anwendungen mit harter Echtzeit geeignet

2.5.5 Kleinster Spielraum LL, Least Laxity

Das Verfahren basiert darauf, dass während der Laufzeit der Tasks ständig der kleinste noch verbleibende Spielraum bis zur Deadline ermittelt wird und mit den Spielräumen der anderen Tasks verglichen wird.

Verfahren	Preemptive
Implementierungsaufwand	Aufwändigstes Verfahren
Eignung für harte Echtzeit	Für Anwendungen mit harter Echtzeit am besten geeignet

2.6 Programme, Prozesse und Kontext

2.6.1 Programme

Unter einem *Programm* versteht man eine Handlungsanweisung für einen Prozessor/Rechner, bestimmte Abläufe selbstständig durchzuführen. Teillösungen werden dabei als Prozeduren (Unterprogramme) formuliert, die nach Beendigung ihrer Aufgabe zum aufrufenden übergeordneten Programm zurückkehren. In PC-Systemen lassen sich Programme in Systemprogramme und Anwenderprogramme unterteilen. Die Systemprogramme werden meist vom Hersteller des Betriebssystems bereitgestellt.

Die Anwenderprogramme enthalten die spezielle Problemlösung, die Anwendung. Das können z.B. eine Textverarbeitung, eine Tabellenkalkulation oder eine Benutzerführung sein. Es werden dabei teilweise die Systemprogramme verwendet. Eine umgekehrte Abhängigkeit gibt es nicht.

Bei Embedded Systems, vor allem bei kleinen 8-Bit- oder 16-Bit-Lösungen, besteht das Programm, das auf den Prozessor ausgeführt werden soll, sowohl aus dem Betriebssystem als auch Systemprogrammen und dem Anwendungsprogramm. Wobei die Systemprogramme als Dienste, die durch Funktionen realisiert werden, repräsentiert werden.

Diese drei Bestandteile werden während der Bindephase, die durch einen Linker und Locater durchgeführt werden, zu einem ausführbaren Programm zusammengebunden. Die vom Compiler noch nicht aufgelösten Referenzen werden aufgelöst und es entsteht ein Programm mit absoluter Adressierung. Das heißt, das Programm kann im Gegensatz zu PC-Programmen nicht dynamisch verschoben werden. Dieser Nachteil, dass ein Verschieben nicht mehr möglich ist, ist in Embedded Systems eher positiv zu bewerten:

1. Die Adressberechnung für Sprünge, wenn sie überhaupt notwendig ist, ist weniger komplex und es ergeben sich somit günstigere Laufzeiten.
2. Der Prozessor kann weniger komplex ausfallen, da keine spezielle Adressberechnungseinheiten benötigt werden, um die Laufzeit gering zu halten.
3. Durch den Verzicht auf dynamische Verschiebung zur Laufzeit wird das Testen und Debuggen des Programms vereinfacht. Ein Sicherheitsnachweis kann, wenn erforderlich, vereinfacht erbracht werden.

Das dynamische Verschieben von Programmen zur Laufzeit macht nur Sinn, wenn Programme zur Laufzeit in den Programmspeicher nachgeladen werden können. Dieses geschieht bei PC-Systemen durch das Starten und Laden aus externen Massenspeichern, wie Festplatte, Server oder Internet. Diese Möglichkeiten stehen kleinen Embedded Systems in der Regel nicht zur Verfügung.

2.6.2 Prozesse

Wird ein Programm oder ein Teil davon unter der Kontrolle des Betriebssystems (genauer unter der Kontrolle eines Betriebssystemkerns) ausgeführt, so wird dieser Ablauf als *Prozess* (engl. Task) bezeichnet. Diese Betrachtungsweise macht es möglich, dass mehrere Programme gleichzeitig als Prozesse parallel auf einem sequenziell arbeitenden Rechnersystem, unabhängig von der Anzahl der real verfügbaren Prozessoren, ablaufen können. Bei der Ausführung von Prozessen entstehen Daten, die durch den Betriebssystemkern verwaltet werden. Diese so genannten Statusinformationen sind systemabhängig, wie z.B. der Inhalt der Register.

Neben den Statusinformationen wird ein Programm- und Datensegment und für den Ablauf des Programms ein Stack (Kellerspeicher) benötigt. Abbildung 2.6 veranschaulicht die Systemkomponenten.

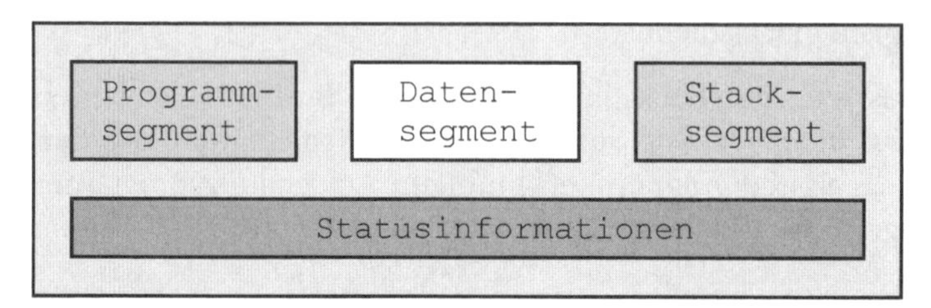

Abb. 2.6: Systemkomponenten

Die vier Komponenten, die bei der Ausführung eines Programms bzw. einer Prozedur beteiligt sind, werden als Instanz zusammengefasst. Eine Instanz umfasst somit das Programmsegment, Datensegment, Stacksegment und die Statusinformationen.

Die Anordnung der einzelnen Komponenten ist abhängig vom verwendeten Betriebssystem und dem verwendeten Prozessor bzw. Mikrocontroller. So unterscheiden Mikrocontroller im Allgemeinen Programm- und Datensegment. Das Programmsegment ist dabei in einer Technologie ausgeführt, die beim Abschalten der Versorgungsspannung ihre Daten behält. Solche Technologien sind z.B. ROM, FLASH, EEPROM oder Masken.

Ein Prozess kann während seiner Abarbeitung verschiedene Zustände einnehmen. Diese Zustände sind:

- **aktiv** (running): Der Prozess wird von Prozessor bearbeitet.
- **bereit** (ready): Der Prozess kann den Prozessor nutzen, ist aber von einem anderen Prozess verdrängt worden.
- **blockiert** (waiting): Der Prozess wartet auf das Eintreffen eines bestimmten Ereignisses (Event).

Bei Systemen mit nur einem Prozessor ist immer nur ein Prozess aktiv und alle anderen sind bereit oder blockiert. Der Scheduler teilt den Prozessen den Prozessor zu. Für die Zuteilung existieren unterschiedliche Verfahren, die alle das Ziel haben, den Prozessor möglichst gerecht unter allen Prozessen aufzuteilen. Als Zeitbasis für die dafür erforderlichen Zeitscheiben dient ein Hardware-Interrupt, der den Scheduler regelmäßig aufruft.

Für die Verwaltungsdaten im Speicher ergibt sich die Situation, die in Abbildung 2.7 dargestellt wird.

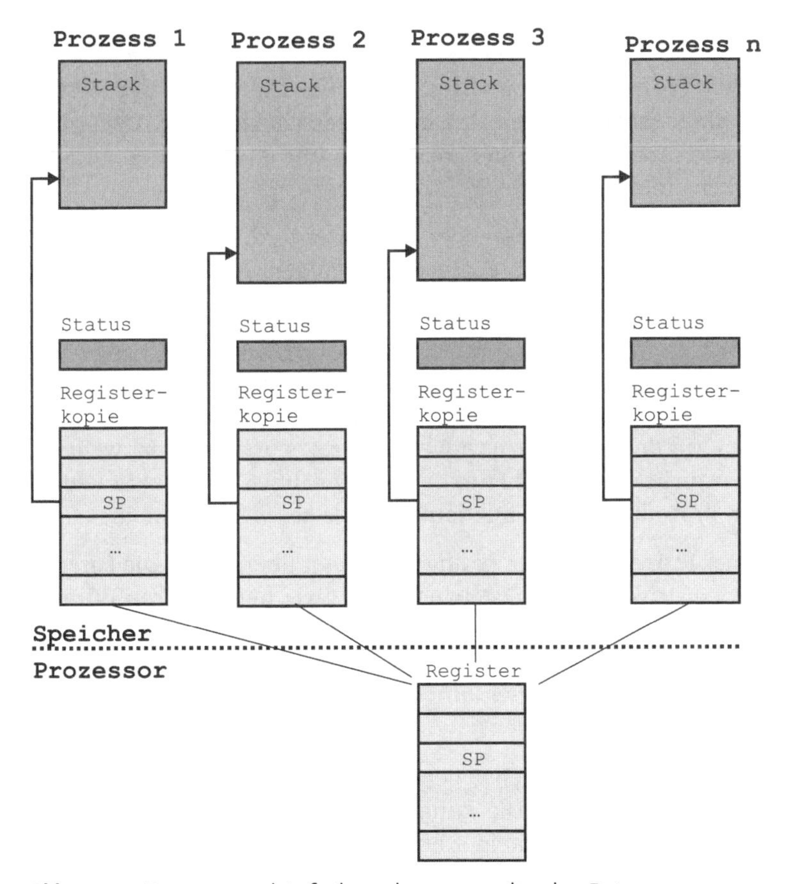

Abb. 2.7: Prozesse und Aufteilung der zu verwaltenden Daten

Jeder Prozess verfügt über einen eigenen Stack, einen eigenen Registersatz und über eigene Statusinformationen (z.B. Priorität). Im Stack werden u.a. lokale Daten, Parameter von Prozeduren und Rücksprungadressen abgelegt. Der Registersatz, dem ein Prozess zugeordnet ist, wird verwendet, um bei einem Kontextwechsel, also wenn ein anderer Prozess aktiv (running) wird, den aktuellen Kontext und den Inhalt des Registersatzes des Prozessors zu speichern.

2.6.3 Kontext

Der Wechsel des *Kontextes*, also das Umschalten zu einem anderen Prozess, ist als kritische Phase anzusehen. Der Wechsel des Kontextes ist möglichst schnell durchzuführen, um einen geringen zeitlichen Overhead zu erzeugen.

Je nach Prozessorfamilie und der damit verbundenen Architektur des Prozessors wird der Kontextwechsel durch spezielle Hardware unterstützt. So besitzen Prozessoren der 8051-Familie vier Registerbänke und spezielle Maschinenbefehle, die einen schnellen Wechsel der Registerbank erlauben.

Die 68000-Familie unterscheidet zwischen dem User- und Supervisor-Modus. Diese Unterscheidung ist interessant für Systeme, die über mehrere Tasks verfügen und bei denen die Tasks nicht automatisch auf die Funktionen des Betriebssystems zugreifen können sollen. Diese Art der Unterscheidung in User- und Supervisor-Modus kommt aus der Großrechnertechnik und ist ein wichtiger Faktor für die Zuverlässigkeit eines Systems.

Bevor der Ablauf eines Kontextwechsels näher betrachtet wird, soll auf die Abläufe bei Aufruf einer Prozedur und eines Interrupts eingegangen werden.

Prozeduren

Das zu betrachtende System arbeitet sein Programm sequenziell ab. Um das Programm zu strukturieren und wiederkehrende Teilfunktionen nicht mehrfach kodieren zu müssen, werden *Prozeduren* verwendet. Prozeduren werden, wenn sie einen Rückgabewert zurückliefern, als Funktionen bezeichnet. Im objektorientierten Umfeld werden Prozeduren und Funktionen als *Methoden* bezeichnet.

Mit dem Aufruf einer Prozedur werden häufig Parameter übergeben. Die Parameter ermöglichen einen strukturierten Datenaustausch zwischen der Prozedur und dem aufrufenden Programmteil. Durch die Parameter wird die mehrfache Verwendung einer Prozedur erst ermöglicht, da eine klare Schnittstelle entsteht und somit die Möglichkeit geschaffen wird, Rückwirkungen auf den aufrufenden Programmteil zu verhindern.

Die folgende Prozedur `printf()` ist genau genommen eine Funktion, da sie einen Rückgabewert vom Typ `int` besitzt. Die Funktion verfügt über einen Parameter `format` vom Typ Zeiger auf `char` und einer offenen Parameterliste. Die Funktion hat folgende Syntax:

```
int printf( const char * format, ... );
```

Bei der offenen Parameterliste (Syntax: ...) muss mindestens von einem Parameter der Datentyp bekannt sein, um daraus die Anzahl und die Datentypen der anderen Parameter ableiten zu können. Im Fall der Funktion `printf()` ist es der Parameter `format`. Die Funktion wertet den Parameter, hier einen String, aus und kann daraus Rückschlüsse auf die folgenden Parameter ziehen.

Die offene Parameterliste ist ein mächtiges Sprachmittel, aber auch sehr anfällig für Fehler. Die Funktion muss zur Laufzeit ermitteln, wie viele Parameter übergeben werden und um welche Datentypen es sich handelt.

Die Parameterübergabe kann über die Register des Prozessors oder über den Stack erfolgen. Die Parameterübergabe in Registern ist die schnellere Variante, aber nicht immer anwendbar.

Das folgende Programmbeispiel soll die Parameterübergabe in Registern verdeutlichen. Der Prozedur werden zwei Parameter übergeben und sie soll ein Ergebnis zurückgeben. Es ist festzulegen, in welchen Registern die Parameter übergeben werden sollen und in welchem Register das Ergebnis stehen soll. In diesem Fall soll die Übergabe und Rückgabe wie folgt aussehen.

`D1` Operand

`D2` Operand

`D0` Ergebnis

Das aufrufende Programm kann folgende Assembler-Anweisungen enthalten:

```
        MOV    D1, 0x1200    ; D1 mit 0x1200 laden
        MOV    D2, 0x0034    ; D2 mit 0x0034 laden
        CALL   PROZEDUR      ; Prozeduraufruf
        MOV    ERGEBNIS, D0  ; Ergebnis speichern
```

Der Assembler-Befehl `MOV` lädt einen Wert in das festgelegte Register, wobei in dem Beispiel das Register `D1` mit den Wert `0x1200` und das Register `D2` mit dem Wert `0x0034` belegt wird. Der Befehl `CALL` bewirkt das Laden einer Adresse in den Instruction Pointer (IP). Für den Rücksprung in das aufrufende Programm wird die Adresse des Befehls, der sich nach dem `CALL` anschließt, im Stack abgelegt. Die Adresse der Prozedur ist im Beispiel symbolisch durch den Namen `PROZEDUR` angegeben. Die symbolische Adressierung bietet mehr Flexibilität und Sicherheit als die absolute Adressierung. Die symbolische Adressierung wird während des Linker/Locater-Vorganges aufgelöst und durch physische Adressen ersetzt.

Die aufgerufene Prozedur könnte wie folgt aussehen:

```
PROZEDUR PROC
         ADD D1, D2          ; Addition durchführen
         MOV D0, D1          ; Das Ergebnis liegt in D1
                             ; deshalb kopieren nach D0
         RET                 ; Rücksprung in das Programm
PROZEDUR ENDP
```

Die Parameterübergabe über Register kann bei geschachtelten Unterprogrammen bei der Assembler-Programmierung unübersichtlich und dadurch fehlerhaft implementiert werden. Ein wesentliches Argument gegen die Übergabe in Registern ist die Tatsache, dass die meisten höheren Programmiersprachen eine Übergabe der Parameter über den Stack vorsehen, so dass bei dieser Art der Parameterübergabe das korrekte Zusammenwirken von verschiedenen Programmmodulen, die mit unterschiedlichen Programmiersprachen geschrieben sind, gewährleistet werden kann.

Vor der weiteren Ausführung soll der virtuelle Prozessor definiert werden, auf dem das Programm ablaufen soll. Es handelt sich dabei nicht um eine vollständige Beschreibung aller normalerweise notwendigen Register und Funktionen. Alle Register sind 16-Bit-Register. Die Adressregister können somit 64 kByte adressieren.

Es stehen u.a. die folgenden Register zur Verfügung:

D0, ..., D3	Datenregister zum Speichern von Daten
IP	Instruction Pointer, zeigt auf den nächsten auszuführenden Assembler-Befehl
SI	Adressregister für indirekte Adressierung
SP	Stack Pointer, zeigt auf die Spitze des Stack

Die Registerstruktur sieht wie in Abbildung 2.8 aus.

```
   15              0
D0[                ]
D1[                ]
D2[                ]
D3[                ]

IP[                ]
SI[                ]
SP[                ]
```

Abb. 2.8: Registersatz des Mikrocontrollers

Wenn eine Prozedur Rückgabewerte an das aufrufende Programm liefern soll, muss die Prozedur die Adresse der Speicherstelle kennen, in die der Rückgabewert gespeichert werden soll. Für das Beispiel PROZEDUR sieht die Parameterübergabe über den Stack folgendermaßen aus:

```
PARA0  DW ?          ; Parameter 0
PARA1  DW ?          ; Parameter 1
RESULT DW ?          ; Ergebnis
```

```
...
MOV     D0, ADDR PARA0 ; Uebergabe PARA0
PUSH    D0             ;
MOV     D0, ADDR PARA1 ; Uebergabe PARA1
PUSH    D0             ;
MOV     D0, ADDR RESULT; Uebergabe RESULT
PUSH    D0             ;
CALL    PROZEDUR       ; Prozeduraufruf
```

Nach Aufruf der Prozedur sieht der Stack wie in Abbildung 2.9 gezeigt aus.

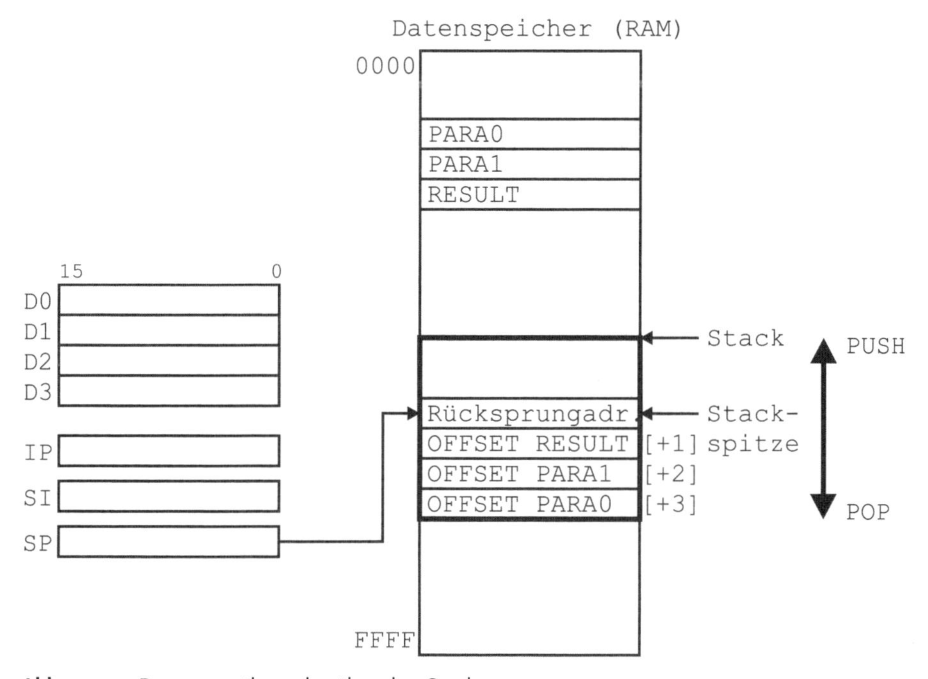

Abb. 2.9: Parameterübergabe über den Stack

Sollen innerhalb einer Prozedur Speicherstellen gelesen oder beschrieben werden, deren Adressen über den Stack übergeben wurden, dann sind folgende Schritte notwendig:

1. Es muss die Adresse aus dem Stack in ein Register kopiert werden, mit dem indirekt adressiert werden kann. Im Beispiel das Register SI.
2. Mit Hilfe des Inhalts des Registers kann die Speicherstelle angesprochen werden.

Die Angabe der Anzahl, der Reihenfolge und der Art der über den Stack übergebenen Parameter ist ein wesentlicher Bestandteil der Schnittstellenbeschreibung für die jeweilige Prozedur. Ausgehend von der Schnittstellendefinition kann eine Prozedur als eigenständig übersetzbar angesehen werden.

Es ist zu beachten, dass die drei Parameter im Stack wieder freigegeben werden müssen. Dieses wird durch den Befehl RET 3 durchgeführt. Es wird die Konstante 3 auf den SP addiert. Nach dem Beenden der Prozedur zeigt der SP wieder auf die gleiche Position wie vor dem Aufruf der Prozedur, das heißt, eine Prozedur muss für den Stack frei von Rückwirkungen beendet werden.

Der folgende Programmabschnitt zeigt exemplarisch die Prozedur:

```
PROZEDUR PROC
         MOV  D0, [SP+3] ; PARA0 nach D0 laden
         MOV  D1, [SP+2] ; PARA1 nach D1 laden
         ADD  D0, D1     ; Addition ausfuehren
         MOV  SI, [SP+1] ; Adresse nach SI laden
         MOV  [SI], D0   ; Ergebnis in Speicherstelle
                         ; kopieren
         RET 3           ; Ruecksprung und Freigabe der
                         ; Parameter
PROZEDUR ENDP
```

Interrupt

Ein Interrupt ist ein internes oder externes Ereignis, das ein laufendes Programm unterbrechen und die Ausführung einer speziellen Interrupt-Prozedur starten kann. Interne Interrupts können z.B. ablaufende Timer, das Empfangen eines Zeichens auf der seriellen Schnittstelle oder das Beenden einer Analog/Digital-Wandlung sein. Die möglichen Interrupt-Quellen sind abhängig von der Mikrocontroller-Familie und deren Derivaten.

Externe Interrupt-Quellen können z.B. Input Portpins sein, die bei Änderung ihres Zustands einen Interrupt generieren. Auch hier sind die Möglichkeiten abhängig von der Mikrocontroller-Familie und deren Derivaten.

Im Gegensatz zum Polling muss bei Interrupts nicht ständig abgefragt werden, ob ein bestimmtes Ereignis eingetreten ist. Es wird nur dann gehandelt, wenn der Bedarf dazu besteht. Soll z.B. der Empfang von Zeichen auf der seriellen Schnittstelle mit 9600 Baud realisiert werden, dann muss im Polling-Betrieb mit einem Zyklus von mindestens 1 ms der serielle Port abgetastet werden, um einen Verlust von empfangenen Zeichen zu verhindern.

Der folgende Programmabschnitt zeigt eine mögliche Realisierung:

```
char g_ReceiveData;
...
```

```
bool checkReceiveFlag(){
  //--- Durch die Abfrage wird das SIO.ReceiveFlag
  //    automatisch geloescht, d.h. auf 0 gesetzt.
  if( SIO.ReceiveFlag == 1 ) {
    //--- SIO.Data ist ein Doppelregister. Das heisst,
    //    beim Lesen wird der Receivebuffer der SIO
    //    gelesen und beim Schreiben wird der Sendbuffer
    //    beschrieben
    g_RecieveData = SIO.Data;
    return( true );
  }
  else {
    return( false );
  }
}
```

Bei höheren Datenraten (19200 Baud und mehr) muss die Abtastzeit entsprechend verringert werden. Da sich die Abfrageprozedur nicht verkürzen lässt, bedeutet das, dass die Auslastung des Mikrocontrollers steigt, obwohl ggf. keine Zeichen von der seriellen Schnittstelle empfangen werden.

Bei der Verwendung von Interrupts ist dies nicht der Fall. Es entfällt zum einen die Abfrage, weil der Interrupt nur ausgelöst wird, wenn ein Zeichen empfangen werden konnte, und zum anderen entfällt der regelmäßige Aufruf einer Prozedur. Dadurch kann die Grundlast für den Mikrocontroller verringert werden.

Eine Prozedur, die durch einen Interrupt aktiviert wird, besitzt weder Parameter noch Rückgabewert. Das bedeutet, dass nur der Instruction Pointer (IP) und ggf. Mikrocontroller-spezifische Register (im Allgemeinen die Flags) auf den Stack abgelegt werden. Da keine Parameter übergeben werden können, kann die Latenzzeit gering ausfallen. Unter der Latenzzeit versteht man die Zeitpanne zwischen Auftreten des Ereignisses, das den Interrupt auslöst, und dem Aufrufen der Interrupt-Prozedur. Die Interrupt-Prozedur wird auch *Interrrupt-Service-Routine*, kurz ISR, genannt.

Das Verbindungsglied zwischen einem Interrupt und einer Interrupt-Service-Routine (ISR) ist der Interruptvektor. Der Interruptvektor ist die Startadresse der Interrupt-Service-Routine und die einzelnen Interruptvektoren werden in einer Interruptvektor-Tabelle organisiert. Abbildung 2.10 zeigt einen Ausschnitt der Interruptvektor-Tabelle eines HC08-Derivates von Motorola.

Bei dem HC08 handelt es sich um einen 8-Bit-Mikrocontroller, der einen Adressraum von 64 kByte adressieren kann. Am Ende des Adressraumes (von 0xFFCC bis 0xFFFF) befindet sich die Interruptvektor-Tabelle. Für jeden Interruptvektor werden zwei Byte (High-Byte und Low-Byte) benötigt. Die letzten zwei Byte (0xFFFE und 0xFFFF) sind für den Reset-Vektor reserviert. Dieser Vektor wird vom Mikrocontroller nach einem Reset geladen und führt zum Start-up-Code. Beim HC08 sind die Prioritäten der einzelnen Interruptvektoren fest vergeben. Dies kann von Mikrocontroller-Familie zu Mikrocontroller-Familie unterschiedlich sein, wobei die Möglichkeit einer Vergabe von Prioritäten eine höhere Flexibilität bedeutet. Des Weiteren besteht die Möglichkeit, einzelne Interrupts zu sperren bzw. wieder freizugeben.

Low

Priority

0xFFCC	TIMA Channel 5 Vector (High)
...	...
0xFFF2	TIMA CH1 Vector (High)
0xFFF3	TIMA CH1 Vector (Low)
0xFFF4	TIMA CH0 Vector (High)
0xFFF5	TIMA CH0 Vector (Low)
0xFFF6	PIT Vector (High)
0xFFF7	PIT Vector (Low)
0xFFF8	PLL Vector (High)
0xFFF9	PLL Vector (Low)
0xFFFA	IRQ1 Vector (High)
0xFFFB	IRQ1 Vector (Low)
0xFFFC	SWI Vector (High)
0xFFFD	SWI Vector (Low)
0xFFFE	Reset Vector (High)
0xFFFF	Reset Vector (Low)

High

Abb. 2.10: Vektortabelle des HC08 von Motorola

Tasks

In Standardprogrammiersprachen wie ANSI-C und C++ wird das Task-Konzept nicht direkt unterstützt. Deshalb erfolgt bei dem OSEK-Betriebssystem eine Spracherweiterung mit der Einführung des Schlüsselworts TASK.

Da weiterhin Standard-ANSI-C-Compiler verwendet werden sollen, die diese Spracherweiterung nicht beinhalten, wird ein Preprozess vorgeschaltet, der die Spracherweiterung nach ANSI-C überführt. Der Ablauf einer Übersetzung sieht dann wie in Abbildung 2.11 aus.

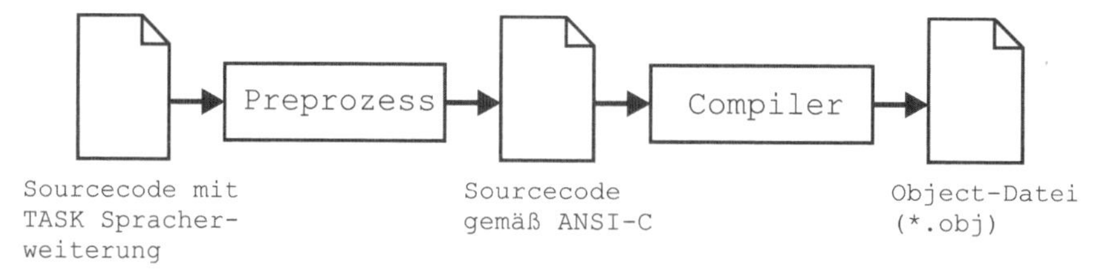

Abb. 2.11: Ablauf einer Überführung nach ANSI-C

Für die Überführung des Quellcodes nach ANSI-C werden vom Lieferanten der Betriebssysteme entsprechende Werkzeuge bereitgestellt; sie können so in den Entwicklungsprozess integriert werden, dass dieser Prozess transparent ist.

Der folgende Programmabschnitt zeigt den Rumpf eines Tasks, wie er in OSEK realisiert wird:

```
TASK( TaskType )
{
   ...
}
```

Jeder unterbrechbare und somit preemptive Task besitzt einen eigenen Stack, in dem die lokalen Daten, die Rücksprungadressen von aufgerufenen Funktionen und die dazugehörigen Parameter gespeichert werden.

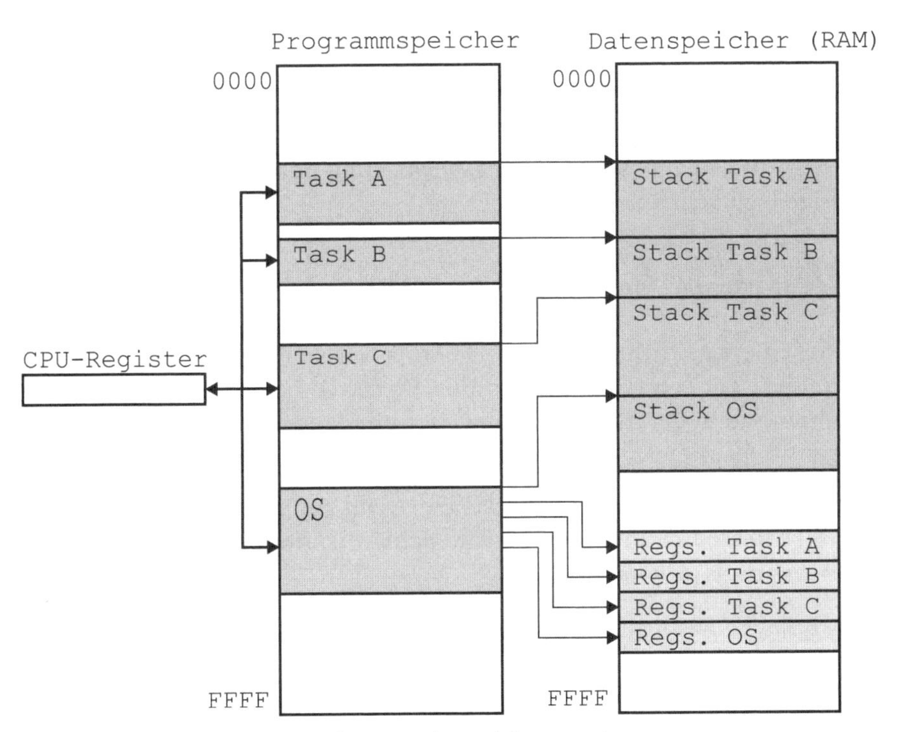

Abb. 2.12: Register und Stacks für die Tasks und das Betriebssystem

Bei einem Kontextwechsel werden u.a. die im RAM gespeicherten Registerinhalte in die Register zurückgeschrieben. Das Sichern und Restaurieren von Registerinhalten kann eine relativ zeitaufwändige Maßnahme sein, vor allem dann, wenn ein Kontextwechsel in sehr kurzen Zeitabständen stattfindet. Der Kontextwechsel benötigt immer die gleiche Zeitdauer. Durch die Verringerung der Zeitabstände zwischen zwei Tasks wird die Grundlast erhöht und dem eigentlichen Programm steht somit weniger Rechenzeit zur Verfügung.

Einige Mikrocontroller und Mikroprozessoren verfügen über mehrere Registerbänke. Diese Registerbänke sind vollkommen gleichwertig. Bei einem Kontextwechsel wird nur auf eine andere Registerbank gewechselt. Dadurch entfällt das zeitaufwändige Kopieren der Registerinhalte in andere Speicherbereiche. Das Wechseln der Registerbänke kann vom Prozessor in wenigen Maschinenzyklen durchgeführt werden und ist somit deutlich schneller als ein Kontextwechsel durch Kopieren von Registerinhalten.

Der 8051, ein 8-Bit-Mikrocontroller, verfügt über vier solcher Registerbänke. Durch eine Spracherweiterung des C51-Compilers kann ein Kontextwechsel auf Hochsprachenebene formuliert werden.

Üblicherweise verfügt jeder Task über seinen eigenen Stack. Wenn jedoch sichergestellt werden kann, dass sich Tasks nicht gleichzeitig unterbrechen, können sich mehrere Tasks einen Stack teilen (Shared Stacks). Durch das gemeinsame Nutzen von Stacks besteht die Möglichkeit, Ressourcen, d.h. RAM, einsparen zu können. Diese Möglichkeit der Optimierung ist gerade für kleine Systeme mit nur einigen kByte an RAM der einzige Weg, um eine Anwendung mit dem verfügbaren Speicher realisieren zu können.

2.7 Semaphore, Events und Messages

Da Tasks auf einem Mikrocontroller bzw. Mikroprozessor quasi parallel ausgeführt werden können, müssen Mechanismen und Verfahren bereitgestellt werden, die eine Synchronisation der Tasks untereinander ermöglichen und die Verwaltung der Ressourcen realisieren.

Dabei können kritische Situationen entstehen, wenn z.B. zwei Tasks quasi gleichzeitig dieselbe Ressource anfordern. Es wird dann von *kritischen Abschnitten* innerhalb des Programms gesprochen.

Es gibt mehrere Möglichkeiten, das Problem der kritischen Abschnitte zu lösen.

1. Kritische Abschnitte handhaben durch Interrupts Die einfachste Lösung ist, vor Eintritt in den kritischen Bereich alle Interrupts zu sperren und sie nach dem Verlassen des kritischen Bereichs wieder freizugeben. Dadurch wird der Scheduler daran gehindert, innerhalb des kritischen Abschnitts den Task zu unterbrechen.

Der wesentliche Nachteil besteht darin, dass kein verdrängendes Multitasking mehr möglich ist. Der Anwenderprozess kann den Scheduler blockieren, gewollt oder ungewollt durch einen Programmierfehler.

2. Kritische Abschnitte handhaben durch gegenseitigen Ausschluss Es muss verhindert werden, dass zwei Tasks sich gleichzeitig in dem kritischen Abschnitt befinden. Dies kann erreicht werden durch:

- **Sperrvariablen:** Es wird eine Boolesche Variable verwendet, die mit `true` den Eintritt in den kritischen Bereich erlaubt und mit `false` sperrt. Der Task, der in den kritischen Bereich eintreten will, muss vorher prüfen, ob der kritische Bereich frei ist und, wenn dies der Fall ist, die Variable auf `false` setzen. Beim Verlassen muss die Variable wieder auf `true` gesetzt werden. Das Prüfen der Variablen ist dabei selbst ein kritischer Abschnitt. Er ist zwar kürzer und damit ist die Konfliktwahrscheinlichkeit geringer, aber die Gefahr eines Konflikts ist nicht beseitigt. Es gibt Prozessoren, die Befehle der Form »teste und setze« innerhalb eines Maschinenzyklus abarbeiten können.
- **Aktives Warten:** Der Task wartet auf die Freigabe der benötigten Ressource. Das Warten geschieht durch ständige Abfrage des aktuellen Status der Ressource. Aktives Warten »verbraucht« somit Rechenzeit durch Warteschleifen.
- **Striktes Alternieren:** Nur zwei Tasks erlauben sich wechselseitig den Eintritt in den kritischen Abschnitt. Es wird eine gemeinsame Sperrvariable zur Synchronisation zweier Tasks verwendet.

```
Task0:
  while(1) {
    while( turn != false ) { warten; }
    kritischer_Bereich;
    turn = true;
    unkritischer_Bereich;
  }

Task1:
  while(1) {
    while( turn != true ) { warten; }
    kritischer_Bereich;
    turn = false;
    unkritischer_Bereich;
  }
```

- Die Variable `turn` ist dabei die gemeinsame Sperrvariable.
- Auch hier wird Rechenzeit durch Warteschleifen verbraucht. Außerdem ist striktes Alternieren keine gute Lösung, wenn ein Prozess wesentlich langsamer ist als der andere.

3. Kritische Abschnitte handhaben durch Semaphore In den vorher geschilderten Lösungen haben die Tasks ihren Eintritt in den kritischen Bereich selbst gesteuert. Die folgenden Verfahren erlauben es dem Betriebssystem, Tasks den Zutritt zum kritischen Abschnitt zu verwehren. Im Zusammenhang mit der Programmiersprache Algol 68 entwickelte Dijkstra das Prinzip der Arbeit mit Semaphoren. Für jeden zu schützenden kritischen Abschnitt oder jede Datenmenge wird eine Variable (Semaphor) eingeführt. Bei dieser Variablen kann es sich entweder um eine binäre Variable mit den Zuständen `0`, `1` bzw. `false`, `true` oder einen nicht negativen Zählwert handeln.

Ein Semaphor signalisiert einen Belegungszustand und gibt in Abhängigkeit von diesem Zustand den weiteren Ablauf des Tasks frei oder versetzt den rechenbereiten Task in den Wartezustand.

Für unteilbare Ressourcen, die nur einmal zur Verfügung stehen, werden binäre Variablen verwendet. Bei Ressourcen, die aus n Teilen bestehen, kommen Werte von 1 bis n vor. Solche Ressourcen können Arbeitsspeicher-Segmente, Plätze in einem Puffer oder Sendepuffer für CAN-Botschaften sein. Die binären Semaphore werden auch Mutexe (von Mutual exclusion) genannt und jene vom Typ Integer auch Zähl-Semaphore.

Semaphore für den gegenseitigen Ausschluss sind der jeweiligen exklusiv nutzbaren Ressource (Betriebsmittel) zugeordnet und verwalten eine Warteliste für dieses Betriebsmittel. Sie sind global und somit allen Tasks zugänglich. Semaphore für die Synchronisation von Ereignissen zweier abhängiger Tasks sind den Tasks direkt zugeordnet. Sie dienen zur Übergabe einer Meldung zwischen den Tasks.

Zur Manipulation und Abfrage des Status von Semaphoren (S) dienen zwei unteilbare, d.h. nicht unterbrechbare Operationen. Sie werden atomar ausgeführt.

- P-Operation: Abfrage Operation

```
if( S > 0 ) {
  S = S - 1; // Task kann weiterlaufen, der Zugriff
             // fuer andere Tasks wird gesperrt.
}
else {
  // Der P-Operation ausfuehrende Task wird
  // wartend. Der Task wird in die vom Semaphor
  // verwaltete Warteliste eingetragen.
}
```

- V-Operation: Freigabe Operation

```
if( Warteliste leer ) {
  S = S + 1; // Zugriff fuer andere, noch nicht
```

```
                    // wartende Tasks wird freigegeben.
  }
  else {
    // Der naechste Task in der Warteliste wird
    // bereit. Zugriff fuer den wartenden Task wird
    // freigegeben.
  }
```

Das folgende Programmbeispiel zeigt eine mögliche Lösung für die Erzeuger-Verbraucher-Synchronisation. Dabei werden die Semaphore `start` und `finish` mit 0 vorbelegt.

Produzent

```
while(1) {
  while( buffer not full ) {
    write_into_buffer();
  }
  signal( start ); // V-Operation
  wait( finish );  // P-Operation
}
```

Konsument

```
while(1) {
  wait( start );     // P-Operation
  while( buffer not empty ) {
    read_from_buffer();
  }
  signal( finish ); // V-Operation
}
```

4. Kritische Abschnitte handhaben durch Ereigniszähler Für Ereigniszähler (E) sind folgende Operationen definiert:

- `read( E )`: Stellt den aktuellen Wert von E fest
- `advance( E )`: Inkrementiere E (atomare Operation)
- `await( E, v )`: Warte, bis E den Wert v erreicht hat.

Der Ereigniszähler kann mit den zur Verfügung stehenden Operationen somit nur wachsen. Er sollte mit null initialisiert werden. Das folgende Beispiel der Produzent-Konsument-Lösung verwendet die Operation `read()` nicht, andere Synchronisationsprobleme machen aber diese Operation ggf. notwendig. Der in dem

Beispiel verwendete Puffer wird als Ringpuffer realisiert und verfügt somit über ein FIFO(first in first out)-Verhalten.

Anmerkung: Mit % wird der Modulo-Operator gekennzeichnet (= Rest einer ganzzahligen Division).

```
#define N 100                               // Puffergroesse

eventcounter inputcounter    = 0; // Ereigniszaehler
eventcounter outputcounter   = 0;
int          inputsequence   = 0;
int          outputsequence  = 0;

producer() {
  tinhalt item;
  while( 1 ) {
    produce( &item );
    inputsequence = inputsequence + 1;
    await( outputcounter, inputsequence-slots );
    buffer[ (inputsequence-1) & N] = item;
    advance( inputcounter );
  }
}

consumer() {
  tinhalt item;
  while( 1 ) {
    outputsequence = outputsequence + 1;
    await( inputcounter, outputsequence );
    item = buffer[ (outputsequence - 1) % N];
    advance( outputcounter );
    consume( &item );
  }
}
```

Die Ereigniszähler können nur erhöht werden und sie beginnen immer bei null. In dem Beispiel werden zwei Ereigniszähler verwendet. Der Ereigniszähler `inputcounter` zählt die Anzahl der produzierten Elemente seit dem Start und der Ereigniszähler `outputcounter` zählt die Anzahl der konsumierten Elemente seit dem Start. Aus diesem Grund muss immer die Bedingung gelten: `outputcounter` <= `inputcounter`. Hat der Produzent ein neues Element produziert, dann prüft er mit Hilfe des `await`-Systemaufrufs, ob noch Platz im Puffer vorhanden ist. Beim Start ist `outputcounter` = 0 und `(inputsequence - N)` negativ und somit wird der Produzent nicht blockiert. Falls es dem Produzenten geling, N+1 Elemente zu erzeugen, bevor der Konsument startet, muss er warten, bis `outputcounter = 1` ist. Das tritt ein, wenn der Verbraucher ein Element konsumiert. Die Logik des Konsumenten ist noch einfacher. Bevor das n-te Element konsumiert werden kann, muss mit `await( inputcounter, n)` auf das Erzeugen des n-ten Elementes gewartet werden.

Ein Betriebssystem stellt zusätzlich Möglichkeiten zur Prozesskommunikation zur Verfügung. Die Möglichkeiten sind abhängig von dem Betriebssystem und seinem Einsatzgebiet.

Einige mögliche Interprocess Communications (IPC) sind:

- **Kommunikation über gemeinsame Speicherbereiche.** Prozesse bzw. Tasks können gemeinsame Datenbereiche und Variablen anlegen und gemeinsam nutzen. Es ist dabei darauf zu achten, dass durch die Verdrängung keine korrupten inkonsistenten Daten entstehen.
- **Kommunikation über gemeinsame Dateien.** Prozesse bzw. Tasks schreiben in Dateien, die von anderen Prozessen bzw. Tasks gelesen werden können.
- **Kommunikation über Pipes.** Bei Pipes handelt es sich um unidirektionale Datenkanäle zwischen zwei Prozessen bzw. Tasks. Ein Prozess schreibt Daten in den Kanal, das heißt, sie werden am Ende angefügt und ein anderer Prozess liest sie in der gleichen Reihenfolge wieder aus. Es erfolgt eine Entnahme am Anfang. Die Realisierung kann sowohl im Speicher als auch durch Dateien erfolgen. Die Lebensdauer einer Pipe ist im Allgemeinen genauso lang wie die der beiden Prozesse, die die Pipe benutzen.
- **Kommunikation über Signale (Events).** Signale sind asynchron auftretende Ereignisse, Events, die eine Unterbrechung bewirken. Es wird auch vom Software Interrupt gesprochen. Sie dienen in der Regel der Kommunikation zwischen dem Betriebssystem und Benutzerprozessen. Bei OSEK können Tasks Events empfangen und senden. Signale können u.a. für folgende Aufgaben verwendet werden:
  - Signalisieren von Aktivitäten des Benutzers (z.B. ein Tastendruck)
  - Auslösen durch Programmfehler (z.B. Division durch null)
  - Auslösen durch andere Prozesse (z.B. ein Messwert hat einen bestimmten Wert über- oder unterschritten oder ein Zustand eines Portpins hat sich geändert)
- **Kommunikation über Nachrichten (Botschaften, Messages).** Nachrichten werden vom Betriebssystem verwaltet, das dafür Mailboxen zur Verfügung stellt. Auf diese greifen die Prozesse über bestimmte Transportfunktionen des Betriebssystems zu. Für das Senden einer Nachricht steht die Funktion `send(message)` und für das Empfangen die Funktion `receive(message)` zur Verfügung.

- **Kommunikation über Streams.** Streams ermöglichen die Kommunikation über Rechnernetze. Streams haben die gleiche Aufgabe wie die lokalen Pipes.
- **Kommunikation über Prozedurfernaufrufe (remote procedure call).** Ein Prozess ruft eine in einem anderen Prozess angesiedelte Prozedur auf, also über seine Adressgrenzen hinweg. Besonders für Client-Server-Beziehungen geeignet.

Selbst bei sehr einfachen Betriebssystemen ist eine IPC notwendig, da zumindest eine Kommunikation zwischen einem Prozess und dem Scheduler möglich sein muss.

2.7.1 Semaphore

Die Semaphore werden verwendet, um den Zugriff auf Ressourcen zu synchronisieren, die von mehreren konkurrierenden Tasks gemeinsam genutzt werden dürfen.

Bei einem *Semaphor* handelt es sich um einen speziellen Zähler. Der Zählerstand wird durch die Methode `RELEASE` erhöht, weil eine belegte Ressource wieder freigegeben wird. Durch `REQUEST` wird der Zählerstand verringert, weil eine Ressource belegt wird. Das Anfordern einer neuen Ressource kann nur erfolgreich durchgeführt werden, wenn der Zählerstand > 0 ist, d.h. noch angeforderte Ressourcen zur Verfügung stehen.

Die Eigenschaften und die Verwendung von Semaphoren soll im Folgenden durch die klassischen Problemstellungen veranschaulicht werden.

Das Problem der speisenden Philosophen

Es wird das von Dijkstra erstmals gelöste Problem der fünf Philosophen betrachtet, die an einem runden Tisch sitzen. Vor jedem Philosophen steht ein Teller mit Spaghetti und zwischen zwei Tellern liegt jeweils eine Gabel. Da die Philosophen, was die Hygiene angeht, keine Ansprüche haben, benutzen sie die Gabeln gemeinsam, d.h. nacheinander. Damit ein Philosoph essen kann, benötigt er zwei Gabeln. Somit kann ein Philosoph nur dann essen, wenn keiner seiner Nachbarn isst.

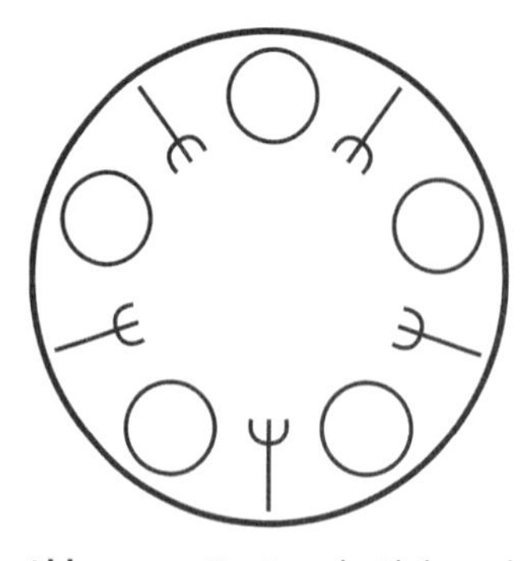

Abb. 2.13: Speisende Philosophen

Das Beispiel ist nicht so weltfremd, wie es auf den ersten Blick erscheint. Immer wenn verschiedene Prozesse (veranschaulicht durch die Philosophen) auf gemeinsame Betriebsmittel (veranschaulicht durch die Gabeln) zugreifen müssen, treten ähnliche Probleme auf. Es lassen sich drei wesentliche Probleme der Nebenläufigkeit von Prozessen veranschaulichen.

1. **Problem der Verklemmung**

   Falls alle Philosophen gleichzeitig Hunger bekommen, können sie nach der rechts von ihnen liegenden Gabel greifen. Da sie mit einer Gabel nicht essen können, warten sie auf die zweite Gabel. Diese können sie allerdings nicht bekommen, da ihr Nachbar diese in der Hand hat und ebenfalls auf die zweite Gabel wartet. Natürlich legt kein Philosoph seine Gabel aus der Hand, ohne vorher gegessen zu haben. Der Effekt ist, dass nichts mehr geht. Es ist eine Verklemmung, ein »Deadlock« eingetreten.

2. **Organisation des gegenseitigen Ausschlusses in kritischen Abschnitten**

   Um eine Verklemmung verhindern zu können, kann abgesprochen werden, dass immer nur beide Gabeln gleichzeitig aufgenommen werden dürfen. Der Philosoph muss also zuerst nachsehen, ob auch beide Gabeln auf dem Tisch liegen, und nur wenn dies der Fall ist, darf er sie aufnehmen. Was aber passiert, wenn ein anderer Philosoph genau zu dem Zeitpunkt wie der andere hungrige Philosoph festgestellt hat, dass beide Gabeln zur Verfügung stehen, und die erste Gabel in die Hand nimmt und somit dem anderen die andere Gabel wegnimmt? Der Zeitabschnitt vom Blick »Ist die erste Gabel da?« bis zum Aufnehmen der zweiten Gabel ist ein so genannter kritischer Abschnitt, in dem verhindert werden muss, dass ein anderer Philosoph am Status der Gabeln etwas verändert.

3. **Aushungern eines Prozesses**

   Das kann in diesem Beispiel fast wörtlich genommen werden. Wenn ein Philosoph vergisst, nach dem Essen die Gabel wieder auf den Tisch zu legen, oder während des Essens einen so interessanten Gedanken hat, dass er darüber das Essen vergisst und deshalb die Gabeln in der Hand behält, können seine Nachbarn nicht essen. Ein weiteres Szenario ist, dass sich der linke und der rechte Nachbar eines Philosophen absprechen, so dass immer eine der beiden Gabeln benutzt wird. Auch dann müsste der arme Philosoph verhungern. Es ist also auszuschließen, dass einer der Philosophen verhungern kann. Die Synchronisation des Problems der speisenden Philosophen lässt sich z.B. durch Petri-Netze modellieren.

Es wird im Folgenden eine mögliche Lösung für das Problem der speisenden Philosophen vorgestellt. Als Sprache für die Realisierung wird Java verwendet, da frei verfügbare Entwicklungsumgebungen zur Verfügung stehen und Java ein Thread-Konzept zur Verfügung stellt, das die Programmierung von Tasks erlaubt.

Jeder Philosoph kann genau auf die zwei Gabeln zugreifen, die neben ihm liegen. Somit entfällt die Möglichkeit, einen Semaphor zu verwenden, der alle fünf Gabeln verwaltet. Jede Gabel verfügt über die Eigenschaft ihrer Position, die sie nicht untereinander austauschbar macht. Das heißt, es werden fünf Semaphore benötigt, die zum Anfang mit eins initialisiert werden.

Das Szenario lässt sich mit dem in Abbildung 2.14 gezeigten UML-Klassendiagramm darstellen.

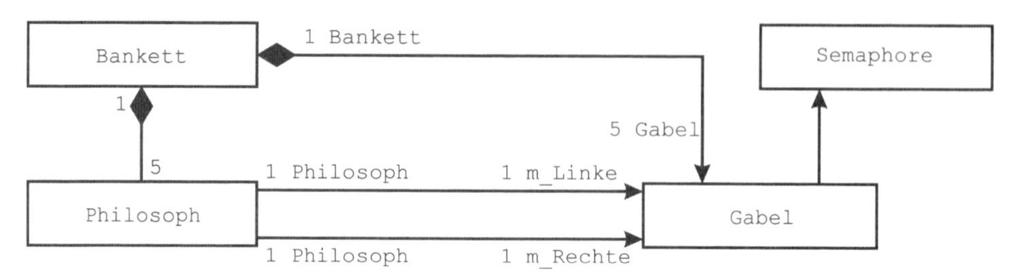

Abb. 2.14: Problem der speisenden Philosophen

Die Klasse `Bankett` hat reine Verwaltungsaufgaben. Die Klasse legt die benötigten `Philosoph`- und `Gabel`-Objekte an und startet einen Scheduler. Jedes Objekt verfügt über gerichtete Beziehungen zu zwei Gabeln, je zu einer linken und einer rechten Gabel. Die Klasse `Gabel` ist eine Spezialisierung der Klasse `Semaphore`.

Die Klasse `Gabel` stellt die zwei Methoden `nehmen()` und `ablegen()` zur Verfügung. Das Nehmen und Ablegen von Gabeln ist ein kritischer Bereich, wenn die Philosophen ihn quasi parallel ausführen. Durch Aufruf der Methode `nehmen()` wird versucht, eine Gabel aufzunehmen. Konnte eine Gabel erfolgreich aufgenommen werden, wird `true` zurückgegeben. Wird `false` zurückgegeben, hat ein anderer Philosoph die Gabel in Benutzung. Das Ablegen der Gabel wird durch Aufruf der Methode `ablegen()` durchgeführt.

Der folgende Programmabschnitt zeigt den Klassenrumpf.[1]

```
public class Gabel extends Semaphore {
  private boolean m_GenommenFlag;

  public boolean nehmen() {
    ...
  }
  public void ablegen() {
    ...
```

1 Die kompletten Programmlistings befinden sich im Anhang.

```
  }
}
```

Die Klasse `Philosoph` verfügt neben einigen lokalen Attributen (lokale Variablen) über einen Konstruktor und die Methode `task()`.

Der Konstruktor wird beim Anlegen eines Objekts aufgerufen. Mit ihm werden Referenzen auf die linke und rechte Gabel übergeben, die der Philosoph zum Essen benutzen darf. Für die Verfolgbarkeit wird mit dem Parameter `inPhilosophID` eine eindeutige Kennung für jeden Philosophen mit übergeben.

```
public Philosoph( int   inPhilosophID,
                  Gabel inLinke,
                  Gabel inRechte ) {
  ...
}
```

Die Methode `task()` führt die eigentliche Bearbeitung durch. In unserem Fall ist sie nicht unterbrechbar. Das führt dazu, dass es keine kritischen Bereiche gibt.

Der Philosoph kann drei Zustände annehmen, `DENKEN`, `HUNGRIG` sein und `ESSEN`. Die Methode `task()` ist als Zustandsmaschine realisiert, die genau diese drei Zustände annehmen kann. Der Zustand `DENKEN` ist dabei der Startzustand. Der Konstruktor setzt ihn genauso, wie er die Zeit mittels Zufallgenerator festlegt, die der jeweilige Philosoph denkt. Für jeden Philosophen wird eine eigene Denkzeit ermittelt, was nicht abwegig ist, da jeder über ein anderes Problem brütet. Jedem Philosophen wird ebenfalls eine eigene Zeitdauer für das Essen zugestanden. Unterschiedliche Denkaufgaben machen auch unterschiedlich hungrig.

```
public void task() throws PhilosophException {
  ...
  switch( m_State ) {
    case st_DENKEN: {
      m_Zeit--;
      if( m_Zeit <= 0 ) {
        //--- Der Philosoph ist hungrig geworden
        //    Anzahl der erfolglosen Zugriffe auf die
        //    Gabeln initialisieren.
        m_Zugriffe = 0;
        //--- Zustandswechsel
        m_State = st_HUNGRIG;
      }
      break;
    }
```

Der Philosoph ist hungrig und versucht in diesem Zustand, die beiden Gabeln aufzunehmen. Die Anzahl der Versuche wird mitgezählt. Wird eine bestimmte Anzahl der Versuche überschritten, hier 1000, kann davon ausgegangen werden, dass der Philosoph »verhungert« ist.

```
case st_HUNGRIG: {
  //--- lokale Variable
  boolean theLinkeGabel;
  boolean theRechteGabel;

  //--- Feststellen, ob der Philosoph verhungert ist
  m_Zugriffe++;
  if( m_Zugriffe > 1000 ) {
    //--- Eine Ausnahme erzeugen, um das Verhungern
    //     zu signalisieren. Wobei
    //     false - das Verhungern und
    //     true - zu viele essende Philosophen
    //             signalisiert
    throw new PhilosophException( false );
  }
```

Es wird jetzt versucht, die beiden Gabeln aufzunehmen. Danach wird geprüft, ob der Versuch erfolgreich war, d.h. beide Gabeln aufgenommen werden konnten. Konnte mindestens eine Gabel nicht aufgenommen werden, werden alle aufgenommenen Gabeln wieder abgelegt.

```
  //--- Aufnehmen der beiden Gabeln
  theLinkeGabel  = m_Linke.nehmen();
  theRechteGabel = m_Rechte.nehmen();

  //--- Pruefen, ob beide Gabeln aufgenommen werden
  //    konnten
  if( theLinkeGabel == true
      && theRechteGabel == true ) {
    //--- Beide Gabeln aufgenommen.
    //    Anzahl der essenden Philosophen pruefen.
    //    Es koennen immer nur zwei gleichzeitig
    //    essen.
    m_Essende++;
    if( m_Essende > 2 ) {
      //--- Zu viele Philosophen essen gleichzeitig
      throw new PhilosophException( true );
```

```
        }
        //--- Zeitdauer fuer das Essen festlegen
        m_Zeit = Math.abs( random.nextInt() % 199 );
        //--- Zustandswechsel
        m_State = st_ESSEN;
      }
      else {
        //--- Es konnten nicht beide Gabeln aufgenommen
        //    werden. Die aufgenommenen Gabeln werden
        //    wieder ablegt.
        if( theLinkeGabel == true ) {
          m_Linke.ablegen();
        }
        if( theRechteGabel() == true ) {
          m_Rechte.ablegen();
        }
      }
      break;
    }
```

Im Zustand ESSEN wird so lange geblieben, bis die Zeit für das Essen abgelaufen ist. Danach wird die Zeit für das Denken ermittelt und in den Zustand DENKEN gewechselt.

```
    case st_ESSEN: {
      m_Zeit--;
      if( m_Zeit <= 0 ) {
        //--- Das Essen ist beendet.
        //    Zeitdauer fuer das Essen festlegen
        m_Zeit = Math.abs( random.nextInt() % 199 );

        //--- Die beiden Gabeln wieder ablegen.
        m_Linke.ablegen();
        m_Rechte.ablegen();
        //--- Zustandswechsel
        m_State = st_DENKEN;
      }
      break;
    }
  }
}
```

Das folgende Listing zeigt die Klasse `Bankett`, sie sorgt für die Erzeugung der Instanzen und den Aufruf der Objekte.

```
public class Bankett {
  //--- Anlegen der lokalen Datenobjekte
  //    Die Klasse stellt einen einfachen Scheduler zum
  //    Aufrufen der Philosophen bereit.
  private static OS m_OSEK = new OSEK();

  //--- Es werden zwei Vektoren fuer die Verwaltung der
  //    Philosophen und Gabeln angelegt.
  private static Philosoph m_Philosophen[]
                    = new Philosoph[ 5];
  private static Gabel m_Gabel[] = new Gabel[ 5];

  public static void main( String args[] ) {
    //--- Erzeugen von Instanzen der Klasse Gabel und
    //    dem Eintragen in den dafuer vorgesehenen
    //    Vektor.
    m_Gabel[ 0] = new Gabel();
    m_Gabel[ 1] = new Gabel();
    m_Gabel[ 2] = new Gabel();
    m_Gabel[ 3] = new Gabel();
    m_Gabel[ 4] = new Gabel();

    //--- Erzeugen von Instanzen der Klasse Philosoph
    //    und dem Eintragen in den dafuer vorgesehenen
    //    Vektor. Es wird dabei die Zuordnung der Gabeln
    //    zu den Philosophen durchgefuehrt.
    m_Philosophen[ 0] = new Philosoph( 0, m_Gabel[ 4],
                                          m_Gabel[ 0] );
    m_Philosophen[ 1] = new Philosoph( 0, m_Gabel[ 0],
                                          m_Gabel[ 1] );
    m_Philosophen[ 2] = new Philosoph( 0, m_Gabel[ 1],
                                          m_Gabel[ 2] );
    m_Philosophen[ 3] = new Philosoph( 0, m_Gabel[ 2],
                                          m_Gabel[ 3] );
    m_Philosophen[ 4] = new Philosoph( 0, m_Gabel[ 3],
                                          m_Gabel[ 4] );

    //--- Den Scheduler initialisieren
    m_OS.DeclareTask( m_Philosophen[ 0] );
```

```
    m_OS.DeclareTask( m_Philosophen[ 1] );
    m_OS.DeclareTask( m_Philosophen[ 2] );
    m_OS.DeclareTask( m_Philosophen[ 3] );
    m_OS.DeclareTask( m_Philosophen[ 4] );

    //--- Nun den Scheduler fuer 5000 Zyklen laufen
    //    lassen.
    int theCycle;
    for( theCycle = 0; theCycle < 5000; theCycle++ ) {
      m_OS.Scheduler();
    }
  }
}
```

Problem der speisenden Philosophen mit Threads

Bei der ersten Lösung des Problems konnte die Methode `task()` der Klasse `Philosoph` nicht unterbrochen werden und somit lag das wesentliche Problem in der Synchronisation der aufzunehmenden Gabeln. Es musste nur sichergestellt werden, dass sich nicht zwei Philosophen eine Gabel zur gleichen Zeit teilen.

Werden Tasks bzw. Threads verwendet, besteht die Möglichkeit, dass die Tasks sich gegenseitig an beliebigen Stellen unterbrechen können. Da nicht vorhersehbar ist, zu welchem Zeitpunkt und an welcher Stelle des Programmcodes die Unterbrechung stattfindet, ist zu untersuchen, ob es kritische Bereiche gibt. Sind kritische Bereiche vorhanden, ist sicherzustellen, dass sie komplett abgearbeitet werden und nicht unterbrochen werden können. Man spricht von *atomaren Bereichen*.

Die Sprache Java bietet das Konzept der Threads, die wie Tasks eine Nebenläufigkeit erlauben. Das heißt, mehrere Threads werden von einem Prozessor quasi parallel abgearbeitet.

Um die Mechanismen der Threads verwenden zu können, muss die Klasse `Philosoph` von der Klasse `Thread` abgeleitet werden.[2]

```
public class Philosoph extends Thread {
  ...
}
```

Danach werden die lokalen Attribute bereitgestellt. Die Methode `run()` ist die Methode, die unterbrechbar ist. In ihr werden die nebenläufigen Prozesse ausgeführt.

2 Die kompletten Programmlistings befinden sich im Anhang.

```
public void run() {
  ...
}
```

Das WARTEN in den Zuständen DENKEN und ESSEN wird durch den Aufruf der Methode sleep() realisiert und die Zeitdauer durch den Zufallsgenerator bestimmt. Es wird also die angegebene Zeitspanne gewartet.

```
m_Zeit = Math.abs( random.nextInt() % 199 );
...
sleep( m_Zeit );
```

Wird der Philosoph hungrig, versucht er, die Gabeln aufzunehmen. Das Aufnehmen wird durch Aufruf der Methode aufnehmen() realisiert. Bei dieser Methode handelt es sich um eine Methode, die nicht durch eine andere unterbrochen werden kann. Sie umschließt einen kritischen Bereich, in unserem Fall das Aufnehmen der beiden Gabeln. Diese Eigenschaft der Methode wird durch das Schlüsselwort synchronized erreicht.

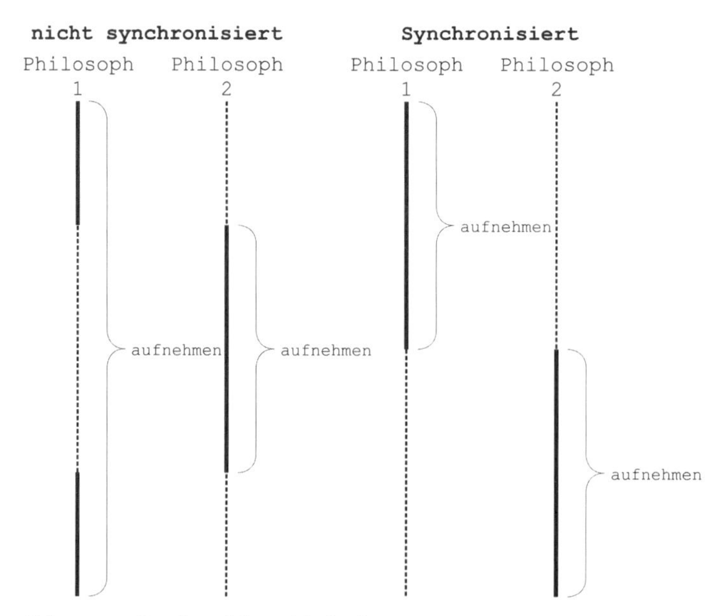

Abb. 2.15: Synchronisierte Methoden

In Abbildung 2.15 wird ein mögliches Szenario dargestellt. Ist die Methode aufnehmen() nicht synchronisiert, können mehrere Philosophen gleichzeitig diese Methode aufrufen und sich somit gegenseitig unterbrechen. Das Ergebnis der Methode ist rein zufällig und nicht vorhersagbar und führt zu schwer zu findenden

Fehlern. Dieses Problem wird durch das Schlüsselwort synchronized beseitigt, da eine damit gekennzeichnete Methode nicht mehrfach aufgerufen werden kann.

Die Methode versucht, beide Gabeln aufzunehmen. Schlägt die Aufnahme einer Gabel fehl, wird eine bereits aufgenommene Gabel wieder abgelegt. Die Methode liefert true zurück, wenn beide Gabeln aufgenommen werden konnten.

```
public synchronized boolean aufnehmen()
{
  boolean theResult = false;
```

Nun wird versucht, beide Gabeln aufzunehmen. Die Methode nehmen() liefert true zurück, wenn die Gabel erfolgreich aufgenommen werden konnte.

```
  m_LinkeGabel = m_Linke.nehmen();
  m_RechteGabel = m_Rechte.nehmen();
```

Es wird nun geprüft, ob das Aufnehmen der Gabeln erfolgreich war.

```
  if( m_LinkeGabel==true && m_RechteGabel==true ) {
    theResult = true;
  }
  else {
    //--- Eine der beiden konnte nicht aufgenommen
    //    werden. Die bereits aufgenommene Gabel wird
    //    wieder ablegt.
    if( m_LinkeGabel == true ) {
      m_Linke.ablegen();
    }
    if( m_RechteGabel == true ) {
      m_Rechte.ablegen();
    }
  }
  return( theResult );
}
```

Die Klasse Philosoph, die von der Klasse Thread abgeleitet wurde, muss eine Methode run() zur Verfügung stellen, die unterbrechbar ist und somit das eigentliche parallele Verhalten ermöglicht.

Wie im vorherigen Beispiel verfügt der Philosoph über drei Zustände, die er einnehmen kann, DENKEN, HUNGRIG und ESSEN. Der Thread wird mit der Methode sleep() für eine durch den Zufallsgenerator ermittelte Zeitdauer schlafen gelegt. Im Zustand HUNGRIG versucht der Philosoph, zwei Gabeln aufzunehmen.

```
public void run() {
  try {
    boolean theDoneFlag = false;
    while( theDoneFlag == false ) {
      switch( m_State ) {
        case st_DENKEN: {
          //--- Der Philiosoph denkt fuer einige Zeit,
          //     bis er hungrig wird
          m_Zeit = Math.abs( random.nextInt() % 199 );
          m_t_Summe += m_Zeit;
          sleep( m_Zeit );
          m_State = st_HUNGRIG;
          break;
        }
```

Der Philosoph ist hungrig geworden bzw. hat aufgehört nachzudenken.

```
        case st_HUNGRIG: {
          if( aufnehmen() == true ) {
            m_Essende++;
            System.out.println(
              m_Philosoph + " Philosoph ESSEN = " +
              m_Zeit +  " Zugriffe = " + m_Zugriffe +
              "  [" + m_Essende + "]" );
            m_State = st_ESSEN;
          }
          else {
            m_Zugriffe += 1;
          }
          break;
        }
```

Es konnten die beiden Gabeln aufgenommen werden. Es wird mit dem Zufallsgenerator die Zeit festgelegt, wie lange der Philosoph essen wird. Danach wird die Methode `sleep()` aufgerufen.

```
        case st_ESSEN: {
          m_Zeit = Math.abs( random.nextInt() % 199 );
          m_t_Summe += m_Zeit;
          sleep( m_Zeit );
          System.out.println(
             m_Philosoph + " Philosoph DENKEN = " +
```

```
                m_Zeit );
            m_Linke.ablegen();
            m_Rechte.ablegen();
            m_Essende--;
            m_State = st_DENKEN;
            break;
        }
    } // switch ...
```

Das folgende Listing zeigt die Klasse `Bankett`. Sie sorgt neben der Erzeugung der Instanzen auch für das Starten der einzelnen Threads.

```
public class Bankett {
  private static Philosoph m_Philosophen[] =
    new Philosoph[ 5];
  private static Gabel m_Gabel[] = new Gabel[ 5];

  public static void main (String args[]) {
    m_Gabel[ 0] = new Gabel();
    m_Gabel[ 1] = new Gabel();
    m_Gabel[ 2] = new Gabel();
    m_Gabel[ 3] = new Gabel();
    m_Gabel[ 4] = new Gabel();

    m_Philosophen[ 0] =
      new Philosoph( 0, m_Gabel[ 4], m_Gabel[ 0] );
    m_Philosophen[ 1] =
      new Philosoph( 1, m_Gabel[ 0], m_Gabel[ 1] );
    m_Philosophen[ 2] =
      new Philosoph( 2, m_Gabel[ 1], m_Gabel[ 2] );
    m_Philosophen[ 3] =
      new Philosoph( 3, m_Gabel[ 2], m_Gabel[ 3] );
    m_Philosophen[ 4] =
      new Philosoph( 4, m_Gabel[ 3], m_Gabel[ 4] );

    m_Philosophen[ 0].start();
    m_Philosophen[ 1].start();
    m_Philosophen[ 2].start();
    m_Philosophen[ 3].start();
    m_Philosophen[ 4].start();
  }
}
```

Das Problem des schlafenden Friseurs

Ein weiteres klassisches Problem ist der schlafende Friseur. Es handelt sich dabei um die Synchronisierung von Konsumenten (Friseur) und Produzenten (Kunde). Der Friseur bedient und konsumiert bzw. verbraucht somit seine Kunden, sobald er dafür Zeit hat, sowohl ankommende als auch wartende Kunden. Der Warteraum ist beschränkt auf N Stühle. Die Abbildung 2.16 veranschaulicht die Struktur des Frisiersalons.

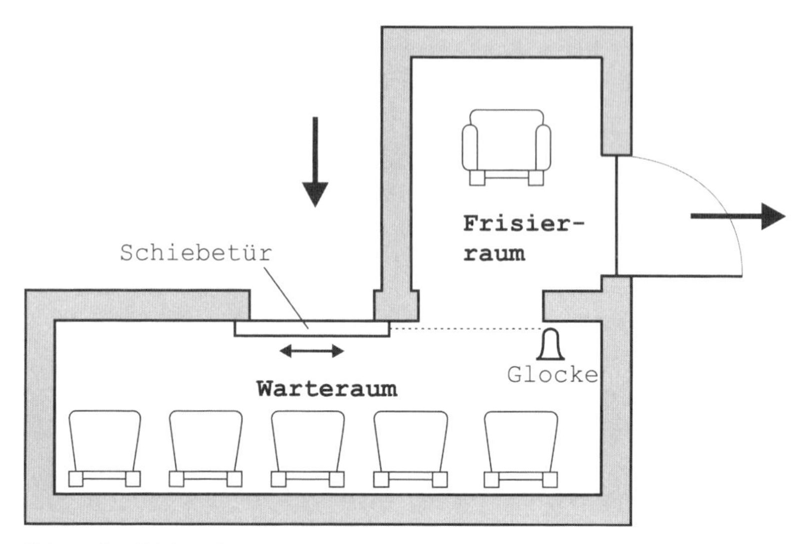

Abb. 2.16: Frisiersalon

Der Frisiersalon ist mit einer Schiebetür ausgestattet, die vom kommenden Kunden vollständig geöffnet werden muss, um in den Warteraum zu gelangen, es gibt keine Zwischenstellungen der Schiebetür. Ist die Schiebetür vollständig geöffnet und somit der Frisierraum zum Warteraum verschlossen, dann ertönt eine Glocke, um den evtl. schlafenden Friseur zu wecken.

Folgende Aktionen werden ausgeführt:

- Wenn kein Kunde vorhanden ist, legt sich der Friseur schlafen.
- Kommt eine Kunde, dann prüft der Kunde die Bedingung, ob noch Platz im Warteraum ist. Sind alle Stühle belegt, so geht er wieder, ansonsten bleibt er und belegt einen Stuhl. Handelt es sich um den ersten Kunden, sind keine Stühle belegt und er weckt den Friseur.
- Der Friseur bedient so lange Kunden, bis kein Stuhl mehr besetzt ist, dann legt er sich schlafen.

Die kritische Situation besteht darin, dass ein neuer Kunde kommen kann und den Friseur weckt, obwohl sich dieser noch nicht schlafen gelegt hat. Diese Situation kann in dem Zeitraum zwischen der Erhöhung der Anzahl der belegten Stühle und der Frage »Sind alle Stühle frei?« auftreten.

Das Problem des schlafenden Friseurs wird in diesem Beispiel wieder durch Semaphore gelöst. Um die Nebenläufigkeit der einzelnen Prozesse sicherzustellen, werden die in Java bereitgestellten Threads verwendet.

Der Start des Programms erfolgt mit der `main()`-Methode der Klasse `SchlafenderFriseur`. Es werden in der `main()`-Methode Objekte der Klassen `Wartezimmer`, `Kunde` und `Friseur` angelegt. Bei den Klassen `Kunde` und `Friseur` handelt es sich um Erweiterungen der Klasse `Thread`. Die Konstruktoren der Klassen sorgen für das Starten der einzelnen Threads.

```
public static void main (String args[]) {
  System.out.println("Start ...");
  Wartezimmer theWartezimmer = new Wartezimmer( 3 );
  Kunde   theKunde1 = new Kunde( theWartezimmer, 1 );
  Kunde   theKunde2 = new Kunde( theWartezimmer, 2 );
  Kunde   theKunde3 = new Kunde( theWartezimmer, 3 );
  Kunde   theKunde4 = new Kunde( theWartezimmer, 4 );
  Kunde   theKunde5 = new Kunde( theWartezimmer, 5 );
  Friseur theFriseur = new Friseur( theWartezimmer );
}
```

Es ist zu beachten, dass auch nach Beendigung der `main()`-Methode die gestarteten Threads, also die Tasks noch aktiv sind. Das Programm wird somit noch nicht beendet, sondern erst dann, wenn alle Threads des Programms beendet wurden.

Die Klasse `Wartezimmer` stellt einen Semaphor zur Verfügung, der über eine vorher festgelegte Anzahl von Stühlen verfügt. Der Kunde kann die Methode `hinsetzen()` aufrufen, wenn er sich hinsetzen will. Steht noch ein freier Stuhl zur Verfügung, dann wird `true` zurückgegeben, die Anzahl der freien Stühle verringert und eine Referenz auf den Kunden gespeichert. Bei der Methode handelt es sich um eine Methode, die nicht unterbrechbar ist.

```
public synchronized
boolean hinsetzen( Thread inThread ) {
  ...
}
```

Der Friseur ruft die Methode `aufstehen()` auf, wenn er den nächsten Kunden frisieren möchte.

```
public synchronized boolean aufstehen() {
  boolean theResult = false;
```

```
    if( m_Wartende > 0 ) {
      int theKunde = m_Erster;
      m_Erster++;
      if( m_Erster >= m_Anzahl ) {
        m_Erster = 0;
      }

      m_Wartende--;
      Kunde theThread = (Kunde)m_Stuehle[ theKunde];
      System.out.println( "Kunde " +
        theThread.getKennung() + " wird frisiert" );
      theThread.aufstehen();
      theResult = true;
    }
    return( theResult );
  }
```

Die Klasse `Kunde` ist eine Ableitung und somit eine Spezialisierung der Klasse `Thread`. Die Klasse stellt die Methoden `warten()` und `aufstehen()` zur Verfügung, die den Thread unterbrechen bzw. weiterlaufen lassen. Beide Methoden sind synchronisiert und können somit nicht durch einen anderen Thread unterbrochen werden.

```
  synchronized void warten() {
    try {
      wait();
    }
    catch( InterruptedException e) {
      System.out.println("Kunde InterruptedException");
    }
  }

  public synchronized void aufstehen() {
    notify();
  }
```

Die Methode `run()` ist der eigentliche Thread bzw. Task, der unterbrochen werden kann. Kann sich der Kunde erfolgreich hinsetzen, wird die Methode `warten()` aufgerufen. Der Thread wird mit seiner Ausführung unterbrochen und wartet so lange, bis er weiterlaufen kann.

```
public void run() {
  int theCycle = 0;
  try {
    while( theCycle < 20 ) {
      if( m_Wartezimmer.hinsetzen( this) == true ) {
        System.out.println( "Kunde Hinsetzen =" +
          m_Kunde + " [" +
          m_Wartezimmer.getWartende() + "]" );
        warten();
      }
      else {
        System.out.println("Kunde geht =" + m_Kunde);
      }
      m_Zeit = Math.abs( random.nextInt() % 79 );
      sleep( m_Zeit );
      theCycle++;
    }
    System.out.println( "Kunde ende " + m_Kunde );
  }
  catch( InterruptedException e) {
    System.out.println("Kunde InterruptedException");
  }
}
```

Die Klasse `Friseur` ist ebenfalls eine Erweiterung der Klasse `Thread` und verfügt neben einem Konstruktor über die Methode `run()`.

Dem Konstruktor wird eine Referenz auf das Wartezimmer übergeben, die im Attribut `Wartezimmer` gespeichert wird. Der Konstruktor startet anschließend die Ausführung des Threads. Mit `theCycle` wird eine harte Bedingung für den Abbruch des Threads festgelegt.

```
public class Friseur extends Thread {
  ...
  public void run() {
    int theCycle = 0;
    try {
      while( theCycle < 200 ) {
        if( m_Wartezimmer.aufstehen() == true ) {
          sleep( 20 );
        }
```

```
          else {
            sleep( 50 );
          }
          theCycle++;
        }
        System.out.println( "Friseur ende" );
      }
      catch( InterruptedException e) {
        System.out.println(
          "Friseur InterruptedException" );
      }
    }
    Wartezimmer m_Wartezimmer;
}
```

Bei der beschriebenen Lösung legen sich die Kunden im Wartezimmer schlafen und warten darauf, durch den Friseur geweckt zu werden, wenn er sie frisieren kann. Alle anderen Kunden sind so lange laufend (im wahrsten Sinne des Wortes), bis sie einen Stuhl im Wartezimmer erhalten.

Abbildung 2.17 zeigt das Klassendiagramm mit den Abhängigkeiten in UML[3]-Notation.

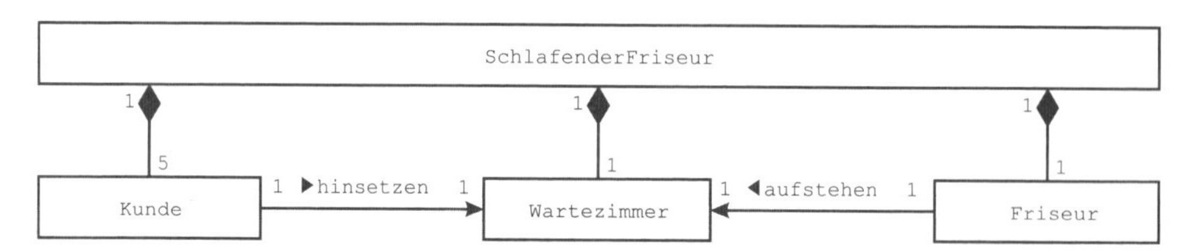

Abb. 2.17: Schlafender Friseur, Variante 1

Die Klasse `SchlafenderFriseur` verwaltet die Objekte bzw. Instanzen der Klasse `Kunde`, `Wartezimmer` und `Friseur`. Diese Beziehungen werden durch Aggregation dargestellt. Bei UML geschieht dies durch das Verbinden der beiden Klassen mit einer Linie, wobei die Klasse, die diese Objekte besitzen soll, in diesem Fall die Klasse `SchlafenderFriseur`, mit einer Raute begonnen wird. Zusätzlich kann die Multiplizität angegeben werden. In Abbildung 2.16 hat die Aggregation `SchlafenderFriseur Kunde` eine 1-zu-5-Beziehung, das heißt, ein Objekt der Klasse `SchlafenderFriseur` verfügt über genau fünf Objekte der Klasse `Kunde`.

3 Eine kurze Einführung in UML findet sich im Anhang.

Kunde und Wartezimmer stehen durch eine gerichtete Assoziation in Beziehung, Linie mit Pfeil Richtung Wartezimmer. Durch die Richtung der Assoziation wird die Navigierbarkeit festgelegt.

Wie bei der Aggregation kann die Multiplizität angegeben werden. Friseur und Wartezimmer stehen ebenfalls durch eine gerichtete Assoziation in Beziehung. Es wird durch das UML-Modell offensichtlich, dass sich der Friseur nicht schlafen legen kann, da er nicht geweckt werden kann.

Die nächste Erweiterung besteht darin, den Friseur ebenfalls schlafen zu legen, wenn keine Kunden warten. Er wird immer dann geweckt, wenn der erste Kunde Platz genommen hat.

Abbildung 2.18 zeigt das Klassendiagramm mit den Abhängigkeiten in UML-Notation. Durch die geänderte bzw. erweiterte Assoziation zwischen Friseur und Wartezimmer besteht nun die Möglichkeit, dass sich der Friseur schlafen legen kann, wenn das Wartezimmer leer ist, und vom Wartezimmer geweckt wird (durch eine Glocke an der Tür), wenn der erste Kunde sich hinsetzt.

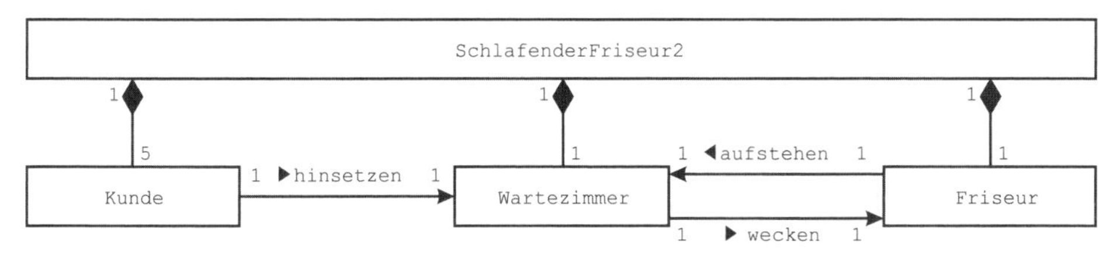

Abb. 2.18: Schlafender Friseur, Variante 2

Um dieses Ziel erreichen zu können, bedarf es einiger Änderungen im Programmablauf. Die Methode `main()` der Klasse `SchlafenderFriseur2` wird umstrukturiert und es wird zusätzlich die Methode `setFriseur()` mit der Referenz des Friseurs aufgerufen. Dadurch wird das Wartezimmer in die Lage versetzt, den Friseur zu wecken, wenn der erste Kunde Platz nimmt.

```
public class SchlafenderFriseur2 {
  public static void main (String args[]) {
    System.out.println("Start ...");
    Wartezimmer theWartezimmer = new Wartezimmer( 3 );
    Friseur theFriseur = new Friseur( theWartezimmer );

    theWartezimmer.setFriseur( theFriseur );

    Kunde theKunde1 = new Kunde( theWartezimmer, 1 );
    ...
  }
}
```

Die Klasse Wartezimmer kennt den Friseur und kann ihn somit auch wecken, wenn er schläft. Das Wecken des Friseurs geschieht immer dann, wenn der erste Kunde im Wartezimmer sich hinsetzt, durch den Aufruf der Methode hinsetzen().

```
if( m_Wartende < m_Anzahl ) {
  //--- Noch Platz im Wartezimmer
  if( m_Wartende == 0 ) {
    m_Erster = 0;
    m_Letzter = 0;
    m_Wartende = 1;
    m_Stuehle[ 0] = inThread;
    m_Friseur.wecken();
  }
  else {
    ...
  }
  ...
}
```

Die Klasse Friseur ist um die Methode schlafenlegen() erweitert worden. Es handelt sich um eine private Methode, die nur vom Friseur selber aufgerufen werden kann, um sich schlafen zu legen.

```
synchronized void schlafenlegen() {
  try {
    System.out.println( "Friseur schlaeft" );
    wait();
  }
  catch( InterruptedException e) {
    System.out.println(
      "Friseur InterruptedException" );
  }
}
```

Als weitere Erweiterung dient die Methode wecken() zum Wecken des schlafenden Friseurs. Diese Methode ruft die Funktion notify() auf, um den Thread zu unterbrechen.

```
public synchronized void wecken() {
  notify();
}
```

Innerhalb der Methode run() wird die Methode schlafenlegen() aufgerufen, wenn der Versuch fehlschlägt, den nächsten Kunden zu frisieren, das heißt, wenn ein Kunde aufstehen soll. Dann ist das Wartezimmer leer und der Friseur kann sich schlafen lagen.

```
public void run() {
  int theCycle = 0;
  try {
    while( theCycle < 400 ) {
      if( m_Wartezimmer.aufstehen() == true ) {
        sleep( 20 );
      }
      else {
        schlafenlegen();
      }
      theCycle++;
    }
    System.out.println( "Friseur ende" );
  }
  catch( InterruptedException e) {
    System.out.println(
      "Friseur InterruptedException" );
  }
}
```

An den beiden Beispielen wird die unterschiedliche Verwendung von Semaphoren deutlicher. Im ersten Beispiel, bei den »Speisenden Philosophen«, verwaltete jeder Semaphor genau eine Ressource, also eine einzelne Gabel. Bei dem zweiten Beispiel verfügt der »Schlafende Friseur« über mehrere gleichwertige Sitzplätze, die durch einen Semaphor verwaltet werden können. Bei den »Speisenden Philosophen« unterscheiden sich die vermeintlich gleichen Ressourcen durch ihre Position und sind somit nicht untereinander austauschbar.

2.7.2 Events

Events dienen zum Synchronisieren von asynchronen Ereignissen. Die Verwendung von Events soll zum einen am Beispiel des Microsoft-Windows-Betriebssystems und zum anderen an OSEK gezeigt werden.

Bei dem Microsoft-Windows-Betriebssystem handelt es sich um ein Standardbetriebssystem, in dem keine hohen Anforderungen an die Echtzeitfähigkeit gestellt werden. Abbildung 2.19 zeigt das Programmiermodell von Windows. Das Betriebssystem erzeugt Nachrichten, die durch den Anwender oder interne Abläufe hervorgerufen werden. Diese Aktivitäten können das Drücken einer Taste, das Verschieben eines Fensters oder das Ablaufen eines Timers sein.

Die Nachrichten werden in einer Warteschlange eingetragen. Die Anwendung kann diese Nachrichten abholen und an die einzelnen Behandlungsroutinen verteilen. Das Verteilen erledigt die `WinMain()`-Funktion, die von der Programmierumgebung zur Verfügung gestellt wird.

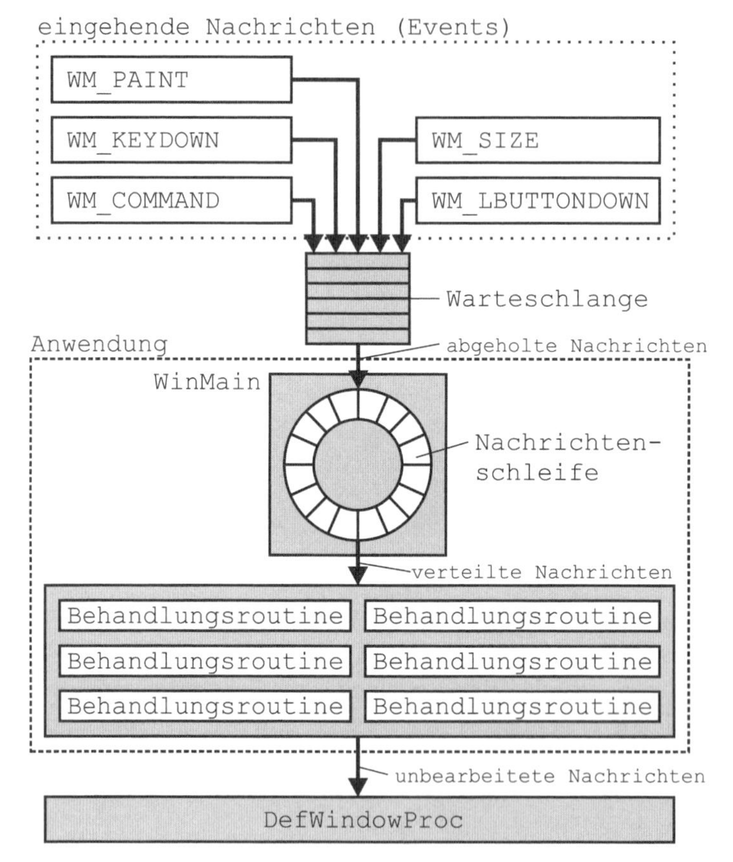

Abb. 2.19: Das Programmiermodell von Windows

Aufgrund der Warteschlange und der Nachrichtenschlange ist die Echtzeitfähigkeit nur eingeschränkt vorhanden. Für den Anwender ist die eingeschränkte Echtzeitfähigkeit kein offensichtlicher Nachteil, solange mit dem System flüssig gearbeitet werden kann.

Das folgende Programmbeispiel zeigt die Definition der Klasse `CLichtDlg`, die einen Dialog realisiert.

```
class CLichtDlg : public CDialog
{
  DECLARE_DYNAMIC(CLichtDlg)
  public:
    CLichtDlg(CWnd* pParent = NULL);
    virtual ~CLichtDlg();
    enum { IDD = IDD_LICHT_DIALOG };
  protected:
    virtual void DoDataExchange(CDataExchange* pDX);
    DECLARE_MESSAGE_MAP()
  public:
    BOOL m_Licht_ein;
    BOOL m_DunkelHell;
    afx_msg void OnBnClickedLichtEin();
    afx_msg void OnBnClickedDunkelHell();
};
```

An dem Programmbeispiel sind zwei Dinge interessant. Zum einen die Anweisung

```
DECLARE_MESSAGE_MAP()
```

Diese Anweisung deklariert einen Nachrichtenverteiler und die Anweisungen

```
    afx_msg void OnBnClickedLichtEin();
    afx_msg void OnBnClickedDunkelHell();
```

Die beiden Anweisungen deklarieren die beiden Behandlungsroutinen. Das folgende Programmlisting zeigt die Umsetzung des Nachrichtenverteilers. Dort erfolgt die Zuordnung des Ereignisses zu den Behandlungsroutinen.

```
BEGIN_MESSAGE_MAP(CLichtDlg, CDialog)
  ON_BN_CLICKED(IDC_LICHT_EIN, OnBnClickedLichtEin)
  ON_BN_CLICKED(IDC_DUNKEL_HELL, OnBnClickedDunkelHell)
END_MESSAGE_MAP()
```

Die beiden Behandlungsroutinen werden beim Auftreten des zugeordneten Ereignisses aufgerufen. Die Reaktion auf das Ereignis kann dann abhängig von der Anwendung und den aktuellen Erfordernissen erfolgen.

```
void CLichtDlg::OnBnClickedLichtEin()
{
  UpdateData( true );
```

```
  ...
  UpdateData( false );
}

void CLichtDlg::OnBnClickedDunkelHell()
{
  UpdateData( true );
  ...
  UpdateData( false );
}
```

Eine andere Behandlungsart von Ereignissen wird am Beispiel des OSEK-Betriebssystems gezeigt. Für die Bearbeitung von Ereignissen stehen die Betriebssystemfunktionen `SetEvent()`, `GetEvent()`, `ClearEvent()` und `WaitEvent()` zur Verfügung.

Jedem Task ist ein Datenbereich zum Speichern der empfangenden Events und der Eventmaske zugeordnet. Bei der Konfiguration des Systems erfolgt die logische Zuordnung der Events zu Speicherplätzen in den Datenbereich. Die maximale Anzahl der möglichen Events pro Task ist abhängig vom Prozessor und den bereitgestellten Standarddatentypen. In der Regel sind zwischen 8 und 32 unterschiedliche Events möglich. Bei der Erstellung des OSEK-Systems wird in Abhängigkeit der Anzahl der verwendeten Events ein passender Standarddatentyp ermittelt.

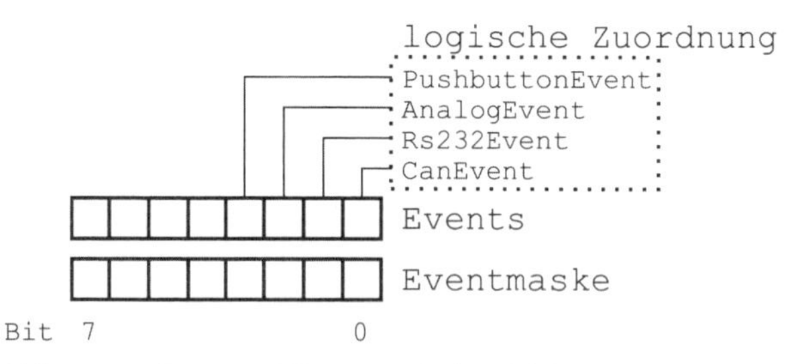

Abb. 2.20: Event und Eventmaske bei OSEK

Ruft ein Task die Funktion `WaitEvent()` auf, dann werden die Events übergeben, auf die gewartet werden soll, und der Task wird unterbrochen. Tritt das Event auf, weil ein laufender Task `SetEvent()` aufruft, trägt das Betriebssystem die Events in den Eventspeicher ein und prüft mit Hilfe der Eventmaske, ob auf das Event gewartet wurde. Ist dies der Fall, wird der dazugehörige Task wieder laufend. Der Task kann nun mit `GetEvent()` die empfangenen Events lesen und mit `ClearEvent()` gezielt Events löschen.

Die folgenden Programmlistings zeigen dieses Verfahren in Java. Es werden dafür die Klasse `ProducerTask` (`ProducerTask.java`) und die Klasse `ConsumerTask`

(ConsumerTask.java) verwendet. Beide Klassen sind abgeleitet von der Klasse OSEK und verfügen über die Methode run().

Das erste Listing zeigt die Methode run() der Klasse ConsumerTask. Nach dem Anlegen der lokalen Variablen wird innerhalb der while-Schleife die Methode WaitEvent(7) aufgerufen. Der Task wird unterbrochen und es wird auf das Eintreffen der Events 0, 1 oder 2 gewartet. Wird von der Klasse ProducerTasks ein Event gesendet, wird der ConsumerTask wieder laufend. Die empfangenen Events werden mit GetEvent() gelesen und mit ClearEvent() gelöscht. Dann werden die Events ausgewertet.

```
public void run() {
  EventMaskRefType theEventMask
    = new EventMaskRefType();
  boolean theDoneFlag = false;
  while( theDoneFlag == false ) {
    System.out.println( "Task "+m_Task+
      " wartet auf Event" );
    WaitEvent( 7 );
    GetEvent( m_Task, theEventMask );
    ClearEvent( theEventMask.DATA );
    if( (theEventMask.DATA & 1) == 1 ) {
      System.out.println( "Task "+m_Task+" Event 1" );
    }
    if( (theEventMask.DATA & 2) == 2 ) {
      System.out.println( "Task "+m_Task+" Event 2" );
    }
    if( (theEventMask.DATA & 4) == 4 ) {
      System.out.println( "Task "+m_Task+" Event 4" );
      theDoneFlag = true;
    }
  }
  TerminateTask();
}
```

Das folgende Listing zeigt die dazugehörige Methode run() der Klasse ProducerTask. Da eine Eingabe über das Standard-I/O nicht so einfach umzusetzen ist, wird die Klasse JOptionPane verwendet. Sie öffnet ein Dialogfeld, in dem Text eingegeben werden kann. In diesem Fall werden Integerwerte erwartet. Anschließend wird der String mit der Anweisung

```
    int theEvent = Integer.parseInt( name);
```

in einen Integerwert konvertiert und als Event gesendet. Bei diesem Beispiel wird auf eine Prüfung der Eingangswerte verzichtet.

```
public void run() {
  boolean theDoneFlag = false;
  while( theDoneFlag == false ) {
    String name
      = JOptionPane.showInputDialog( "EventID");
    int theEvent = Integer.parseInt( name);
    System.out.println( "Task "+m_Task+" SetEvent="+
      theEvent );
    SetEvent( 0, theEvent );
    if( theEvent == 4 ) {
      theDoneFlag = true;
    }
  }
  TerminateTask();
}
```

Im Anhang ist das komplette Listing für das gesamte System abgedruckt.

Das OSEK-Eventhandling ist schlank aufgebaut und eignet sich dadurch für kleine Systeme, und da die Events nicht in Warteschlangen gespeichert werden, ist das Verfahren für Echtzeitbedingungen geeignet.

2.7.3 Messages

Messages dienen zum Austausch von Nachrichten, die Daten enthalten. Es werden dazu Warteschlangen verwendet, die ein »first in first out«(FIFO)-Verhalten haben. In der Warteschlange werden entweder Kopien der Daten verwaltet oder Referenzen auf die Daten.

Abbildung 2.21 zeigt eine Nachrichtenwarteschlange mit Kopien der Daten. Das ist die sicherste Methode, um Nachrichten auszutauschen, benötigt jedoch den meisten Speicher.

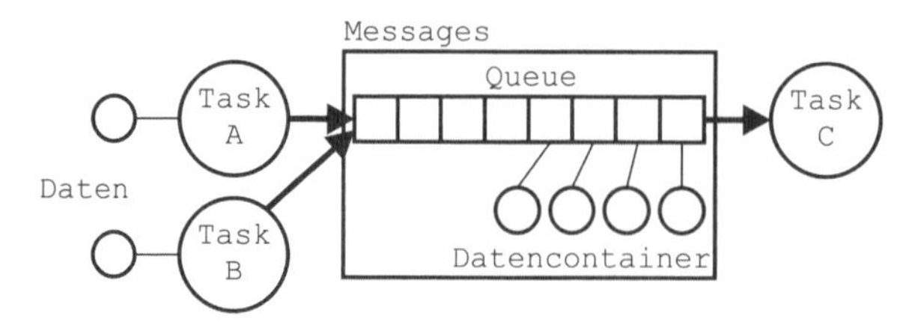

Abb. 2.21: Messages mit Kopie der Daten

Abbildung 2.22 zeigt eine Nachrichtenwarteschlange, die Referenzen auf die Daten verwaltet. Hier ist die Konsistenz der Daten sicherzustellen.

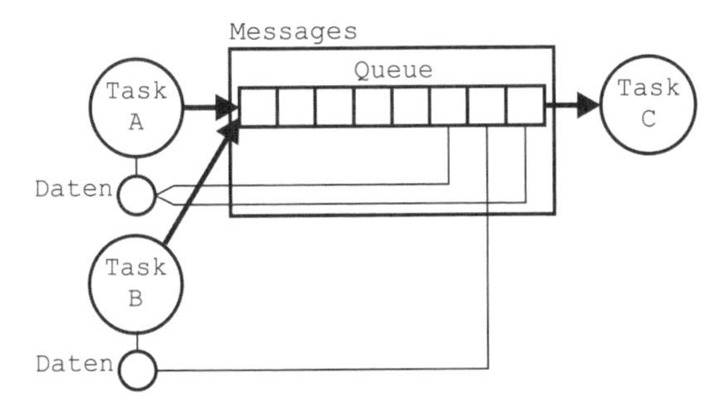

Abb. 2.22: Messages ohne Kopie der Daten

Das OSEK-System kann so konfiguriert werden, dass beim Eintragen einer neuen Nachricht ein Event ausgelöst wird, der den Konsumenten, hier den Task C weckt. Diese Möglichkeit besteht bei beiden Verfahren.

Kapitel 3

OSEK/VDX

OSEK/VDX ist ein statisches Echtzeitsystem. Es handelt sich dabei um einen Standard, der durch die Firmen BMW, Bosch, Daimler-Chrysler, Opel, Siemens und VW erstellt wurde. OSEK steht dabei für *Offene Systeme und deren Schnittstelle für die Elektronik im Kraftfahrzeug.*

Statisch bedeutet, dass die für das Betriebssystem zur Verfügung stehenden Betriebsmittel zum Zeitpunkt der Entwicklung der Anwendung festgelegt werden. Zur Laufzeit können vom Betriebssystem weder neue Betriebsmittel angefordert noch zurückgegeben werden. Da OSEK/VDX seinen Einsatzbereich in Embedded Systems hat, ist dieses Konzept nicht von Nachteil. Bei Embedded Systems werden im Allgemeinen keine Programme zur Laufzeit neu gestartet oder beendet. Die Programme sind fix.

Das Flashen und somit das Laden eines neuen Anwendungsprogramms stellt einen Sonderfall dar. OSEK unterstützt die Möglichkeit, in unterschiedlichen Betriebsarten gestartet werden zu können. Eine dieser Betriebsarten kann das Flashen des Programmspeichers unterstützen. Durch die Trennung in unterschiedliche Betriebsarten wird eine höhere Transparenz und Sicherheit des Anwendungsprogramms erreicht, da im laufenden Betrieb ein Wechsel der Betriebsart nicht möglich ist.

3.1 Grundbegriffe und Konzepte

Die Entwicklung von Anwendungen mit oder ohne Betriebssystem unterscheidet sich grundlegend. Wird kein Betriebssystem verwendet, werden die Funktionen häufig innerhalb einer zyklischen Zeitscheibe aufgerufen. Dabei bestimmt die zeitkritischste Funktion die Zykluszeit der Zeitscheibe. Das bedeutet, dass alle Aufgaben innerhalb dieser Zeitdauer abgearbeitet werden müssen, wobei die Bearbeitungszeit aller Funktionen starken Schwankungen unterliegen kann, je nachdem welcher Programmpfad abgearbeitet wird. Vor allem wird die zur Verfügung stehende Rechenleistung nicht optimal genutzt, da auch Programmteile abgearbeitet werden, die über eine geringere Priorität oder eine längere Zykluszeit verfügen können.

Der Austausch der Daten erfolgt dabei über globale Daten, das heißt, eine Verkapselung der Daten erfolgt nicht (siehe Abbildung 3.1). Jede Funktion kann auf alle

Quelle: 3SOFT Schulungsunterlagen

global sichtbaren Daten zugreifen, auch auf die, die für die Erfüllung ihrer Aufgabe nicht notwendig sind. Wesentliche Nachteile sind:

- Keine Verkapselung der Daten (Zugriffsschutz durch Sichtbarkeit bei der Entwicklung der Anwendung)
- Keine funktionale Modularisierung
- Keine internen Kommunikationsmittel
- Keine optimale Nutzung der Rechenleistung

Die genannten Nachteile führen dazu, dass die Anwendung schlecht wartbar wird, dazu gehört sowohl die Fehlerbereinigung als auch die Erweiterung um neue Funktionen. Eine Erweiterung um neue Funktionen führt unter Umständen zu einem anderen zeitlichen Verhalten. Das neue zeitliche Verhalten kann schlecht vorhergesagt werden und zu unerwünschten Effekten führen.

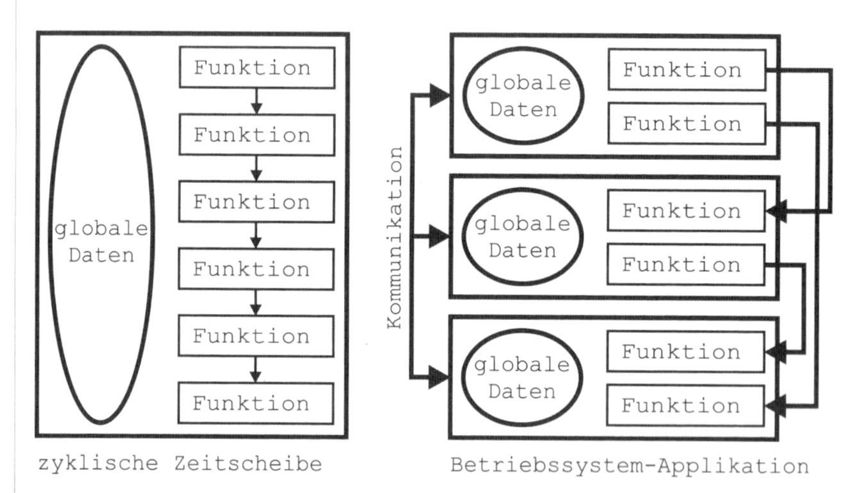

Abb. 3.1: Konzepte für die Realisierung von Anwendungen

Bei den Betriebssystemen ist grundsätzlich zu unterscheiden, ob es sich um statische oder dynamische Betriebssysteme handelt. Beim statischen Betriebssystem, dazu gehört OSEK/VDX, werden während der Entwicklung die benötigten Betriebsmittel und deren Zuordnung festgelegt. Diese Festlegung erfolgt bei OSEK/VDX mit der OSEK Implementation Language (OIL). Je nach Hersteller des verwendeten OSEK/VDX-Betriebssystems werden leistungsfähige Werkzeuge bereitgestellt, die eine interaktive Konfiguration und somit automatische Generierung der OIL-Datei ermöglichen. Nach der Konfiguration wird mit Hilfe der OIL-Datei das Betriebssystem erstellt. Dabei werden nur die Softwareteile verwendet, die auch während der Konfiguration benutzt wurden. Dadurch lässt sich ein für jeden Anwendungsfall optimales und schlankes Betriebssystem erstellen. Es wird unnötiger Ballast vermieden, der nicht die ohnehin knappen Ressourcen belegt.

Quelle: 3SOFT Schulungsunterlagen

Ein weiteres Unterscheidungsmerkmal von Betriebssystemen sind das verwendete Task-Konzept, Prozesse oder Threads und die verfügbaren Mechanismen für die Kommunikation.

Allgemein erzwingt die Verwendung eines Betriebssystems, somit auch OSEK/VDX, grundsätzliche Designüberlegungen.

3.1.1 Entwurfsziele

Einer der typischen Gründe für die Verwendung von OSEK/VDX ist die Plattformunabhängigkeit. Diese wird durch die genormte Schnittstelle zur Anwendung, der API und der OSEK Implementation Language (OIL) erreicht. Dadurch wird eine leichtere Portierung der Anwendung auf andere Prozessorfamilien ermöglicht. Eine bessere Wiederverwendung von großen Teilen der Applikationssoftware, dem eigentlichem »Know-how«, führt dazu, dass ein System eine höhere Qualität erreicht, wenn bereits betriebsbewährte Programmteile wiederverwendet werden. Durch die Strukturierung der Anwendung wird die Programmpflege vereinfacht, da die Auswirkungen auf andere Programmteile durch die Kapselung der Tasks verringert werden. Es gibt weniger Nebeneffekte als bei Programmen ohne Betriebssystem, die über viele globale Daten verfügen.

Daraus ergeben sich folgende Entwurfsziele:

1. Unabhängigkeit von der verwendeten Plattform
2. leichtere Portierbarkeit
3. Wiederverwendung
4. einfachere Programmpflege

Diese Entwurfsziele führen zu

1. Sicherung von »Know-how« bei der Entwicklung von Applikationssoftware
2. höherer Softwarequalität bei geringerer Entwicklungszeit

Aus den Entwurfszielen lässt sich eine Entwurfsmethodik ableiten, die in zwei Phasen gegliedert ist, dem plattformunabhängigen *Systemdesign* und dem *Implementierungsdesign*.

Systemdesign

Das Systemdesign erfolgt unter Annahme idealer Rahmenbedingungen unabhängig von der Plattform. Es wird dabei von genügend Ressourcen an RAM, ROM (FLASH) und Rechenleistung ausgegangen. Man muss sich allerdings auch bereits in dieser Phase im klaren darüber sein, dass für Embedded Systems entwickelt wird und somit bestimmte Ansätze sich nicht immer realisieren lassen, wie z.B. dynamische Speicherverwaltung.

Quelle: 3SOFT Schulungsunterlagen

Im Systemdesign erfolgt die Zerlegung der Aufgabe in einzelne Tasks und die Verkapselung von Betriebsmitteln. Bei der Realisierung von Reglern sind das z.B.

- die Sensoren
- die Aktoren
- die Controlling Unit

In dieser Phase wird die Verwendung von Standardmodulen, wie z.B. für CAN, oder von bereits früher realisierten und bereits erprobten Modulen berücksichtigt. Dies ist die erste Phase für die Wiederverwendung. Bereits in dieser Phase wird festgelegt, über welche Prioritäten die einzelnen Tasks verfügen.

Es wird weiterhin festgelegt, wie die Tasks aktiviert werden sollen. Soll dieses zyklisch, d.h. in einem festen Zeitraster alle n Millisekunden, geschehen oder durch Ereignisse? Ereignisse können externen Ursprungs sein, z.B. Empfangen einer CAN-Botschaft, oder internen Ursprungs.

Es muss festgelegt werden, wie der Datenaustausch zwischen den Tasks realisiert wird. Dabei muss die Konsistenz der Daten sichergestellt werden. Es stehen dafür verschiedene Mechanismen zur Verfügung. Dazu gehören

- Messages
- globale Variablen
- Callback-Funktionen

Ein weiterer wichtiger Designaspekt, der jedoch häufig vernachlässigt wird, ist der Start-up, d.h. der Hochlauf des Systems, und das Recovery, also die Wiederherstellung des Systems nach unerwarteter Beendigung bzw. Abbruch des Programmlaufs. Diese beiden Punkte werden häufig zu spät berücksichtigt und ihre Tragweite nicht richtig eingeschätzt.

Implementierungsdesign

Die zweite Entwurfsphase ist das Implementierungsdesign. Im Gegensatz zum Systemdesign werden hier die individuellen Hardwaremerkmale berücksichtigt. Die besonderen Hardwaremerkmale werden genutzt, um eine effiziente Implementierung zu gewährleisten. Weiterhin wird die Einhaltung von Zeitvorgaben berücksichtigt und die Anzahl der Tasks wird eingeschränkt, d.h. zusammengelegt, um den Bedarf an RAM einzuschränken.

Dieses zweistufige Vorgehen ermöglicht bei einer Portierung einen Rückgriff auf das ursprüngliche Design. Es werden somit keine durch die Plattform bedingten Zugeständnisse mit übernommen. Bei einer Portierung wird dann die zweite Phase wieder durchlaufen, um eine möglichst optimale Umsetzung unter Nutzung der Hardwaremerkmale zu gewährleisten.

Quelle: 3SOFT Schulungsunterlagen

3.1.2 Start und Beendigung des Betriebssystems

OSEK/VDX stellt zwei Funktionen für das Starten und das Beenden des Betriebssystems zur Verfügung. Normalerweise wird die Funktion `StartOS()` zum Starten des Betriebssystems innerhalb des Start-up-Codes aufgerufen.

```
void StartOS(AppModeType inMode);
```

Abbildung 3.2 zeigt den Ablauf als UML-Aktivitätsdiagramm.

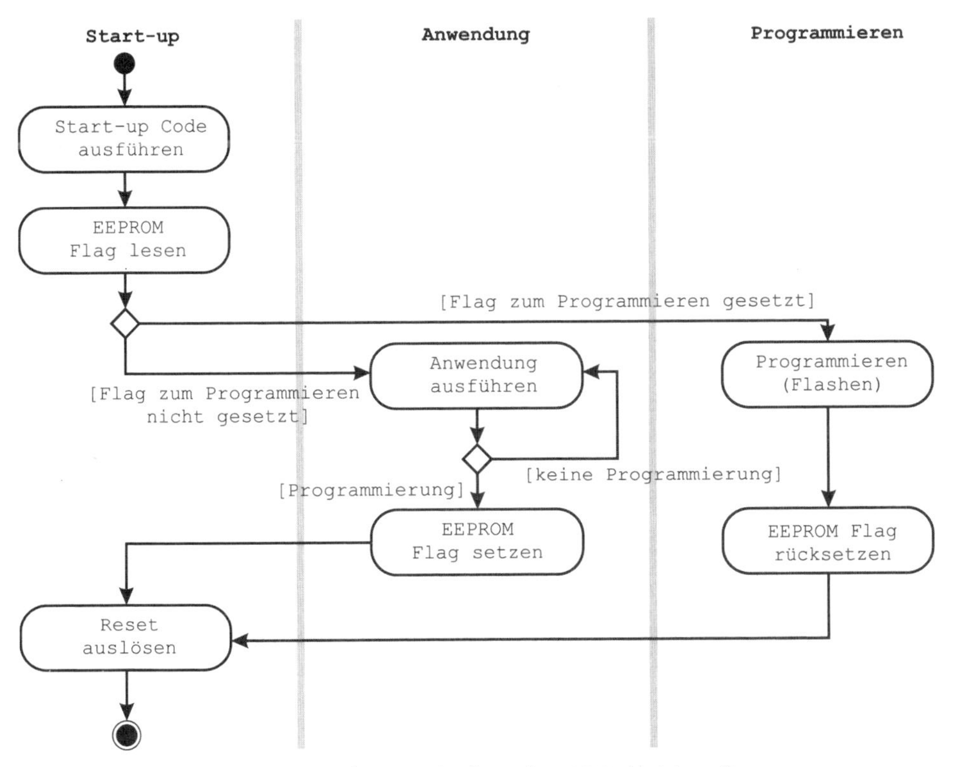

Abb. 3.2: Darstellung von Betriebsartwechsel mit dem UML-Aktivitätsdiagramm

Der Start-up-Code sorgt für die Initialisierung der Hardware und stellt sicher, dass diese somit betriebsbereit ist. Es besteht die Möglichkeit, durch den Parameter `inMode` das Betriebssystem in verschiedenen Konfigurationen zu starten. Ein typisches Anwendungsbeispiel dafür ist das Flashen des Programmspeichers im Mikrocontroller oder das Durchführen von Selbsttests nach der Fertigung. Während des Flashens wird neuer Programmcode in den Programmspeicher geladen, so dass eine konsistente Abarbeitung des Anwendungsprogramms nicht sichergestellt werden kann. Es handelt sich somit um eine besondere Betriebsart, die andere Anforderungen an die Hardware und die Nutzung des RAM stellt.

Für die Realisierung ist es notwendig, dass ein EEPROM zur Verfügung steht. Dort wird gespeichert, in welchem Mode der nächste Betriebssystemstart erfolgen soll. Wenn es sich um ein Steuergerät für ein Fahrzeug handelt, kann ein Werkstattdiagnosegerät dem Steuergerät mitteilen, dass ein neues Programm geladen werden soll. In dieser Phase befindet sich das Steuergerät im Anwendungsprogramm. Das Anwendungsprogramm setzt im EEPROM ein Flag, das beim nächsten Hochlauf das Programmierprogramm gestartet werden soll. Danach führt das Anwendungsprogramm einen Reset durch. Der Start-up-Code wird ausgeführt, das Flag aus dem EEPROM gelesen und das Betriebssystem im Mode Programmierprogramm gestartet. Dadurch steht mehr RAM zur Verfügung, das als Datenpuffer verwendet werden kann. Nach dem Programmieren des Programmspeichers wird das Flag im EEPROM zurückgesetzt und ein Reset durchgeführt. Nun kann das Betriebssystem in seiner normalen Betriebsart starten und das Anwendungsprogramm ausführen. Dieses Vorgehen hat den Vorteil, dass sich das Fahrzeug während des Updates des Programms in einem definierten Zustand befindet, z.B. Motor ist aus und die Geschwindigkeit beträgt 0 km/h.

3.1.3 Errorhandling und Debugging

Für die Entwicklungsphase werden Hook-Funktionen bereitgestellt, die vom Betriebssystem in unterschiedlichen Situationen aufgerufen werden. Diese Funktionen müssen in der OIL-Konfigurationsdatei definiert werden. Hook-Funktionen werden häufig im Final-Release-Code nicht bereitgestellt, da sie zum einem Ressourcen an RAM und ROM (FLASH) benötigen und zum anderen das Laufzeitverhalten negativ beeinflussen können.

Folgende Hook-Funktionen können zur Verfügung gestellt werden:

`ErrorHook()`	Wird aufgerufen, wenn eine API-Funktion nicht den Status `E_OK` zurückliefert. Sie wird typischerweise im Extended-Status-Mode verwendet und wird im Final-Release-Code nicht bereitgestellt.
`PreTaskHook()`	Die Funktion wird aufgerufen, wenn der Zustand des Tasks von `READY` nach `RUNNING` wechselt.
`PostTaskHook()`	Wird aufgerufen, wenn der Zustand des Tasks von `RUNNING` nach `READY`, `WAITING` oder `SUSPENDED` wechselt.
`StartupHook()`	Wird nach dem Start des Betriebssystems aufgerufen, nachdem das System initialisiert ist und der Scheduler gestartet wurde, nach Aufruf der Funktion `StartOS()`. Kann verwendet werden, um z.B. Device Driver zu initialisieren oder für die Anwendung spezifische Initialisierungen durchzuführen.
`ShutdownHook()`	Die Funktion wird nach Aufruf der Funktion `ShutdownOS()` aufgerufen.

3.1.4 Tasks

Tasks sind im Wesentlichen Funktionen, die nebenläufig sind, das heißt, sie werden quasi parallel abgearbeitet. Die Anwendung kann mit Hilfe der Tasks strukturiert werden. Da eine Anwendung auf einem Prozessor läuft, konkurrieren die Tasks um den Prozessor und somit um die verfügbare Rechenzeit und die Ressourcen.

Der laufende Task kann die Kontrolle über den Prozessor freiwillig abgeben oder die Kontrolle kann unter Umständen auch entzogen werden. Der jeweils auszuführende Task wird durch den Scheduler bestimmt, dabei wird die statische Priorität jedes Tasks berücksichtigt. Jeder Task verfügt über eine feste Priorität, die bereits zum Zeitpunkt der Übersetzung festgelegt wurde und nicht dynamisch zur Laufzeit durch den Task selbst verändert werden kann. Verschiedene Tasks sollten über unterschiedliche Prioritäten verfügen, wobei bei OSEK die »0« die niedrigste Priorität ist.

Durch die Vergabe von verschiedenen Prioritäten kann eine Gewichtung der Bedeutung der verschiedenen Tasks erfolgen. So kann die Temperaturregelung über eine niedrigere Priorität verfügen als die Ermittelung eines Zündzeitpunktes.

Ein laufender Task kann sich oder andere Tasks aktivieren. Die Aktivierung ist die Voraussetzung für die Ausführung eines Tasks. Mehrfachaktivierungen eines laufenden Tasks können ggf. gespeichert werden.

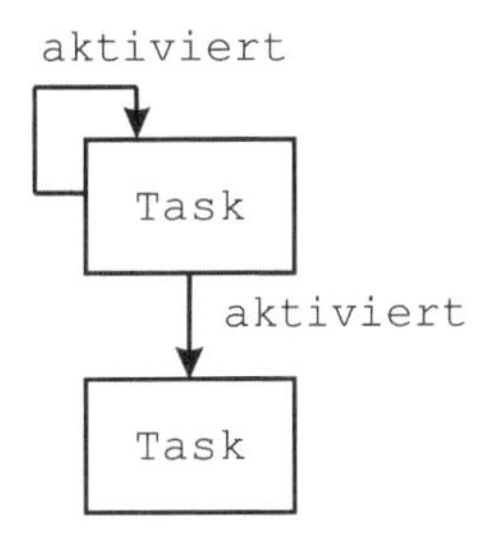

Abb. 3.3: Aktivierungen von Tasks

Tasks werden programmtechnisch als C-Funktion realisiert, so dass die C-Konventionen für die Sichtbarkeit von Variablen gelten. Dadurch können Tasks über lokale (nur innerhalb des Tasks sichtbare) Daten verfügen.

Den prinzipiellen Aufbau eines Tasks zeigt das folgende Codefragment:

```
TASK(ProcessFirst){
  int theLocalVar;

  TerminateTask();
}
```

Listing 3.1: Lokale Variablen innerhalb eines Tasks

Quelle: 3SOFT Schulungsunterlagen

Innerhalb eines Tasks/einer Funktion kann auf die lokalen Variablen, hier z.B. die Variable `theLocalVar`, schreibend und lesend zugegriffen werden. Von außen sind diese lokalen Variablen nicht sichtbar. Eine Kommunikation zwischen Tasks erfolgt durch Events und Messages und globale Variablen.

Durch die Vergabe von verschiedenen Prioritäten kann die Bedeutung der verschiedenen Tasks gewichtet werden. So kann die Temperaturregelung über eine niedrigere Priorität verfügen als die Ermittlung eines Zündzeitpunkts.

OSEK/VDX verfügt über zwei unterschiedliche Taskmodelle: die Basic und die extended Tasks. Der Basic Task verfügt über drei Zustände, von denen immer nur einer eingenommen werden kann. Es sind die Zustände

- `suspended` (inaktiv)
- `ready` (bereit)
- `running` (laufend)

Abbildung 3.4 zeigt die Zustände und die möglichen Zustandswechsel, die ein Task durchlaufen kann.

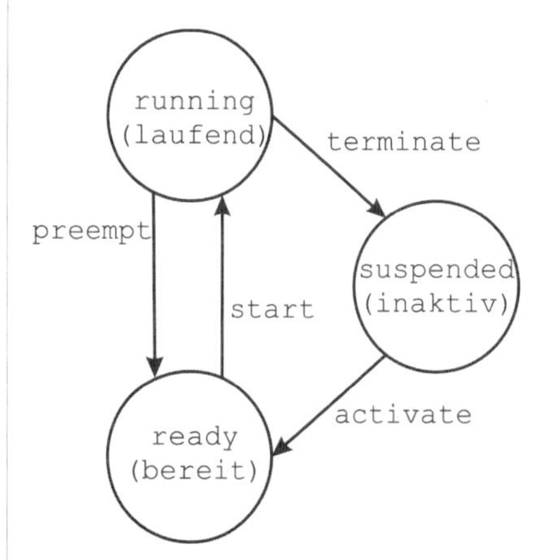

Abb. 3.4: Zustände und Übergänge eines Basic Tasks

Ein extended Task kann immer nur einen der vier Zustände einnehmen:

- `suspended` (inaktiv)
- `ready` (bereit)
- `running` (laufend)
- `waiting` (wartend)

Abbildung 3.5 zeigt die Zustände und die möglichen Zustandswechsel, die ein extended Task durchführen kann.

Quelle: 3SOFT Schulungsunterlagen

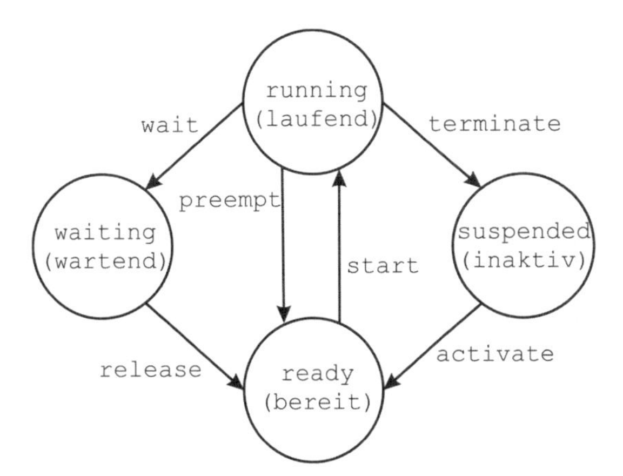

Abb. 3.5: Zustände und Übergänge eines extended Tasks

Nach dem Hochfahren des Betriebssystems befinden sich alle Tasks im Zustand `suspended`. Die Aktivierung eines Tasks erfolgt entweder durch einen aktiven Task oder nach dem Hochfahren des Betriebssystems durch den so genannten Autotask, der als erster automatisch gestartet wird.

Die Durchführung der Zustandswechsel von `ready` nach `running` und zurück wird nur durch den Scheduler durchgeführt. Das Terminieren, also das Beenden eines Tasks, kann nur der Task selber durchführen.

Ein laufender Task hat die Möglichkeit, gezielt auf ein bestimmtes Ereignis zu warten. Dazu wird dem Betriebssystem von dem laufenden Task mitgeteilt, auf welches Ereignis gewartet wird. Danach wird in den Zustand `waiting` gewechselt. In diesem Zustand »verbraucht« der wartende Task keine Zeit, da er nicht selber feststellen muss, ob das erwartete Ereignis eingetroffen ist, dieses übernimmt das Betriebssystem.

Da die Abarbeitung von unterbrochenen Tasks an dem Punkt ihrer Unterbrechung wieder fortgesetzt werden soll, müssen alle dafür notwendigen Daten gespeichert werden. Dazu gehören neben den Registern des Prozessors auch der Stack mit lokalen Variablen und Rücksprungadressen. Unter OSEK wird deshalb pro Task ein eigener Stack eingeplant. Dieses bedeutet höheren Arbeitsspeicherbedarf (RAM) und das Problem der Abschätzung. Die Größe des benötigten Stacks kann nur durch Laufzeitmessungen und eine »worst case«-Betrachtung ermittelt werden

Kann sichergestellt werden, dass es Tasks gibt, die sich nicht gegenseitig unterbrechen können, dann können sich diese einen gemeinsamen Stack teilen.

Der Einsatz von Tasks führt dazu, dass Daten mit den dazugehörigen Funktionen gekapselt werden. Der Zugriff auf die lokalen Daten ist nur über die Funktionen des Tasks möglich. Diese Möglichkeit ist vergleichbar mit der objektorientierten Sichtweise.

Quelle: 3SOFT Schulungsunterlagen

Die folgende Tabelle zeigt eine Gegenüberstellung der Begriffe:

Task	Objekt einer Klasse
Funktion	Methode
lokale Daten	Attribute

Es ist allerdings zu berücksichtigen, dass Tasks keine Zugriffssteuerung und keine Vererbung erlauben.

Tasks werden typischerweise als Service Task oder als Dispatcher Task verwendet. Ein *Service Task* bietet Dienste auf lokale Daten an, während ein *Dispatcher Task* Anfragen verteilt.

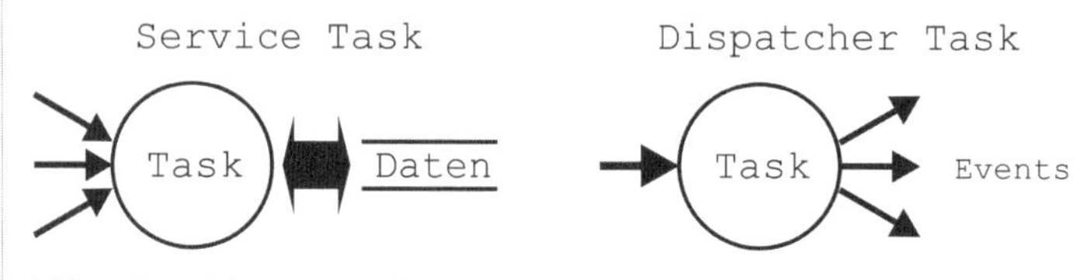

Abb. 3.6: Einsatz von Tasks

Beispiel: Service Task

Basisdienste, die von mehreren Tasks benötigt werden, sollten in einem Task gekapselt werden. Als Beispiel soll eine serielle Schnittstelle (RS232) angeführt werden. Die RS232 wird nur von dem Service Task verwendet, für die anderen Tasks besteht keine Möglichkeit, direkt auf die serielle Schnittstelle zuzugreifen. So können die Konsistenz der Sende- und Empfangsdaten und die Wiederverwendung sichergestellt und eine Gewichtung der Anfragen durchgeführt werden.

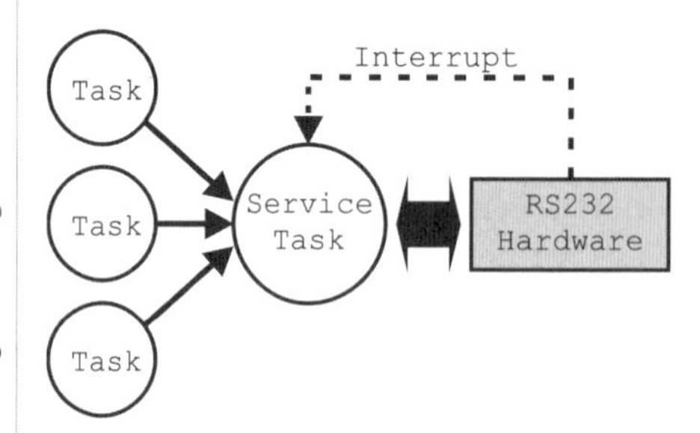

Abb. 3.7: Service Task für eine serielle Schnittstelle (RS232)

Quelle: 3SOFT Schulungsunterlagen

Beispiel: Dispatcher Task

Der Dispatcher Task dient dazu, Anfragen oder Ereignisse an andere Tasks zu verteilen. Zum Beispiel kann die Bearbeitung von I/O-Ports durch einen Dispatcher

Task vereinfacht werden. Dabei werden die Ports vom Dispatcher ausgelesen, bewertet und es erfolgt die Abbildung der unterschiedlichen Eingabewerte auf unterschiedliche Events. Der Dispatcher wird dazu entweder in einem festen Intervall aktiviert oder aber die Hardware kann bei Änderung des Eingangszustands einen Interrupt erzeugen. Das Erzeugen eines Interrupts ist leider bei vielen Mikrocontrollern nur selten oder nur für wenige ausgewählte Ports anzutreffen.

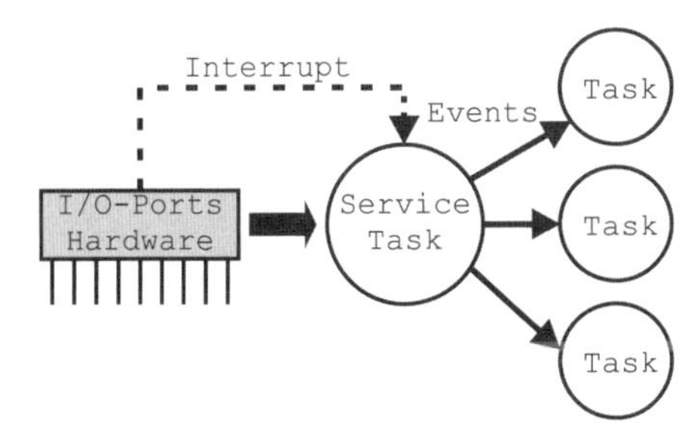

Abb. 3.8: Dispatcher Task für I/O-Ports

Dadurch, dass Tasks eine dynamische Ablaufreihenfolge erlauben, ganz im Gegensatz zu zyklischen Zeitscheiben, müssen die Tasks untereinander synchronisiert werden. Die Synchronisation ist notwendig, um die Datenkonsistenz sicherzustellen und die für die Ausführung eines Tasks notwendigen Vorbedingungen sicherzustellen. Für die Synchronisation stehen folgende Mechanismen zur Verfügung:

- Ressourcen sichern den exklusiven Zugriff auf gemeinsame Daten
- Aktivierung anderer Tasks
- Erzeugen von Events
- Kommunikation über Messages
- Client-/Server-Architekturen (mit Service Tasks und Dispatcher Tasks)

3.1.5 Interrupts und ISRs

Interrupt-Service-Routinen (ISR) werden unmittelbar durch Hardware-Interrupts angestoßen und haben Vorrang vor allen anderen Tasks und unterbrechen diese. Innerhalb einer ISR unterliegen einige Betriebssystemaufrufe Beschränkungen. In der Regel sollten ISRs klein und schnell abzuarbeiten sein. Eine ISR kann Tasks aktivieren und Events verschicken. Es ist bei ISR wichtig, sicherzustellen, dass sie nicht blockieren können, da sonst das gesamte System am Laufen gehindert wird.

Interrupts werden für spontane, d.h. zeitlich nicht planbare Ereignisse verwendet. Dazu gehört z.B. der Empfang von CAN-Botschaften oder von der Hardware selbst erfasste Veränderungen. Als Ausnahme kann der Timer-Interrupt als Zeitbasis angesehen werden, er ist weder spontan, noch ist er ein nicht planbares Ereignis.

Quelle: 3SOFT Schulungsunterlagen

3.1.6 Events

Die eigentliche Funktionalität der Anwendungssoftware sollte möglichst durch Ereignisse gesteuert werden. Dieses Vorgehen bietet zwei wesentliche Vorteile:

1. Die Ursache, das heißt, wie das Event erzeugt wird, wird irrelevant.
2. Es erfolgt eine Entkoppelung zwischen den Produzenten und den Konsumenten von Events und somit eine höhere Wiederverwendung von einzelnen Teilen der Anwendungssoftware in neuen Anwendungen.

Events lassen sich explizit aus jedem beliebigem Task oder Interrupt-Service-Routine durch Aufruf der API-Funktion

```
SetEvent()
```

erzeugen. Dadurch wird ein beliebiger Alarm gesendet oder empfangen. Das folgende Bild zeigt, wie ein Service Task durch die Verwendung von Tasks unterschiedliche Umfelder bedienen kann.

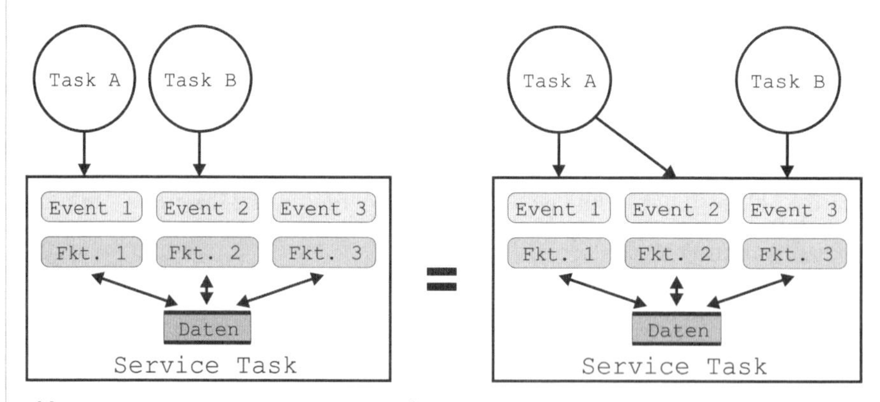

Abb. 3.9: Eventgesteuerter Service Task

Dabei wird jedem Event eine Funktion zugeordnet, die eine bestimmte Verarbeitung mit den lokalen Daten vornimmt. Dadurch wird es irrelevant, welcher Task ein Event erzeugt.

3.1.7 Alarme und Counter

Zyklische Aktivitäten werden durch Alarme gesteuert, die dabei an Counter gebunden werden. Durch dieses Konzept ist es möglich, nicht nur Zeiten zu überwachen, sondern auch alle anderen Dinge, die sich mittels eines Counters zählen lassen. So kann ein Counter den aktuellen Wert eines Drehsensors enthalten. Er wird mit einem Alarm so verknüpft, dass ein Event ausgelöst wird, wenn z.B. ein bestimmter Winkel erreicht wurde.

Die tatsächliche Notwendigkeit von Alarmen und Countern sollte genau geprüft werden. Oft ist nach Ablauf eines Alarms als Trigger nur noch eine Ereignis-Steuerung erforderlich. Es sollten nicht zu viele Alarme an einen Counter gebunden werden, da darunter die Ausführungsgeschwindigkeit leidet und ggf. ein Burst-Problem entsteht, wenn zu viele Alarme gleichzeitig ablaufen. Verschiedene zeitliche Auflösungen sollen durch mehrere Counter realisiert werden, um sinnvolle Wertebereiche abdecken zu können und damit die verwendeten Datentypen nicht zu groß werden.

3.1.8 Ressourcen

Ressourcen können verwendet werden, wenn einzelne Hardwarekomponenten oder Geräte exklusiv eingesetzt werden müssen oder wenn eine Konsistenzsicherung bei Daten, die aus mehreren Bytes bestehen, durchgeführt werden muss. Der Bedarf an Ressourcen ergibt sich unmittelbar aus der Task-Aufteilung. Ressourcen werden benötigt, wenn

- ein direkter Zugriff auf Hardwarekomponenten von mehreren Tasks aus erfolgt
- eine Kommunikation über globale Daten erfolgt
- eine Nutzung nicht »reentranter« Funktionen erfolgt

Vor der Verwendung von Ressourcen ist alternativ der Einsatz von Service Tasks zu erwägen.

3.1.9 Reentranz von Funktionen

En klassisches Konsistenzproblem ist die Reentranz von Funktionen. Wenn ein Betriebssystem verwendet wird, muss eine Funktion mehrfach aufgerufen werden können. Dieses ist notwendig, da Tasks unterbrechbar sind, auch wenn sie gerade eine Funktion ausführen.

Typische Hindernisse dafür, dass eine Funktion nicht reentrant und damit nicht mehrfach aufrufbar ist, sind:

- Verwendung statischer Puffer, teilweise sogar für ganze Bibliotheken
- direkter Zugriff auf Hardware
- fehlende Berücksichtigung zeitlicher Beschränkungen

Wird ein Task verdrängt, dann kann dies zum nochmaligen Aufruf einer Funktion führen. Ist diese nicht reentrant, kann es bei der Fortsetzung des verdrängten Tasks zu inkonsistenten Ergebnissen kommen. Dies führt im Allgemeinen zu schwer auffindbaren Fehlern.

Ist eine Funktion nicht reentrant und besteht die Gefahr, dass sie mehrfach aufgerufen werden kann, muss sie mittels Ressourcen geschützt werden.

3.2 Architektur des OSEK-Betriebssystems

In diesem Abschnitt wird die grundsätzliche Architektur des OSEK-Betriebssystems beschrieben. Es wird auf die Prioritäten-Levels, die »Conformance classes« und die Unterschiede zwischen OSEK/VDX OS und OSEKtime OS eingegangen.

3.2.1 Prioritäten-Levels

Die vom OSEK-Betriebssystem zur Verfügung gestellten Funktionen dienen als Basis für Programme, die eigenständig über den Prozessor und seine Module verfügen können. Das OSEK-Betriebssystem steuert die Ausführung der Programme in Echtzeit (real time), wobei die Ausführung einzelner Tasks quasi parallel erfolgt.

Das OSEK-Betriebssystem stellt für den Anwendungsentwickler eine API zur Verfügung. Mit dieser Schnittstelle kann er festlegen, welche Funktionen bzw. Programmteile um den Prozessor konkurrieren können. Es wird zwischen zwei Typen von Funktionen unterschieden:

- Interrupt-Service-Funktionen, die durch das Betriebssystem verwaltet werden
- Tasks (Basic Tasks und extended Tasks)

Die durch die Hardware zur Verfügung gestellten Ressourcen werden durch die vom Betriebssystem bereitgestellten Funktionen bzw. Services verwaltet. Diese Services können sowohl von der Anwendung als auch vom Betriebssystem selber genutzt werden.

OSEK definiert drei Prioritäten-Levels

- Interrupt-Level
- Logischen Level für den Scheduler
- Task-Level

Innerhalb der Task-Levels werden die Tasks durch den Scheduler (non, full oder mixed preemptive Scheduling) in der durch den Entwickler zugewiesenen Priorität abgearbeitet.

Folgende Regeln für die Vergabe von Prioritäten haben sich herausgebildet:

- Interrupts haben Vorrang vor Tasks.
- Der Interrupt-Processing-Level muss mit einem oder mehreren Interrupt-Priority-Levels übereinstimmen.
- Interrupt-Service-Routinen (ISR) haben einen statisch zugewiesenen Interrupt-Priority-Level.
- Die Zuweisung von Interrupt-Service-Routinen zu den Interrupt-Priority-Levels ist von der verwendeten Hardware-Architektur abhängig.

- Die geringste Priorität hat ein Task mit der Task-Priorität null.
- Die Task-Prioritäten werden durch den Entwickler statisch festgelegt.

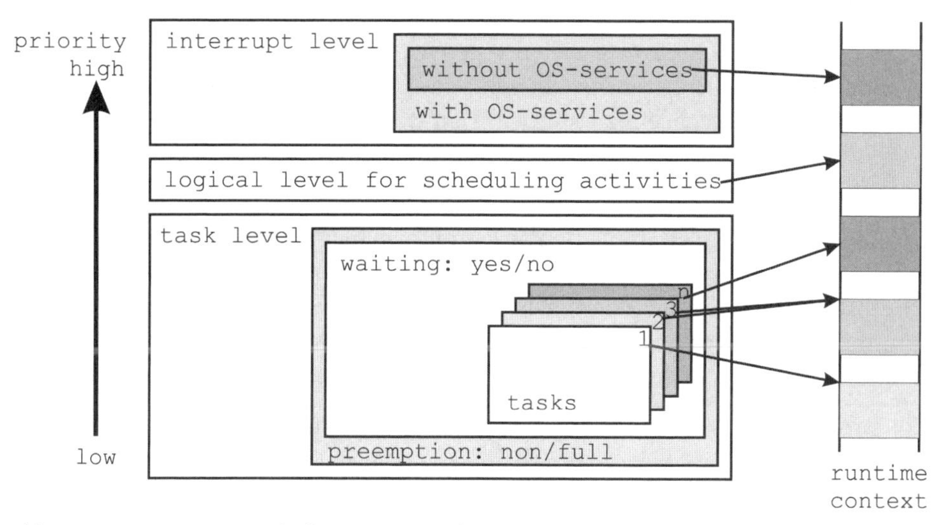

Abb. 3.10: Prioritäten-Levels des OSEK-Betriebssystems (Quelle: OSEK/VDX Specification)

Die Prioritäten-Levels werden für die Handhabung von Tasks und Interrupt-Service-Funktionen verwendet. Sie sind fortlaufend nummeriert. Das Mapping, also die Zuordnung der Betriebssystem-Prioritäten zu den Hardware-Prioritäten, hängt im Wesentlichen von der verwendeten Hardware und somit von der jeweiligen Implementierung ab.

Es ist ein Konzept von OSEK/VDX OS, dem Scheduler eine Priorität zuzuweisen. Der Scheduler wird ausgeführt, ohne dass die Priorität direkt genutzt wird. OSEK/VDX OS unterstützt mit seiner Prioritäten-Aufteilung keine spezielle Mikrocontroller-Architektur und kann als vollkommen unabhängig betrachtet werden.

3.2.2 Conformance Classes

Um flexibel auf die Anforderungen des Anwendungssoftware eingehen zu können und um die zur Verfügung stehenden Ressourcen (Rechenleistung, Speicher) optimal zu nutzen, können die Eigenschaften des Betriebssystems an diese Erfordernisse angepasst werden. Dafür stehen die »Conformance Classes« (CC) zur Verfügung.

Conformance Classes unterstützen folgende Möglichkeiten:

- Sie stellen passende Gruppen von Betriebssystem-Eigenschaften für die einfache Nutzung des OSEK OS zur Verfügung.

- Nicht vollständig implementierte OSEK OS verfügen über einen definierten Satz von Betriebssystem-Eigenschaften. Somit lassen sich auch nicht vollständige Implementierungen zertifizieren, wenn sie die Anforderungen mindestens einer Conformance Class erfüllen.
- Die Conformance Classes bieten einen Update-Pfad, um von einer Conformance Class geringerer Funktionalität auf eine Conformance Class höherer Funktionalität wechseln zu können. Damit besteht die Möglichkeit, bei wachsenden Anforderungen an die Anwendungssoftware und somit an das Betriebssystem durch Wechsel in eine höhere Conformance Class reagieren zu können.

Es können nur komplett implementierte Conformance Classes zertifiziert werden. Bei der Generierung des OSEK OS für die Anwendungssoftware werden nur die OSEK-OS-Funktionen generiert, die auch verwendet werden, unabhängig von der verwendeten Conformance Class. Zur Laufzeit der Anwendung ist ein Wechsel der Conformance Class nicht möglich, da OSEK OS ein statisches Betriebssystem ist.

Conformance Classes werden durch folgende Eigenschaften festgelegt:

- Mehrfache Aktivierung von Tasks
- Task Types (Basic (BT) oder extended Task (ET))
- Anzahl der Tasks pro Priorität

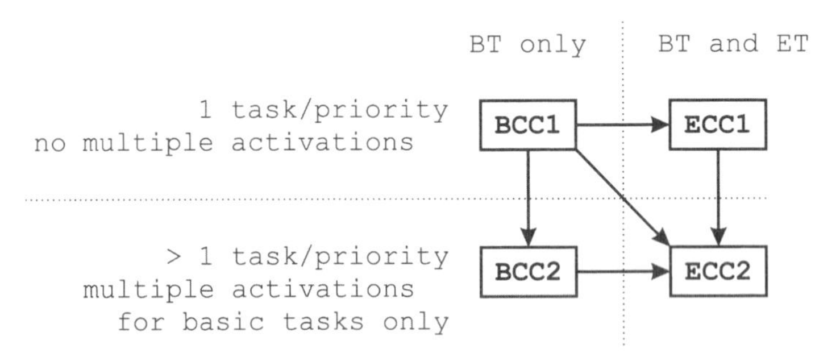

Abb. 3.11: Aufwärtskompatibilität von Conformance Classes

Die folgenden Conformance Classes sind definiert (Quelle: OSEK/VDX Specification):

- BCC1 (Basic Tasks, eine Aktivierung pro Task und ein Task pro Priorität, weil jeder Task eine andere Priorität besitzt)
- BCC2 (wie BBC1, zusätzlich können mehrere Tasks über die gleiche Priorität verfügen und die Tasks können mehrfach aktiviert werden)
- ECC1 (wie BCC1, zusätzlich extended Tasks)
- ECC2 (wie ECC1, zusätzlich können mehrere Tasks über die gleiche Priorität verfügen und die Basic Tasks können mehrfach aktiviert werden)

up ...

... up ... update

Nutzen Sie den UPDATE-SERVICE des mitp-Teams bei vmi-Buch.

Registrieren Sie sich JETZT!

Unsere Bücher sind mit großer Sorgfalt erstellt. Wir sind stets darauf bedacht, Sie mit den aktuellsten Inhalten zu versorgen, weil wir wissen, dass Sie gerade darauf großen Wert legen. Unsere Bücher geben den top-aktuellen Wissens- und Praxisstand wieder.

Um Sie auch über das vorliegende Buch hinaus regelmäßig über die relevanten Entwicklungen am IT-Markt zu informieren, haben wir einen besonderen Leser-Service eingeführt.

Lassen Sie sich professionell, zuverlässig und fundiert auf den neuesten Stand bringen.
Registrieren Sie sich jetzt auf www.mitp.de oder **www.vmi-buch.de** und Sie erhalten zukünftig einen E-Mail-Newsletter mit Hinweisen auf Aktivitäten des Verlages wie zum Beispiel unsere aktuellen, kostenlosen Downloads.

Ihr Team von mitp

Um die Portierbarkeit einer Anwendung sicherzustellen, sollten nur die minimal erforderlichen Eigenschaften des Betriebssystems verwendet werden. Die folgende Liste zeigt die minimalen Anforderungen für die einzelnen Conformance Classes:

	BCC1	BCC2	ECC1	ECC2
Mehrfache Task-Aktivierung	nein	ja	BT: nein ET: nein	BT: ja ET: nein
Anzahl der Tasks, die sich nicht im suspended-State befinden	8		16 (Kombinationen von BT/ET)	
Mehr als ein Task pro Priorität	nein	ja	nein (BT und ET)	ja (BT und ET)
Anzahl der Events pro Task	-		8	
Anzahl der Task-Prioritäten	8		16	
Ressourcen	RES_SCHEDULER	8 (einschließlich RES_SCHEDULER)		
Interne Ressourcen	2			
Alarme	1			
Application Mode	1			

3.2.3 Unterschiede zwischen OSEK/VDX OS und OSEKtime OS

Das OSEKtime-Betriebssystem ist im Gegensatz zum OSEK-Betriebssystem speziell für eine »Time triggered«-Architektur konzipiert. Das OSEK OS existiert dabei neben dem OSEKtime OS. OSEK OS wird dann ausgeführt, wenn OSEKtime »idle« ist, d.h. sich im Leerlauf befindet. Die Interrupts von OSEK OS haben eine geringere Priorität als die von OSEKtime OS.

Die OSEK-API ändert sich nicht, wenn OSEK OS und OSEKtime OS gemeinsam genutzt werden.

Nähere Informationen und eine genauere Beschreibung findet sich im Kapitel *OSEKtime*.

3.3 Task-Verwaltung

Komplexe Anwendungssoftware lässt sich in einzelne Teile aufteilen, die dann innerhalb einer Real-Time-Umgebung (Echtzeit-Umgebung) ausgeführt werden. Diese einzelnen Teile lassen sich als Tasks realisieren. Ein Task stellt eine Umgebung zur Verfügung, in der Funktionen ausführt werden können. Das Betriebssystem unterstützt die konkurrierende und asynchrone Ausführung der Tasks, wobei der Scheduler die Reihenfolge der Ausführung in Abhängigkeit diverser Parameter organisiert.

Das OSEK-Betriebssystem unterstützt Mechanismen zum Wechseln der aktiven Tasks. Das OSEK-Betriebssystem unterstützt zwei unterschiedliche Task-Konzepte:

- Basic Tasks (BT)
- Extended Tasks (ET)

Basic Tasks

Basic Tasks geben den Prozessor für andere Aufgaben frei, wenn

- sie beendet werden (terminieren)
- OSEK OS zu einem Task mit höher Priorität wechselt
- ein Interrupt für einen Wechsel in eine Interrupt-Service-Routine (ISR) sorgt

Extended Tasks

Extended Tasks unterscheiden sich von den Basic Tasks dadurch, dass ein Aufruf der Systemfunktion `WaitEvent()` zu einem Wechsel in den Zustand `waiting` führt. Der `waiting`-Zustand führt dazu, dass der aktuell laufende Task den Prozessor freigibt und ihm ein neuer Task zugeordnet wird, ohne dass der vorher laufende extended Task beendet wird.

Es ist für das Betriebssystem aufwändiger, extended Tasks zu verwalten als Basic Tasks, was dazu führt, dass mehr RAM, ROM und Rechenleistung benötigt wird. Das liegt zum einem an dem Kontextwechsel, wo Register der CPU gesichert werden müssen, als auch an den privaten jedem Task zugeordneten Stacks.

3.3.1 Zustandsmodell der Tasks

Es werden die einzelnen Task-Zustände und die Zustandsübergänge für beide Task-Typen beschrieben. Ein Task muss in der Lage sein, in die verschiedenen Zustände zu wechseln, da der Prozessor immer nur den Programmcode eines Tasks ausführen kann. Tasks dienen somit dazu, quasi parallele Abläufe zu serialisieren und somit in eine zeitliche Reihenfolge zu bringen. Das OSEK-Betriebssystem sorgt für das Speichern und Restaurieren der Task-Kontexte in Abhängigkeit der Zustandswechsel der Tasks.

Extended Tasks

Extended Tasks haben folgende Zustände:

- **`running`**

  Im `running`-Zustand ist der Task der CPU zugeordnet und der Programmcode wird ausgeführt. Es kann sich immer nur ein Task im Zustand `running` befinden. Alle anderen Zustände dürfen mehrfach von den Tasks eingenommen werden.

- **ready**

  Bevor in den Zustand `running` gewechselt werden kann, ist es erforderlich, sich im Zustand `ready` zu befinden. Der Task wartet in dem Zustand auf die Ausführung durch den Prozessor. Der Scheduler bringt den Task als Nächstes zur Ausführung.

- **waiting**

  Der Task wird nicht weiter ausgeführt, er wartet auf ein Event.

- **suspended**

  In diesem Zustand ist der Task passiv und wartet auf seine Aktivierung.

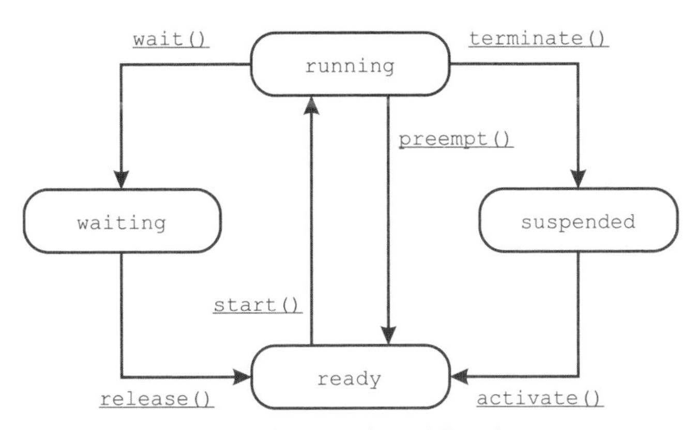

Abb. 3.12: Extended-Task-Zustandsmodell nach UML

Beschreibung der Zustandsübergänge:

- **activate**

  Ein neuer Task wird durch den Aufruf einer System-Service-Funktion in den Zustand `ready` versetzt. OSEK beginnt mit der Ausführung der ersten Instruktion des Tasks.

- **start**

  Ein Task im Zustand `ready` wird laufend, wenn der Scheduler ausgeführt wird.

- **wait**

  Der Wechsel in den Zustand `wait` erfolgt durch den Aufruf einer System-Service-Funktion. Es wird mit der weiteren Bearbeitung fortgefahren, wenn ein Event für den Task empfangen wurde.

- **release**

  Der Zustandswechsel wird durchgeführt, wenn ein Event empfangen wurde, auf das der Task gewartet hat.

- **preempt**

  Der Scheduler startet einen anderen Task. Der `running` Task wechselt in den Zustand `ready`.

- **`terminate`**
  Der laufende Task wird durch eine System-Service-Funktion in den `suspended`-Zustand gesetzt.

Das Terminieren eines Tasks kann nur der Task selbst durchführen. Diese Restriktion reduziert die Komplexität des Betriebssystems. Die Möglichkeit, direkt vom `suspended`-Zustand in den `waiting`-Zustand zu wechseln, ist nicht vorgesehen. Dieser denkbare Zustandswechsel ist redundant und erhöht ebenfalls die Komplexität des Scheduler.

Basic Tasks

Das Zustandsmodell ist beinahe identisch mit dem Extended-Task-Zustandsmodell. Der einzige Unterschied besteht darin, dass Basic Tasks nicht über den Zustand `waiting` verfügen.

Basic Tasks verfügen über folgende Zustände:

- **`running`**
  Im `running`-Zustand ist der Task der CPU zugeordnet und der Programmcode wird ausgeführt. Es kann sich immer nur ein Task im Zustand `running` befinden. Alle anderen Zustände dürfen mehrfach von den Tasks eingenommen werden.
- **`ready`**
  Bevor in den Zustand `running` gewechselt werden kann, ist es erforderlich, sich im Zustand `ready` zu befinden. Der Task wartet in dem Zustand auf die Ausführung durch den Prozessor. Der Scheduler bringt den Task als Nächstes zur Ausführung.
- **`suspended`**
  In diesem Zustand ist der Task passiv und wartet auf seine Aktivierung.

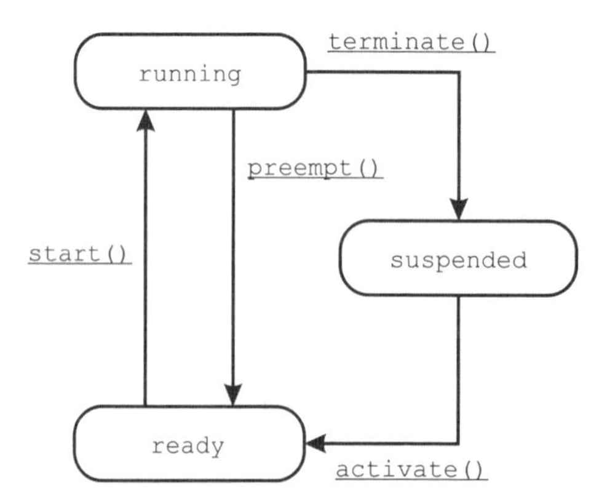

Abb. 3.13: Basic-Task-Zustandsmodell nach UML

Beschreibung der Zustandsübergänge:

- **`activate`**
  Ein neuer Task wird durch den Aufruf einer System-Service-Funktion in den Zustand `ready` versetzt. OSEK beginnt mit der Ausführung der ersten Instruktion des Tasks.
- **`start`**
  Ein Task im Zustand `ready` wird laufend, wenn der Scheduler ausgeführt wird.
- **`preempt`**
  Der Scheduler startet einen anderen Task. Der `running` Task wechselt in den Zustand `ready`.
- **`terminate`**
  Der laufende Task wird durch eine System-Service-Funktion in den `suspended`-Zustand gesetzt.

Vergleich von Basic und extended Task

Basic Tasks verfügen nicht über den `wait`-Zustand. Daraus ergibt sich, dass eine Möglichkeit zur Synchronisation nur am Anfang und am Ende des Tasks besteht. Sollen Teile der Anwendung realisiert werden, die über mehr als einen Punkt zur Synchronisation verfügen müssen, müssen diese in mehrere einzelne Basic Tasks aufgeteilt werden. Die wesentliche Eigenschaft eines Basic Tasks ist, dass er nur moderate Anforderungen zur Laufzeit an die benötigten Ressourcen, besonders an das RAM, stellt.

Der Vorteil des extended Tasks ist, dass eine zusammenhängende Aufgabe in einem Task realisiert werden kann. Durch den `waiting`-Zustand können mehrere Punkte zur Synchronisation eingefügt werden. Der `waiting`-Zustand wird erst dann verlassen, wenn die für die weitere Bearbeitung des Tasks benötigten Informationen bereitgestellt sind. Das Verlassen dieses Zustands wird über ein Event ausgelöst. Extended Tasks verfügen somit über mehr Möglichkeiten zur Synchronisation als Basic Tasks.

3.3.2 Aktivierung eines Tasks

Die Aktivierung eines Tasks erfolgt mit Hilfe der Betriebssystem-Service-Funktionen `ActivateTask()` und `ChainTask()`. Nach der Aktivierung wird die Abarbeitung mit dem ersten Statement begonnen.

Mehrfach-Aktivierung

Abhängig von der Conformance Class kann ein Basic Task einfach oder mehrfach aktiviert werden. *Multiple requesting of task activation* bedeutet, dass das OSEK-Betriebssystem die parallele Aktivierung empfängt und speichert, so dass der Basic Task immer aktiviert bleibt.

Die Anzahl der möglichen Mehrfach-Aktivierungen von Basic Tasks wird während der Generierung des Systems festgelegt. Dafür steht ein Task-Attribut zur Verfügung. Ist die Anzahl der möglichen Task-Aktivierungen nicht überschritten, dann wird die Anforderung in einer Queue nach Priorität gespeichert.

3.3.3 Task-Wechselmechanismen

Die konventionelle sequenzielle Programmierung unterscheidet sich von der Programmierung von Multitasking-Systemen u.a. dadurch, dass einzelne Teile der Anwendung konkurrierend zueinander abgearbeitet bzw. ausgeführt werden. Das Verfahren zum Wechseln der Tasks muss vorher festlegt werden.

3.3.4 Task-Prioritäten

Der Scheduler entscheidet anhand der Task-Priorität, welcher der Tasks, die sich im Zustand `ready` befinden müssen, zur Ausführung kommt und somit in den Zustand `running` wechselt.

Der Wert 0 ist als die geringste Priorität eines Tasks definiert. Ein höherer Wert legt eine höhere Priorität fest.

Aus Gründen der Effizienz wird eine dynamische Verwaltung der Prioritäten nicht unterstützt. Die Priorität eines Tasks wird statisch festgelegt und kann somit nicht zur Laufzeit verändert werden. In einzelnen Fällen ist das Betriebssystem in der Lage, die Priorität eines Tasks in eine festgelegte höhere Priorität zu verändern.

Tasks mit identischer Priorität werden in den Conformance Classes BCC2 und ECC2 unterstützt.

Tasks mit derselben Priorität starten in der Reihenfolge ihrer Aktivierung. Extended Tasks, die sich im `waiting`-Zustand befinden, blockieren dadurch nicht nachfolgende Tasks mit identischer Priorität.

Abbildung 3.14 zeigt ein Beispiel für die Realisierung eines Schedulers mit verschiedenen Prioritäten.

Mehrere Tasks mit unterschiedlichen Prioritäten befinden sich im `ready`-Zustand. Drei Tasks haben die Priorität 3, ein Task die Priorität 2, ein Task die Priorität 1 und zwei Tasks die Priorität 0. Die Tasks, die am längsten gewartet haben, befinden sich am Ende der Queue. Der Prozessor hat einen Task bearbeitet und terminiert ihn. Der Scheduler kann den nächsten Task selektieren, der bearbeitet werden soll. In diesem Fall ist es ein Task mit der Priorität 3, der sich am Ende der Queue befindet. Bevor nun der Task mit der Priorität 2 bearbeitet werden kann, müssen alle Tasks mit einer höheren Priorität den `running`- und `ready`-Zustand verlassen haben. Dies ist der Fall, wenn die Tasks der Priorität 3 entweder terminiert, also beendet, wurden oder aber sich im `waiting`-Zustand befinden.

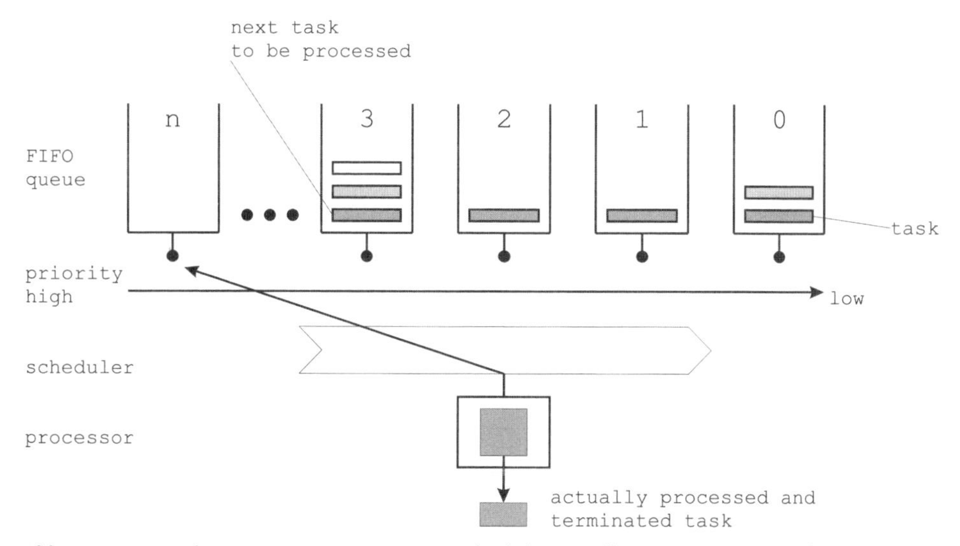

Abb. 3.14: Zuordnung von Prioritäten zum Scheduler (Quelle: OSEK/VDX Specification)

Folgende Schritte sind notwendig, um zu bestimmen, welcher Task als nächstes ausgeführt wird:

- Der Scheduler sucht alle Tasks, die sich im `read/running`-Zustand befinden.
- Von den Tasks, die sich im `read/running`-Zustand befinden, ermittelt der Scheduler die Tasks mit der höchsten Priorität.
- Von den Tasks, die sich im `read/running`-Zustand befinden und die höchste Priorität haben, ermittelt der Scheduler den ältesten Task, das heißt den, der am längsten nicht mehr ausgeführt wurde.

3.3.5 Scheduling-Verfahren

Die Scheduling-Verfahren lassen sich grundsätzlich in zwei Gruppen aufteilen, die »preemptive« und das »non preemptive« Verfahren.

Full preemptive Scheduling

Full preemptive Scheduling bedeutet, dass sich ein Task, der sich gegenwärtig im `running`-Zustand befindet, beim Auftreten einer bestimmte Trigger-Bedingung vom Scheduler verdrängen lässt und somit die Kontrolle über den Prozessor verliert. Beim full preemptive Scheduling kann ein Task somit vom `running`-Zustand in den `ready`-Zustand wechseln, wenn ein Task mit höherer Priorität in den `ready`-Zustand wechselt. Der Task-Kontext wird gesichert, damit der preemptive Task an dem Punkt fortgesetzt werden kann, an dem er unterbrochen wurde. Dazu gehören u.a die Prozessorregister inklusive Stack- und Programm-Pointer.

Beim full preemptive Scheduling ist die Latenzzeit unabhängig von der Laufzeit von Tasks mit niedrigerer Priorität. Dafür wird mehr Speicher (RAM) benötigt, um die Daten für den Wechsel des Kontexts zu sichern, und es erhöht den Aufwand für die Synchronisation zwischen den Tasks. Da jeder Task theoretisch zu jedem Zeitpunkt verdrängt werden kann, muss der Zugriff auf Daten und Ressourcen, wie z.B. der seriellen Schnittstellen, synchronisiert werden.

Beim full preemptive Scheduling muss der Anwender davon ausgehen, dass ein Task zu jedem Zeitpunkt verdrängt werden kann. Wenn es innerhalb des Task-Codes Stellen gibt, die nicht preemptive, d.h. nicht unterbrechbar sind, müssen sie durch temporäres Blockieren des Schedulers geschützt werden. Dafür steht die Systemfunktion `GetResource()` zur Verfügung.

Abbildung 3.15 zeigt, wie ein Task T2 mit niedriger Priorität durch einen Task T1 mit höherer Priorität verdrängt wird.

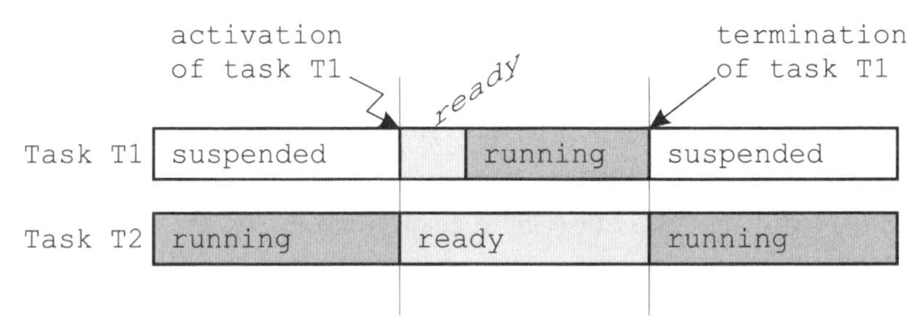

Abb. 3.15: Full preemptive Scheduling (Quelle: OSEK/VDX Specification)

Zusammengefasst ist das Rescheduling in den folgenden Fällen leistungsfähig:

- Erfolgreiche Beendigung eines Tasks
- Erfolgreiche Beendigung eines Tasks durch Aktivierung eines nachfolgenden Tasks durch die Systemfunktion `ChainTask()`
- Aktivierung eines Tasks auf Task-Level. Dieses kann durch Messages oder ablaufende Alarme geschehen.
- Extended Tasks können sich durch Aufruf der Service-Funktion `WaitEvent()` in den `waiting`-Zustand versetzen.
- Setzen eines Events, für einen sich im `waiting`-Zustand befindlichen Task auf Task-Level durch die System-Service-Funktion `SetEvent()`
- Freigeben einer Ressource auf Task-Level durch die System-Service-Funktion `ReleaseResource()`
- Rückkehr vom Interrupt-Level zum Task-Level

Ein Rescheduling innerhalb einer Interrupt-Service-Routine sollte vermieden werden, da sich Leistungsnachteile ergeben.

Anwendungen, die eine Full-preemptive-Scheduling-Strategie verwenden, sollten nicht die Systemfunktion `Schedule()` benutzen. Andere Scheduling-Verfahren können diese Systemfunktion jedoch verwenden.

Non preemptive Scheduling

Ist der Wechsel eines Tasks nur durch eine explizit definierte Systemfunktion möglich, handelt es sich um »Non preemptive Scheduling« (expliziter *Point of Rescheduling*). Ein Task im `running`-Zustand verschiebt den Start eines Tasks mit höherer Priorität bis zum nächsten *Point of Rescheduling*.

Abbildung 3.16 zeigt zwei Tasks mit unterschiedlichen Prioritäten. Task T1 ist `suspended` und wird durch Aktivierung `ready`. Obwohl er eine höhere Priorität hat, wird er nicht `running`, sondern muss warten, bis Task T2 die Kontrolle des Prozessors abgibt.

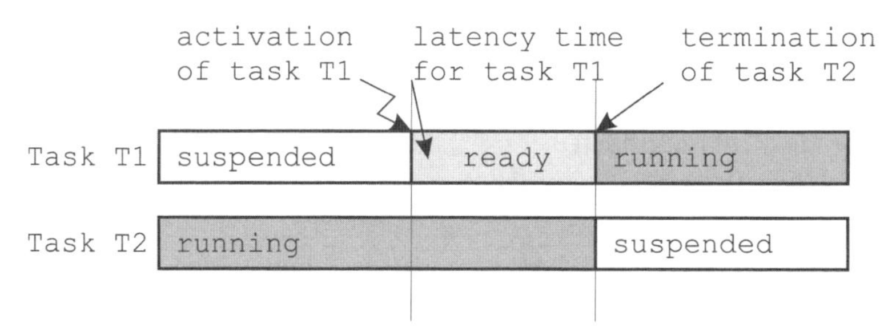

Abb. 3.16: Non preemptive Scheduling (Quelle: OSEK/VDX Specification)

Das Rescheduling von nicht unterbrechbaren Tasks kann in folgenden Fällen erfolgen:

- Erfolgreiche Beendigung (Terminierung) des Tasks mit der Systemfunktion `TerminateTask()`
- Erfolgreiche Beendigung eines Tasks durch Aktivierung eines nachfolgenden Tasks durch die Systemfunktion `ChainTask()`
- Expliziter Aufruf des Schedulers mit der Systemfunktion `Scheduler()`
- Ein Wechsel in den `waiting`-Zustand durch Aufruf der Systemfunktion `WaitEvent()`

Task-Gruppen

Das OSEK-Betriebssystem erlaubt es, durch die Definition von Gruppen preemptive und non preemptive Tasks zusammenzufassen. Die Tasks in der Task-Gruppe dürfen verschiedene Prioritäten besitzen, wobei sich Tasks innerhalb einer Task-Gruppe wie non preemptable Tasks verhalten. Das Schedulen von Tasks findet nur in den Fällen wie beim non preemptive Scheduling statt (Terminierung durch `TerminateTask()`, Aktivierung eines folgenden Tasks durch `ChainTask()`, Aufruf des Schedulers mit `Scheduler()` oder durch Wechsel in den `waiting`-Zustand durch den Aufruf von `WaitEvent()`). Falls Tasks mit einer höheren Priorität als die höchste Priorität eines Tasks in der Task-Gruppe vorhanden sind, verhalten sich die Tasks der Gruppe wie preemptive Tasks.

Preemptive und non preemptive Scheduling

Wenn preemptive und non preemptive Tasks innerhalb eines Systems/einer Anwendung verwendet werden, wird das Verfahren »mixed preemptive« Scheduling eingesetzt. In diesem Fall hängt das verwendete Verfahren von den Eigenschaften des laufenden (`running`) Tasks ab. Ist der laufende Task non preemptable, also nicht unterbrechbar, dann wird das non preemptable Scheduling verwendet. Bei laufenden Tasks, die preemptable sind, findet das preemptable Scheduling statt.

Der Einsatz von non preemptable Tasks in einem full preemptable Betriebssystem ist unter folgenden Aspekten sinnvoll:

- wenn die Zeit für die Ausführung des Tasks sich in der Größenordnung der Zeit für den Wechsel des Tasks befindet
- wenn sparsam mit dem RAM umgegangen werden muss (es entfällt das Speichern des Wechsels des Kontexts)
- wenn der Task nicht preemptive sein muss

Viele Anwendungen verwenden nur wenige parallel ablaufende Tasks, die über eine lange Ausführungszeit verfügen. Ein full preemptive Betriebssystem, das über viele Tasks verfügt, die nur kurze Ausführungszeiten haben, ist nicht so effizient wie ein System, das ein non preemptive Scheduling verwendet. Das heißt, der Zeitaufwand für den Wechsel des Task-Kontexts muss in Relation zur Laufzeit des Tasks stehen. Die Verwendung des Mixed-preemptable-Scheduling-Verfahrens stellt einen Kompromiss dar.

Auswahl der Scheduling-Verfahren

Der Software-Entwickler oder Systemdesigner entscheidet über die Reihenfolge der Tasks bei der Konfiguration der Prioritäten und der Zuweisung der Scheduling-Verfahren bei der Festlegung der Attribute für die Tasks.

Der Task-Typ (Basic oder extended) hängt vom verwendeten Verfahren des Task-Schedulings (preemptable oder non preemptable) ab. Ein full preemptive System kann demzufolge Basic Tasks enthalten und ein non preemptive System extended Tasks.

Während der Ausführung einer Betriebssystemfunktion ist ein Scheduling und somit ein Wechsel des aktuellen Kontexts nicht möglich. Dieses geschieht zeitlich verzögert nach der Beendigung der Betriebssystemfunktion.

3.3.6 Beenden von Tasks

Das OSEK-Betriebssystem unterstützt das Beenden (Terminieren) von Tasks nur durch das Beenden des Tasks durch sich selbst (»self termination«).

Das OSEK-Betriebssystem stellt die Systemfunktion `ChainTask()` zur Verfügung, die sicherstellt, dass ein zugeordneter Task aktiviert wird. Das ist effizienter, als den laufenden Task terminieren zu lassen und dann erst den Task zu aktivieren. Der selbst deaktivierte Task wird als letztes Element in die Queue mit der Priorität des Tasks eingetragen.

Einige Tasks werden dadurch beendet, dass sie das Ende ihres Programmcodes erreichen. Endet ein Task, ohne die Systemfunktion `TerminateTask()` aufzurufen, kann die Integrität des Betriebssystems nicht gewährleistet werden. Das heißt, ein Beenden eines Tasks ohne den Aufruf der Systemfunktionen `ChainTask()` oder `TerminateTask()` ist nicht erlaubt.

3.4 Events

Events haben folgende Eigenschaften:

- Sie dienen zur Synchronisation.
- Sie werden nur von extended Tasks unterstützt.
- Sie sorgen für einen Wechsel in den oder aus dem `waiting`-Zustand.

Für die Kommunikation zwischen Tasks und Interrupt-Service-Routinen stehen Events zur Verfügung. Ein Task kann auf ein oder mehrere Events warten. Events können durch Tasks oder ISRs ausgelöst werden. Eine ISR kann allerdings nicht auf ein Event warten. Der Task, der durch ein Event geweckt wurde, kann nicht feststellen, wer das Event ausgelöst hat.

Für die Realisierung des Eventmechanismus werden die Betriebssystemfunktionen

- `SetEvent( TaskType, EventMaskType )`
- `GetEvent( TaskType, EventMaskRefType )`
- `ClearEvent( EventMaskType )`
- `WaitEvent( EventMaskType )`

bereitgestellt.

Die Betriebssystemfunktion `SetEvent( TaskType, EventMaskType )` kann von einem Task oder einer ISR aufgerufen werden, wenn ein Event angezeigt werden soll. Mit dem Parameter `TaskType` wird das Ziel, also der Task angegeben und mit dem Parameter `EventMaskType` eine Eventmaske übergeben. Bei der Eventmaske handelt es sich dabei um ein Bitfeld, wobei jedes Bit genau ein Event repräsentiert. Die Größe des Bitfelds wird durch die Anzahl der Events bestimmt. Die maximale Anzahl von Events wird dabei im Allgemeinen durch die vorhandenen Datentypen begrenzt.

Der Datentyp, der Verwendung findet, wird durch das statische Design des Systems festgelegt. Werden maximal acht Events für jeden Task benötigt und gilt dies für das ganze System, dann wird ein Datentyp verwendet, der ein Byte lang ist (in C der Datentyp `char`). Benötigt aber nur ein Task neun Events, wird ein Datentyp mit zwei Byte verwendet (in C für 16x-Microcontroller der Datentyp `int`). Besonders erwähnt sei die Tatsache, dass auch alle anderen Eventmasken immer den gleichen Datentyp verwenden, auch wenn sie mit einem kleineren Datentyp auskommen würden. Tabelle 3.1 veranschaulicht den Zusammenhang

Events pro Task			Resultierender Datentyp
Task 1	Task 2	Task 3	
3	4	8	`char` (8 Bit)
3	9	4	`int` (16 Bit)
3	17	5	`long` (32 Bit)

Tabelle 3.1: Zusammenhang zwischen Anzahl der Events und dem verwendeten Datentyp

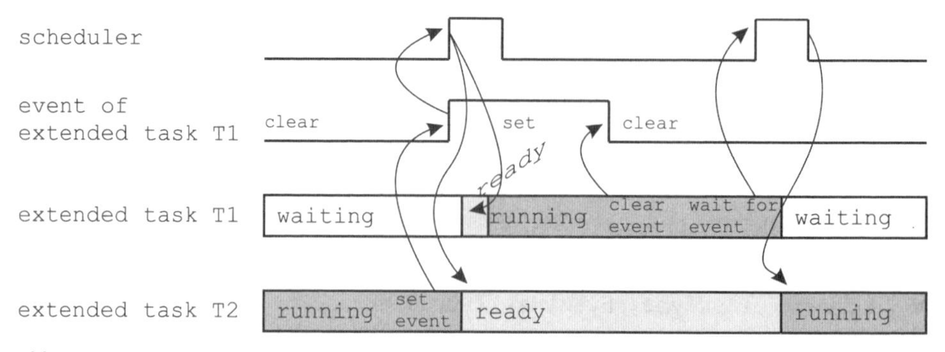

Abb. 3.17: Synchronisation von preemptive extended Tasks (Quelle: OSEK/VDX Specification)

Abbildung 3.17 zeigt die Auswirkungen beim Setzen eines Events. Task T1 wartet auf ein Event. Task T2 setzt dieses Event für T1. Der Scheduler wird aktiviert. Task T1 wechselt seinen `waiting`-Zustand auf den `ready`-Zustand. Durch die höhere

Priorität des Tasks T1 erfolgt ein Task-Wechsel. Task T1 löscht das Event und durch Aufruf der Systemfunktion `WaitEvent()` wird der Scheduler aktiviert und Task T2 wird weiter ausgeführt.

Task T1 führt folgende Schritte aus:

- `GetEvent()`
- `ClearEvent()`
- »Event bearbeiten«
- `WaitEvent()`

Bei non preemptive Scheduling erfolgt die Aktivierung des Tasks T1 trotz seiner höheren Priorität erst nach Beendigung von Task T2 (s. Abbildung 3.18).

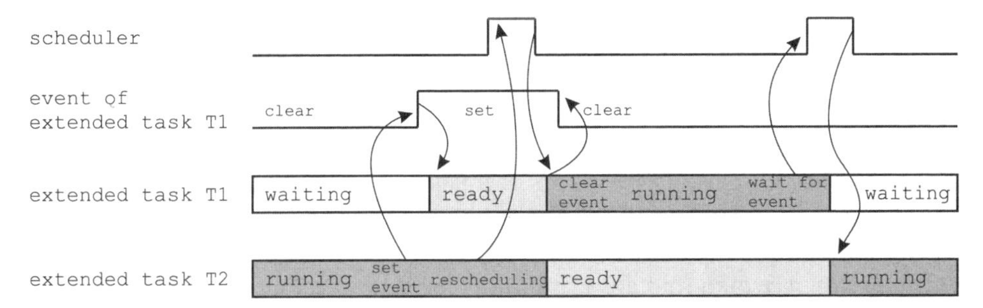

Abb. 3.18: Synchronisation von non preemptive extended Tasks (Quelle: OSEK/VDX Specification)

3.5 Alarme

Das OSEK-Betriebssystem stellt Funktionen zur Verfügung, die eine regelmäßige Bearbeitung von Events ermöglichen. Solche Events können z.B. durch einen Timer erzeugt werden, um ein Zeitintervall zu realisieren, oder durch einen Encoder für die Achsposition eines Motors: Das Event zeigt dann an, dass sich die Lage der Motorachse verändert hat. Es können andere für die Anwendung spezifische Trigger über die Alarme realisiert werden.

OSEK unterstützt eine zweistufige Technik, um solche Events zu realisieren. Wiederkehrende Events sind mit implementierungsspezifischen Countern verbunden. Basierend auf Countern wird der Anwendung durch das OSEK-Betriebssystem ein Alarm-Mechanismus zur Verfügung gestellt.

3.5.1 Counter

Ein Counter stellt einen Zählerwert dar, der in »ticks« gemessen wird. Der Counter verwaltet einige spezifische Zähler-Konstanten.

Das OSEK-Betriebssystem stellt keine standardisierte API-Funktionen bereit, die es erlauben, den Counter direkt zu verändern.

Das OSEK-Betriebssystem sorgt dafür, dass ein Alarm erzeugt wird, wenn ein Counter einen festgelegten Wert erreicht hat.

Es wird vom OSEK-Betriebssystem immer mindestens ein Counter zur Verfügung gestellt, der von einem Hardware- oder Software-Timer abgeleitet wird.

3.5.2 Alarm-Verwaltung

Das OSEK-Betriebssystem stellt Systemfunktionen bereit zum Aktivieren von Tasks, Setzen von Events oder Aufrufen von Callback-Funktionen, wenn ein Alarm abläuft. Eine Alarm-Callback-Funktion ist eine kurze Funktion, die von der Anwendung bereitgestellt wird.

Ein Alarm wird ausgelöst, wenn ein vordefinierter Zählerwert erreicht ist. Dieser Zählerwert kann relativ zum aktuellen Zählerwert definiert werden, dann handelt es sich um einen relativen Alarm, oder als absoluter Wert, was dann ein absoluter Alarm ist. Alarme können als einzelne nicht wiederkehrende Alarme definiert werden oder als zyklische Alarme. Zum Beispiel kann ein Alarm ausgelöst werden, wenn eine bestimmte Anzahl von Interrupts, die durch einen Timer erzeugt wurden, gezählt wurden. Das Betriebssystem stellt weitere Systemfunktionen zum Beenden von Alarmen und der Ermittlung des aktuellen Status eines Alarms zur Verfügung.

Es kann mehr als ein Alarm an einen Counter gebunden werden, wobei die Anzahl der Alarme pro Counter nicht begrenzt ist, aber der dafür benötigte Verwaltungsaufwand entsprechend steigt.

Bei der Generierung des Systems wird ein Alarm statisch zugewiesen an

- einen Counter
- einen Task oder eine Alarm-Callback-Funktion

Abhängig von der Konfiguration des Systems wird entweder eine Alarm-Callback-Funktion aufgerufen oder ein Task aktiviert oder ein Event gesetzt, wenn ein Alarm aktiviert wird. Alarm-Callback-Funktionen sperren bestimmte Interrupts (category 2), wenn sie ausgeführt werden. Die Erläuterung der Interrupt-Verarbeitung und der unterschiedlichen Interrupt-Kategorien erfolgt im Abschnitt *Interrupt-Verarbeitung*. Die Systemfunktionen `SuspendAllInterrupts()` und `ResumeAllInterrupts()` dürfen in der Alarm-Callback-Funktion aufgerufen werden.

Das Aktivieren eines Tasks oder das Setzen eines Events, wenn ein Alarm abläuft, hat die gleichen Eigenschaften wie bei der normalen Aktivierung von Tasks und dem Setzen von Events.

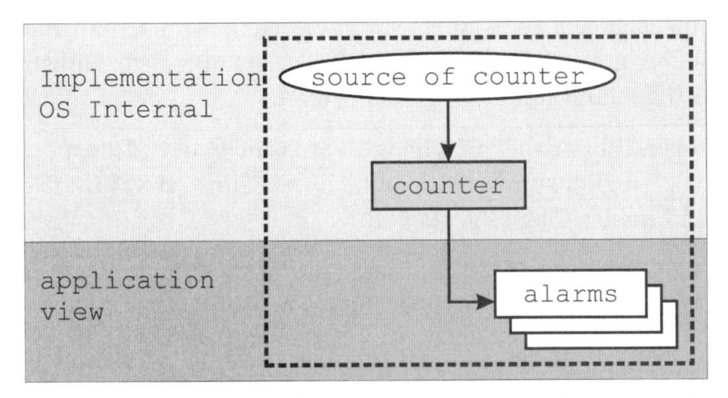

Abb. 3.19: Schichtenmodell für die Verwaltung von Alarmen (Quelle: OSEK/VDX Specification)

Counter und Alarme werden statisch definiert. Die Zuordnung der Alarme zu den Countern als auch die Aktion, die durchgeführt wird, wenn der Alarm abläuft, wird statisch bei der Generierung des Systems festgelegt.

Die Parameter der Counter können dynamisch verändert werden. Dazu gehören der Wert, wann der Alarm abläuft, und die Periode eines zyklischen Alarms.

3.5.3 Alarm-Callback-Routine

Alarm-Callback-Funktionen verfügen weder über eine Parameterliste zur Übergabe von Werten noch über einen Rückgabewert (return value).

Der Prototyp einer Alarm-Callback-Funktion hat folgende Form:

```
ALARMCALLBACK(AlarmCallBackRoutineName);
```

Beispiel einer Alarm-Callback-Funktion:

```
ALARMCALLBACK(HandleMyCallback)
{
  /*--- Anwendung */
}
```

Die Verarbeitung der Alarm-Callback-Funktionen ist abhängig von der Verwendung des Schedulers, der ISR und der Implementierung des Betriebssystems.

3.6 Messages

Die Messages sind ein zentrales Element von OSEK/VDX COM und somit der Kommunikation zwischen Tasks und ISRs. Die Kommunikation kann dabei innerhalb eines Steuergerätes, als lokale Kommunikation oder zwischen verschiedenen

Steuergeräten durch ein geeignetes Transportmedium erfolgen. Als Transportmedium eignen sich besonders gut so genannte Feldbusse, da sie über deterministische Transportzeiten verfügen und somit echtzeitfähig sind.

Die zur Verfügung gestellte API ist dabei unabhängig vom verwendeten Transportmedium. Der notwendige Funktionsumfang ist, ähnlich wie beim OSEK/VDX OS, in unterschiedliche Conformance Classes gegliedert.

Die Conformance Classes CCCA und CCCB definieren die lokale Kommunikation, während CCC0-2 auch eine Kommunikation über Bussysteme zulässt.

Der Transport der Messages erfolgt dabei asynchron, das heißt, sie wirken nicht blockierend. Der sendende Task kann während des Transports des Tasks weiter aktiv sein und seinen Programmcode abarbeiten.

Es wird dabei zwischen unterschiedlichen Message-Typen unterschieden:

- Queued Messages
- Unqueued Messages
- Mit Kopie der Daten
- Ohne Kopie der Daten

Beim Senden einer Message können unterschiedliche Aktionen ausgeführt werden. Folgende Aktionen sind möglich:

- Aktivieren eines Tasks
- Auslösen eines Events
- Aufruf einer Callback-Funktion
- Setzen eines Flags

Abbildung 3.20 veranschaulicht die Verwendung der Aktionen »Aktivieren eines Tasks« und »Auslösen eines Events«.

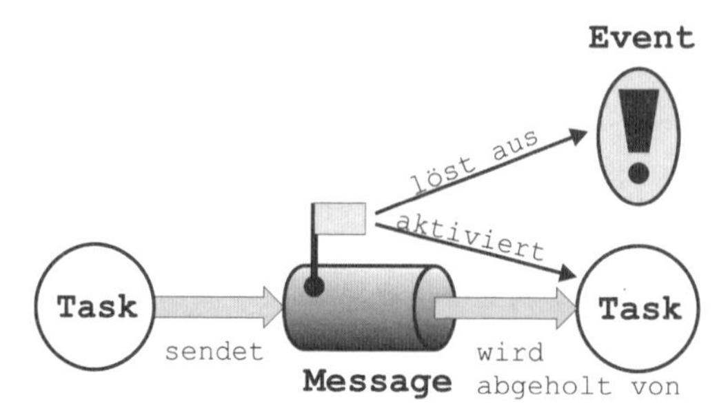

Abb. 3.20: Verwendung von Messages (Quelle: 3SOFT-Schulungsunterlagen)

OSEK/VDX OS fordert die Basisfunktionalität der Conformance Classes CCCA. CCCA erlaubt nur eine »notification« pro Message. CCCB erlaubt dagegen N Aktivitäten pro Message.

Eine weitere Eigenschaft von Messages ist die 1:N-Kommunikation. Das heißt, es gibt immer einen Sender und N Empfänger: die statische Adressierung und die statische Längeninformation.

Unqueued Messages sind globale Daten, die beliebig oft von Tasks ausgelesen werden können, während die queued Messages verbraucht werden. Die Queues sind als FIFO (first in first out) organisiert. Jeder Empfänger erhält für eine queued Message eine eigene Queue. Die Definition der Queues erfolgt in der OIL-Datei. Dort wird u.a. ihre Größe angegeben, die zur Laufzeit des Systems nicht verändert werden kann. Ist eine Queue vollkommen gefüllt, werden neue Messages, die eingetragen werden sollen, verworfen. Somit können Daten verloren gehen. Der Verlust von Messages wird in einem Flag gespeichert und kann von der Anwendung abgefragt werden.

Der Zugriff auf eine Message ist per »WithCopy« oder »WithoutCopy« möglich. ISR können nur mit »WithCopy« auf Messages zugreifen.

Die COM-API-Funktionen dürfen erst nach Aufruf der API-Funktion `StartCOM()` verwendet werden. Diese API-Funktion dient zur Initialisierung der Kommunikation.

Folgende COM-API-Funktionen werden zur Verfügung gestellt und im Kapitel *OSEK-COM-API* ausführlich beschrieben:

- `InitCOM()`
- `StartCOM()`
- `StopCOM()`
- `CloseCOM()`
- `SendMessage()`
- `ReceiveMessage()`
- `GetMessageStatus()`
- `GetMessageResource()`
- `ReleaseMessageResource()`
- `ReadFlag()`
- `ResetFlag()`

3.7 Ressourcen

Die Ressourcen-Verwaltung verwaltet und koordiniert den konkurrierenden Zugriff auf durch mehrere Tasks mit unterschiedlicher Priorität genutzte Ressourcen. Zu den verwalteten Ressourcen gehören der Scheduler, Programm-Sequenzen, Speicher und Hardwarekomponenten.

Die Ressourcen-Verwaltung ist für alle Conformance Classes zwingend erforderlich.

Die Ressourcen-Verwaltung kann optional eine erweiterte Koordinierung von konkurrierenden Zugriffen von Tasks oder Interrupts durchführen.

Ressourcen-Verwaltung stellt sicher, dass

- zwei Tasks nicht auf dieselbe Ressource zur selben Zeit zugreifen können
- die Prioritäten nicht umgekehrt werden
- keine Verklemmung, »Deadlook«, bei der gemeinsamen Verwendung von Ressourcen auftritt
- auf Ressourcen nicht im `waiting`-Zustand zugegriffen wird

Ist die Ressourcen-Verwaltung um die Interrupt-Levels erweitert, dann stellt sie sicher, dass

- zwei Tasks oder Interrupt-Routinen nicht gleichzeitig auf dieselbe Ressource zur selben Zeit zugreifen können.

Die Funktionalität der Ressourcen-Verwaltung ist in den folgenden Fällen nützlich:

- preemptable Tasks
- non preemptable Tasks, der Anwender beabsichtigt, die Anwendung mit unterschiedlichen Scheduling-Verfahren zu betreiben
- Ressourcen-Sharing zwischen Tasks und Interrupt-Service-Routinen
- Ressourcen-Sharing zwischen Interrupt-Service-Routinen

Fordert der Benutzer Schutz vor Unterbrechung nicht nur bei den Tasks, sondern auch bei den Interrupts, dann kann er die Betriebssystemfunktionen zum Sperren und Freigeben der Interrupts nutzen, um ein Rescheduling zu verhindern.

Das OSEK OS schreibt das »OSEK priority ceiling protocol« vor. Es stellt sicher, dass bereits verwendete Ressourcen nicht noch mal von anderen Tasks oder Interrupt-Funktionen verwendet werden können.

Das Ressource-Konzept sorgt für die Koordination von Tasks und Interrupts im OSEK-Betriebssystem und stellt sicher, dass eine Interrupt-Funktion nur auf die Ressourcen zugreifen kann, die sie in Benutzung hat.

OSEK verbietet den verschachtelten Zugriff auf dieselbe Ressource. In seltenen Fällen ist ein verschachtelter Zugriff erforderlich. Ist dies der Fall, muss eine zweite Ressource mit demselben Verhalten benutzt werden. Die OSEK Implementation Language unterstützt die Definition von Ressourcen mit gleichen Verhalten.

Die Funktionen `TerminateTask()`, `ChainTask()`, `Schedule()` oder `WaitEvent()` werden nicht aufgerufen und die Interrupt-Service-Routinen müssen nicht komplett abgearbeitet sein, wenn eine Ressource belegt wird.

Wenn ein Task eine Ressource mehrfach belegt, hat der Anwender dafür Sorge zu tragen, dass die Anforderung und die Freigabe in umgekehrter Reihenfolge nach dem LIFO-Prinzip erfolgt (Stack like).

3.7.1 Scheduler als Ressource

Der Scheduler stellt für alle Tasks eine Ressource dar. Der Name der Scheduler-Ressource ist mit `RES_SCHEDULER` vordefiniert.

Interrupts werden in Abhängigkeit vom Zustand der Ressource `RES_SCHEDULER` empfangen und verarbeitet und somit wird ein Rescheduling der Tasks verhindert.

3.7.2 Probleme mit dem Synchronisationsmechanismus

Erläuterung der Prioritäten-Inversion

Ein typisches Problem bei der Verwendung von Mechanismen zur Synchronisation und somit auch bei der Benutzung von Semaphoren ist die Prioritäten-Verschiebung.

Die Prioritäten-Inversion führt dazu, dass ein Task mit niedrigerer Priorität zum Zeitpunkt seiner Ausführung eine höhere Priorität erhält. OSEK schreibt das »OSEK Priority Ceiling Protocol« vor, um die Prioritäten-Inversion zu vermeiden.

Abbildung 3.21 zeigt den Ablauf beim gemeinsamen Zugriff von zwei Tasks auf ein Semaphor S1 in einem full preemptive System. Task T1 hat die höchste Priorität.

Task T4 hat die niedrigste Priorität und ist im `running`-Zustand. In diesem Zustand wird Semaphor S1 angefordert und steht somit nicht weiter zur Verfügung. Task T1 wechselt in den `ready`-Zustand und der Scheduler verdrängt anschließend Task T4, und Task T1 wird `running`. In diesem Zustand versucht Task T1, auf Semaphor S1 zuzugreifen. Da diese Ressource noch durch Task T4 belegt ist, geht Task T1 in den `waiting`-Zustand. Als Nächstes gehen nacheinander die Tasks T2 und T3 in den `running`-Zustand und danach Task T4. Task T4 gibt Semaphor S1 wieder frei, was zu einem Aktivieren von Task T1 führt. Task T1 muss somit zwischen der Anforderung von Semaphor S1 und der Freigabe durch Task T4 warten. Trotz der höheren Priorität wird T1 in den Zustand `waiting` versetzt.

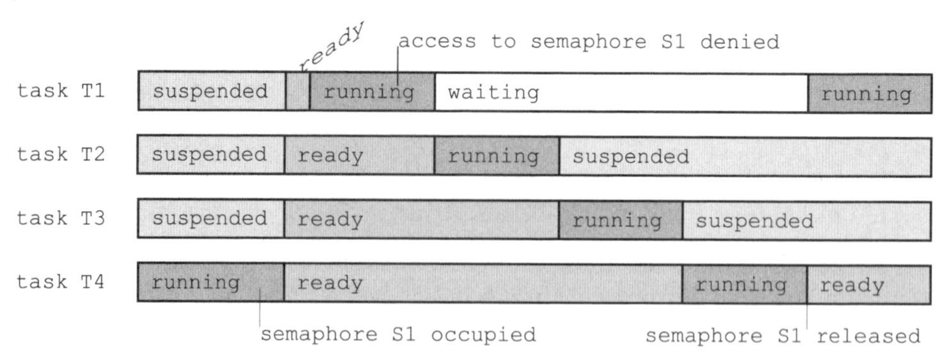

Abb. 3.21: Prioritäten-Inversion bei Semaphoren (Quelle: OSEK/VDX Specification)

Deadlocks

Ein weiteres typisches Problem bei der Verwendung von Mechanismen zur Synchronisation und somit auch bei der Benutzung von Semaphoren ist das Entstehen von Deadlocks. Unter Deadlocks werden Situationen verstanden, in denen Tasks nicht weiter ausgeführt werden, weil sie gemeinsam auf eine gesperrte Ressource warten.

Das folgende Szenario führt in einen Deadlock.

Task T1 reserviert Semaphor S1 und kann anschließend nicht weiter ausgeführt werden, da auf ein Event gewartet wird. Task T2 mit der geringeren Priorität wechselt in den `running`-Zustand und reserviert den Semaphor. Nachdem T1 wieder den `running`-Zustand eingenommen hat, wird versucht, Semaphor S2 zu reservieren. Da Semaphor S2 durch Task T2 bereits reserviert ist, schlägt der Versuch fehl und Task T1 geht in den `waiting`-Zustand. Task T2 wechselt wieder in den `running`-Zustand und versucht seinerseits, Semaphor S1 zu reservieren. Semaphor S1 ist bereits durch Task T1 reserviert, was dazu führt, dass Task T2 in den `waiting`-Zustand wechselt. Beide Tasks sind nun im `waiting`-Zustand, den sie nicht von selbst verlassen können, das Ergebnis ist somit ein *Deadlock*.

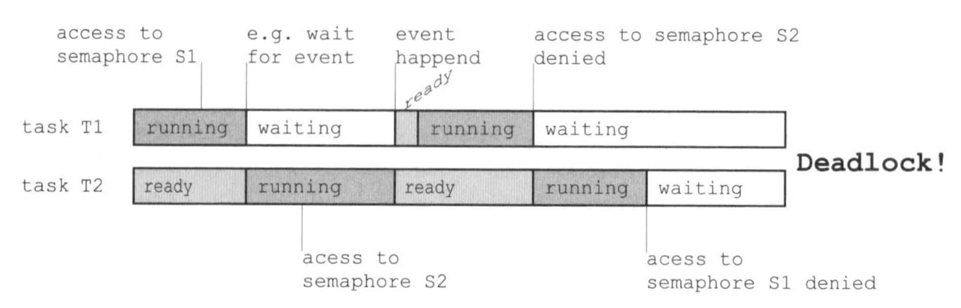

Abb. 3.22: Deadlock-Situationen bei der Verwendung von Semaphoren (Quelle: OSEK/VDX Specification)

3.7.3 Das OSEK Priority Ceiling Protocol

Um die Probleme der Prioritätenverschiebung und Deadlocks zu vermeiden, verlangt das OSEK-Betriebssystem folgendes Verhalten:

- Bei der Generierung des Systems wird jeder Ressource eine statische Priorität zugewiesen, die eine Höchstgrenze besitzt.
- Die Priorität für die Ressourcen beginnt nach der höchsten Priorität der Tasks, die auf eine Ressource zugreifen oder auf etwaige Ressourcen, die mit den Ressourcen verbunden sind. Die Priorität der Ressourcen muss jedoch kleiner sein als die kleinste Priorität aller Tasks, die nicht auf eine Ressource zugreifen.
- Wenn ein Task eine Ressource anfordert, die gegenwärtig über eine geringere Priorität verfügt als die Höchstgrenze der Prioritäten, wird die Priorität des Tasks auf die Ceiling-Priorität der Ressource erhöht.
- Wenn ein Task eine Ressource wieder freigibt, wird die Priorität wieder auf den alten Wert gesetzt, der vor der Anforderung der Ressource dem Task zugewiesen war.

Wenn ein Task über die gleiche oder eine nachstehende Priorität verfügt wie die Ressource, dann wird beim Priority Ceiling die größte mögliche Verzögerungszeit erreicht.

Tasks, die gleiche Ressourcen belegen dürfen wie der laufende Task, werden nicht in den `running`-Zustand versetzt, wenn sie eine niedrigere oder gleiche Priorität haben wie der laufende Task. Wurde eine Ressource durch einen Task freigegeben, kann ein anderer Task diese Ressource belegen und in den `running`-Zustand wechseln. Für preemptable Tasks ist dies ein »point of rescheduling«.

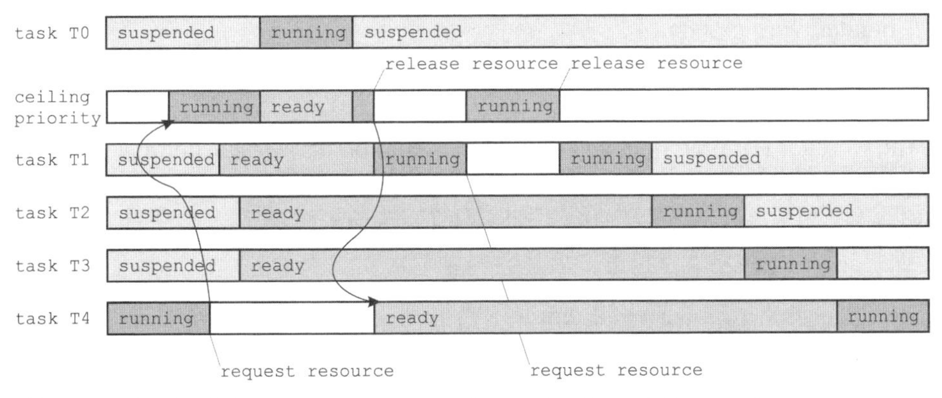

Abb. 3.23: Priority Ceiling bei preemptable Tasks (Quelle: OSEK/VDX Specification)

Abbildung 3.23 veranschaulicht die Mechanismen des Priority Ceiling. Task T0 hat die höchste und Task T4 die niedrigste Priorität. Task T1 und T4 wollen auf die gleiche Ressource zugreifen und diese reservieren. Das System zeigt, dass eine unbegrenzte Prioritäten-Verschiebung nicht erforderlich ist. Task T1 mit der hohen Priorität wartet eine kürzere Zeit als die maximale Laufzeit von Task T4, der eine Ressource belegt.

3.7.4 Das OSEK Priority Ceiling Protocol mit Interrupt-Levels

Die Erweiterung der Verwaltung für Ressourcen um die Interrupt-Levels ist optional.

Die Anzahl der Prioritäten der Ressourcen, die in Interrupts verwendet werden, muss bestimmt werden. Die Prioritäten sind höher als die Prioritäten der Tasks, die einem Interrupt zugeordnet sind. Die Handhabung der Softwareprioritäten und der Hardware-Interrupt-Levels hängt von der Implementierung ab.

- Bei der Generierung des Systems wird der Ressource eine Ceiling Priority statisch zugeordnet.
- Die Ceiling Priority soll wenigstens die Priorität besitzen wie die höchste Priorität aller Tasks und Interrupt-Routinen, die auf eine Ressource zugreifen, oder Ressourcen, die auf diese Ressource verweisen. Die Priorität der Ceiling Priority muss allerdings geringer sein als die geringste Priorität aller Tasks oder Interrupt-Routinen, die nicht auf die Ressource zugreifen.
- Will eine Interrupt-Routine eine Ressource in Anspruch nehmen und die aktuelle Priorität ist geringer als die Ceiling Priority der Ressource, wird die Priorität des Tasks bzw. der Interrupt-Routine auf die Ceiling Priority der Ressource angehoben.
- Gibt eine Interrupt-Routine eine Ressource wieder frei, wird die dynamisch zugewiesene Priorität des Tasks oder der Interrupt-Routine auf den vorhergehenden Wert gesetzt.

Wird eine Ressource von einem Task belegt, der nicht läuft, kann ein anderer Task oder eine andere Interrupt-Routine, die die gleiche Ressource belegen wollen, `running` werden. Für preemptable Tasks ist dies ein »point of rescheduling«, falls die neue Priorität des Tasks nicht die Priorität eines Interrupts besitzt.

Das Beispiel in Abbildung 3.24 beschreibt folgendes Szenario:

Der preemptable Task T1 ist im `running`-Zustand und fordert eine Ressource an, die mit der Interrupt-Service-Routine INT1 gemeinsam genutzt wird. Task T1 aktiviert die höher priorisierten Tasks T2 und T3. Aufgrund des OSEK Priority Ceiling Protocol bleibt Task T1 dennoch laufend. Der Interrupt INT1 tritt auf. Aufgrund des OSEK Priority Ceiling Protocol bleibt Task T1 dennoch laufend und der Interrupt INT1 bleibt anhängig und wird nicht bearbeitet. Der Interrupt INT2 tritt auf. Die Interrupt-Service-Routine des INT2-Interrupts unterbricht Task T1 und wird ausgeführt. Nach der Beendigung der INT2-Routine wird die Abarbeitung von Task T1 fortgesetzt und dabei die Ressource freigegeben. Die Interrupt-Service-Routine INT1 wird ausgeführt und Task T1 unterbrochen. Nach der Beendigung der Interrupt-Routine INT1 wird nicht mehr Task T1 aktiviert, sondern Task T3. Nach Beendigung von Task T3 wird Task T2 aktiviert. Erst nach der Beendigung von Task T2 wird die Abarbeitung von Task T1 fortgesetzt.

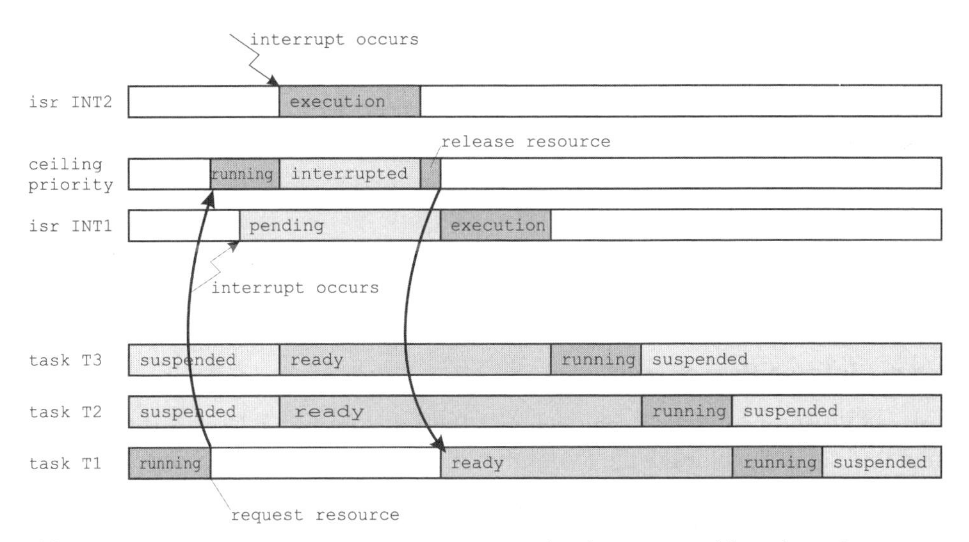

Abb. 3.24: Zuweisen von Ressourcen mit Priority Ceiling bei preemptable Tasks und Interrupt-Service-Routinen

Abbildung 3.25 beschreibt folgendes Szenario (OSEK/VDX Specification):

Task T1 ist aktiv und läuft. Der Interrupt INT1 tritt auf. Task T1 wird durch den Interrupt unterbrochen und die Interrupt-Service-Routine INT1 wird ausgeführt. Der INT1 fordert eine Ressource an, die gemeinsam mit der Interrupt-Service-Routine INT2 genutzt wird. Es tritt der Interrupt INT2 mit höherer Priorität auf. Aufgrund des OSEK Priority Ceiling Protocol wird der INT1 weiter ausgeführt und der INTR2 ist weiter anhängig. Es tritt der INT3-Interrupt auf. Da der Interrupt INT3 eine höhere Priorität hat als der INT1, wird die zum INT3 gehörende Interrupt-Service-Routine ausgeführt. Der INT3 aktiviert Task T2. Nach der Bearbeitung des INT3 wird mit der Bearbeitung von INT1 weiter fortgefahren. Nachdem der INT1 die belegte Ressource freigegeben hat, wird der INT2 ausgeführt, weil er eine höhere Priorität hat als der INT1. Nach dem Beenden des INT2 wird die Bearbeitung des INT1 fortgesetzt. Nach der Beendigung des INT1 wird Task 2 `running`, weil Task 2 eine höhere Priorität besitzt als Task 1. Task 1 ist im `ready`-Zustand. Nach Beenden von Task 2 wird Task T1 weiter bearbeitet.

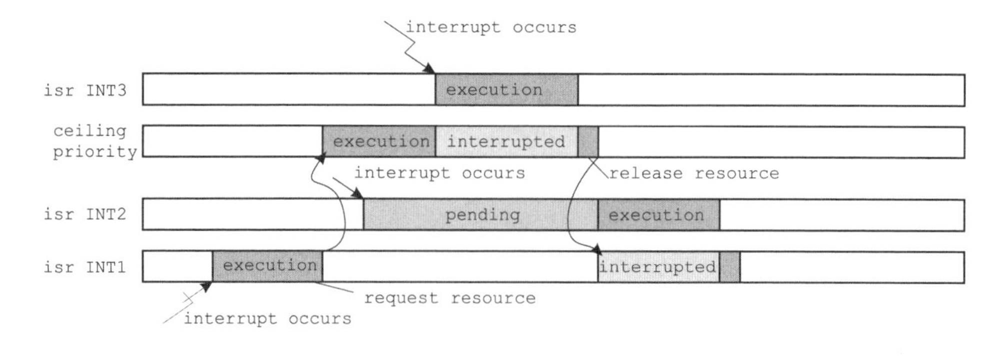

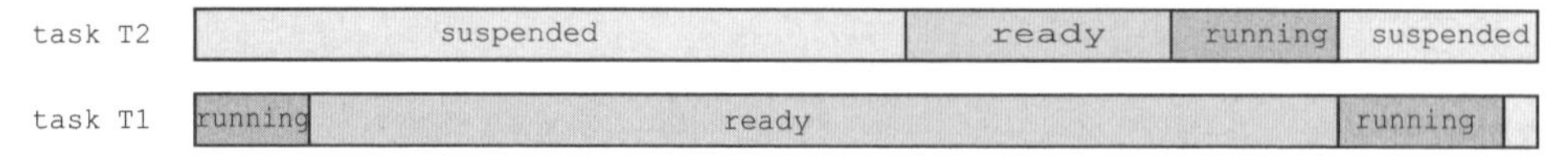

Abb. 3.25: Zuweisen mit Priority Ceiling bei Interrupt-Service-Routinen (Quelle: OSEK/VDX Specification)

3.7.5 Interne Ressourcen

Interne Ressourcen sind Ressourcen, die für den Anwender/User nicht sichtbar sind und somit auch durch die Systemfunktionen `GetResource()` und `ReleaseResource()`nicht adressierbar bzw. verwendbar sind. Diese Ressourcen werden vom Betriebssystem mit einem klar definierten Satz von Systemfunktionen intern verwaltet. Die internen Ressourcen verhalten sich ansonsten exakt wie alle anderen Standard-Ressourcen (priority ceiling Protocol etc.).

Meist kann bei der Durchführung der Systemgenerierung einem Task eine interne Ressource zugewiesen werden. Wurde einem Task eine interne Ressource zugeordnet, wird sie folgendermaßen verwaltet:

- Die Ressource wird automatisch reserviert, wenn der Task in den `running`-Zustand wechselt, es sei denn, die Ressource ist ständig belegt. Die Priorität des Tasks wird automatisch auf die Ceiling Priority der Ressource geändert.
- An einem »Point of Rescheduling« wird die Ressource automatisch wieder freigegeben. Die Implementierung des Betriebssystems darf die Benutzung der internen Ressourcen optimieren.

Die non preemptable Tasks sind eine spezielle Gruppe von internen Ressourcen, die über die gleiche Priorität wie der `RES_SCHEDULER` verfügen.

3.8 Application Modes

Die Application Modes erlauben es einem OSEK-Betriebssystem, in verschiedenen Modes zu starten. Die Anwendung muss mindestens einen Application Mode unterstützen. Es ist beabsichtigt, dass immer nur ein Mode exklusiv ausgeführt werden kann. Ein Beispiel für unterschiedliche Application Modes ist die System-Programmierung, die dann stattfindet, wenn der dafür zuständige Application Mode aktiviert wurde. Im Application Mode, in dem die Anwendung abläuft, kann somit nicht versehentlich eine neue Programmierung des Systems stattfinden. Ein Wechsel des Application Mode ist nach dem Hochfahren des Betriebssystem nicht mehr möglich.

3.8.1 Scope von Application Modes

Viele Steuergeräte (Electronic Control Unit, ECU) verfügen über unterschiedliche Betriebsarten, wie z.B. Produktionstest, FLASH-Programmierung und die primäre Anwendung. Die Application Modes bieten somit eine Möglichkeit, die Software in klare funktionale Teile zu strukturieren, die zu unterschiedlichen Bedingungen ausgeführt werden sollen, und erlauben dadurch eine getrennte Entwicklung. Normalerweise verwenden die verschiedenen Application Modes nur einen Subset aller Tasks, ISRs, Alarme und der sonstigen Ressourcen. Ein gleichzeitiges Nutzen, also ein Sharing, von Tasks/ISRs/Alarmen innerhalb verschiedener Application Modes ist empfehlenswert, wenn die gleiche Funktionalität benötigt wird. Ist die benötigte Funktionalität nicht exakt die gleiche, muss der Application Mode das zur Laufzeit prüfen oder es muss ein separater Task definiert werden.

Die Generierung und Optimierung des Systems kann zur Reduzierung der vom OS benötigten Objekte führen, was zu einem reduzierten Speicherbedarf im ROM/FLASH führt.

3.8.2 Durchführung des Start-up

Die Durchführung des Start-up ist ein sicherheitskritischer Vorgang bei ECUs, besonders bei Automobil-Anwendungen, wenn Reset-Bedingungen zum Neustart der Anwendung führen. Der Anwendungscode muss das neue Aufsetzen der Anwendung möglichst schnell durchführen, um sicherzustellen, dass keine externen Informationen verloren gehen. Beim Start-up verwendet die Anwendung keine Systemfunktionen. Aus dem aktuellen Zustand beispielsweise eines Hardware-Ports oder einer anderen leicht zugreifbaren Komponente werden Informationen der Parameter für die Systemfunktion `StartOS()` gebildet. Der Mode muss festgelegt sein, bevor der Betriebssystemkern gestartet wird. Ein komplizierter oder langer Start-up sollte vermieden werden, um die Stabilität des Systems sicherzustellen und den Verlust von externen Informationen möglichst gering zu halten.

Der Parameter von `StartOS()` sorgt für das Starten des Betriebssystems mit dem notwendigen Application Mode. Die für diesen Application Mode als Autostart definierten Tasks und Alarme werden vom Betriebssystem gestartet, sie sind im OIL File statisch definiert.

3.8.3 Unterstützung der Application Modes

Es gibt keine Einschränkungen hinsichtlich der zur Verfügung stehenden Conformance Classes. Es sind alle Classes zugelassen.

Die Application Modes haben keinen Einfluss auf die Shutdown-Funktionalität.

Das Umschalten zwischen verschiedenen Application Modes zur Laufzeit wird nicht unterstützt.

3.9 Interrupt-Verarbeitung

Die Funktionen zur Verarbeitung von Interrupts (Interrupt-Service-Routine: ISR) werden in zwei Kategorien aufgeteilt:

- **ISR category 1**

  Die ISR benutzt keine Betriebssystemfunktionen.[1] Nach dem Beenden der ISR wird das Programm an der Stelle weiter ausgeführt, an der der Interrupt aufgetreten ist. Der Interrupt hat keinen Einfluss auf die Verwaltung der Tasks. ISRs dieser Kategorie erzeugen nur einen geringen Overhead.

- **ISR category 2**

  Das OSEK-Betriebssystem stellt eine Laufzeitumgebung in Form eines ISR-Rahmens zur Verfügung, in dem die Anwenderfunktion eingebettet werden kann. Bei der Generierung des Betriebssystems wird dem Interrupt eine Anwenderfunktion zugewiesen.

Abbildung 3.26 veranschaulicht die Realisierung von Interrupt-Service-Routinen mit dem OSEK-Betriebssystem:

category 1

```
INTERRUPT 4 isr_name()
{
  code without any
  API calls
}
```

category 2

```
ISR(isr_name)
{
  code with API calls

}
```

Abb. 3.26: ISR-Kategorien des OSEK-Betriebssystems (Quelle: OSEK/VDX Specification)

Die Realisierung von ISRs der Kategorie 1 ist abhängig von dem verwendeten Mikrocontroller und dem verwendeten Entwicklungssystem. In Abbildung 3.26 ist die ISR `isr_name()` dem Interrupt 4 zugeordnet. Die verwendeten Interrupts,

1 Ausnahmen sind die Betriebssystemfunktionen zum Freigeben und Sperren von Interrupts

category 1 und 2 werden durch den OSEK-Konfigurator verwaltet, um eine doppelte Belegung von Interrupts zu vermeiden.

Während der Ausführung einer ISR wird kein Rescheduling durchgeführt. Ein Rescheduling wird bei ISR der Kategorie 2 durchgeführt, wenn ein preemptable Task den Interrupt unterbricht und kein anderer Interrupt aktiv ist. Die Implementierung stellt sicher, dass Tasks gemäß den OSEK-»scheduling points« ausgeführt werden.

Die Anzahl der zur Verfügung stehenden Interrupts hängt von der verwendeten Hardware ab, damit vom verwendeten Mikrocontroller und nicht vom OSEK-Betriebssystem. Die Interrupts werden durch die Hardware des Mikrocontrollers und Tasks durch den Scheduler des OSEK-Betriebssystems aufgerufen. Wird ein Task durch eine Interrupt-Service-Routine aktiviert, wird der aktivierte Task erst dann `running`, wenn alle Interrupt-Routinen beendet sind. In Tabelle 7.1 in Kapitel 7 sind alle Systemfunktionen aufgelistet, die ISRs in Abhängigkeit ihrer Kategorie benutzen können.

Disable und Enable von API-Funktionen

OSEK stellt Funktionen zum schnellen Freigeben und Sperren (Disable/Enable) aller Interrupts zur Verfügung. Es sind die API-Funktionen:

- `EnableAllInterrupts()`
- `DisableAllInterrupts()`
- `ResumeAllInterrupts()`
- `SuspendAllInterrupts()`

Zum Freigeben bzw. Sperren der Interrupts der Kategorie 2 stehen folgende API-Funktionen zur Verfügung:

- `ResumeAllInterrupts()`
- `SuspendAllInterrupts()`

Die typische Verwendung dieser API-Funktionen liegt im Sperren von kurzen Bereichen mit kritischem Programmcode, wobei der kritische Programmcode durch die API-Funktionen »suspend/disable« bzw. »resume/enable« umschlossen wird. Innerhalb der durch `SuspendOSInterrupts()/ResumeOSInterrupts()` oder `SuspendAllInterupts()/ResumeAllInterrupts()` umschlossenen Bereiche dürfen Systemfunktionen verwendet werden.

3.10 Error Handling, Tracing und Debugging

3.10.1 Hook-Funktionen

Das OSEK-Betriebssystem unterstützt systemspezifische »Hook«-Funktionen, die es erlauben, benutzerdefinierte Aktionen auszuführen, die innerhalb der Bearbeitung des Betriebssystems ausgeführt werden.

Die Hook-Funktionen werden

- durch das Betriebssystem abhängig von seiner Implementierung aufgerufen;
- mit höherer Priorität versehen als alle anderen Tasks;
- nicht durch Interrupt-Funktionen der Kategorie 2 unterbrochen;
- mit einem von der Implementierung abhängigen Aufruf der Schnittstelle verwendet;
- Teil des Betriebssystems;
- durch den Anwender definiert und stellen somit anwenderspezifische Funktionalität zur Verfügung;
- durch das Interface standardisiert, jedoch nicht in ihrer Funktionalität, die Hook-Funktionen sind nicht immer portierbar;
- in die Lage versetzt, einen Subset der API-Funktionen zu benutzen;
- verbindlich vorgeschrieben und durch die OIL konfigurierbar.

Die Hook-Funktionen können vom OSEK-Betriebssystem für folgende Aktionen verwendet werden:

- Während des Starts (start-up) des Systems. Die dazugehörige Hook-Funktion `StartupHook()` wird aufgerufen, wenn das Betriebssystem gestartet wurde, jedoch vor dem Start des Schedulers.
- Beim Beenden (shutdown) des Systems. Es wird die dazu gehörige Hook-Funktion `ShutdownHook()` aufgerufen, wenn z.B. die Anwendung einen nicht behebbaren Fehler erkennt und das Beenden des Betriebssystems anfordert.
- Das Debuggen und Tracen der Anwendung
- Fehlerbehandlung

In Hook-Funktionen dürfen keine API-Funktionen verwendet werden. Ein Aufruf kann zu einem nicht definierten Verhalten führen.

3.10.2 Error Handling

Der Error Service unterstützt die Behandlung von temporären und statischen Fehlern des OSEK-Betriebssystems. Das Basis-Framework muss vom Anwender komplettiert werden. Es ermöglicht dem Anwender, eine effiziente und dezentrale Fehlerbehandlung zu realisieren.

Es sind zwei Arten von Fehlern zu unterscheiden:

- **Application Errors**

  Das Betriebssystem kann die aufgerufene Systemfunktion nicht korrekt abarbeiten, aber die internen Daten werden korrigiert.

  In diesem Fall wird die zentrale Fehlerbehandlung aufgerufen. Zusätzlich gibt das Betriebssystem den Grund des Fehlers mittels einer Status-Information zurück. Diese Status-Information kann dann für eine dezentrale Fehlerbehandlung durch die Anwendung genutzt werden. Es liegt am Benutzer, wie auf einen Fehler reagiert werden soll.

- **Fatal Errors**

  Das Betriebssystem kann die Korrektheit der internen Daten nicht mehr sicherstellen. In diesem Fall führt das Betriebssystem einen zentralen Shutdown durch.

Alle Systemfunktionen verfügen über einen Parameter, der den aufgetretenen Fehler spezifiziert.

Das OSEK-Betriebssystem bietet zwei Arten der Fehlerbehandlung an, den »Standard-Status« und den »Extended-Status«. Bei der Aktivierung eines Tasks in der Standard-Version kann der Status `E_OK` oder `Too many_task activations` zurückgeliefert werden. In der Extended-Version stehen u.a. die zusätzlichen Status-Informationen `Task is invalid` oder `Task still occupies resource` usw. zur Verfügung und können somit im Fehlerfall zurückgeliefert werden. Im Allgemeinen wird die Extended-Version der Fehlerbehandlung in der Target-Anwendung nur während der Entwicklungsphase verwendet und nicht in der endgültigen Runtime-Version.

Der Rückgabewert der OSEK-API-Funktionen hat Vorrang vor den Output-Parametern. Wenn also eine API-Funktion einen Fehler zurückliefert, sind die Werte der Output-Parameter nicht definiert.

Error-Hook-Routine

Die Error-Hook-Routine (`ErrorHook()`) wird aufgerufen, wenn eine Systemfunktion einen Rückgabewert liefert, der nicht `E_OK` ist. Die Hook-Routine wird nicht aufgerufen, wenn der Fehler beim Aufruf einer Systemfunktion auftritt, die innerhalb des `ErrorHook()`-Funktion aufgerufen wurde. Ein rekursiver Aufruf von Error-Hook-Routinen wird nicht unterstützt.

Eine Error-Hook-Routine wird aufgerufen, wenn ein Fehler beim Aktivieren eines Tasks oder beim Setzen eines Events auftritt.

Error Management

Um ein effektives Fehlermanagement betreiben zu können, kann der Anwender innerhalb des `ErrorHook()` auf weitere Informationen zugreifen. Abbildung 3.27 zeigt die logische Architektur der Fehlerbehandlung.

ErrorHook

void ErrorHook(StatusType error)

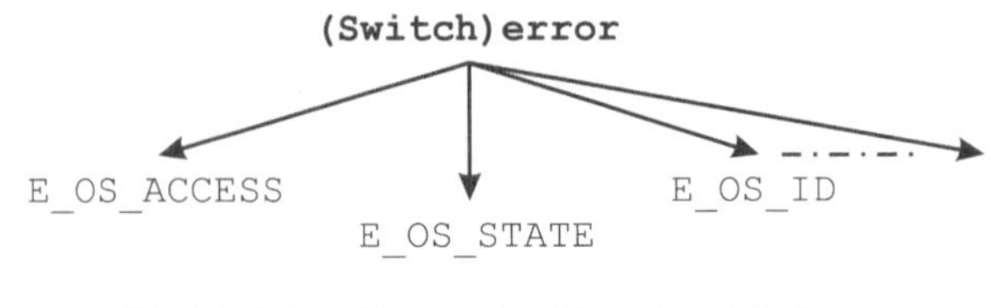

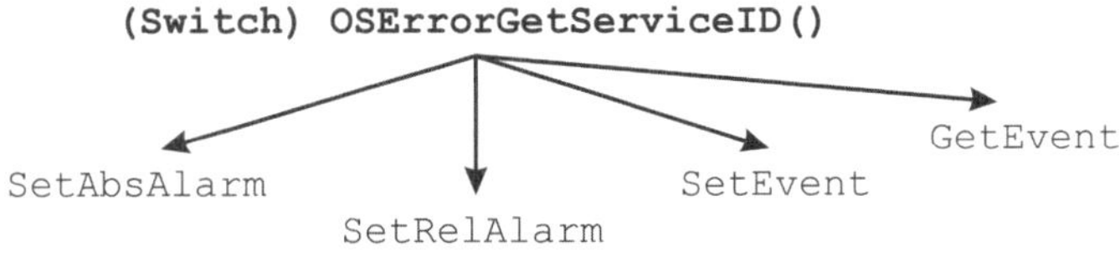


```
Calling_Task = GetTaskID()
Param1 = OSError_SetRelAlarm_AlarmId()
Param2 = OSError_SetRelAlarm_increment()
Param3 = OSError_SetRelAlarm_cycle()
```

Abb. 3.27: Fehlerbehandlung im extended Mode

Das Makro `OSErrorGetServiceId()` erlaubt es, die Systemfunktion zu identifizieren, in der der Fehler aufgetreten ist. Der Typ `OSServiceIdType` dient zum Darstellen der Systemfunktion. Ein möglicher Wert ist `OSServiceId_xxxx`, wobei `xxxx` der Name der Systemfunktion ist. Die Implementierung von `OSErrorGetServiceId()` ist obligatorisch. Die Parameter der Systemfunktionen, die den `ErrorHook` aufrufen, stehen als Makro für den Zugriff innerhalb der Hook-Funktion zur Verfügung. Das Schema zum Bilden des Makro-Namens sieht wie folgt aus:

```
OSError_Name1_Name2
```

- `Name1` ist der Name der Systemfunktion.
- `Name2` ist der Name des Parameters, wie in der OSEK-OS-Spezifikation angegeben.

Als Beispiel dienen die Makros für den Zugriff auf die Parameter der Systemfunktion `SetRelAlarm()`:

- `OSError_SetRelAlarm_AlarmId()`
- `OSError_SetRelAlarm_increment()`
- `OSError_SetRelAlarm_cycle()`

Das Makro für den Zugriff auf den ersten Parameter einer Systemfunktion ist obligatorisch, wenn es sich bei dem Parameter um einen Element-Identifier handelt. Für die abschließende Optimierung der Anwendung kann der Makro-Zugriff abgeschaltet werden, dies geschieht in der OIL-Datei.

3.10.3 System-Start-up

Die Initialisierung nach einem Reset des Prozessors hängt von der Implementierung ab. OSEK unterstützt zwei standardisierte Wege für die Initialisierung.

OSEK OS überlässt es nicht der Anwendung, spezielle Tasks zu definieren, die nach dem Start des OS das System initialisieren. Der Anwender definiert bei der Systemgenerierung, welche Tasks `autostart` sind und somit vom Betriebssystem automatisch nach der Initialisierung gestartet werden. Er kann ebenfalls Alarme als `autostart` definieren, mit dem gleichen Verhalten wie `autostart`-Tasks.

Nach dem Reset der CPU wird hardwarespezifische Anwendungssoftware ausgeführt, die sich außerhalb des Kontexts des Betriebssystems befindet. Dieser nicht portable Bereich endet mit der Feststellung, in welchem Application Mode OSEK OS starten soll. Aus Gründen der Sicherheit sollte man sich nicht auf die Historie des Systems verlassen, RAM-Zellen für die Selektion des Application Mode sind ungeeignet, da nicht sichergestellt werden kann, ob der Reset als Kaltstart oder Warmstart durchgeführt wurde. Bei einem Kaltstart (Power On) kann der Inhalt der RAM-Zellen als undefiniert angesehen werden.

Wenn in einem System OSEK/VDX und OSEKtime zusammen existieren, wird zuerst OSEKtime initialisiert. Wenn nach Abschluss der Initialisierung sich OSEKtime in der Idle-Schleife befindet, wird automatisch die Systemfunktion `StartOS()` mit dem Application Mode aufgerufen. Der Application Mode ist ein Parameter von OSEKtime.

Nachdem OSEK OS initialisiert worden ist, jedoch bevor der Scheduler läuft, wird innerhalb der Systemfunktion `StartOS()` die Hook-Funktion `StartupHook()` aufgerufen. Innerhalb dieser Funktion kann der Anwender Programmcode platzieren, um eigene Initialisierungen durchzuführen. Innerhalb der `StartupHook()`-Funktion wird die Funktion `GetActiveApplicationMode()` unterstützt. Nach der Beendigung der Hook-Funktion werden die Interrupts freigegeben und der Scheduler gestartet. Das System ist nun laufend und es werden die Tasks der Anwendung ausgeführt.

Abbildung 3.28 zeigt die System-Start-up-Sequenz.

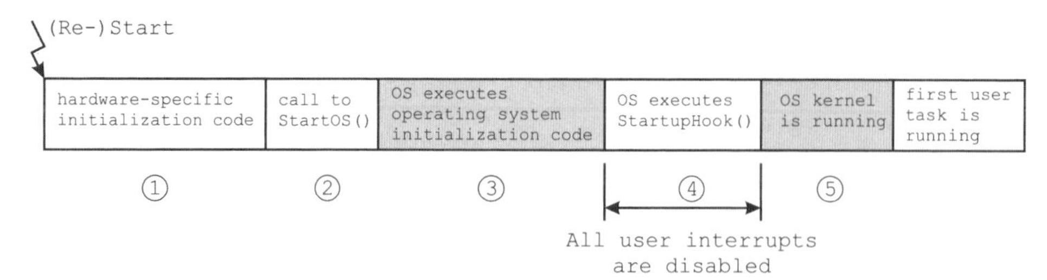

Abb. 3.28: Systemstart (Quelle: OSEK/VDX Specification)

(1) Nach dem Reset kann der Anwender hardwarespezifischen Code ausführen, der somit nicht portierbar ist. Interrupts der Kategorie 2 können bis zur Phase 5 nicht ausgeführt werden. Der nicht portierbare Bereich endet mit der Feststellung des Application Mode.

(2) Aufruf der Systemfunktion `StartOS()` mit dem Application Mode als Parameter. Dieser Aufruf startet das Betriebssystem. Ist OSEKtime vorhanden, geschieht dieses automatisch.

(3) Das Betriebssystem führt interne Start-up-Funktionen aus und

(4) ruft die Hook-Funktion `StartupHook()` auf. Nach Beendigung werden alle Benutzer-Interrupts gesperrt.

(5) Das Betriebssystem gibt alle Benutzer-Interrupts frei und startet den Scheduler. Es werden anschließend alle Autostart-Tasks und Alarme[2] durch das Betriebssystem gestartet, die im aktuellen Application Mode deklariert sind. Die Reihenfolge der Aktivierung von Autostart-Tasks mit gleicher Priorität ist nicht definiert. Der Autostart der Tasks ist abgeschlossen, bevor der Autostart der Alarme beginnt.

3.10.4 System-Shutdown

Die OSEK-OS-Spezifikation definiert die Systemfunktion `ShutdownOS()` zum Beenden des Betriebssystems.

Dieser Service kann verwendet werden, wenn bei der Ausführung der Anwendung ein fataler Fehler auftritt und erkannt wird.

Wenn der Service aufgerufen wird, wird zuerst `ShutdownHook()` aufgerufen und danach der Shutdown des Betriebssystems durchgeführt.

2 Counter sind, wenn möglich, bei der Initialisierung des System auf null zu setzen, bevor die Alarme automatisch gestartet werden. Ausnahmen sind z.B. Kalender, Echtzeit-Uhren. Bei automatisch gestarteten Alarmen sind alle Werte relative Werte.

Der Anwender kann das Verhalten des ShutdownHook() frei definieren, es besteht die Möglichkeit, den Hook nicht mit einem Return zu verlassen. Wenn das System aus einem OSEK OS und einem OSEKtime OS besteht, gibt es Einschränkungen der Funktionalität im ShutdownHook(). Es ist dann möglich, nur das OSEK OS in den Shutdown zu versetzen, OSEKtime bleibt in seiner Funktion intakt, woraus sich ergibt, dass I/O-Devices, die vom OSEKtime benutzt werden, beim Shutdown-Hook()nicht zurückgesetzt werden dürfen und der ShutdownHook()beendet werden muss.

3.10.5 Debugging

Für das Debuggen stehen die beiden Hook-Funktionen PreTaskHook() und Post-TaskHook() zur Verfügung, die aufgerufen werden, wenn ein Kontext-Wechsel stattfindet.

Diese beiden Funktionen können neben dem Debuggen auch zum Messen der Laufzeiten der Tasks, inklusive der Kontext-Wechsel, verwendet werden. Bevor die PostTaskHook()-Funktion aufgerufen wird, wird der Kontext-Wechsel des alten Tasks durchgeführt. Die PreTaskHook()-Funktion wird aufgerufen, bevor in den Kontext des neuen Tasks gewechselt wird. Der Task ist dadurch immer im running-Zustand und die Systemfunktion GetTaskId() liefert als Ergebnis nicht INVALID_TASK zurück.

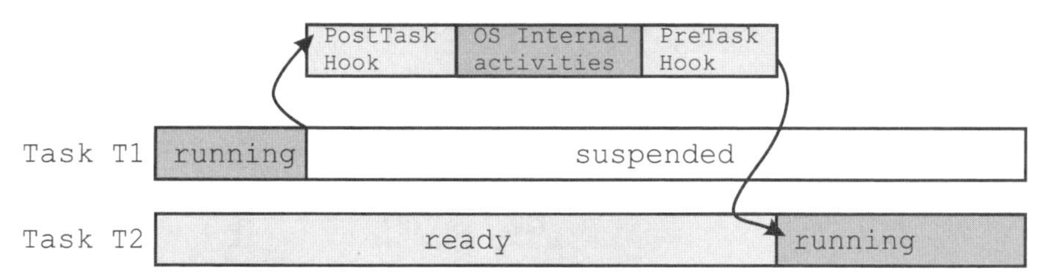

Abb. 3.29: PreTaskHook und PostTaskHook (Quelle: OSEK/VDX Specification)

Wird ShutdownOS() aufgerufen, wenn ein Task laufend ist, ist es möglich, dass PostTaskHook() nicht aufgerufen wird. Wird PostTaskHook() aufgerufen, ist nicht definiert, ob er vor oder nach dem Shutdownhook() aufgerufen wird.

3.11 Konfiguration von OSEK/VDX

Die Konfiguration des OSEK OS erfolgt mit Hilfe der OSEK Implementation Language, kurz OIL. Es ist das Ziel von OSEK, portable Software zu realisieren. Ein Weg dazu beschreibt die Konfiguration von OSEK. Das geschieht mit Hilfe der OIL-Datei. In ihr ist beschrieben, welche Tasks mit welcher Priorität und welchem Typ und welche Ressourcen verwendet werden.

Die OIL dient zum Beschreiben von Konfigurationen mit einen Prozessor (CPU) in einem Steuergerät (Electronic Control Unit = ECU). Es unterstützt nicht ein Netzwerk, das aus mehreren Steuergeräten besteht.

Abbildung 3.30 zeigt einen typischen Entwicklungsprozess für eine Anwendung mit OSEK. Die OIL-Beschreibung kann dabei entweder händisch oder durch ein Konfigurationstool erzeugt werden. Je nach Hersteller wird der Source-Code zum Kompilieren bereitgestellt oder eine Library, die beim Linken mit hinzugebunden wird.

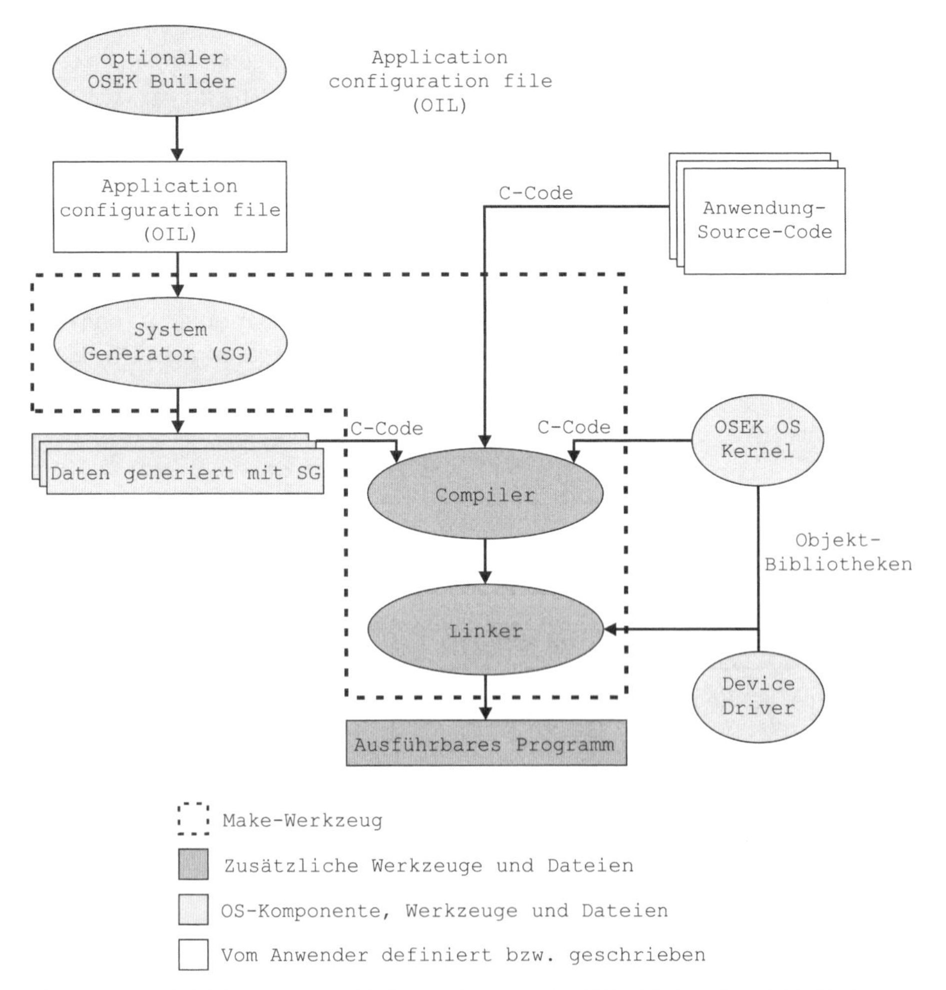

Abb. 3.30: Entwicklungsprozess für Anwendungen mit OSEK OS (Quelle: OSEK/VDX Specification)

Die OIL-Beschreibung einer OSEK-Anwendung fasst einen Teil der zur Verfügung stehenden OIL-Elemente zusammen, dabei fungiert das OIL-Element CPU als Container für die anderen OIL-Elemente.

OIL definiert Standard-Typen für seine Elemente, von denen einige über einen Satz von Attributen und Referenzen verfügen. OIL definiert explizit alle Standard-Attribute für jedes OIL-Element.

Jede OSEK-Implementierung kann zusätzlich Attribute und Referenzen definieren. Es können jedoch nur OIL-Elemente um Attribute erweitert werden. Neue OIL-Elemente müssen mit der OIL-Grammatik konform sein, sonst werden sie nicht akzeptiert bzw. führen zu einem Fehler.

Beschreibung der OIL-Objekte:

`CPU:`	die CPU, auf der die Anwendung unter der Verwendung von OSEK OS läuft
`OS:`	das OSEK, das auf der CPU läuft
`APPMODE:`	definiert unterschiedliche Ausführungsmodes der Anwendung. Es sind keine Standard-Werte für den `APPMODE` definiert
`ISR:`	Interrupt-Service-Routine (ISR), die durch das OS unterstützt wird
`RESOURCE:`	eine Ressource, die durch einen Task genutzt werden kann
`TASK:`	ein Task, verwaltet durch das OS
`COUNTER:`	Ein Zähler repräsentiert eine Hardware/Software-Tick-Source für Alarme.
`EVENT:`	Ein Task, der Events unterstützt, reagiert darauf.
`ALARM:`	Ein Alarm basiert auf einem Counter und kann einen Task aktivieren, einen Alarm setzen oder eine Alarm-Callback-Funktion aufrufen.
`COM:`	ein Subsystem zur Kommunikation. Ein COM hat Standard-Attribute, die im OSEK COM definiert sind.
`MESSAGE:`	Die Messages sind definiert im OSEK COM und stellen einen Mechanismus zum Austausch von Daten zwischen verschiedenen Teilnehmern zur Verfügung. Der Datenaustausch kann zwischen Tasks, ISRs und zwischen verschiedenen CPUs erfolgen.
`IPDU:`	Die »Interaction Layer Protocol Data Units«, kurz IPDU, ist im OSEK COM definiert. IPDUs werden zum Transport von Messages in der externen Kommunikation verwendet.
`NM:`	ein Network-Management-Subsystem

Die Beschreibung der OIL erfolgt nach der Backus-Naur-Form (BNF).

3.11.1 OIL-Elemente, Standard-Attribute und Referenzen

Für jedes Element ist ein Standard-Satz von Attributen mit den dazugehörigen Werten definiert. Die Elemente und Attribute müssen bei jeder Implementierung unterstützt werden.

CPU

CPU wird benutzt als Container (Behälter) für alle anderen Elemente.

OS

Das OS-Element wird benutzt, um die OSEK-OS-Eigenschaften für die OSEK-Anwendung zu definieren. In einem CPU-Container kann nur ein einziges OS-Element definiert sein.

Attribut: STATUS Dieses Attribut definiert, ob das System den Standard- oder Extended-Status verwendet. Eine automatische Zuweisung eines Werts wird nicht unterstützt.

- STANDARD
- EXTENDED

Hook-Funktionen Die Attribute legen fest, welche Hook-Funktionen vom OSEK OS verwendet werden. Folgende Attribute für Hook-Funktionen werden unterstützt:

- STARTUPHOOK
- ERRORHOOK
- SHUTDOWNHOOK
- PRETASKHOOK
- POSTTASKHOOH

Die Attribute sind vom Typ BOOLEAN.

Soll eine Hook-Funktion verwendet werden, muss das Attribut auf den Wert TRUE, ansonsten auf den Wert FALSE gesetzt werden.

Der Zugriff auf die Makros für die Service-ID und die kontextrelevanten Informationen im Error Hook wird durch die beiden folgenden Attribute freigegeben. Beide sind vom Typ BOOLEAN.

- USEGETSERVICEID
- USEPARAMETERACCESS

USERRESSCHEDULER Das USERRESSCHEDULER-Attribut ist vom Typ BOOLEAN und legt fest, ob die Ressource RES_SCHEDULER in der Anwendung verwendet wird.

Beispiel

```
OS ExampleOS {
  STATUS = STANDARD;
  STARTUPHOOK = TRUE;
  ERRORHOOK = TRUE;
  SHUTDOWNHOOK = TRUE;
  PRETASKHOOK = FALSE;
  POSTTASKHOOK = FALSE;
```

```
    USERPARAMETERACCESS = FALSE;
    USERRESSCHEDULER = TRUE;
};
```

APPMODE

APPMODE ist ein Element des OSEK OS und steuert den Mode der Anwendung. Für den APPMODE sind keine Standard-Attribute definiert. Für eine CPU kann nur ein Attribut APPMODE definiert werden.

TASK

Das Element Task repräsentiert OSEK-Tasks.

PRIORITY Die Priorität eines Tasks wird mit Hilfe des Attributs PRIORITY festgelegt. Der angegebene Wert der Priorität ist ein relativer Wert und gibt die relative Anordnung der Tasks an.

Das Attribut ist vom Typ UINT32.

OSEK legt die Null (0) für die geringste Priorität fest. Ein größerer Wert bedeutet somit, dass der Task über eine höhere Priorität verfügt.

SCHEDULE Das SCHEDULE-Attribut definiert, ob der Task preemptive ist.

Dieses Attribut ist ein Aufzählungstyp (ENUM) und verfügt über folgende mögliche Werte:

- NON
- FULL

Der Wert FULL legt fest, dass es sich bei dem Task um einen preemptive Task handelt, während es sich beim Wert NON um einen non preemptable Task handelt.

Dem Task werden keine internen Ressourcen zugeordnet, wenn der Wert des Attributs auf NON gesetzt ist.

ACTIVATION Das Attribut ACTIVATION legt fest, wie häufig ein Task maximal aktiviert werden kann, während er selber aktiv ist. Ist der Wert gleich eins (1), dann ist nur eine einmalige Aktivierung des Tasks erlaubt.

AUTOSTART Das Attribut AUTOSTART legt fest, ob ein Task nach dem Start des Systems automatisch aktiviert wird.

Das Attribut ist vom Typ BOOLEAN.

RESOURCE Die Referenz RESOURCE definiert eine Liste von Ressourcen, die von einem Task benutzt werden können. Dieses Attribut kann mehrfach verwendet werden.

EVENT Die Referenz EVENT definiert eine Liste von Events, auf die ein extended Task reagieren kann. Dieses Attribut kann mehrfach verwendet werden.

MESSAGE Die Referenz MESSAGE definiert eine Liste von Nachrichten, die durch einen Task benutzt werden. Dieses Attribut kann mehrfach verwendet werden.

Beispiel

```
TASK TaskA {
  PRIORITY = 2;
  SCHEDULE = NON;
  ACTIVATION = 1;
  AUTOSTART = TRUE {
    APPMODE = AppMode1;
    APPMODE = AppMode2;
  };
  RESOURCE = resource1;
  RESOURCE = resource2;
  RESOURCE = resource3;
  EVENT = event1;
  EVENT = event2;
  MESSAGE = anyMessage1;
};
```

COUNTER

Die COUNTER sind die Basis für den ALARM-Mechanismus.

MAXALLOWEDVALUE Das Attribut MAXALLOWEDVALUE legt den maximal erlaubten Wert für den Counter/Zähler fest.

Das Attribut ist vom Typ UINT32.

TICKSPERBASE Das Attribut TICKSPERBASE legt fest, wie viele Ticks eine Counter Unit maximal zählen kann. Die Interpretation dieses Attributs hängt von der verwendeten Implementierung ab.

Der Typ dieses Attributs ist UINT32.

MINCYCLE Das Attribut legt den kleinsten Wert für die Ticks bei der Verwendung von zyklischen Alarmen fest, die mit einem Zähler verbunden sind.

Der Typ dieses Attributs ist UINT32.

Beispiel

```
COUNTER {
  MINCYCLE = 16;
  MAXALLOWEDVALUE = 127;
  TICKSPERBASE = 90;
};
```

ALARM

Ein Alarm kann zum asynchronen Benachrichtigen verwendet werden oder um Tasks zu aktivieren. Es ist möglich, Alarme automatisch beim System-Start zu starten, abhängig vom verwendeten Application Mode.

COUNTER Die COUNTER-Referenz legt fest, welcher Counter dem Alarm zugewiesen wurde. Dem Alarm kann nur ein Counter zugeordnet werden.

Bei dem Attribut handelt es sich um eine einfache Referenz.

ACTION Das ACTION-Attribut legt fest, welche Aktion ausgeführt wird, wenn der Alarm abgelaufen ist. Das Attribut ist ein ENUM mit folgenden Werten:

- `ACTIVATETASK { TASKTYPE TASK; }`
- `SETEVENT { TASK_TYPE TASK; EVENT_TYPE EVENT; }`
- `ALARMCALLBACK { STRING ALARMCALLBACKNAME; }`

Ein Alarm kann nur eine der Aktionen durchführen.

- **ACTION = ACTIVATETASK**

  Der TASK-Referenz-Parameter legt den Task fest, der aktiviert wird, wenn der Alarm abläuft.

  Dieser Parameter ist eine einfache Referenz.

- **ACTION = SETEVENT**

  Der TASK-Referenz-Parameter legt den Task und das Event fest. Das Event wird gesetzt, wenn der Alarm abläuft.

  TASK ist eine einfache Referenz vom Typ TASK_TYPE. EVENT ist eine einfache Referenz vom Typ EVENT_TYPE.

- **ACTION = ALARMCALLBACK**

  Der ALARMCALLBACK-Parameter definiert den Namen der Callback-Funktion, die aufgerufen wird, wenn der Alarm abläuft.

AUTOSTART Das AUTOSTART-Attribut vom Typ BOOLEAN legt fest, dass der Alarm gestartet wird, wenn das System gestartet wurde. Dieses geschieht abhängig vom gewählten Application Mode.

Wenn das Attribut auf TRUE gesetzt wird, werden die Subattribute ALARMTIME, CYCLETIME und APPMODE definiert. Mit ihnen wird festgelegt, wann der Alarm das erste Mal abläuft, die zyklische Alarmzeit und die Application Modes, in denen der AUTOSTART durchgeführt werden soll.

```
BOOLEAN [
  TRUE {
    UINT32 ALARMTIME;
    UINT32 CYCLETIME;
    APPMODE_TYPE APPMODE[];
  },
  FALSE
] AUTOSTART;
```

Beispiel

```
ALARM WakeTaskA {
  COUNTER = Timer;
  ACTION  = SETEVENT {
    TASK  = TaskA;
    EVENT = event1;
  };
  AUTOSTART = FALSE;
};

ALARM WakeTaskB {
  COUNTER = SysCounter;
  ACTION  = ACTIVATETASK {
    TASK = TaskB;
  };
  AUTOSTART = TRUE {
    ALARMTIME = 50;
    CYCLETIME = 100;
    APPMODE = AppMode1;
    APPMODE = AppMode2;
  };
};

ALARM ActivateCallbackC {
  COUNTER = SysCounter;
  ACTION = ALARMCALLBACK {
    ALAMCALLBACKNAME = "CallbackC";
```

```
  };
  AUTOSTART = FALSE;
};
```

RESOURCE

Eine RESOURCE koordiniert den konkurrierenden Zugriff von verschiedenen Tasks auf gemeinsam genutzte Ressourcen. Dazu gehören der Scheduler, Programmteile, Speicher und Hardwarebereiche.

Es steht ein Attribut vom Typ ENUM zur Verfügung. Das Attribut RESOURCEPROPERTY kann folgende Werte annehmen:

- **STANDARD**: Eine normale Ressource, die nicht mit einer anderen Ressource in Verbindung steht und auch keine interne Ressource ist.
- **LINKED**: Eine Ressource, die mit einer anderen Ressource verbunden ist, die wiederum vom Typ STANDARD oder LINKED ist.
- **INTERNAL**: Eine interne Ressource, auf die durch die Anwendung nicht zugegriffen werden kann.

Beispiel

```
RESOURCE MsgAccess
{
  RESOURCEPORPERTY = STANDARD;
};
```

EVENT

Ein EVENT wird mit Hilfe einer Maske dargestellt. Der Name des Events ist ein Synonym für diese Maske.

MASK Die Eventmaske ist eine Integer-Zahl vom Typ UINT64. Eine andere Möglichkeit, einen Event einer Maske zuzuordnen, besteht darin, ihn als AUTO zu deklarieren. In diesem Fall wird dem Event automatisch eine Eventmaske zugeordnet.

Beispiel

```
EVENT event1 {
  MASK = 0x01;
};
EVENT event2 {
  MASK = AUTO;
};
```

Im C-Code kann die normale Eventmaske mit der AUTO-Eventmaske kombiniert werden.

C-Code:

```
...
WaitEvent( event1 | event2 );
...
```

Ein Beispiel mit mehreren Event-Elementen mit den gleichen Namen, aber für unterschiedliche Tasks:

```
EVENT emergency {
  MASK = AUTO;
};

TASK task1 {
  EVENT = myEvent1;
  EVENT = emergency;
};
TASK task2 {
  EVENT = emergency;
  EVENT = myEvent2;
};
TASK task7 {
  EVENT = emergency;
  EVENT = myEvent2;
};
```

Im C-Code kann der Benutzer die emergency-Events in allen drei Tasks benutzen.

C-Code:

```
...
SetEvent( task1, emergency );
SetEvent( task2, emergency );
SetEvent( task7, emergency );
...
```

Eine weiteres Beispiel für die Verwendung von gleichen Event-Namen in unterschiedlichen Tasks sind Schleifen.

C-Code:

```
...
TaskType myList[] = { task1, task2, task7 };
int myListLen = 3;
int i = 0;
for( i = 0; i < myListLen; i++ ) {
  SetEvent( myList[ i], emergency );
}
...
```

ISR

ISR-Elemente repräsentieren OSEK-Interrupt-Service-Routinen (ISR).

CATEGORY Das CATEGORY-Attribut definiert die Interrupt-Kategorie.

Dieses Attribut ist vom Typ UINT32. Es werden nur die Werte 1 und 2 unterstützt.

RESOURCE Die RESOURCE-Referenz wird benutzt, um festzulegen, welche Ressource durch die ISR benutzt wird.

Dieses Attribut kann mehrfach verwendet werden (multiple reference) und ist vom Typ RESOURCE_TYPE.

MESSAGE Die MESSAGE-Referenz wird benutzt, um festzulegen, welche Message durch die ISR benutzt wird.

Dieses Attribut kann mehrfach verwendet werden (multiple reference) und ist vom Typ MESSAGE_TYPE.

Beispiel

```
ISR TimerInterrupt {
  CATEGORY = 2;
  RESOURCE = someResource;
  MESSAGE  = anyMessage2;
};
```

MESSAGE

MESSAGE-Elemente stellen OSEK-Messages dar.

Das MESSAGE-Element verfügt über die drei Attribute MESSAGEPROPERTY, NOTIFICATION und NOTIFICATIONERROR.

MESSAGEPROPERTY Das MESSAGEPROPERTY verfügt über folgende Subattribute:

MESSAGEPROPERTY	Subattribute
SEND_STATIC_INTERNAL	CDATATYPE
SEND_STATIC_EXTERNAL	CDATATYPE TRANSFERPROPERTY IPDU BITPOSITION SIZEINBITS SWAPBYTES FILTER NETWORKORDERCALLOUT CPUORDERCALLOUT INITIALVALUE
SEND_DYNAMIC_EXTERNAL	TRANSFERPROPERTY IPDU BITPOSITION MAXIMUMSIZEINBITS NETWORKORDERCALLOUT CPUORDERCALLOUT INITIALVALUE
SEND_ZERO_INTERNAL	None
SEND_ZERO_EXTERNAL	IPDU NETWORKORDERCALLOUT CPUORDERCALLOUT
RECEIVE_ZERO_INTERNAL	SENDINGMESSAGE
RECEIVE_ZERO_EXTERNAL	IPDU NETWORKORDERCALLOUT CPUORDERCALLOUT
RECEIVE_UNQUEUED_INTERNAL	SENDINGMESSAGE FILTER INITIALVALUE

MESSAGEPROPERTY	Subattribute
RECEIVE_QUEUED_INTERNAL	SENDINGMESSAGE FILTER QUEUESIZE
RECEIVE_UNQUEUED_EXTERNAL	CDATATYPE FILTER MASK INITIALVALUE
RECEIVE_QUEUED_EXTERNAL	CDATATYPE QUEUESIZE FILTER LINK INITIALVALUE
RECEIVE_DYNAMIC_EXTERNAL	LINK INITIALVALUE
RECEIVE_ZERO_SENDERS	CDATATYPE INITIALVALUE

Die Message-Attribute sind im folgenden Abschnitt näher beschrieben.

CDATATYPE Das CDATATYPE-Attribut legt den Datentyp der Message fest, entsprechend der C-Programmiersprache.

Das Attribut ist vom Typ STRING.

Das Attribut repräsentiert die Message in der Anwendung.

TRANSFERPROPERTY Das TRANSFERPROPERTY-Attribut ist vom Typ ENUM und beschreibt die Aktionen, die OSEK ausführt, wenn eine Message von der Anwendung gesendet wurde. Folgende Aktionen sind definiert:

- **TRANSFERPROPERTY = TRIGGERED**
  Es darf nicht abhängig vom IPDU-TRANSMISSIONSMODE gesendet werden.
- **TRANSFERPROPERTY = PENDING**
  Es ist keine Aktion festgelegt.

IPDU Die IPDU-Referenz wird zum Definieren der IPDU verwendet, die diese MESSAGE verwenden.

BITPOSITION Das BITPOSITION-Attribut ist vom Typ UINT32 und legt den Offset zwischen Bit 0 der IPDU und dem Bit 0 der Message fest.

Der wird wie folgt berechnet: Die IPDU wird als ein unsigned Integer angesehen, wobei das letzte signifikante Bit als Bit 0 angesehen wird.

SIZEINBITS Das SIZEINBITS-Attribut ist vom Typ UINT32 und legt die statische Länge einer Message in Bits in der IPDU fest.

SWAPBYTES Das SWAPBYTES-Attribut ist vom Typ BOOLEAN und legt fest, ob die Bytes innerhalb einer Message vertauscht werden, wenn die Reihenfolge in der Anwendung und im Netzwerk unterschiedlich sind.

FILTER Das FILTER-Attribut legt fest, welche Funktion der Message-Filter hat. Das Attribut ist vom Typ ENUM und hat folgende Werte, die in der COM-Spezifikation definiert sind:

- **FILTER = ALWAYS**
  Dieser Wert hat keine Subattribute.
- **FILTER = NEVER**
  Dieser Wert hat keine Subattribute.
- **FILTER = MASKEDNEWEQUALSX**
  Dieser Wert hat die Subattribute MASK und X.
- **FILTER = MASKEDNEWDIFFERSX**
  Dieser Wert hat die Subattribute MASK und X.
- **FILTER = NEWISEQUAL**
  Dieser Wert hat keine Subattribute.
- **FILTER = NEWISDIFFERENT**
  Dieser Wert hat keine Subattribute.
- **FILTER = MASKEDNEWEQUALSMASKEDOLD**
  Dieser Wert hat das Subattribut MASK.
- **FILTER = MASKEDNEWDIFFERSMASKEDOLD**
  Dieser Wert hat das Subattribut MASK.
- **FILTER = NEWISWITHIN**
  Dieser Wert hat die Subattribute MIN und MAX.
- **FILTER = NEWISOUTSIDE**
  Dieser Wert hat die Subattribute MIN und MAX.
- **FILTER = NEWISGREATER**
  Dieser Wert hat keine Subattribute.

- **FILTER = NEWISLESSOREQUAL**
  Dieser Wert hat keine Subattribute.
- **FILTER = NEWISLESS**
  Dieser Wert hat keine Subattribute.
- **FILTER = NEWISGREATEROREQUAL**
  Dieser Wert hat keine Subattribute.
- **FILTER = ONEEVERYN**
  Dieser Wert hat die Subattribute `PERIOD` und `OFFSET`.

NETWORKORDERCALLOUT Das `NETWORKORDERCALLOUT`-Attribut definiert den Namen der `network-order callout`-Funktion für diese Message. Der Default-Wert legt keine `callout`-Funktion fest.

Das Attribut ist vom Typ `STRING`.

CPUORDERCALLOUT Das `CPUORDERCALLOUT`-Attribut definiert den Namen der `CPU-order callout`-Funktion für diese Message. Der Default-Wert legt keine `callout`-Funktion fest.

Das Attribut ist vom Typ `STRING`.

INITIALVALUE Das `INITIALVALUE`-Attribut ist vom Typ `-INT64` und definiert den Initialwert der Message.

MAXIUMSIZEINBITS Das `MAXIUMSIZEINBITS`-Attribut ist vom Typ `UINT32` und definiert die maximale Anzahl der Bits, die eine dynamische Message erreichen darf.

SENDINGMESSAGE Das `SENDINGMESSAGE`-Attribut wird vom Empfänger (Receiver) einer internen Message verwendet, um den Sender der Message identifizieren zu können. Dieses Attribut ist eine Referenz zu einer Message innerhalb der OIL-Datei.

QUEUESIZE Das `QUEUESIZE`-Attribut ist vom Typ `UINT32` und definiert die maximale Anzahl der Messages, die in der Message-Queue verwaltet werden bzw. gespeichert werden können.

LINK Das `LINK`-Attribut ist vom Typ `ENUM`.

- **LINK = TRUE**
  Wenn der Wert von `LINK` auf `TRUE` gesetzt ist, referenziert das Subattribut `RECEIVEMESSAGE` eine andere Message, die über das Netzwerk empfangen wird. Die Referenz muss auf eine Message zeigen, in der `LINK` auf `FALSE` gesetzt ist.

Das RECEIVEMESSAGE-Subattribut ist eine Referenz auf ein anderes Message-Element.

- **LINK = FALSE**

  Wenn LINK auf den Wert FALSE gesetzt wird, dann muss das Subattribut IPDU und BITPOSITION definiert werden.

  Die Subattribute NETWORKORDERCALLOUT und CPUORDERCALLOUT können definiert werden.

  Falls Messages mit dynamischer Länge verwendet werden, muss das Subattribut MAXIMUMSIZEINBITS definiert werden.

  Falls Messages mit statischer Länge verwendet werden, muss das Subattribut SIZEINBITS definiert werden und das Subattribut SWAPBYTES kann definiert werden.

Notifcation Die Notification (Benachrichtigung) wird bei NOTIFICATIONERROR und NOTIFICATION durchgeführt. Es hängt von den Eigenschaften der Message ab, ob die Send- oder Receive-Notification verwendet wird.

Das Notification-Element ist definiert als ein ENUM mit folgenden Werten:

- **NONE**

  Es wird keine Notification bearbeitet.

- **ACTIVATETASK**

  Es wird ein Task aktiviert, wenn die benötigte Notification auftritt. Der Name des Tasks wird im Subattribut TASK angegeben und ist eine Referenz auf das Task-Element.

- **SETEVENT**

  Es wird ein Event für einen Task gesetzt, wenn die benötigte Notification auftritt. Das Event und der Task werden in den Subattributen EVENT und TASK angegeben.

  Das Subattribut EVENT ist eine Referenz auf ein EVENT-Element und das Subattribut TASK ist eine Referenz auf das Element TASK.

- **COMCALLBACK**

  Es wird eine Callback-Funktion aufgerufen, wenn die benötigte Notification auftritt. Der Name der Callback-Funktion ist das Subattribut CALLBACKROUTINENAME. Im MESSAGE-Subattribut müssen alle Messages aufgeführt werden, die von der Callback-Funktion empfangen oder gesendet werden können.

- **FLAG**

  Es wird ein Flag gesetzt, wenn die benötigte Notification auftritt. Der Name des Flags wird im Subattribut FLAGNAME definiert und ist vom Typ STRING.

- **INMCALLBACK**

  Es wird eine OSEK-NM-Subsystem-Callback-Funktion aufgerufen, wenn die benötigte Notification auftritt. Der Name der Callback-Funktion wird im Subattribut CALLBACKROUTINENAME definiert. Die Callback-Funktion wird mit den Parametern aufgerufen, die in den MONITOREDIPDU-Subattributen festgelegt sind. Es sind Werte vom Typ UINT32 und sie haben einen Wertebereich von 0 bis 65535.

  Beide Attribute sind definiert WITH_AUTO. Somit kann ein System-Konfigurationswerkzeug automatisch konsistente Werte für die OSEK/VDX Kommunikation (COM) und das Netzwerk Management (NM) erzeugen.

Beispiel

```
MESSAGE myMess {
  MESSAGEPROPERTY = SEND_STATIC_EXTERNAL {
    TRANSFERPROPERTY = PENDING;
    IPDU = slow_CAN_traffic;
    BITPOSITION = 5;
    SIZEINBITS = 17;
    FILTER = NEWWITHIN {
      MAX = 0x1234;
      MIN = 0x12;
    };
    INITIALVALE = 0x12;
  };
  NOTIFICATION = FLAG {
    FLAGNAME = "slow_CAN_finished"
  };
};

MESSAGE speed {
  MESSAGEPROPERTY = RECEIVE_UNQUEUED_EXTERNAL {
    LINK = FALSE {
      IPDU = vehicle_data;
      BITPOSITION = 0;
      SIZEINBITS = 7;
      SWAPBYTES = TRUE;
      NETWORKORDERCALLOUT = "vehicle_data_active";
    };
  };
  NOTIFICATION = ACTIVATETASK {
    TASK = speedo_update;
```

```
  };
};

MESSAGE speed_copy {
  MESSAGEPROPERTY = RECEIVE_UNQUEUED_EXTERNAL {
    LINK = TRUE {
      RECEIVEMESSAGE = speed;
    };
  };
};

MESSAGE water_temperature {
  PROPERTIES = SEND_STATIC_INTERNAL {
    CDATATYPE = short;
  };
};

MESSAGE water_temperature_copy1 {
  PROPERTIES = RECEIVE_UNQUEUED_INTERNAL {
    SENDINGMESSAGE = water_temperature;
    FILTER = NEWISWITHIN {
      MAX = 0x1234;
      MIN = 0x12;
    };
    INITIALVALUE = 0x12;
  };
  NOTIFICATION = COMCALLBACK {
    CALLBACKROUTINENAME = valid_water_temperature;
    MESSAGE = water_temperature_copy1;
    MESSAGE = speed;
  };
};

MESSAGE water_temperature_copy2 {
  PROPERTIES = RECEIVE_UNQUEUED_INTERNAL {
    SENDINGMESSAGE = water_temperature;
    FILTER = NEWISOUTSIDE {
      MAX = 0x1234;
      MIN = 0x12;
    };
    INITIALVALUE = 0x12;
  };
```

```
    NOTIFICATION = COMCALLBACK {
      CALLBACKROUTINENAME = invalid_water_temperature;
      MESSAGE = water_temperature_copy1;
    };
};

MESSAGE next_radio_station_pushed {
    PROPERTIES = SEND_ZERO_EXTERNAL {
      IPDU = next_radio_station;
    };
};

MESSAGE next_radio_station_pushed_event {
    PROPERTIES = DEN_ZERO_EXTERNAL {
      SENDINGMESSAGE = next_radio_station_pushed;
    };
    NOTIFICATION = SETEVENT {
      TASK = change_radio_station;
      EVENT = next_station;
    };
};
```

COM

COM ist ein Element, das im OSEK-COM-Subsystem definiert ist. In einem CPU-Element kann immer nur ein COM-Element definiert werden.

COMTIMEBASE Das COMTIMEBASE-Attribut definiert die Zeitbasis für das OSEK COM. Das Attribut ist vom Typ FLOAT. Die OSEK-COM-Zeitbasis ergibt sich aus einer Sekunde multipliziert mit dem Attribut-Wert. Andere Zeitwerte, die in OSEK COM definiert sind, werden aus dieser Zeitbasis durch Multiplikation des Werts abgeleitet.

Error-Hook-Funktionen Folgende Attribute sind für die Error-Hook-Funktionen definiert, die durch das OSEK COM unterstützt werden. Die Attribute für die Error-Hook-Funktionen sind vom Typ BOOLEAN. Die Hook-Funktionen werden verwendet, wenn die Attribute auf den Wert TRUE gesetzt werden.

- **COMERRORHOOK**

Die Zugriffsmakros auf die Service-ID und die kontextrelevanten Informationen in der Error-Hook-Funktion werden durch die folgenden Attribute freigegeben:

- **COMERRORGETSERVICEID**
- **COMUSEPARAMETERACCESS**

Beispiel

```
COM {
  COMTIMEBASE = 0.001;
  COMERRORHOOK = TRUE;
  COMERRORGETSERVICEID = FALSE;
  COMUSERPARAMETERACCESS = FALSE;
};
```

IPDU

SIZEINBITS Das SIZEINBITS definiert die Länge einer IPDU in Bits. Das Attribut ist vom Typ UINT32.

IPDUPROPERTY Das IPDUPROPERTY-Attribut ist vom Typ ENUM und legt die Richtung des Message-Transfers fest. Folgende Werte sind zulässig:

- **SENT**
- **RECEIVED**

TRANSMISSIONMODE Das TRANSMISSIONMODE-Attribut legt den Mode der Übertragung fest. Das Attribut ist vom Typ ENUM. Folgende Werte sind zulässig:

- **PERIODIC**
- **DIRECT**
- **MIXED**

TRANSMISSIONMODE ist ein Subattribut von IPDUPROPERTY = SENT.

TIMEPERIOD Das TIMEPERIOD-Attribut definiert abhängig vom Transmission-Mode die Parameter I_TMP_TPD oder I_TMM_TPD. Die Attribute sind vom Typ UINT64. Der Wert des TIMEPERIOD-Parameters wird mit dem Wert der COM Time Base multipliziert.

TIMEPERIOD ist ein Subattribut von TRANSMISSIONMODE = PERIODIC und TRANSMISSIONMODE = MIXED.

TIMEOFFSET Das TIMEOFFSET-Attribut definiert abhängig vom Transmission-Mode die Parameter I_TMP_TOF oder I_TMM_TOF. Die Attribute sind vom Typ UINT64. Der Wert des TIMEOFFSET-Parameters wird mit dem Wert der COM Time Base multipliziert.

TIMEOFFSET ist ein Subattribut von TRANSMISSIONMODE = PERIODIC und TRANSMISSIONMODE = MIXED.

MINIMUMDELAYTIME Das MINIMUMDELAYTIME-Attribut definiert abhängig vom Transmission-Mode die Parameter I_TMP_MDT oder I_TMM_MDT. Die Attribute sind vom Typ UINT64. Der Wert des MINIMUMDELAYTIME-Parameters wird mit dem Wert der COM Time Base multipliziert. Der Default-Wert berücksichtigt die erforderliche minimale Delay Time.

MINIMUMDELAYTIME ist ein Subattribut von TRANSMISSIONMODE = DIRECT und TRANSMISSIONMODE = MIXED.

TIMEOUT Das TIMEOUT-Attribut definiert in Abhängigkeit der IPDU-Eigenschaften und des Transmission-Mode, wenn IPDUPROPERTY = SENT, die Parameter I_DM_RX_TO, I_DM_TMD_TO, I_DM_TMP_TO oder I_DM_TMM_TO.

Das Attribut ist vom Typ UINT64. Der Wert des TIMEOUT-Parameters wird mit dem Wert der COM Time Base multipliziert. Die Meldung eines IPDU-Timeout erfolgt pro Message. Der Default-Wert wird interpretiert als kein Timeout.

FIRSTTIMEOUT Das FIRSTTIMEOUT-Attribut definiert, wenn IPDUPROPERTY = RECEIVED, den Parameter I_DM_FRX_TO. Das Attribut ist vom Typ UINT64. Der Wert des FIRSTTIMEOUT-Parameters wird mit dem Wert der COM Time Base multipliziert.

Der Wert AUTO führt dazu, dass FIRSTTIMEOUT über den gleichen Wert verfügt wie TIMEOUT.

FIRSTTIMEOUT ist ein Subattribut von IPDUPROPERTY = RECEIVED.

IPDUCALLOUT Das IPDUCALLOUT-Attribut definiert den Namen der IPDU-Callout-Funktion. Der Default-Wert spezifiziert kein Callout. Das Attribut ist vom Typ STRING.

LAYERUSED Das LAYERUSED-Attribut definiert den darunter liegenden Layer, der benutzt wird. Das Attribut ist vom Typ STRING.

Beispiel

```
IPDU mySendIPDU {
  SIZEINBITS = 64;
  IPDUPROPERTY = SENT {
    TRANSMISSIONMODE = PERIODIC {
      TIMEPERIOD = 2;
      TIMEOFFSET = 100;
    };
    MINIMUMDELAYTIME = 0;
    TIMEOUT = 250;
  }
```

```
  IPDUCALLOUT = "";
  LAYERUSED = network;
};

IPDU myReceiveIPDU {
  SIZEINBITS = 64;
  IPDUPROPERTY = RECEIVED {
    TIMEOUT = 250;
    FIRSTTIMEOUT = 100;
  };
  IPDUCALLOUT = NONE;
  LAYERUSED = network;
};
```

NM

Das NM-Element repräsentiert das Network-Management-Subsystem. Es sind für das NM-Element keine Standard-Attribute definiert.

3.11.2 Einzelheiten der Implementierung

Die OSEK Implementation Language ist so definiert, dass es möglich ist, eine Beschreibung einer Anwendung in unterschiedlichen OSEK-Implementierungen zu nutzen. Damit wird ein Mindestmaß an Portierbarkeit sichergestellt, was auch das Ziel von OSEK ist. Die Implementierungsdefinition beschreibt einen Satz von Attributen für die Elemente mit den gültigen Werten. Alle Standard-Attribute müssen definiert sein. Für Standard-Attribute kann die Implementierungsdefinition den Wertebereich einschränken. Wird kein Wertebereich angegeben, so wird der Wertebereich des Standard-Datentyps verwendet. Optionale Attribute müssen entweder einen Default-Wert spezifizieren oder auf `AUTO` oder `NO_DEFAULT` gesetzt sein.

Standard-Datentypen

Alle implementationsspezifischen Attribute müssen definiert sein, bevor sie genutzt werden können.

Der Attributtyp und der Wertebereich müssen definiert werden. Um den Wertebereich einzuschränken, gibt es zwei Möglichkeiten: Es können zum einen ein Minimum- und ein Maximum-Wert für das Attribut angegeben werden. Die Definition erfolgt im Stil `[0..12]`. Die zweite Möglichkeit erfolgt über eine Liste der zulässigen Werte. Ein Mischen der beiden Varianten ist nicht zulässig.

Der `WITH_AUTO`-Spezifizierer kann mit allen Attributen kombiniert werden, deren Typ eine Referenz erwartet. Ist `WITH_AUTO` definiert, kann dem Attribut der Wert `AUTO` zugewiesen werden, was dazu führt, das dem Attribut automatisch über ein externes Werkzeug ein Wert zugewiesen wird. Die OIL-Datentypen sind unten aufgeführt. Nicht alle Datentypen korrespondieren mit den Datentypen der Programmiersprache C.

UINT32 Definiert einen Datentyp für ganze Zahlen ohne Vorzeichen mit einem Wertebereich von 0 bis (2^{32}-1). Der Wertebereich kann eingeschränkt werden.

```
UINT32 [1..255] NON_SUSPENDED_TASKS;
UINT32 [0, 2, 3, 5] FreeInterrupts;
UINT32 aNumber;
```

INT32 Definiert einen Datentyp für ganze Zahlen im Wertebereich -2^{31} bis (2^{31}-1).

UINT64 Definiert einen Datentyp für ganze Zahlen ohne Vorzeichen mit einem Wertebereich von 0 bis (2^{64}-1).

INT64 Definiert einen Datentyp für ganze Zahlen im Wertebereich -2^{63} bis (2^{63}-1).

FLOAT Die Floating-Point-Werte werden gemäß dem IEEE-754-Standard dargestellt und haben einen Wertebereich von +/- 1,176E-38 bis +/-3,402E+38.

```
FLOAT [1.0 .. 25.3] ClockFrequency;
```

ENUM ENUM definiert eine Aufzählung nach dem ISO/ANSI-C-Standard. Einem Attribut von diesem Aufzählungstyp können nur die Elemente der Aufzählung zugewiesen werden.

```
ENUM [NON, FULL] SCHEDULE;
ENUM [mon, tue, wed, thu, fri] myWeek;
```

ENUM-Typen können parametriert werden, das heißt, einzelne Elemente der Aufzählung können über Parameter verfügen. Der Parameter wird nach dem Element der Aufzählung durch geschweifte Klammern spezifiziert.

```
ENUM [
  ACTIVATETASK { TASK_TYPE TASK; },
  SETEVENT { TASK_TYPE TASK; EVENT_TYPE EVENT; }
] ACTION;
```

BOOLEAN Die Attribute von diesem Typ können die Werte TRUE oder FALSE annehmen.

```
BOOLEAN DontDoIt;
...
DontDoIt = FALSE;
```

BOOLEAN-Typen können parametriert werden. Die Spezifikation der Parameter erfolgt nach dem BOOLEAN-Werten TRUE oder FALSE durch geschweifte Klammern.

```
BOOLEAN [
  TRUE { TASK_TYPE TASK; EVENT_TYPE EVENT; },
  FALSE { TASK_TYPE EVENT; }
] IsEvent;
```

STRING Ein String ist eine 8-Bit-Zeichen-Sequenz, die in double-quotes (doppelte Anführungszeichen) eingeschlossen ist. Innerhalb eines Strings dürfen keine weiteren double-quotes enthalten sein.

Referenztypen

Ein Referenztyp ist ein Datentyp, der auf ein anderes OIL-Element verweist, z.B. auf ein TASK-Element, ein EVENT-Element oder ein ALARM-Element.

Referenztypen können verwendet werden, um Beziehungen zwischen verschiedenen Elementen herzustellen. Zum Beispiel kann ein Referenztyp eine Beziehung zwischen einem TASK und einem ALARM herstellen, der den Task aktiviert.

Die Definition eines Referenztyps legt fest, auf welches Element die Referenz verweisen kann. Eine Referenz kann auf jedes Element verweisen.

Ein Single-Referenztyp verweist auf genau ein Element.

Eine Definition eines Single-Referenztyps beinhaltet den Typ des Elements, auf das verwiesen wird, und den symbolischen Namen.

Arrays/Vektoren

Es besteht die Möglichkeit, mit einem Attribut auf mehrere Elemente des gleichen Typs zu verweisen. Zum Beispiel kann das EVENT-Attribut eines TASK-Elements auf einen Satz von Events verweisen.

Die Definition einer mehrfachen Referenz beinhaltet den Datentyp, den symbolischen Namen und die leeren Klammern [].

```
EVENT_TYPE myEvent[];
```

Eine Definition von mehreren Attributen, die über einen symbolischen Namen verfügen, ist ebenfalls möglich. Auch hierzu müssen der Datentyp, der symbolische Name und die leeren Klammern angegeben werden.

```
INT32 InterruptNumber[];
```

Beispiele

Eine Implementierung kann eigene Attribute für ein OIL-Element definieren oder die Wertebereiche der Standard-Attribute einschränken.

Folgende Beispiele sind aufgeführt:

1. Einschränkung des ENUM-Wertebereichs für das OS-Standard-Attribut STATUS.
2. Die Definition des implementierungsspezifischen Attributs NON_SUSPENDED_TASK vom Typ UINT32 mit einem eingeschränkten Wertebereich.
3. Die Einschränkung des UINT32-Werts für das Standard-Task-Attribut PRIORITY.
4. Der Default-Wert für die Größe des Stacks wird auf 16 gesetzt.
5. Die Einschränkung des ENUM-Wertebereichs für das Standard-Attribut ACTION.
6. Definition des implementierungsspezifischen Attributs START vom Typ BOOLEAN für Alarme.
7. Definition des implementierungsspezifischen Attributs ITEMTYPE vom Typ STRING für Messages.
8. Die Definition einer Referenz von MESSAGE-Elementen für ISRs.
9. Benutzung der definierten oder veränderten Attribute in der Definition der Anwendung.
10. Aufteilung des Elements MyTask1 in zwei Definitionen.

```
IMPLEMENTATION SpecialOS {
  OS {
    ENUM [EXTENDED] STATUS;
    UINT32 [1..255] NON_SUSPENDED_TASK = 16;
  };

  TASK {
    UINT32 [1..256] PRIORITY; // definiert einen Bereich
                              // fuer PRIORITY
    INT32 StackSize = 16;     // Stacksize in Byte fuer
                              // einen Task
    ...
  };

  ALARM {
    ENUM [ACTIVATETASK {TASK_TYPE TASK;}] ACTION;
    BOOLEAN START = FALSE; // implementierungs-
```

```
                               // spezifisches Attribut
                               // START vom Typ BOOLEAN
    ...
  };

  MESSAGE {
    STRING ITEMTYPE = ""; // implementierungs-
                          // spezifisches Attribut
                          // ITEMTYPE vom Typ STRING
    ...
  };

  ISR {
    MESSAGE_TYPE_RCV_MESSAGES[] = NO_DEFAULT;
              // implementierungsspezifisches Attribut
              // RCV_MESSAGE vom Typ multiple
              // Referenz auf Elemente vom Typ
              // Message
    ...
  };
}; // End IMPLEMENTATION SpecialOS

CPU ExampleCPU {
  OS MyOS {
    ...
  };

  TASK MyTask1 {
    StackSize = 64;
    ...
  };

  ALARM MyAlarm1 {
    ACTION = ACTIVATETASK {
      TASK = MyTask1;
    };
    START = TRUE;
    ...
  };

  MESSAGE MyMsg1 {
    ITEMTYPE = "SensorData";
```

```
    ...
  };

  MESSAGE MyMsg2 {
    ITEMTYPE = "Acknowledge";
    ...
  };

  ISR MyIsr1 {
    RCV_MESSAGES = MyMsg1;
    RCV_MESSAGES = MyMsg2;
    ...
  };
}; // End CPU ExampleCPU
```

Das Beispiel ist keine komplette OIL-Datei. Die Punkte zeigen die nicht vorhandenen Bereiche an.

3.11.3 Syntax und Standard-Definitionen

Syntax der OIL

Die Syntax der OIL wird mit der Backus-Naur-Form (BNF) beschrieben und ist auf der CD im Verzeichnis OSEK zu finden.

Kapitel 4

OSEKtime

Das OSEKtime-Betriebssystem stellt die notwendigen Systemfunktionen bereit, um fehlertolerante und zuverlässige Echtzeit-Anwendungen realisieren zu können. Es handelt sich gegenüber dem OSEK/VDX-Standard, der durch die Verwendung von Alarmen stark ereignisgesteuert ist, um ein zeitgesteuertes Konzept.

Das OSEKtime-Betriebssystem wurde so ausgelegt, dass eine gleichzeitige Verwendung des OSEK/VDX-Betriebssystem ermöglicht wird. Es ergibt sich somit die Möglichkeit, auf unterschiedliche Anforderungen an das zeitliche Verhalten innerhalb eines Systems reagieren zu können. Dadurch kann die jeweils optimale Lösung für die jeweilige Aufgabe gefunden werden.

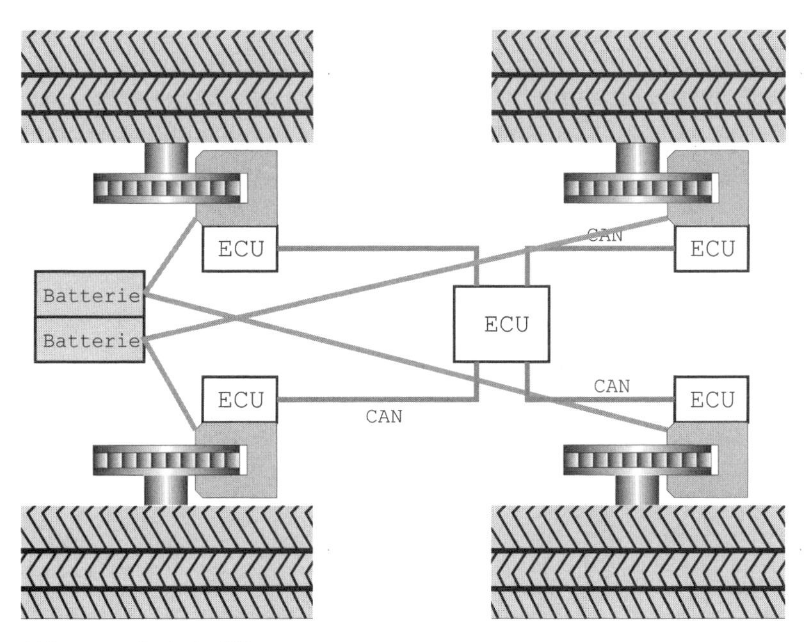

Abb. 4.1: Brake by Wire

OSEK/VDX-Betriebssysteme bewähren sich in den typischen Anwendungen im Automobilbau für Innenraum und Powertrain. Hierbei handelt es sich um lose Koppelungen zwischen relativ autonomen Steuergeräten. Das koordinierte Handeln verschiedener Steuergeräte wird mehr an Bedeutung gewinnen, vor allem im Bereich der X-by-Wire-Anwendungen. Typische X-by-Wire-Geräte besitzen mehrere Mikrocontroller, die in der Lage sein müssen, zeitsynchron Aufgaben durchzuführen.

Die Anwendung von OSEKtime ist nicht nur auf diesen Bereich beschränkt. Denkbar sind z.B. zeitsynchrone Achsregelungen, die über mehrere Lagen verfügen, wie sie in der Antriebstechnik zu finden sind.

Die Anforderung, Aktionen hochgradig zeitsynchron auszuführen, wird vom OSEK/VDX OS nur unzureichend unterstützt. Das liegt u.a. an der Tatsache, dass auf einzelne Prozessoren abgezielt wird und es innerhalb eines OSEK/VDX OS keinen globalen Zeitbegriff gibt. Weiterhin werden an X-by-Wire-Systeme hohe Anforderungen an die Sicherheit und Fehlertoleranz gestellt.

Beide Bedingungen werden von OSEKtime durch die strenge Zeitsteuerung und ein Kommunikationsprotokoll für fehlertolerante Anwendungen erreicht.

OSEKtime setzt sich aus zwei separaten Teilen zusammen, das eigentliche Betriebssystem und das fehlertolerante Kommunikationsprotokoll, die erst im Zusammenspiel die Anforderungen erfüllen.

In seiner Grundcharakteristik ist OSEKtime ein Multitasking-Betriebssystem, das die quasi parallele Abarbeitung unterschiedlicher Funktionsstränge erlaubt. Jeder Task kann dabei einen der drei Zustände einnehmen, die in Abbildung 4.2 dargestellt sind.

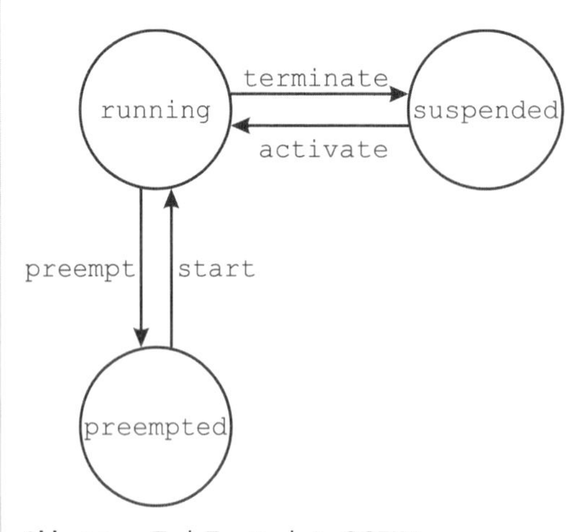

Quelle: 3SOFT Fachartikel [I]

Abb. 4.2: Task-Zustände in OSEKtime

Im Zustand `suspended` ist der Task inaktiv, im Zustand `running` wird er gerade ausgeführt und im Zustand `preempted` ist seine Ausführung durch einen anderen Task unterbrochen worden.

Tasks besitzen im Gegensatz zu OSEK/VDX keine Prioritäten. Vielmehr wird ihnen innerhalb einer vorgesehenen Periode ein jeweils fester Startzeitpunkt zugeordnet, zu dem sie aktiviert werden. In OSEKtime bedeutet die Aktivierung eines Tasks im Gegensatz zu OSEK/VDX seine sofortige Ausführung. Ein noch laufender Task wird unterbrochen. Ein Task kann nur durch zwei Bedingungen unterbrochen werden:

- Aktivierung eines neuen Tasks
- Beendigung des Tasks, wie bei OSEK/VDX bereits bekannt, nur durch sich selbst

Die von OSEK/VDX bekannten Betriebsmittel Events, Counter, Alarme oder Ressourcen werden nicht bereitgestellt. Events würden wie bei den extended Tasks von OSEK/VDX einen Wartezustand erfordern, der bei OSEKtime nicht vorgesehen ist. Der Mechanismus kann durch Variablen erreicht werden. Events sind deshalb nicht erforderlich.

Die Task-Aktivierung bei OSEKtime erfolgt anhand eines Zeitplans, der *Timetable*. Es ist somit nicht möglich, explizite Aktivierungen vorzunehmen. Da keine Events zur Verfügung stehen, entfallen die beiden möglichen Aktionen bei Ablauf eines Alarms unter OSEKtime. Es macht deshalb wenig Sinn, Alarme anzubieten. Der Verzicht auf Alarme zieht den Wegfall der Counter nach sich. Diese unterscheiden sich in OSEK/VDX von beliebigen Variablen nur durch die Möglichkeit, sie von einem Alarm überwachen zu lassen. In einem OSEKtime-System haben sie keine Existenzberechtigung.

Bei der Verwendung der Ressourcen stützt sich OSEK/VDX auf das Priority Ceiling Protocol. Die Voraussetzung für die Anwendbarkeit dieses Protokolls ist aber ein streng prioritätsgesteuertes Scheduling. Da dies unter OSEKtime nicht gegeben ist, lassen sich Ressourcen nicht in der gewohnten Form umsetzen. Der gleichzeitige Zugriff auf kritische Bereiche kann über Task-Attribute vergleichbar wie bei Ressourcen eingeschränkt werden.

OSEKtime stellt weiterhin Interrupt-Service-Routinen (ISRs) zur Verfügung. Wie bei OSEK/VDX gibt es nicht maskierbare ISRs, die am Betriebssystem vorbeilaufen, als auch maskierbare ISRs, die das Betriebssystem kontrollieren kann. Beim OSEKtime können ISRs festgelegt werden, die Tasks nicht unterbrechen können und erst beim nächsten Dispatching bearbeitet werden. Diese Möglichkeit ist besonders im Zusammenspiel mit der *Deadline*-Überwachung wichtig, da so sichergestellt werden kann, dass bestimmte ISRs eine Task-Ausführung nicht beeinflussen.

Kommunikationsschicht

Neben OSEKtime als Betriebssystem ist ein spezielles Kommunikationssystem notwendig, das FTCOM = »Fault Tolerant COMmunication«.

Das Kommunikationssystem hat zwei wesentliche Aufgaben:

1. Die Übermittlung von Nachrichten zwischen den einzelnen Knoten des fahrzeugweiten oder systemweiten Kommunikationsnetzes
2. Die Bereitstellung der globalen Zeit

FTCOM ist über verschiedene Ausbaustufen skalierbar und bietet seine gesamten Vorteile in der höchsten Ausbaustufe an, während niedrigere Ausbaustufen nur eine Teilfunktionalität anbieten. Die niedrigste Ausbaustufe wird bereits von einigen gebräuchlichen Kommunikationsschichten erfüllt.

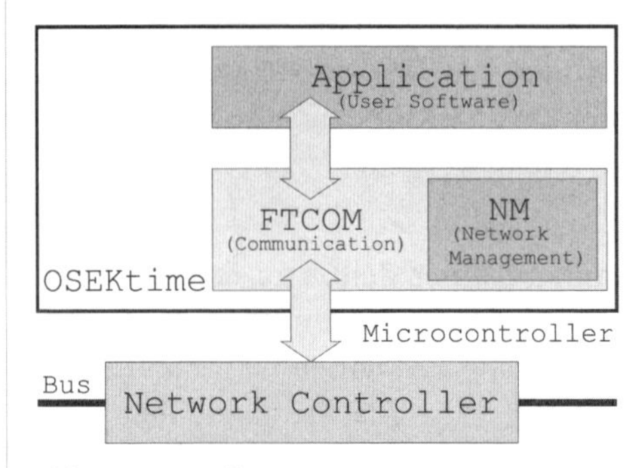

Abb. 4.3: Aufbau eines OSEKtime-Systems

Die grundsätzliche Problematik einer globalen Zeit in einem verteilten System ist nicht neu. Die Grundidee besteht darin, eine kontinuierliche Synchronisation der Uhren durchzuführen, die einen Drift jeder einzelnen Uhr berücksichtigt. Verfahren, die dieses gewährleisten, sind seit einiger Zeit bekannt. Eines der bekanntesten Verfahren dürfte das Network Time Protocol (NTP) sein, das in PC- und Workstation-Netzen zum Einsatz kommt. Derartige Lösungen sind wegen der deutlich knapperen Ressourcen nur nach einer Adaptierung einsetzbar.

Ein wesentliches Merkmal der FTCOM ist, dass es in der Lage ist, die Uhren zu synchronisieren und das zu garantieren.

Ein weiteres wesentliches Merkmal der FTCOM ist die Robustheit gegen Fehler. Im Mittelpunkt steht das Vermeiden eines Zusammenbruchs der Kommunikation durch das Fehlverhalten eines einzigen Teilnehmers. In heutigen Implementierungen von Netzen kann tatsächlich ein Teilnehmer, z.B. ein so genannter »Babbing Idiot«, durch das Senden von kontinuierlich sinnloser Informationen auf den Bus den gesamten Bus stören. Im Extremfall ist dadurch keinerlei Kommunikation zwischen anderen Geräten mehr möglich.

Bei der FTCOM gibt es daher die Möglichkeit, den Netzadapter mit einem Buswächter zu schützen. Dieser stellt sicher, dass ein Gerät nur zu vorher festgelegten Zeitpunkten schreibend auf den Bus zugreifen kann. So wird verhindert, dass ein einzelnes Gerät beliebig viel Bandbreite des Busses belegt. Innerhalb des festgeleg-

Quelle: 3SOFT Fachartikel [I]

ten Intervalls sind zwar nach wie vor Störungen möglich, doch wird garantiert, dass die restliche Kommunikation weiterhin möglich ist.

Die beiden Protokolle, die heute diese Anforderungen unterstützen, sind das von TTTech entwickelte TTP/C und das von einem internationalen Konsortium erarbeitete FlexRay. Letzteres basiert in vielen Punkten auf dem bereits praktisch erprobten und von BMW entwickelten Byteflight-Protokoll.

Dispatching in OSEKtime

Da jeder Task über einen festen Ausführungszeitpunkt verfügt, kann nicht von einem Scheduling gesprochen werden, sondern von zeitabhängigen Aufrufen von festgelegten Tasks. Es wird in diesem Fall vom Dispatchen gesprochen. Die Problematik bei diesem Mechanismus liegt darin, dass bereits vor der Generierung der endgültigen Applikation die Aktivierungszeitpunkte des einzelnen Tasks so festzulegen sind, dass die Ausführbarkeit aller Tasks garantiert wird.

Um eine Berechnung eines statischen Schedulers durchführen zu können, muss

1. die maximale mögliche Laufzeit, »worst case execution time« WCET, jedes einzelnen Tasks
2. die minimale Zeit zwischen zwei identischen ISRs, »minimum interarrival time« MINT

bekannt sein.

Um die WCET angeben zu können, wurde in OSEKtime auf einen Wartezustand für Tasks verzichtet, da nicht vorhergesagt werden kann, nach welcher Zeit der Wartezustand verlassen wird. Die WCET ist dabei eine obere Grenze, die im Betrieb nie erreicht wird. Kennt man die WCETs für alle Tasks, kann die Timetable für die Applikation erstellt werden. Diese stellt sich als Dispatcher Round dar, die kontinuierlich wiederholt wird.

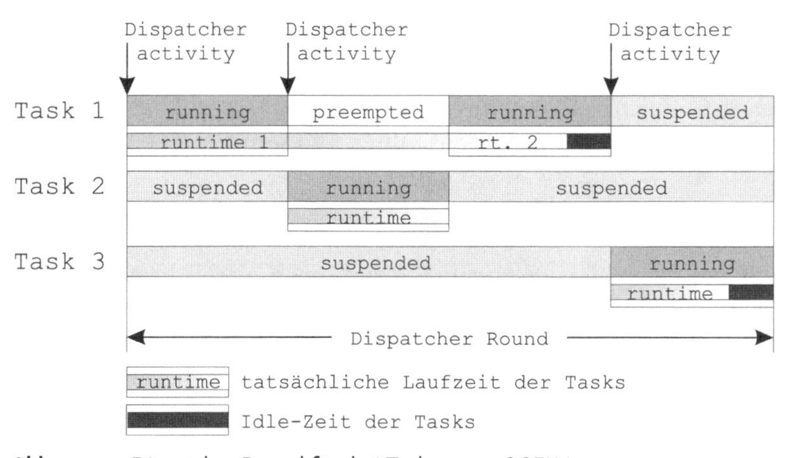

Abb. 4.4: Dispatcher Round für drei Tasks unter OSEKtime

Quelle: 3SOFT Fachartikel[1]

Da der Aufruf von ISRs asynchron zur laufenden Applikation erfolgt, ist die Angabe der WCET nicht ausreichend. Zusätzlich muss die maximale Häufigkeit der Interrupts bekannt sein, sie wird durch die MINT berücksichtigt.

Bei bekannter MINT und WCET kann in der Dispatcher Round genügend Zeit für jede ISR eingeplant werden. Ein Unterschreiten der MINT ist vom System zu verhindern. Für nicht maskierbare ISRs ist das nicht möglich und deshalb ist die MINT entsprechend konservativ zu wählen.

Ein Schedule kann dann nicht realisiert werden, wenn sich aus WCET und MINT mehr als 100% Systemlast ergibt. Es muss somit sichergestellt werden, dass eine Last von 100% nicht überschritten wird. Sind diese Bedingungen gegeben, erhält man einen sicheren Schedule. Dieses gilt allerdings nur so lange, wie die Angaben für WCETs und MINTs korrekt sind. Ist eine WCET für nur einen Task zu kurz angegeben, dann kann es passieren, dass der entsprechende Task noch nicht beendet ist, wenn bereits die nächste Aktivierung erfolgt. Es treten dann Probleme auf, wenn der Task als kooperierend konfiguriert ist. Um eine Verletzung der Zeiten feststellen zu können, bietet OSEKtime eine Überwachung von Deadlines für Tasks an.

Deadline-Monitoring

Das Monitoring von Deadlines ist ein wesentliches Konzept hart echtzeitfähiger Betriebssysteme. Wichtig ist dabei, dass auf der Systemebene festgestellt werden kann, ob ein Task seine zugeordnete Deadline überschritten hat.

Für jeden Task kann eine Deadline angegeben werden. Diese kann zu einem beliebigen Zeitpunkt zwischen dem geplanten Ende eines Tasks und dem Ende der jeweiligen Dispatcher Round liegen. Wird die Deadline überschritten, so sieht OSEKtime dies als Fehler an. Dieser Fehler hat zur Folge, dass die zentrale Fehlerbehandlung durch Aufruf der `ttErrorHook()`-Systemfunktion angesprungen wird. Die Hook-Funktion erhält als Parameterwert `TT_E_OS_DEADLINE` übergeben und kann nun Aktivitäten durchführen, die vom Anwender festgelegt wurden. Nach Verlassen der Hook-Funktion wird das gesamte System aus Sicherheitsgründen heruntergefahren. Es kann davon ausgegangen werden, dass ein Recovery innerhalb der engen zeitlichen Rahmen nicht möglich ist. In der Praxis wird das Herunterfahren zum Ablauf eines Watchdogs führen und somit zu einem Neustart des Systems.

OSEK/VDX als Subsystem unter OSEKtime

Aufgrund der Vorgaben kann der berechnete Schedule noch erhebliche Anteile von Idle-Zeit enthalten. Diese Idle-Zeit setzt sich aus Abschnitten zusammen, in denen Tasks bereits beendet sind und eine andere Aktivität nicht geplant ist. Diese freie Zeit kann für Aktivitäten verwendet werden, die keinen harten zeitlichen Anforderungen unterliegen. Diese Aktivitäten können im Rahmen eines Idle-Tasks abgear-

Quelle: 3SOFT Fachartikel [I]

beitet werden, der immer dann läuft, wenn keine wichtigen Aufgaben anstehen. Ein Idle-Task muss immer schnell unterbrechbar sein, um in die zeitgebundenen Tasks wechseln zu können.

Neben dem Idle-Task kann in OSEKtime ein komplettes OSEK/VDX laufen. Dadurch steht eine komfortable Umgebung zur Verfügung. Insbesondere können die Merkmale von OSEK/VDX, wie die Ereignissteuerung, genutzt werden. Das in OSEKtime eingebettete OSEK/VDX-Subsystem ist komplett unterbrechbar, damit die Aktivierung eines zeitgetriggerten Tasks möglich ist. Die Fortsetzung des OSEK/VDX erfolgt dann bei der nächsten entstehenden Lücke, die ein zeitgetriggerter Task übrig lässt, wenn er die ihm zugestandene WCET nicht vollständig ausschöpft und die maximale Interruptlast nicht erreicht wird. Diese Zeiten können dann vom OSEK/VDX-Subsystem genutzt werden.

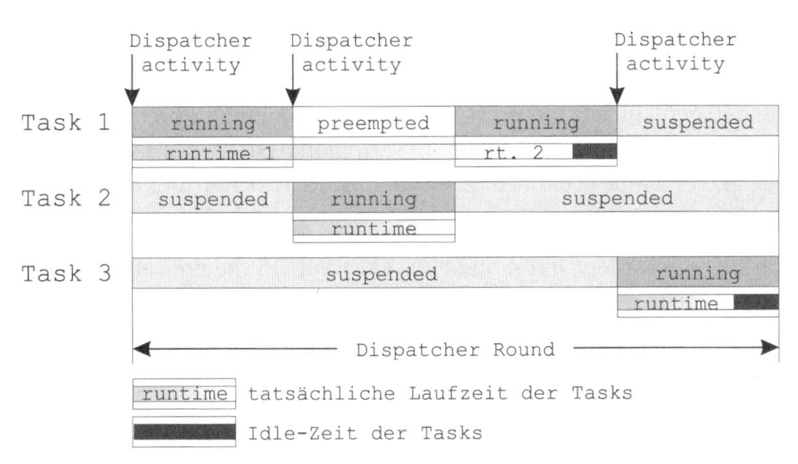

Abb. 4.5: Dispatcher Round mit Idle-Task oder OSEK/VDX-Subsystem

Interrupt-Service-Routinen können auch unter OSEK/VDX benutzt werden. Die Einordnung in das Gesamtsystem hat so zu erfolgen, dass OSEK/VDX-ISRs jederzeit getriggerten Aktivitäten, Tasks, maskierbaren und unmaskierbaren ISRs untergeordnet sind. Somit können OSEK/VDX-ISRs nur innerhalb von Zeitschnitten verarbeitet werden, die dem Subsystem zugeordnet sind. Die IRQs werden von OSEKtime entsprechend verzögert weitergereicht. Da die wesentlichen Interrupts bereits von OSEKtime behandelt werden, muss das Subsystem nur wenige Interrupt-Aktivitäten bearbeiten.

Quelle: 3SOFT Fachartikel [1]

Design von Anwendungen

Ereignissteuerung ist das zentrale Konzept beim OSEK/VDX OS. Es werden Aktivitäten nur dann angestoßen, wenn sie wirklich benötigt werden. Durch dieses Vorgehen wird eine verhältnismäßig geringe Auslastung der CPU im Normalbetrieb erreicht. Abhängig von verschiedenen Situationen kann es zu einem Burst an Aktivitäten kommen, was dazu führt, dass Aktivitäten mit niedriger Priorität verzögert abgearbeitet werden können. Der Anwender muss sicherstellen, dass hiervon keine zeitlich kritischen Aktivitäten betroffen sind.

Das OSEK/VDX OS hat in der Regel geringe zyklische Anteile. Der Ablauf wird über die Vergabe von Prioritäten realisiert.

Bei OSEKtime gibt es dagegen ausschließlich zyklische Aktivitäten, die in einem festen Intervall angestoßen werden. Dies erfordert die Einplanung von genügend Zeit, um selbst in Extremsituationen noch alle erforderlichen Aktivitäten innerhalb des durch die Dispatcher Round bestimmten Zyklus abarbeiten zu können. Dementsprechend ist die Auslastung der CPU eher gering, da erhebliche Sicherheitsreserven eingeplant werden müssen.

Die Planung des streng sequenziellen Ablaufes der Tasks und die statische Prüfung des Schedule ist relativ leicht.

Es ist zu berücksichtigen, dass eine spätere Erweiterung des Systems aufwändig ist, da der Schedule neu geplant werden muss. Der Gewinn, den man durch diese Aufwendungen erzielt, zeigt sich allerdings erst in verteilten Systemen. Es wird durch die vorhandene gemeinsame Zeitbasis ein synchrones Arbeiten auf jeder CPU möglich.

Ist Synchronität nicht gefordert, dann bietet OSEK/VDX OS die größere Flexibilität. Der Entwickler muss die zur Verfügung stehende Zeit nicht exakt verteilen, sondern lediglich die Bedeutung der Tasks über Prioritäten festlegen. Dadurch wird die Handhabung und Pflege von OSEK/VDX-OS-Anwendungen erleichtert.

Quelle: 3SOFT Fachartikel [I]

4.1 Architektur des OSEKtime-Systems

Das Betriebssystem wird bei der Generierung des Systems gemäß der Konfiguration durch die OIL-Datei erstellt. Eine Änderung des Betriebssystems kann wie bei OSEK/VDX OS nicht zur Laufzeit erfolgen.

Es gibt folgende Gruppen von Systemfunktionen:

Task-Verwaltung

- Verwaltung der Task-Zustände und der Zustandswechsel
- Scheduling-Verfahren
- Deadline-Überwachung

Interrupt-Verwaltung

- Funktionen für die Interrupt-Verarbeitung

Systemzeit und Start-up

- Synchronisation der Systemzeit
- Start des Systems

Intra-Prozessor-Message-Handling

- Datenaustausch

Fehlerbehandlung

- Mechanismen, die den Anwender bei verschiedenen Fehlern unterstützen

Events, Alarme und Ressourcen

- Events, Alarme und Ressourcen sind in ihrer Verwendung auf die OSEK/VDX-Tasks beschränkt und stehen bei Time-triggered Tasks nicht zur Verfügung. Sie sind somit auch nicht Bestandteil der OSEKtime-Spezifikation.

Abbildung 4.6 zeigt die Architektur eines OSEKtime-Systems.

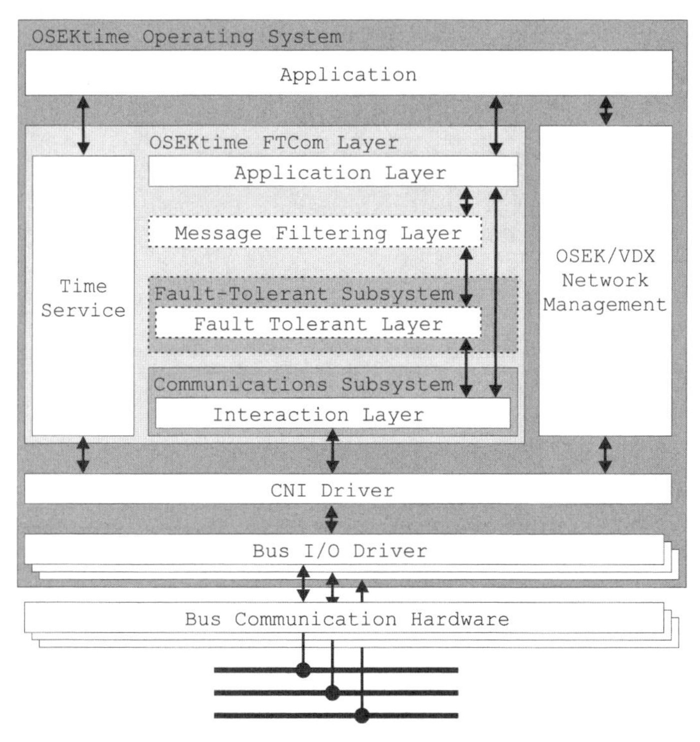

Abb. 4.6: Architektur eines OSEKtime-Systems

Das OSEKtime-Betriebssystem ist die Basis für Anwendungen, die einen Prozessor benutzen. Das OSEKtime-Betriebssystem steuert dabei die Real-Time-Ausführung der verschiedenen Prozesse und sorgt für eine quasi parallele Abarbeitung der einzelnen Prozesse. Um dieses zu ermöglichen, werden Systemfunktionen für den Anwender bereitgestellt. Die Systemfunktionen können verwendet werden von

- Interrupt-Service-Routinen, die vom Betriebssystem verwaltet werden
- Tasks

Die zur Verfügung stehenden Hardware-Ressourcen werden durch das Betriebssystem kontrolliert und verwaltet.

OSEKtime definiert zwei unterschiedliche Prozess-Levels:

- Interrupt-Level
- TT-Task-Level (Time-triggered-Task-Level)

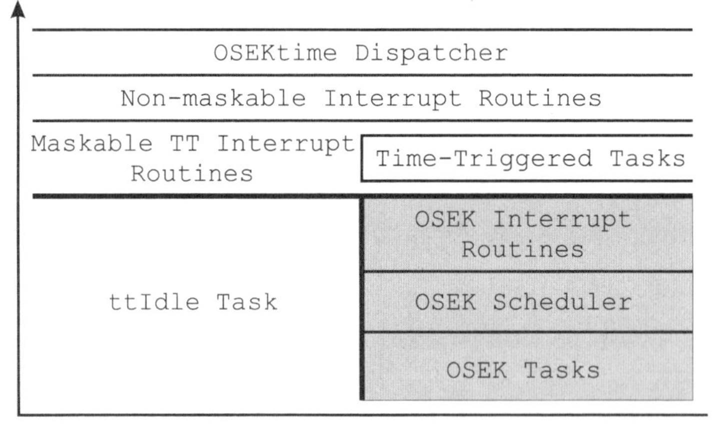

Abb. 4.7: Prozess-Levels

4.2 Task-Verwaltung

Der folgende Abschnitt beschreibt das Konzept der Task-Verwaltung.

4.2.1 Task-Konzept

Tasks werden sequenziell abgearbeitet. Sie starten an ihrem Eintrittspunkt (Funktionsanfang) und laufen bis zu ihrem Ende (Funktionsende). Es können interne Schleifen verwendet werden, jedoch müssen diese bei der Berechnung der *Worst Case Execution Time* berücksichtigt werden. Ein Warten auf externe Events innerhalb eines Tasks wird nicht unterstützt. Die Ausführung beginnt durch ein mit dem

Task verbundenes *Activation*-Event. Bei Time-triggered Anwendungen werden die Activation-Events nur vom Dispatcher verwendet.

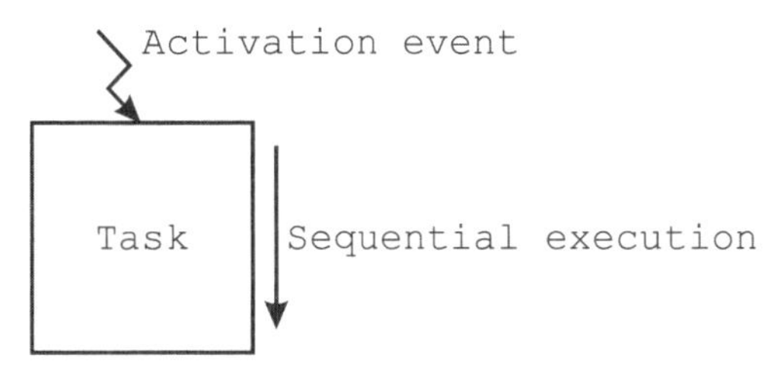

Abb. 4.8: Task-Modell

4.2.2 Task-Zustandsmodell

Ein Task muss in der Lage sein, zwischen den Zuständen `running`, `suspended` und `preempted` wechseln zu können. Die Zeitpunkte der Aktivierung eines Tasks sind in der Dispatcher Table gespeichert. Das OSEKtime OS startet die Tasks zu den angegebenen Zeitpunkten und überwacht die Ausführungszeit.

Time-triggered Tasks verfügen über nur drei Zustände:

- **`running`**

  Im `running`-Zustand ist der CPU ein Task zugeordnet, dessen Programmcode abgearbeitet wird. Es kann immer nur ein einziger Task im Zustand `running` sein. Alle anderen Zustände können von mehreren Tasks gleichzeitig eingenommen werden.

- **`preempted`**

  Im `preempted`-Zustand wird der Programmcode durch die CPU nicht ausgeführt. Dieser Zustand kann nur über den `running`-Zustand erreicht werden und der Folgezustand kann ebenfalls nur der `running`-Zustand sein. In den Zustand wird gewechselt, wenn ein anderer Task vom `suspended`-Zustand in den `running`-Zustand wechselt. Der Wechsel wird durch den Dispatcher gesteuert. Der Zustand wird wieder verlassen, wenn der gerade laufende Task, der vorher den Task in den `preempted`-Zustand verdrängt hat, vom `running`-Zustand in den `suspended`-Zustand wechselt.

- **`suspended`**

  In diesem Zustand ist der Task passiv und kann erneut aktiviert, d.h. gestartet werden.

Abbildung 4.9 zeigt das Time-triggered-Task-Modell in UML-Darstellung. Dabei wurde auf die Darstellung der Bedingungen für einen Zustandswechsel und der Aktionen bei einem Zustandswechsel verzichtet.

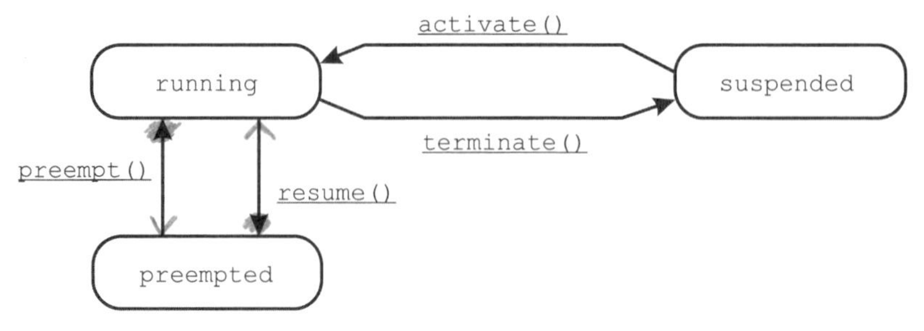

Abb. 4.9: UML-Time-triggered-Task-Modell

Beschreibung der Zustandsübergänge:

- **`activate`**

  Ein neuer Task wird in den laufenden Zustand `running` gesetzt. Der Wechsel des Zustands wird durch den OSEKtime-Dispatcher gesteuert.

- **`resume`**

  Der letzte preempted Task wird fortgesetzt.

- **`preempt`**

  Der OSEKtime-Dispatcher entscheidet, dass ein anderer Task gestartet wird. Der noch laufende Task wird in den `preempted`-Zustand versetzt.

- **`terminate`**

  Der laufende Task wird in den `suspendend`-Zustand versetzt, wenn der Task komplett abgearbeitet wurde.

4.2.3 Aktivierung eines Tasks

Die Aktivierung eines Tasks erfolgt durch den OSEKtime-Dispatcher. Der Dispatcher wird durch Timer-Interrupts (TT interrupts) aktiviert. Die Events, die zum Aufruf des Dispatchers führen, sind fest definiert und in der Dispatcher Table abgelegt. Ein Task kann innerhalb einer Dispatcher Round mehrfach aktiviert werden, jedoch nicht durch sich selber.

4.2.4 Scheduling-Verfahren – Time-triggered Aktivierung

Das OSEKtime OS basiert auf dem preemptiven Scheduling. Der Dispatcher aktiviert die Tasks in einer fest definierten Reihenfolge, die bei der Generierung des Systems statisch festgelegt wird und somit zur Laufzeit nicht verändert werden kann. Die Aktivierungen sind also fest vorgeplant und es werden folglich auch keine internen Berechnungen für die Ausführung des anderen Tasks benötigt. Es stehen im Gegensatz zum OSEK/VDX OS keine Mechanismen zum Blockieren eines Tasks durch Events und Ressourcen zur Verfügung.

Die Reihenfolge der Aktivierungen ist in der Dispatcher Table abgelegt. Diese Tabelle wird zyklisch abgearbeitet, wobei jeder Durchlauf der Tabelle als »Dispatcher Round« bezeichnet wird. Ein Task, mit Ausnahme des Idle-Tasks, darf sich nicht am Ende und beim Start einer Dispatcher Round im `running`-Zustand befinden.

Der Dispatcher wird durch einen Interrupt aufgerufen. Dieser Interrupt ist die logische interne Zeit. Sie wird mit der globalen Zeit synchronisiert, wenn diese zur Verfügung steht.

Die Time-triggered Tasks verfügen nicht über Prioritäten, die vom Anwender konfiguriert werden können. Die Tasks werden immer vom Dispatcher in der in der Dispatcher Table festgelegten Reihenfolge aktiviert. Ein laufender Time-triggered Task (`running`-Zustand) kann durch einen anderen Time-triggered Task unterbrochen werden. Der unterbrochene Task wechselt dabei in den `preempted`-Zustand. Der unterbrochene Task wird wieder `running`, wenn der unterbrechende Task beendet wird. Das Scheduling-Verfahren ist Stack-basierend. Das Stack-basierte Scheduling-Verfahren erfordert ein Werkzeug, das zum einen die Dispatcher Table erstellt und zum Zweiten nach Deadlines und Stack-Überlauf (overflow) sucht.

Die offline definierte Dispatcher Table garantiert eine Prioritäten-Relation zwischen den einzelnen Tasks und verhindert somit unerwartete Aktivierungen von Tasks.

Abbildung 4.10 zeigt ein Beispiel von Time-triggered Tasks. Die Time-triggered Tasks (Task TT1 bis Task TT3) werden zu ihrem Aktivierungszeitpunkt gestartet. Wird kein Task ausgeführt, kann der OSEK/VDX-Task ausgeführt werden, wobei der Zustand des Idle-Tasks (`ttIdletask`) mit dem der OSEK/VDX-Tasks korrespondiert.

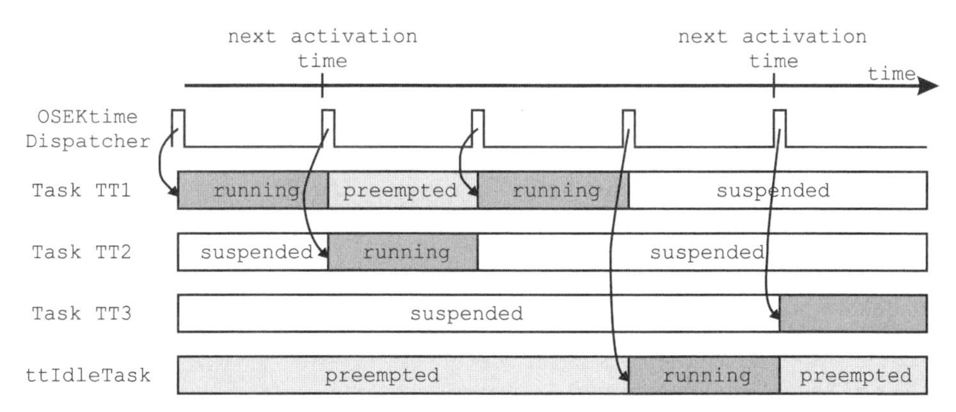

Abb. 4.10: Time-triggered Scheduling (Quelle: OSEK/VDX Specification)

4.2.5 Beenden von Tasks

Das OSEKtime-Betriebssystem erlaubt das Beenden von Time-triggered Tasks nur durch die Tasks selber, wobei das selbstständige Beenden der Tasks vor dem Erreichen der Deadline erfolgen muss.

4.2.6 Deadline-Überwachung

Eine wichtige Eigenschaft eines Tasks in einem Echtzeitsystem (real-time system) ist die Deadline. Sie beschreibt den Zeitpunkt, bis wann spätestens die Ausführung der Tasks beendet sein muss. Die Überwachung der Deadline wird für jeden einzelnen Task zur Laufzeit des Systems durchgeführt.

Die Überwachung der Deadline wird vom Dispatcher ausgeführt. Innerhalb der Dispatcher Table gibt es für jeden Task das Attribut »Deadline Monitoring«. Dieses Attribut steuert, ob eine Überwachung durchgeführt werden soll. Wird eine Verletzung der Deadline erkannt, wird die dazugehörige Fehlerbehandlung angestoßen.

Das Überwachen der Deadline kann nach folgenden Mechanismen erfolgen:

- Strikte Task-Deadline-Überwachung. Es wird in der DispatcherTable der exakte Zeitpunkt angegeben, wann die Task-Deadline erreicht ist.
- Nicht strikte Task-Deadline-Überwachung. Es wird in der Dispatcher Table ein *passender* Zeitpunkt eingetragen, wann die Task-Deadline erreicht ist. Dieser Zeitpunkt muss innerhalb der aktuellen Dispatcher Round liegen. In diesem Fall kann in Verbindung mit der Aktivierung eines anderen Tasks eine Erhöhung der Performance erreicht werden.

Die Task-Deadline-Überwachung ist ein Task-Attribut und wird vom Anwender konfiguriert.

4.2.7 ttIdle-Task

Der erste Task, der immer vom OSEKtime-Dispatcher gestartet wird, hat den vordefinierten Namen *ttIdleTask*. Dieser Task hat folgende Eigenschaften:

- Er ist nicht in der Dispatcher Round eingetragen und wird nicht periodisch neu gestartet (restarted). Ein Restart kann nur unter besonderen Bedingungen durchgeführt werden.
- Er kann von allen Interrupts unterbrochen werden, die vom OSEKtime verwaltet werden.
- Es ist keine Deadline definiert.
- Weil er als Erstes gestartet wurde, läuft er immer dann, wenn kein anderer Task sich im `running`-Zustand befindet.
- Der `ttIdleTask` wird nie beendet.

Der `ttIdleTask` hat die Funktionalität eines Idle-Tasks im OSEKtime-Betriebssystem.

Ein vordefinierter `ttIdleTask` ist bereits Bestandteil des OSEKtime-Betriebssystems. Dieser Task kann vom Anwender durch einen eigenen Task ersetzt werden, um eigene Funktionalität realisieren zu können.

Im Fall eines gemischten Systems, bestehend aus OSEKtime OS und OSEK/VDX OS, wird der `ttIdleTask` vom Hersteller des OSEK geliefert.

4.2.8 Application Modes

Das Konzept der Application Modes erlaubt ein effizientes Managen von unterschiedlichen Betriebszuständen innerhalb der Anwendungssoftware. Jeder Application Mode wird durch eine eigene Dispatcher Table definiert, wobei die Länge aller Dispatcher Rounds identisch sein muss. Application Modes können z.B. für die Initialisierung, den Normalbetrieb oder den Shutdown verwendet werden.

Das Betriebssystem startet mit dem Application Mode, der als Parameter beim Aufruf der Systemfunktion `ttStartOS()` übergeben wird. Das Wechseln zwischen den unterschiedlichen Application Modes erfolgt danach zur Laufzeit des Systems, ohne dabei die Synchronisation zu verlieren. Dazu wird die Systemfunktion `ttSwitchAppMode()` verwendet. Der Wechsel findet nach dem Ende der aktuellen Dispatcher Round statt.

4.3 Interrupt-Verarbeitung

Das OSEKtime-Betriebssystem stellt einen Interrupt-Service-Routinen-Frame zur Verfügung, um eine anwenderspezifische Funktion in die Laufzeitumgebung einbetten zu können. Die Zuweisung der anwenderspezifischen Funktion zu der ISR erfolgt bei der Konfiguration des Betriebssystems. Innerhalb der Interrupt-Funktion können folgende Systemfunktionen des OSEKtime-Betriebssystems verwendet werden:

- `ttgetOSEKOSState()`
- `ttGetTaskID()`
- `ttgetTaskState()`
- `ttGetActiveApplicationMode()`
- `ttSwitchAppMode()`
- `ttShutdownOS()`
- `ttSyncTimes()`
- `ttGetOSSyncStatus()`

Das Betriebssystem muss dabei berücksichtigen, dass ein Zeitintervall definiert werden kann, in dem ein Interrupt auftreten kann. Diese Eigenschaft wird zur Laufzeit verwendet.

Interrupts werden gesperrt, wenn sie bearbeitet werden (s. Abbildung 4.11). Die Freigabe erfolgt an fest definierten Zeitpunkten, die vom Dispatcher kontrolliert werden (IEE1 ... IEEn).

Wenn der verwendete Mikrocontroller oder eine andere Einheit eine alternative Verwaltung der Interrupts ermöglichen, so kann diese Möglichkeit verwendet werden.

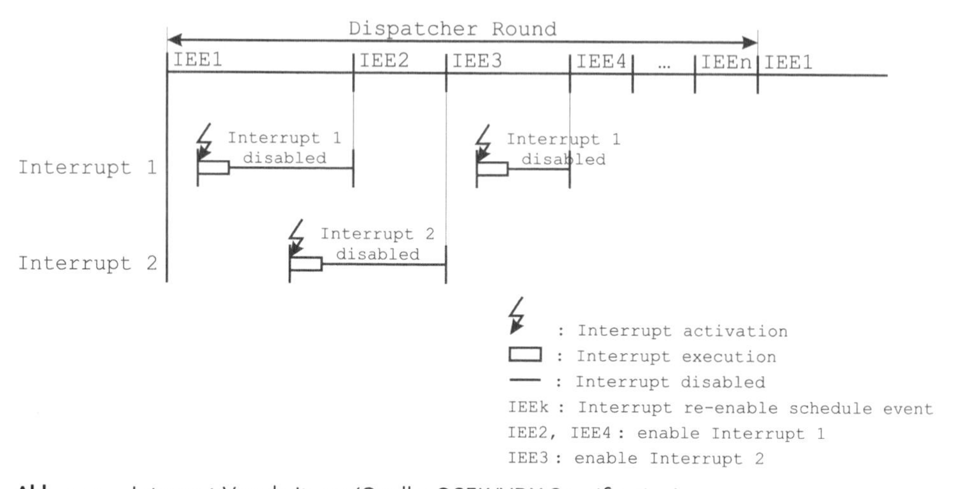

Abb. 4.11: Interrupt-Verarbeitung (Quelle: OSEK/VDX Specification)

Nicht maskierbare Interrupts sollten mit besonderer Sorgfalt verwendet werden, da solche Interrupts ein Verschieben der OSEKtime-OS-dispatching-Interrupts bewirken. Es ist nicht möglich, die MINT zu garantieren, wenn nicht maskierbare Interrupts verwendet werden. Eine Verwendung von nicht maskierbaren Interrupts sollte deshalb vermieden werden.

Verschachtelte (nested) Interrupts werden unterstützt, sind jedoch abhängig von der verwendeten Implementierung und den speziellen Eigenschaften der verwendeten Hardware.

Die Anwendung muss zur Laufzeit keine Interrupts sperren oder freigeben. Diese Aufgabe übernimmt das Betriebssystem.

4.4 Synchronisation

4.4.1 Synchronisation der Systemzeit

Bei einigen ECUs entspricht die lokale Zeit den Inkrementen des lokalen CPU-Takts.

Die globale Zeit wird über einen Synchronisationslayer zur Verfügung gestellt. Die Synchronisation wird in folgenden Fällen durchgeführt:

- Beim Start des Systems und nach dem Verlust der Synchronisation mit der globalen Zeit
- Während des normalen Betriebs, um die lokale Zeit der globalen Zeit anzugleichen. Der Abgleich erfolgt am Ende der Dispatcher Round und wird zyklisch durchgeführt.

Die Synchronisation wird durch das Setzen der lokalen Zeit auf die globale Zeit durchgeführt und erfolgt im »Ground State«.

Die Systemfunktion `ttGetOSSyncStatus()` steht zur Verfügung, damit kann die Anwendung den aktuellen Status der Synchronisation abfragen.

Der Synchronisationslayer wird vom FTCom bereitgestellt. Wird FTCom nicht verwendet, so muss vom Anwender ein alternatives Softwaremodul mit der Funktionalität zur Verfügung gestellt werden.

4.4.2 Start-up und Resynchronisation

Anforderungen an die lokale und globale Zeit:

- Sie müssen in der Lage sein, eine komplette Dispatcher Round zu repräsentieren, ohne dass dabei ein Überlauf der globalen Zeit auftritt. Ein Überlauf während einer Dispatcher Round muss berücksichtigt werden.
- Der Wertebereich der globalen Zeit muss konfigurierbar sein. Er muss identisch mit dem Wertebereich vom OSEKtime OS und dem Synchronisationslayer sein.
- Die Werte der Zeit haben die Auflösung der globalen Zeit. Das Verhältnis zwischen der lokalen und der globalen Zeit muss als Konstante definiert sein.

Synchronisationsverfahren

Beim Start des Systems oder beim Verlust der Synchronisation mit der globalen Zeit zur Laufzeit ergeben sich folgende drei Szenarien:

- *Synchronous start-up*: Die ECU führt keine Tasks aus, solange die globale Zeit nicht zur Verfügung steht.

- *Asynchronous start-up – hard synchronisation*: Die ECU wartet mit dem Ausführen von Time-triggered Tasks, bis eine Synchronisation der lokalen Zeit mit der globalen Zeit stattgefunden hat. Die Synchronisation findet am Ende einer Dispatcher Round statt, wobei ein Verschieben der nächsten Dispatcher Round stattfindet.
- *Asynchronous start-up – smooth synchronisation*: Die ECU startet mit der Ausführung der Time-triggered Tasks, ohne auf eine Synchronisation der lokalen mit der globalen Zeit zu warten. Die Synchronisation erfolgt während mehrerer Dispatcher-Round-Durchläufe. Dabei wird bei jedem Durchlauf ein festgelegtes Delay eingefügt. Es wird zudem definiert, wie lange maximal die Synchronisation durchgeführt wird.

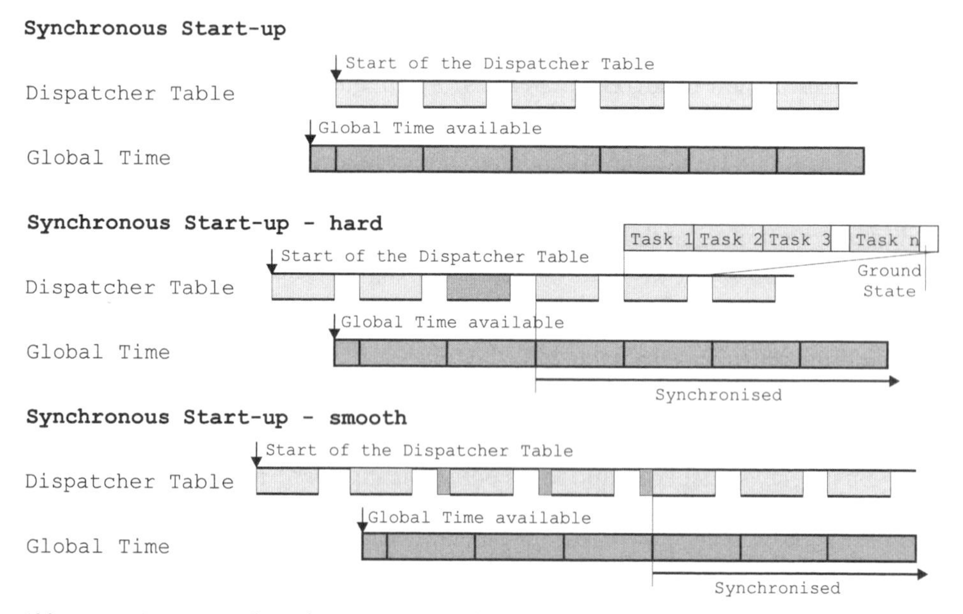

Abb. 4.12: Start-up und Synchronisation (Quelle: OSEK/VDX Specification)

Synchronisation

Wenn der Synchronisationslayer die Systemfunktion `ttSyncTimes()` aufruft, ist das Betriebssystem in der Lage, die Drift zwischen der lokalen und globalen Zeit zu berechnen. Am Ende der Dispatcher Round kann diese Differenz dazu verwendet werden, den Ground State zu erweitern oder zu verringern. Im Fall der *smooth synchronisation* kann der Bereich dieser Veränderung eingeschränkt werden.

Wird die Synchronisation verloren, wird dies nicht explizit der Anwendung mitgeteilt. Die Anwendung kann den Verlust der Synchronisation durch Aufruf der Systemfunktion `ttGetOSSyncStatus()` erkennen.

4.5 Start-up und Shutdown in gemischten OSEKtime- und OSEK/VDX-Systemen

Bei Implementierungen von gemischten Systemen, bestehend aus OSEKtime OS und OSEK/VDX OS, kann sich das OSEK/VDX-OS-Subsystem nicht in das OSEKtime-OS-System einmischen. Das OSEKtime-OS-System hat Priorität vor dem OSEK/VDX-OS-System und keiner der OSEK/VDX-OS-Tasks oder -ISRs führt zu einer Verzögerung der OSEKtime-Tasks oder -ISRs.

Die OSEK/VDX-OS-Funktionen zum Freigeben und Sperren von Interrupts sind lokal und haben keine Auswirkungen auf die von OSEKtime verwendeten Interrupts. In einem gemischten System steht der `ttIdleTask()` nicht mehr zur Verfügung, da in dieser sonst zur Verfügung stehenden Zeit das Subsystem ausgeführt wird. Das OSEKtime-System kann den aktuellen Status des OSEK/VDX-OS-Subsystems abfragen. Dafür steht die Systemfunktion `ttGetOSEKOSState()` zur Verfügung.

4.5.1 Start-up

Der Start-up eines kombinierten OSEK/VDX-OS/OSEKtime-Systems wird durch den Aufruf der Systemfunktion `ttStartOS()`gestartet. Zuerst wird OSEKtime gestartet, wobei dieses innerhalb einer definierten Start-up-Zeit geschehen muss. Erst nachdem OSEKtime komplett gestartet worden ist, wird das OSEK/VDX OS gestartet. Die OSEK/VDX-OS-Tasks und -ISRs werden erst dann aktiviert, wenn auch der `ttIdleTask` aktiviert worden ist.

4.5.2 Shutdown

Es werden zwei Arten von Shutdown-Methoden unterstützt: ein lokaler Shutdown des OSEK/VDX-OS-Subsystems, der keinen Einfluss auf das OSEKtime-System hat, oder ein Shutdown des gesamten Systems.

Der lokale Shutdown hat keinen Einfluss auf das OSEKtime-System. Der `ShutdownHook`, der ein Return besitzt, wird vom OSEK OS aufgerufen und das OSEK/VDX OS wird beendet. Es werden keine OSEK/VDX-OS-Tasks oder -ISRs mehr ausgeführt. OSEKtime kann durch Aufruf der Systemfunktion `ttGetOSEKOSState()` Nachricht über den Shutdown erhalten.

Der globale Shutdown führt zur sofortigen Beendigung der beiden Betriebssysteme. Der `ttShutdownHook` wird aufgerufen und wenn er beendet wird, wird das

System in den Shutdown gefahren. Der OSEK/VDX-OS-ShutdownHook wird nicht ausgeführt, da eine Shutdown-Zeit für das OSEKtime OS garantiert werden muss. Sollte der Aufruf notwendig sein, dann muss der OSEK/VDX-ShutdownHook innerhalb des OSEKtime-ShutdownHook aufgerufen werden.

Ein lokaler Shutdown kann durch Aufruf der Systemfunktion ShutdownOS() gestartet werden.

Der globale Shutdown kann durch die Systemfunktion ttShutdownOS() gestartet werden.

4.6 Inter-Task-Kommunikation

Eine OSEKtime-Implementierung sollte ein Message-Handling für die Inter-Task-Kommunikation anbieten. Das Minimum an Funktionalitäten für die Inter-Task-Kommunikation ist in der FTCom-Spezifikation beschrieben.

Die Implementierung darf mehr Funktionalität zur Verfügung stellen, als in der FTCom beschrieben ist, jedoch muss die Syntax und die Semantik der OSEKtime-FTCom-Spezifikation eingehalten werden.

4.7 Fehlerbehandlung

Die Fehlerbehandlung von OSEKtime ist gleichwertig mit der Fehlerbehandlung von OSEK/VDX OS.

Erkennt der Dispatcher die Verletzung einer Deadline, ruft er die ttErrorHook()-Funktion auf. Die Funktionalität der Funktion wird dabei vom Anwender erstellt. Der übergebene Fehlercode ist TT_E_OS_DEADLINE. Der Anwender kann eine für seine Anwendung spezifische Fehlerbehandlung in der ttErrorHook()-Funktion realisieren. Nach der Beendigung der ttErrorHook()-Funktion ruft das Betriebssystem die Funktion ttShutdownHook()auf.

Der Anwender kann jedes Systemverhalten in der ttShutdownHook()-Funktion festlegen, z.B. kann er das Beenden der Funktion unterbinden. Wird die Funktion beendet, wird das Betriebssystem durch Aufruf der Systemfunktion ttStartOS() neu initialisiert.

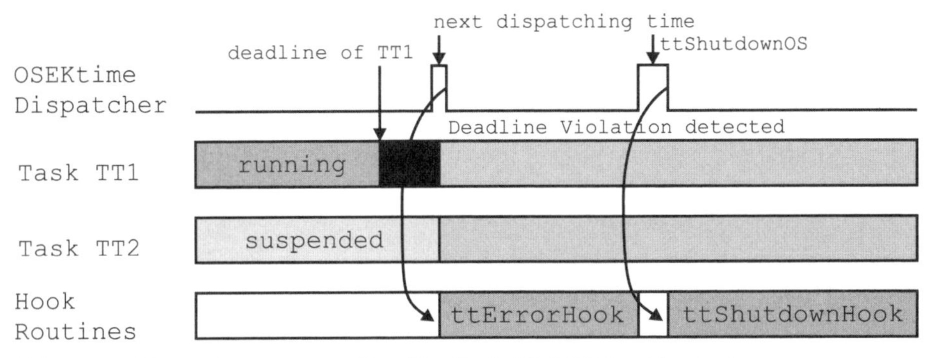

Abb. 4.13: Überwachung der Deadline (Quelle: OSEK/VDX Specification)

Kapitel 5

Kommunikation

In den heutigen Systemen, wie z.B. Fahrzeugen oder Werkzeugmaschinen, arbeiten einzelne Embedded Systems häufig in einem Verbund zusammen, um ihre vielfältigen Aufgaben gemeinsam erfüllen zu können. Dabei kann ein Embedded System bzw. das Steuergerät auf die Dienste und Funktionen anderer im Verbund befindlicher Steuergeräte zurückgreifen. Dadurch wird eine mehrfache Nutzung von Hardware- und Softwarekomponenten erreicht und die vorhandenen Ressourcen können, wie z.B. Messwertaufnehmer, mehrfach verwendet werden. Dadurch wird die mehrfache Auswertung von Signalen vermieden. Durch die Vernetzung einzelner Steuergeräte mit Bussystemen können u.a. folgende Vorteile erreicht werden:

- Mehrfache Nutzung von Messwertaufnehmern/Sensoren
- Verringerung des Verkabelungsaufwandes
- Gewichtsersparnisse
- Verringerung des benötigten Bauraums
- Plausibilisierung von Messwerten mit anderen Daten
- Redundanzen und somit die Nutzung von Ausfallstrategien
- Verlagern von Funktionen auf Steuergeräte, die über die benötigten Ressourcen, wie Rechenleistung und Speicher, verfügen

Die aufgeführten Vorteile sind nicht vollständig und je nach Anwendungsfall unterschiedlich zu bewerten. Es dürfen allerdings auch die Nachteile der Vernetzung nicht verschwiegen werden:

- Steigende Komplexität
- Aufwändigere Entwicklung
- Aufwändigere Integration und Tests, um die Gesamtfunktion des Systems sicherstellen zu können
- Diagnose und die Behebung von Fehlern erfordern besondere Kenntnisse und spezialisierte Werkzeuge.

Die Vernetzung der einzelnen Steuergeräte erfolgt auf unterschiedliche Weise und ist stark abhängig von der jeweiligen Anwendung. Es lassen sich grundsätzlich drei verschiedene Topologien der Vernetzung identifizieren, die Linie bzw. Bus, der Ring und der Stern.

Neben den verschiedenen grundsätzlichen Topologien der Vernetzung gibt es verschiedene Ausprägungen und Spezialisierungen von Bussystemen. Bussysteme lassen sich in drei Gruppen einteilen

- Sensor/Aktorbus
- Feld/Prozessbus
- LAN/Fabrikbus

Typische Vertreter von Sensor/Aktorbussen sind z.B. ASI, INTERBUS-S, CAN und PROFIBUS-DP. Die besonderen Eigenschaften sind:

- Kostengünstige Verkabelung über größere Entfernungen
- Geringe Anforderungen an die Hardware in Bezug auf Rechenzeit und Speicher
- Kostengünstig
- Echtzeitverhalten (real time), d.h. garantierte Reaktionszeiten im Bereich weniger Millisekunden
- Übertragungsraten bis in den MBit/s-Bereich, abhängig von der Entfernung
- Kleine Datenpakete von nur einigen Byte

Damit eignen sich Sensor/Aktorbusse besonders gut für die Verwendung im Fahrzeug für die unterschiedlichsten Aufgabenbereiche. Ein typischer Vertreter in diesem Bereich ist das CAN (Controller Area Network). Es wurde von der Firma Bosch als Sensor/Aktorbus für den Einsatz in Kraftfahrzeugen entwickelt.

Das in diesem Kapitel beschriebene OSEK-COM- und Netzwerkmanagement Kommunikationsprotokoll ist besonders geeignet für den Einsatz im Sensor/Aktorbus, da zum einen das Protokoll kompakt ist, d.h. sich relativ einfach implementieren lässt und wenig Ressourcen benötigt. Zum anderen unterstützt das Protokoll ereignisgetriebene und zyklische Kommunikation.

5.1 OSEK-Kommunikation

Abbildung 5.1 veranschaulicht das Kommunikationsmodell von OSEK COM. Das Modell ist innerhalb der OSEK-Architektur integriert.

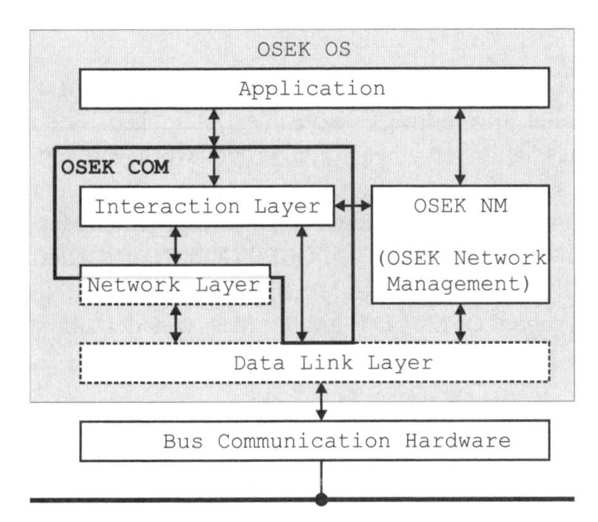

Abb. 5.1: OSEK-COM-Schichtenmodell (Quelle: OSEK/VDX Specification)

Das Schichtenmodell von OSEK COM gliedert sich in folgende Schichten:

- **Interaction Layer**

  Der Interaction Layer (IL) beinhaltet die OSEK-COM-API mit den Systemfunktionen für den Datentransfer (Sende- und Empfangsfunktionen). Für die Kommunikation mit anderen Steuergeräten werden Systemfunktionen von den untergeordneten Schichten verwendet. Die interne Kommunikation wird durch den IL direkt abgehandelt.

- **Network Layer**

  Der Network Layer führt in Abhängigkeit vom verwendeten Kommunikationsprotokoll das Segmentieren der Daten und die Empfangsbestätigungen durch. Er stellt zudem die Ablaufkontrolle der Kommunikation sicher. Der Network Layer benutzt dabei den Data Link Layer. Die OSEK COM legt die Ausprägung des Data Link Layers nicht fest. Es werden nur minimale Anforderungen an den Network Layer gestellt, um die Systemfunktionen des Interaction Layers bereitstellen zu können.

- **Data Link Layer**

  Der Data Link Layer stellt die unteren Schichten zur Verfügung. Es werden Systemfunktionen zur Verfügung gestellt, die benötigt werden, um Datentransfer ohne Empfangsbestätigung vornehmen zu können oder eigene Datenpakete (so genannte Frames) über das Netzwerk verschicken bzw. empfangen zu können. Der Data Link Layer unterstützt Systemfunktionen, die vom Netzwerkmanagement (NM) benötigt werden. OSEK COM spezifiziert nicht den Data Link Layer, sondern definiert nur ein Minimum an Anforderungen an ihn, um alle Eigenschaften des IL unterstützen zu können.

5.1.1 Interaction Layer

Die Kommunikation von OSEK COM basiert auf Nachrichten, auch als *Messages*[1] bezeichnet. Eine Message beinhaltet anwendungsspezifische Daten. Die Daten können z.B. Ereignisse sein, wie das Schließen eines Kontakts oder Werte von Sensoren. Die Konfiguration der Message-Eigenschaften bzw. -Properties geschieht statisch durch die OSEK Implementation Language (OIL). Der Inhalt einer Message, d.h. die eigentlichen Nutzdaten, die mit Hilfe von OSEK COM transportiert werden sollen, spielen für das OSEK COM keine Rolle. Messages sind somit Datencontainer zum Senden bzw. Empfangen. OSEK COM erlaubt Messages der Länge null, das heißt, sie enthalten keine Nutzdaten.

Der Interaction Layer unterscheidet grundsätzlich zwei Arten der Kommunikation, die interne und die externe Kommunikation. Bei der internen Kommunikation werden die Daten dem Empfänger sofort zur Verfügung gestellt (s. Abbildung 5.2). Im Fall der externen Kommunikation können mehrere Messages zu *Interaction Protocol Data Units* (I-PDU) zusammengefasst werden. Danach werden die I-PDUs dem *Underlying Layer* übergeben. Die interne Kommunikation erfolgt innerhalb eines Mikrocontrollers und ist somit hinsichtlich der benötigten Ressourcen sehr effizient realisierbar. Die externe Kommunikation erfolgt über ein Netzwerk und benötigt somit mehr Ressourcen an Rechenzeit und Speicher.

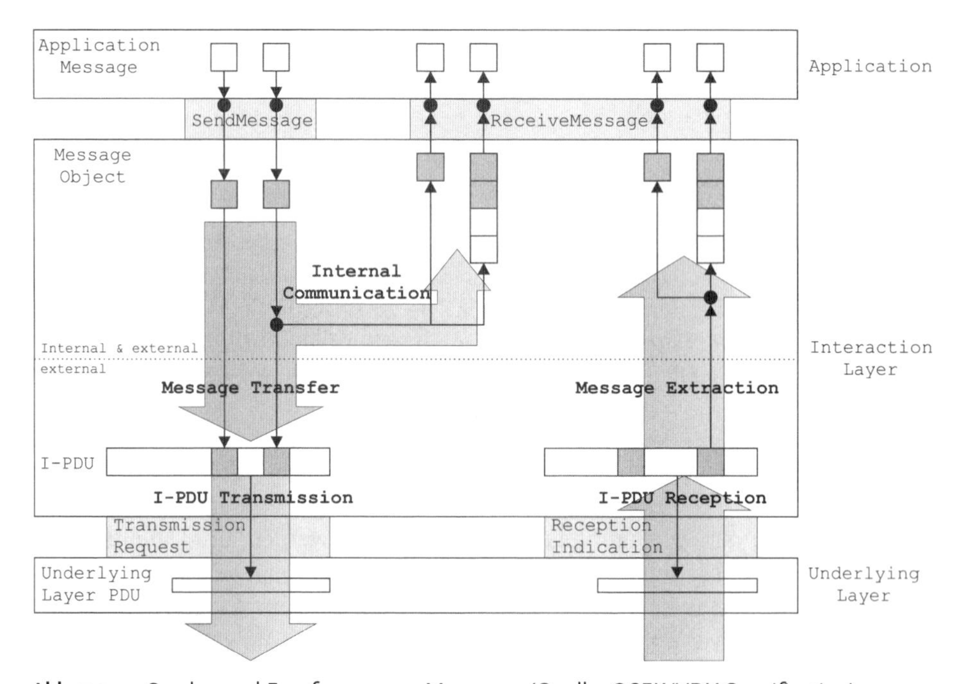

Abb. 5.2: Senden und Empfangen von Messages (Quelle: OSEK/VDX Specification)

1 Das Konzept der Messages hat sich gegenüber vorherigen Versionen von OSEK COM verändert.

Die Funktionalität der internen Kommunikation ist eine Teilmenge der Funktionalität der externen Kommunikation. Eine interne-externe Kommunikation kann dann auftreten, wenn eine Message sowohl innerhalb als auch außerhalb des Mikrocontrollers verwendet wird.

Die Administration der Messages geschieht durch den Interaction Layer (IL), basierend auf den *Message Objects*. Die Message Objects werden sowohl für das Senden als auch das Empfangen bereitgestellt.

Die Daten, die zwischen dem IL und dem Underlying Layer ausgetauscht werden, werden durch die I-PDUs organisiert. Eine I-PDU kann mehrere Messages beinhalten. Eine Message wird in einem Stück in die I-PDU eingetragen und darf nicht in mehrere I-PDUs aufgeteilt werden. Messages sind Bit-aligned und die Größe einer Message wird in Bits angegeben.

Die Ausrichtung von Bytes (Little-endian oder Big-endian) innerhalb eines Mikrocontrollers bzw. einer CPU kann sich von der Ausrichtung der Bytes anderer Mikrocontroller/CPUs innerhalb des Netzwerks unterscheiden. Es wird zwischen dem Intel- und dem Motorola-Format unterschieden. Um eine Interoperabilität zwischen verschiedenen Geräten und somit verschiedenen Mikrocontrollern gewährleisten zu können, konvertiert der IL die Daten entsprechend. Die Konvertierung wird statisch konfiguriert.

Der IL stellt ein Application Programm Interface (API) zum Handhaben von Messages zur Verfügung. Es werden dabei Systemfunktionen zur Initialisierung, dem Datentransfer und dem Kommunikationsmanagement bereitgestellt. Die Systemfunktionen zum Senden von Messages sind nicht blockierend. Das bedeutet, dass die Systemfunktionen, die das Senden einer Message starten, nach Beendigung der Systemfunktionen nicht den finalen Status der Übertragung zurückgeben können. Das liegt daran, dass eine Übertragung über das Netzwerk bei Beendigung der Systemfunktionen noch nicht abgeschlossen ist. OSEK COM stellt Mechanismen bereit, die eine Benachrichtigung der Anwendung ermöglichen, wenn eine Übertragung abgeschlossen ist. Der Anwendung kann der Status der Übertragung zur Verfügung gestellt werden.

Die Funktionalität des IL kann durch so genannte *callouts* erweitert werden.

Konzept der Kommunikation

Empfänger und Sender von Messages sind Tasks oder Interrupt-Service-Routinen (ISRs) in einem OSEK OS. Tasks und ISRs werden durch die Verwendung von Messages in die Lage versetzt, Daten und Ereignisse innerhalb des Netzwerks auszutauschen und somit anderen Tasks bzw. ISRs für die Erfüllung ihrer Aufgabe bereitzustellen.

Message Objects werden durch symbolische Namen identifiziert. Die symbolischen Namen werden den Message Objects bei der Systemgenerierung zugewiesen.

OSEK COM unterstützt die n:m-Kommunikation. Mehrere Sender können Messages zu dem gleichen Message Object senden. Bei der internen Kommunikation werden die gesendeten Message Objects in den Empfangs-Message-Objects gespeichert (s. Abbildung 5.2). Die I-PDUs speichern die zu sendenden Message Objects bei der externen Kommunikation.

Bei der externen Kommunikation können mehrere zu sendende Message Objects so konfiguriert werden, dass sie in einer I-PDU gespeichert werden.

Eine I-PDU kann von mehreren Mikrocontrollern empfangen werden. Jeder Mikrocontroller, der ein I-PDU empfängt, speichert die in der I-PDU enthaltenden Messages in den Message Objects. Dabei kann eine I-PDU mehrere Messages enthalten, die dann in mehreren Message Objects gespeichert werden.

Es kann festgelegt werden, ob ein zu empfangendes Message Object in eine Queue eingetragen wird oder nicht (*queued* oder *unqueued Messages*). Wird ein Message Object empfangen, das die Eigenschaft *queued* (*queued message*) besitzt, dann kann es nur ein einziges Mal gelesen werden, da es beim Lesen aus der Queue entfernt wird. Eine Message, die die Eigenschaft *unqueued* besitzt, kann dagegen mehrfach gelesen werden. Es wird dabei immer der letzte empfangene Wert gelesen.

Für jedes queued Message Object kann die Anzahl der möglichen Queue-Einträge als Eigenschaft des Message Object angegeben werden. Ist eine Queue komplett gefüllt, gehen weitere empfangene Message Objects »verloren«.

OSEK COM sorgt nicht für die Reservierung von Speicher für die Messages in der Anwendung. In vielen »kleinen« Embedded Systems stehen keine Mechanismen für die dynamische Speicherverwaltung zur Verfügung, so dass bereits zum Zeitpunkt der Systemgenerierung die Anzahl der benötigten Messages festgelegt werden muss. OSEK COM erlaubt einen unabhängigen Zugriff auf Message Objects durch jeden Sender und Empfänger. Werden Messages in eine Queue eingetragen, kann immer nur ein Empfänger auf die Message zugreifen.

Der IL sorgt dafür, dass die Daten innerhalb der Messages beim Kopieren in sich konsistent sind. Das wird dadurch erreicht, dass der IL Messages atomar behandelt. Die Messages der Anwendung können während eines Aufrufs einer *Send*- oder *Receive*-Systemfunktion immer nur gelesen (read) oder geschrieben (write) werden.

Eine externe Message kann über eine von zwei Sende-Eigenschaften (*transfer properties*) verfügen:

- **Triggered Transfer Property**: Die Message in der zugewiesenen I-PDU ist aktualisiert und das Senden der I-PDU ist gestartet worden.
- **Pending Transfer Property**: Die Message in der I-PDU ist aktualisiert worden, aber das Senden der I-PDU wird nicht gestartet.

Interne Messages verfügen nicht über die Transfer-Poperties wie die externen Messages. Die internen Messages werden direkt zu den Empfängern weitergeleitet.

Für die I-PDUs gibt es drei verschiedene Sende-Verfahren:

- **Direct Transmission Mode**: Das Senden wird explizit durch das Senden einer Message mit der Eigenschaft »Triggered Transfer Property« initiiert.
- **Periodic Transmission Mode**: Die I-PDU wird zyklisch gesendet.
- **Mixed Transmission Mode**: Die I-PDU wird in Kombination beider Verfahren Direct und Periodic Transmission Mode gesendet.

OSEK COM unterstützt nur die statische Adressierung der Messages. Zum Zeitpunkt der Systemgenerierung werden der statischen Message die Empfänger zugeordnet, wobei eine Message über mehrere Empfänger verfügen kann. Eine Message kann eine statische oder eine dynamische Länge haben. Die dynamische Länge wird durch die maximale Länge begrenzt. Messages mit einer dynamischen Länge werden durch *dynamic-length messages* verwendet.

OSEK COM stellt Mechanismen zum Überwachen des Sende- und Empfangstimings zur Verfügung. Das so genannte *Deadline Monitoring* stellt sicher, dass ein Sender innerhalb eines festgelegten Zeitfensters das Request erhält bzw. dass bei zyklischen Messages das Senden in einer definierten Periode erfolgt. Das Monitoring basiert auf den I-PDUs.

Der IL stellt einen festen Satz von Algorithmen für die Filterung von Messages zur Verfügung.

Konfiguration

Die Konfiguration der Messages erfolgt zum Zeitpunkt der Systemgenerierung. Messages können somit zur Laufzeit des Systems weder hinzugefügt noch entfernt werden. Genauso wenig kann das Packen der I-PDUs zur Laufzeit verändert werden. Das gilt auch für alle anderen zu konfigurierenden Elemente und deren Attribute. OSEK COM hat somit dasselbe statische Verhalten wie das OSEK OS. In Embedded Systems macht dies Sinn, da ein dynamischer Wechsel der Anwendungen, wie z.B. auf Personal Computern, zur Laufzeit nicht möglich ist.

Es können u.a. folgende Eigenschaften konfiguriert werden:

- Konfiguration der Transfer-Eigenschaften von Messages und der Übertragungsmode von I-PDUs
- Packen der I-PDUs
- Benutzung von Queues beim Empfangen von Messages und die Anzahl der möglichen Einträge in die Queue

Die Konfiguration von einzelnen CPUs erfolgt durch die Beschreibung in der OIL.

5.1.2 Empfang von Messages

Die folgenden Schritte beschreiben den Message-Empfang bei der externen Kommunikation.

Wird eine PDU vom Underlying Layer empfangen, wird der Empfang angezeigt. Wird kein Fehler festgestellt, war der Empfang der Message erfolgreich. Im fehlerfreien Fall, wenn konfiguriert, wird ein *I-PDU Callout*-Service aufgerufen und die empfangenden Daten werden in die I-PDU kopiert.

Im Fall eines nicht erfolgreichen Empfangs einer PDU werden die Daten nicht kopiert und der Fehler wird angezeigt.

Nach dem Kopieren der Daten in die I-PDU wird mit dem weiteren Bearbeiten der übertragenen Messages fortgefahren.

Das Deadline-Monitoring kann zu einem *Message Reception Error* führen, wenn eine Message nicht innerhalb einer festen Zeitspanne empfangen werden konnte.

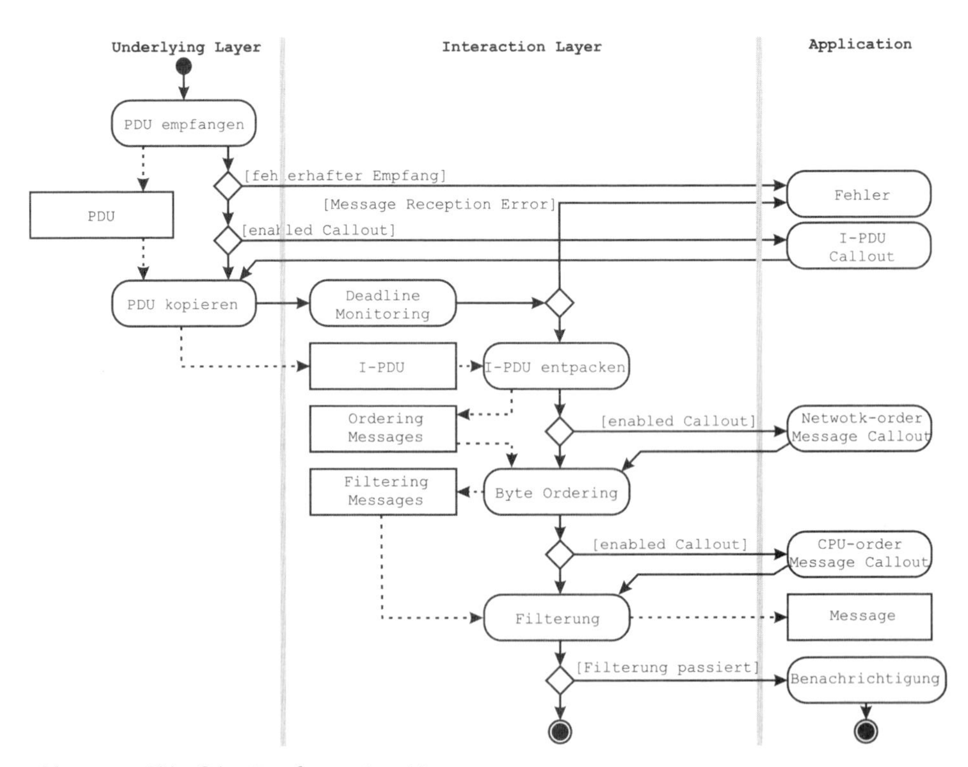

Abb. 5.3: Ablauf des Empfangs einer Message

Wenn die Daten aus der I-PDU entpackt sind, dann wird, wenn konfiguriert, ein *Network-order Message Callout*-Service aufgerufen. Das Message-*byte ordering*, d.h. die Ausrichtung der Bytes, wird in die Darstellung der lokalen CPU konvertiert und, wenn konfiguriert, ein *CPU-order Message Callout*-Service aufgerufen.

Die folgenden Schritte werden sowohl bei der internen als auch bei der externen Kommunikation durchgeführt.

Das Filtern wird auf den Inhalt der Message angewendet. Wird die Message nicht herausgefiltert, das heißt, kann sie die Filterstufe passieren, dann werden die Daten der Message in das Sende-Message-Object kopiert. Nach der Filterung wird der Empfänger des Message Object durch ein Message Object benachrichtigt.

Die Message-Daten werden anschließend vom Message Object zu der Anwendungs-Message kopiert, wenn die Anwendung den Service `ReceiveMessage()` oder den Service `ReceiveDynamicMessage()` der API aufruft.

Filterung

Das Filtern von Messages bietet die Möglichkeit, Messages zu verwerfen, wenn die Bedingungen zum Senden einer Message nicht erfüllt sind. Für die Festlegung der Bedingung werden ausschließlich die Daten der Message herangezogen. Somit kann z.B. sichergestellt werden, dass eine Message nur dann gesendet wird, wenn sich ihre Daten gegenüber denen der vorher gesendeten Message verändert haben. Mit der Filterung von Messages kann der Datentransfer über das Netzwerk auf das notwendige Maß reduziert werden, ohne dabei Informationen zu verlieren, die für andere Teilnehmer des Netzwerks relevant sind.

Das Filtern von Messages kann konfiguriert werden und es stehen dafür fest definierte Algorithmen zur Verfügung. Für jede Message kann ein eigener Algorithmus mit unterschiedlichen Bedingungen für das Filtern konfiguriert werden. So kann eine für jede Message typische Filterung realisiert werden.

Die Filterung kann nur für Messages verwendet werden, deren Inhalte sich als Unsigned-integer-Typen (`char`, `unsigned integer` und `enumeration`) wie bei der Programmiersprache C interpretieren lassen.

Messages mit der Länge null und *dynamic length*-Messages können nicht gefiltert werden.

Es werden nur Messages zur Anwendung weitergereicht, die den Filter passieren. Kann eine Message den Filter nicht passieren, so repräsentieren die alten Message-Daten die Daten der aktuellen Message. Das Filtern wird für jedes Message Object angewandt.

Die folgenden Attribute werden für die Algorithmen der Filter benutzt:

- **`new_value`**: Der aktuelle neue Wert einer Message
- **`old_value`**: Der letzte Wert der Message. Bei der Initialisierung wird ein Initialwert gesetzt und mit `new_value` überschrieben, wenn die Message den Filter passieren konnte.
- **`mask`**, **`x`**, **`min`**, **`max`**, **`period`**, **`offset`**: Konstante Werte
- **`occurrence`**: Anzahl der empfangenden Messages

F_Always	
Algorithmus:	`True`
Beschreibung:	Es findet keine Filterung statt, die Messages können immer den Filter passieren.
F_Never	
Algorithmus:	`False`
Beschreibung:	Es können keine Messages den Filter passieren.
F_MaskedNewEqualsX	
Algorithmus:	`(new_value & mask) == x`
Beschreibung:	Der maskierte Wert der passierenden Message ist identisch mit dem spezifizierten Vergleichswert.
F_MaskedNewDiffersX	
Algorithmus:	`(new_value & mask) != x`
Beschreibung:	Der maskierte Wert der passierenden Message ist *nicht* identisch mit dem spezifizierten Vergleichswert.
F_NewIsEqual	
Algorithmus:	`new_value == old_value`
Beschreibung:	Die passierende Message hat sich *nicht* verändert.
F_NewIsDifferent	
Algorithmus:	`new_value != old_value`
Beschreibung:	Die passierende Message hat sich verändert.
F_MaskedNewEqualsMaskedOld	
Algorithmus:	`(new_value & mask) == (old_value & mask)`
Beschreibung:	Der maskierte Wert der passierenden Message hat sich *nicht* geändert.
F_MaskedNewDiffersMaskedOld	
Algorithmus:	`(new_value & mask) != (old_value & mask)`
Beschreibung:	Der maskierte Wert der passierenden Message hat sich geändert.

Tabelle 5.1: Filterbedingungen

F_NewIsWithin	
Algorithmus:	`min <= new _value <= max`
Beschreibung:	Der Wert der passierenden Message befindet sich innerhalb des definierten Wertebereichs.
F_NewIsOutside	
Algorithmus:	`(min < new_value) OR (new_value > max)`
Beschreibung:	Der Wert der passierenden Message befindet sich außerhalb des definierten Wertebereichs.
F_NewIsGreater	
Algorithmus:	`new_value > old_value`
Beschreibung:	Der Wert der passierenden Message hat sich vergrößert. Es kann somit z.B. angezeigt werden, wenn sich die Drehzahl des Motors erhöht oder die Spannung eines Sensors steigt.
F_NewIsLessOrEqual	
Algorithmus:	`new_value <= old_value`
Beschreibung:	Der Wert der passierenden Message hat sich *nicht* vergrößert.
F_NewIsLess	
Algorithmus:	`new_value < old_value`
Beschreibung:	Der Wert der passierenden Message hat sich verringert.
F_NewIsGreaterOrEqual	
Algorithmus:	`new_value >= old_value`
Beschreibung:	Der Wert der passierenden Message hat sich *nicht* verringert.
F_OneEveryN	
Algorithmus:	`occurrence % period == offset`
Beschreibung:	Es kann eine Message nach N Messages passieren. Beim Starten wird `occurrence` auf den Wert 0 gesetzt. Beim Empfangen oder Senden einer Message wird der Wert von `occurrence` um eins erhöht. Die Darstellung von `occurence` beträgt mindestens 8 Bit.

Tabelle 5.1: Filterbedingungen (Forts.)

Kopieren der Message-Daten in die Message Objects

Die Daten der Messages, die den Filter passieren konnten, werden in die Datenbereiche der *Message Objects* kopiert. Dafür benötigt eine Message mindestens ein Message Object.

Messages mit der Länge null (*zero-length messages*) enthalten keine Daten.

Kopieren der Daten zu den Anwendungs-Messages

Die *Message Object*-Daten werden in die Messages der Anwendung kopiert, wenn die API-Funktion `ReceiveMessage()` oder `ReceiveDynamicMessage()` aufgerufen wird.

Dieser Datenaustausch zwischen IL und der Anwendung erfolgt sowohl für die interne als auch die externe Kommunikation.

Bei Messages mit der Länge null werden keine Daten kopiert.

Unqueued und queued Messages

Das OSEK COM unterstützt im Interaction Layer zwei Formen der Receive-Message-Object-Verwaltung: unqueued und queued.

Queued Message Eine queued Message verhält sich wie eine FIFO(first-in first-out)-Queue. Wenn die Queue leer ist, kann der IL der Anwendung keine Message-Daten zur Verfügung stellen. Wenn die Queue nicht leer ist und die Anwendung empfängt eine Message, dann stellt der IL der Anwendung die ältesten Daten zur Verfügung und entfernt die Message aus der Queue.

Wenn neue Message-Daten eintreffen und die Queue nicht voll ist, werden die Daten in der Queue gespeichert. Treffen neue Messages ein und die Queue ist bereits gefüllt, dann gehen diese Messages verloren. Beim nächsten Aufruf der API-Funktion `ReceiveMessage()` wird im Return-Wert der Verlust einer Message angezeigt.

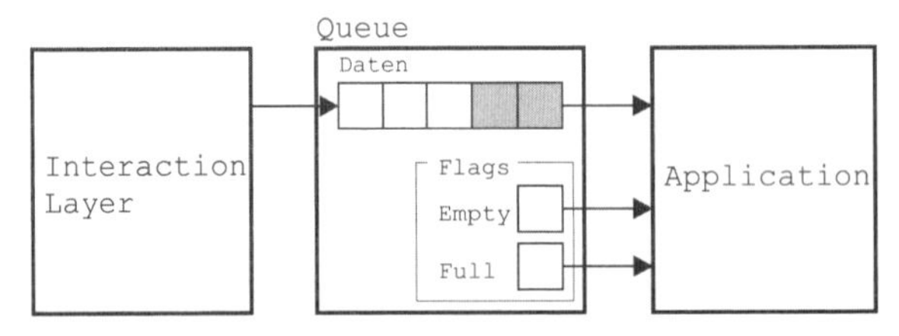

Abb. 5.4: Queued Message

Unqueued Message Unqueued Messages verwenden nicht die Mechanismen des FIFO. Die Anwendung konsumiert die Message nicht wie beim FIFO, sondern kann zu unterschiedlichen Zeitpunkten mehrfach auf die Message-Daten zugreifen.

Wurde nach dem Start des IL keine Message empfangen, liest die Anwendung Message-Daten, die bei der Initialisierung eingetragen wurden.

Unqueued Messages werden durch neue Messages überschrieben.

5.1.3 Senden von Messages

Um eine neue Message senden zu können, muss die Message bei einer externen Kommunikation in die I-PDU und bei der internen Kommunikation in ein Empfangs-Message-Object eingetragen werden.

Bei einer internen und externen Kommunikation werden die beiden folgenden Aktionen ausgeführt:

Eine Message, die gesendet wird, kann in mindestens einem Empfangs-Message-Object bei der internen Kommunikation eingetragen werden und wird bei der externen Kommunikation in einer I-PDU eingetragen.

Die Übergabe der Message an die Anwendung erfolgt durch Aufruf der API-Funktion `SendMessage()`, `SendDynamicMessage()` oder `SendZeroMessage()`.

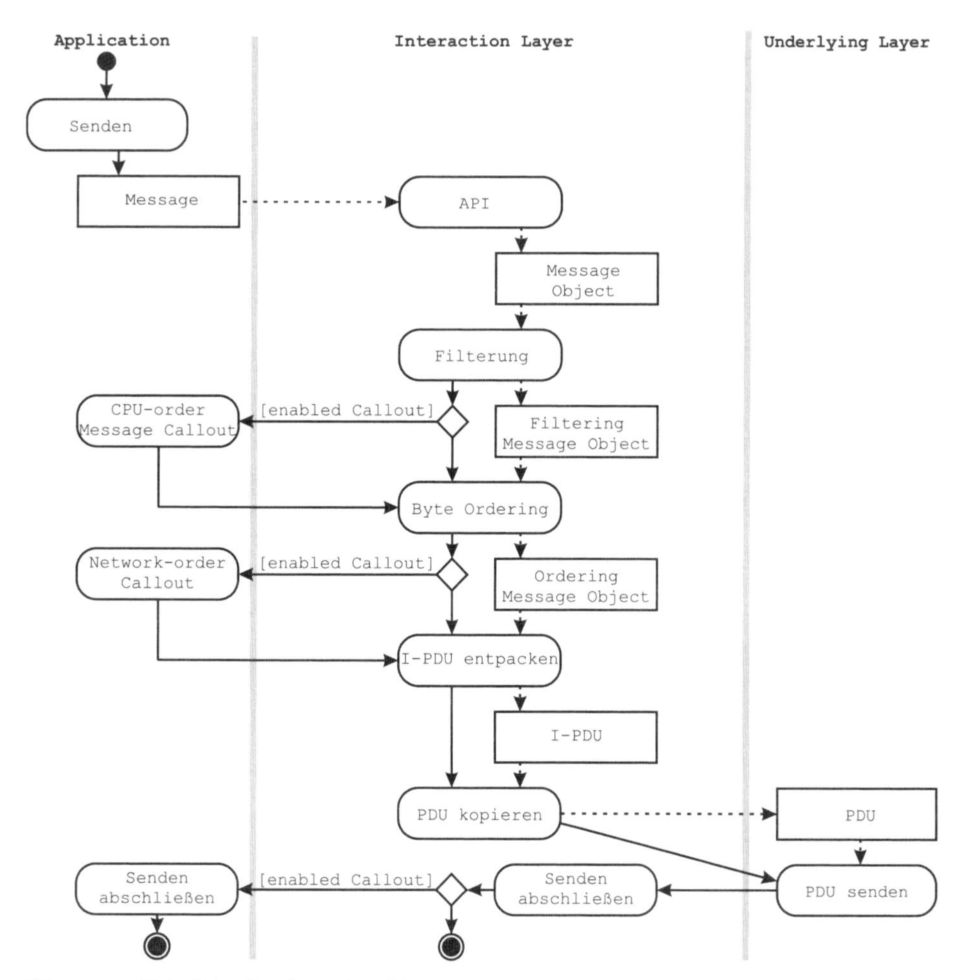

Abb. 5.5: Ablauf des Sendens einer Message

Wird durch Aufruf einer API-Funktion eine interne Kommunikation angestoßen, dann wird das Senden der Message innerhalb des IL durchgeführt.

Im Folgenden wird die externe Kommunikation beschrieben:

Bei der externen Kommunikation wird eine Message beim Senden gefiltert. Nach dem Ablegen der Message werden keine weiteren Aktionen ausgeführt. Eine Filterung erfolgt nicht bei Zero-Length-Messages oder Dynamic-Length-Messages.

Nach der Filterung werden, wenn entsprechend konfiguriert, die *CPU-order Message Callout*-Funktion aufgerufen, das Byte Ordering durchgeführt und die *Network-order Message Callout*-Funktion aufgerufen, bevor die Message in die I-PDU eingetragen wird.

Der Datenaustausch zwischen der Anwendung und dem IL erfolgt in Abhängigkeit der konfigurierbaren Sendeeigenschaften: *Triggered* oder *Pending*. Das Senden der Message mit dem Underlying Layer basiert auf den I-PDUs. Das Senden der I-PDUs kann ebenfalls konfiguriert werden, es stehen folgende Möglichkeiten zur Verfügung: *Direct*, *Perodic* oder *Mixed*. Es können, wie schon erwähnt, mehrere Messages innerhalb einer I-PDU gespeichert werden. Nur die letzte Message einer I-PDU kann eine Dynamic-Length-Message sein. Messages mit einer festen Länge dürfen sich überlappen, aber sie dürfen keine Message mit dynamic length überlappen. Überlappen sich Messages innerhalb der I-PDU, dann verfügen sie mindestens über ein gemeinsames Bit im Speicherbereich der I-PDU. Dadurch lässt sich eine geschickte und speichereffiziente Ausnutzung der I-PDU erereichen.

Nach dem Starten der Übertragung wird die *I-PDU Callout*-Funktion aufgerufen.

Wenn die Übertragung der I-PDU abgeschlossen wurde, wird der Anwendung angezeigt, ob die Übertragung fehlerfrei durchgeführt werden konnte oder nicht.

Transfer von internen Messages

Bei der internen Kommunikation verfügen die Messages nicht über spezielle Eigenschaften zum Definieren der Sendeeigenschaften. Interne Messages werden immer sofort übertragen. Der IL transportiert die Messages direkt zum Empfänger zur weiteren Bearbeitung. Die Anwendung ist verantwortlich für die Anforderung eines neuen Transfers durch Aufruf der `SendMessage()`-Funktion oder der `SendZeroMessage()`-Funktion der API.

Es findet keine Übertragung von Daten bei Zero-Length-Messages statt.

Transfer-Eigenschaften bei externer Kommunikation

Das OSEK COM unterstützt zwei unterschiedliche Möglichkeiten für den Transfer von externen Messages von der Anwendung zur I-PDU: *Triggered* und *Pending*.

Die Anwendung ist verantwortlich für die Anforderung eines neuen Transfers zum IL durch Aufruf der `SendMessage()`-Funktion oder der `SendZeroMessage()`-

Funktion der API. Eine Filterung der Message findet nur bei Verwendung der `SendMessage()`-Funktion statt. Kann die Message die Filterung passieren, dann speichert der IL die Message in der korrespondierenden I-PDU.

Es findet keine Übertragung von Daten bei Zero-Length-Messages statt.

Hat seit dem letzten Aufruf der Funktion `SendMessage()` oder `SendDynamicMessage()` kein Transfer mehr stattgefunden, ist die I-PDU weiterhin gültig.

Triggered-Transfer-Eigenschaft Bei definierter *Triggered Transfer*-Eigenschaft wird unmittelbar ein Senden der I-PDU ausgelöst. Der Transfer findet nur dann nicht statt, wenn der Periodic Transmission Mode für die I-PDU definiert ist.

Pending-Transfer-Eigenschaft Bei definierter *Pending Transfer*-Eigenschaft wird kein Senden der I-PDU ausgelöst.

Sendearten

OSEK COM stellt drei unterschiedliche Sendearten für das Versenden von I-PDUs mit dem Underlying Layer zur Verfügung: *Direct, Perodic* und *Mixed.*

Direct Transmissision Mode Der Transfer einer Message mit Triggered-Transfer-Eigenschaft in eine I-PDU mit Direct Transmission Mode führt zum Senden der I-PDU. Der Transfer ist sofort veraltet, wenn eine Sendeanforderung vom IL an den Underlying Layer gestellt wird.

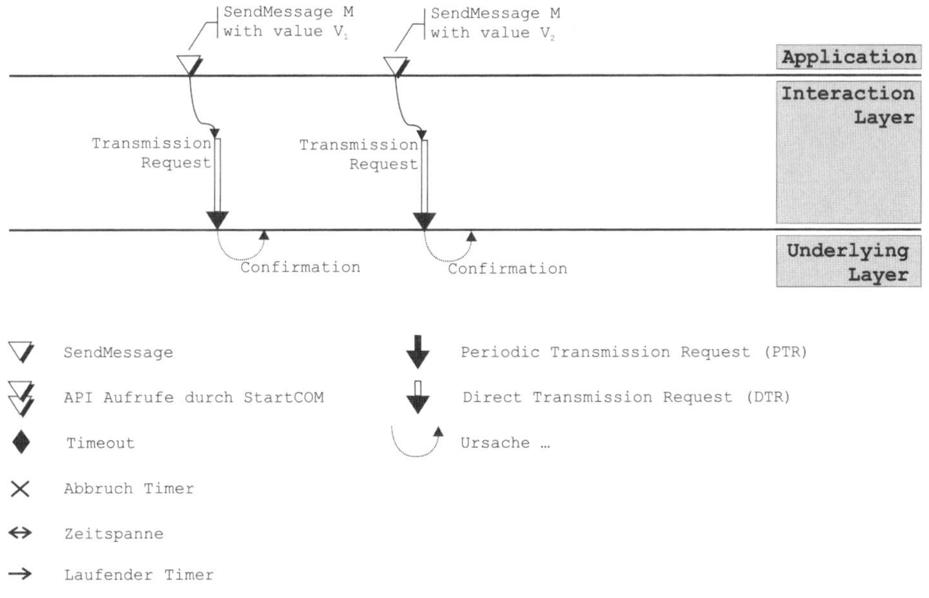

Abb. 5.6: Direct Transmission Mode und die verwendeten Symbole (Quelle: OSEK/VDX Specification)

Zwischen zwei Sendeanforderungen muss mindestens die Zeitspanne I_TMD_MDT liegen. Diese Zeitspane kann für jede I-PDU einzeln angegeben werden. Erfolgt eine weitere Sendeanforderung, bevor die Zeitspanne I_TMD_MDT abgelaufen ist, dann wird eine Übertragung erst nach Ablauf der Zeitspanne gestartet.

Die minimale Zeitspanne, die gewählt werden kann, ist die Zeitspanne, die benötigt wird, bis eine vorhergehende Übertragung abgeschlossen ist.

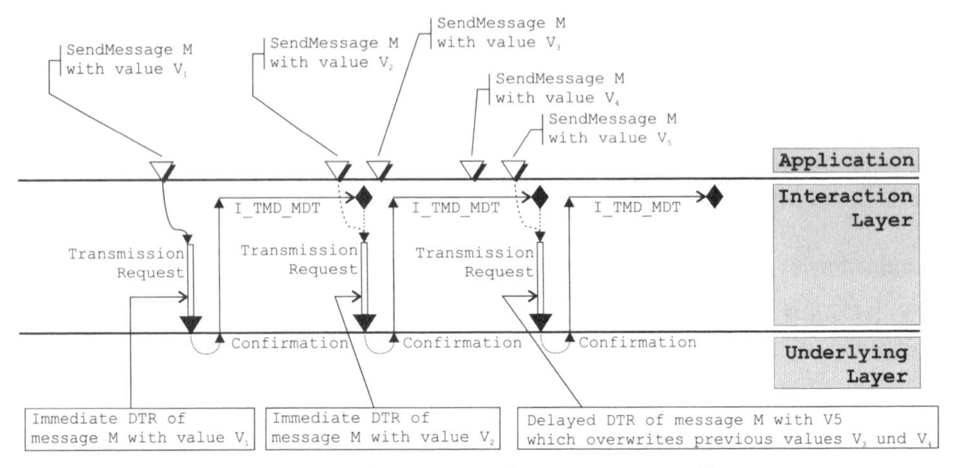

Abb. 5.7: Direct Transmission Mode mit minimaler Zeitspanne (Quelle: OSEK/VDX Specification)

Periodic Transmission Mode Bei dem *Periodic Transmission Mode* sorgt der IL für eine periodische Übertragung der I-PDU zum Underlying Layer.

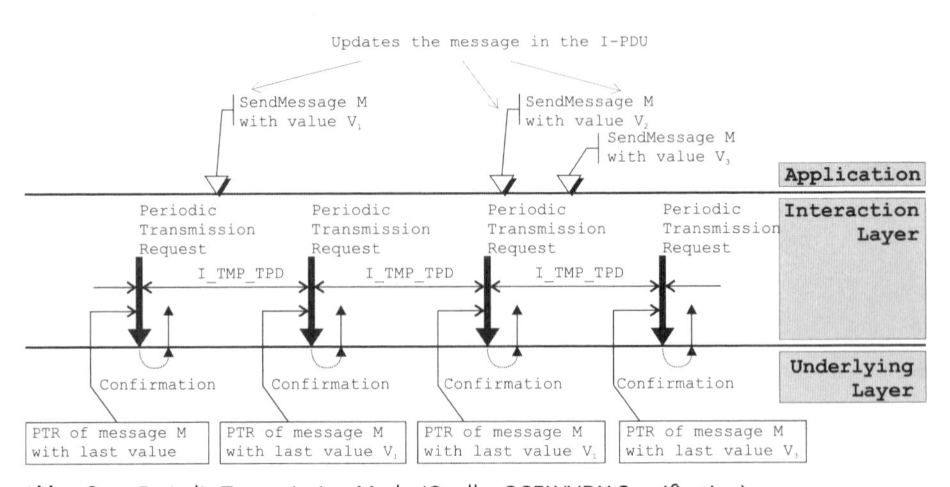

Abb. 5.8: Periodic Transmission Mode (Quelle: OSEK/VDX Specification)

Jeder Aufruf der API-Funktion SendMessage() oder SendDynamicMessage() führt zu einem Update der Message Objects mit der Message der Anwendung, die gesendet werden soll. Es findet jedoch keine Sendeaufforderung an den Underlying Layer statt. Der Periodic Transmission Mode ignoriert alle Transfer-Eigenschaften aller Messages, die in der I-PDU beinhaltet sind.

Ein Transfer findet periodisch nach Ablauf der Zeitspanne `I_TMP_TPD` statt.

Mixed Transmission Mode Der *Mixed Transmission Mode* ist eine Kombination des Direct und des Periodic Transmission Mode. Die Übertragung wird durch wiederholtes regelmäßiges Aufrufen der Funktionen im Underlying Layer ausgeführt. Der Aufruf der Funktion im Underlying Layer erfolgt mit der *Mixed Transmission Mode Time Period* (`I_TMM_TPD`).

Eine I-PDU wird zwischen regelmäßigen Aufrufen durch eine Message mit der Eigenschaft *Triggered Transfer* übertragen, die der I-PDU zugewiesen wird. Es wird sofort die Funktion des Underlying Layers aufgerufen, um eine Übertragung zwischen den regelmäßigen Übertragungen zu starten. Diese Übertragung führt zu keiner Verschiebung der zyklischen Übertragungen und somit zu keinem zeitlichen Versatz in den Zyklen.

Es muss eine Zeit konfiguriert werden, die angibt, wie viel Zeit zwischen zwei Übertragungen liegen muss. Diese Zeitspanne (`I_TMM_MDT`) muss größer null sein. Wird eine erneute Übertragung angefordert, bevor `I_TMM_MDT` abläuft, wird diese Übertragung so lange verschoben, bis die Zeitspanne abgelaufen ist.

Die minimale Zeitspanne beginnt zu dem Zeitpunkt, wenn die Übertragung bestätigt wird. Wird eine Übertragung nach Ablauf des Deadline Monitoring als fehlerhaft erkannt, wird sofort die nächste Übertragung gestartet.

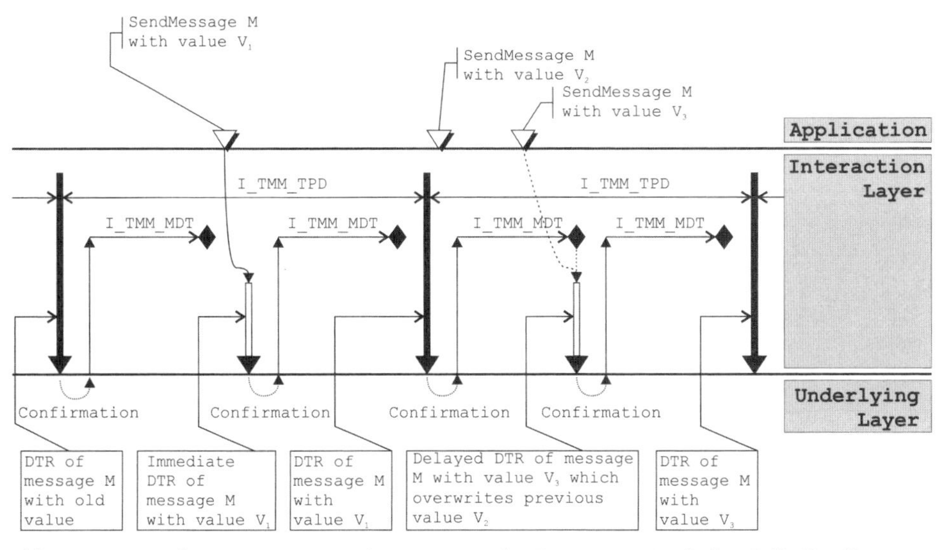

Abb. 5.9: Mixed Transmission Mode mit minimaler Zeitspanne (einfacher Fall) (Quelle: OSEK/VDX Specification)

Eine Anforderung einer sofortigen Übertragung genau vor der nächsten periodischen Übertragung (PTR) führt zu einem minimalen zeitlichen Delay des PTR.

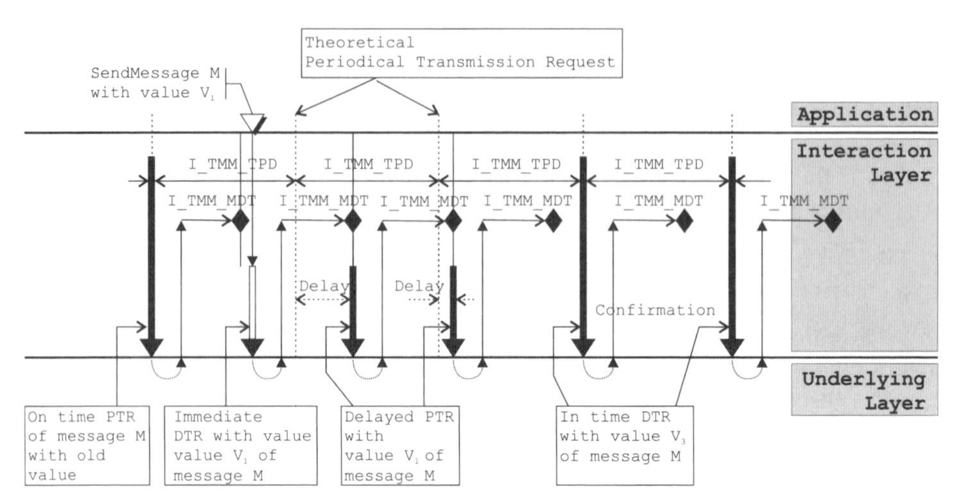

Abb. 5.10: Mixed Transmission Mode mit minimaler Zeitspanne (Quelle: OSEK/VDX Specification)

Aktivierung und Deaktivierung des Periodic Transmission Mode

Die Übertragungsmodes *Periodic* und *Mixed* werden durch Aufruf der API-Funktion `StartPeriodic()` aktiviert. Der Aufruf der Funktion initialisiert und startet den Periodic oder Mixed Mode Offset (`I_TMO_TOF` oder `I_TMM_TOF`) Timer.

Die erste Anforderung einer Übertragung wird nach Ablauf des Periodic oder des Mixed Mode Delay `I_TMO_TOF` bzw. `I_TMM_TOF` gestartet.

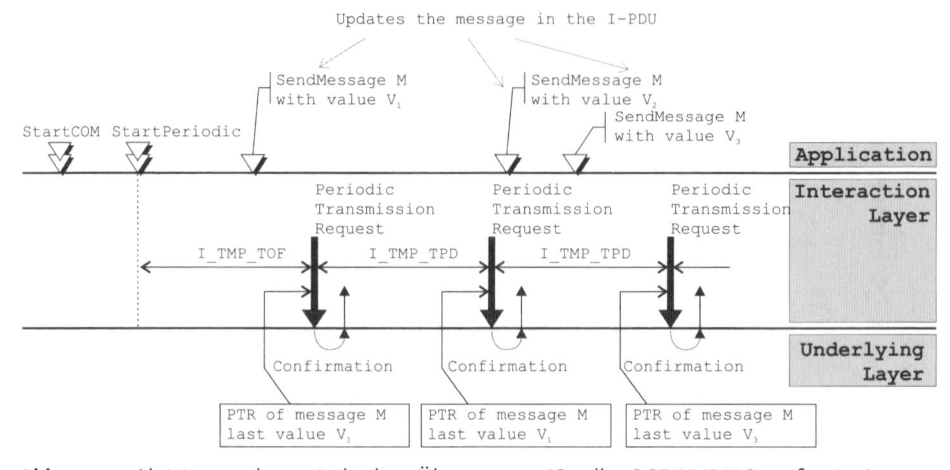

Abb. 5.11: Aktivierung der periodischen Übertragung (Quelle: OSEK/VDX Specification)

Die Funktion `StartPeriodic()` sollte erst nach der vollständigen Bearbeitung der Funktion `StartCOM()` und der korrekten Initialisierung des *Message Object* aufgerufen werden. Die API-Funktion `InitMessage()` kann für die korrekte Initialisierung des Message Object verwendet werden.

Die periodische Übertragung kann durch Aufruf der Funktion `StopPeriodic()` der API beendet werden.

Die für den Periodic oder Mixed Mode benötigten Delay-Zeiten können in der I-PDU konfiguriert werden.

Algorithmen zum Filtern von Messages

Messages werden gefiltert, um die Übertragung von Messages zu unterdrücken. Es soll durch das Filtern vermieden werden, dass Messages übertragen werden, die über keine für die Anwendung neuen Informationen verfügen. Der IL vergleicht die neue Message mit dem Werten der zuletzt gesendeten Message, die die Bedingungen des Filters erfüllt hat und gesendet wurde. Alle anderen Messages werden verworfen und führen somit zu keiner Last auf dem Netzwerk.

Die unterstützten Filter-Algorithmen sind in Tabelle 5.1 aufgelistet.

Zero-Length-Messages und Dynamic-Length-Messages werden nicht gefiltert.

5.1.4 Byte Ordering

Der IL ist verantwortlich für die Ausrichtung der Bytes und der damit ggf. verbundenen Konvertierung der Daten zwischen dem lokalen Mikrocontroller/CPU und dem Underlying Layer. Die Konvertierung der Daten erfolgt durch den Sender, bevor die Messages in der I-PDU gespeichert werden, und auf der Seite des Empfängers beim Auslesen der I-PDU. Eine Konvertierung kann von Big-endian nach Little-endian bzw. umgekehrt erfolgen.

Messages können so konfiguriert werden, dass die enthaltenden Daten nicht konvertiert werden oder als C-*unsigned integer*-Typen interpretiert werden können. Eine Konvertierung erfolgt nicht bei internen Messages und bei Dynamic-Length-Messages.

Wenn Messages für eine I-PDU über eine unterschiedliche Byte-Ausrichtung verfügen, kann der IL eine Byte-Ausrichtung nicht festlegen.

5.1.5 Überwachung von kritischen Zeitbereichen (Deadline-Monitoring)

OSEK COM stellt leistungsstarke Mechanismen zum Überwachen von kritischen Zeitbereichen, so genannten *Deadlines*, zur Verfügung. Für folgende Bereiche können Deadlines überwacht werden.

- Empfangen
- Senden
  - Direct Transmission Mode
  - Periodic Transmission Mode
  - Mixed Transmission Mode

Im Folgenden werden die Mechanismen näher beschrieben.

Empfangs-Deadline-Monitoring

Das Empfangs-Deadline-Monitoring kann dazu verwendet werden, sicherzustellen, dass periodisch innerhalb eines festgelegten Zeitfensters eine bestimme Message empfangen wird. Dieser Mechanismus lässt sich durch die Messages konfigurieren, die überwacht werden sollen.

Das Deadline-Monitoring steht nur der externen Kommunikation zur Verfügung. Da die interne Kommunikation sofort ausgeführt wird, ist ein Deadline-Monitoring nicht erforderlich.

Das Intervall, in dem eine Message empfangen werden soll, wird durch das Zeitintervall `I_DM_RX_TO` festgelegt. Der damit verbundene Timer wird durch den IL zurückgesetzt und neu gestartet, wenn vom Underlying Layer eine neue PDU empfangen werden konnte, die diese Message enthält.

Wird keine Message empfangen und der Timer läuft ab, wird der Timer zurückgesetzt und neu gestartet.

Der Timer für das erste überwachte Zeitintervall wird einmal gestartet, wenn der Task zum Initialisieren des Message Object läuft, dieses sollte nach der Beendigung des Service `StartCOM()` der API erfolgen. Abhängig vom System und der jeweiligen Anwendung kann der Wert `I_DM_FRX_TO` für das erste Timeout-Intervall festgelegt werden.

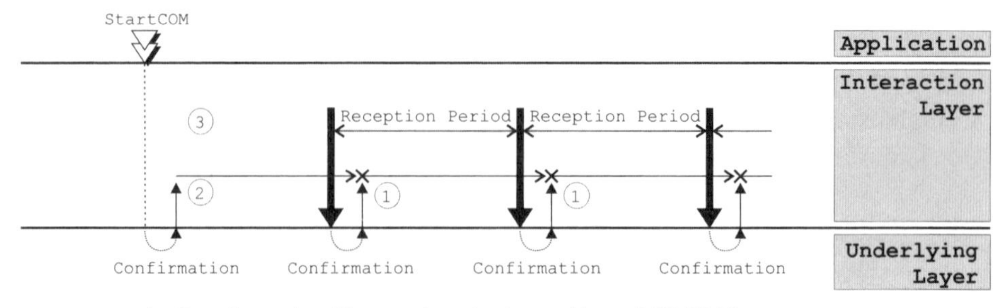

Abb. 5.12: Deadline-Monitoring bei periodischem Empfang (Quelle: OSEK/VDX Specification)

Sende-Deadline-Monitoring

Das Überwachen von Deadlines auf der Seite des Senders kann dazu verwendet werden, zu prüfen, dass die Anforderung des Sendens über das Netzwerk innerhalb eines definierten Zeitfensters erfüllt wird.

Die Überwachung von Deadlines kann für jede Message separat konfiguriert werden. Die festgelegten Zeitfenster für die Überwachung der Deadlines sind eine Eigenschaft der I-PDU und es kann pro I-PDU eine Deadline festgelegt werden.

Für Messages, die *triggered Transfer*-Eigenschaften besitzen, kann eine Überwachung des Sendens in allen Modes erfolgen. Für Messages, die *pending Transfer*-Eigenschaften besitzen, kann eine Überwachung im Periodic Transmission Mode und im periodischen Teil des Mixed Transmission Mode erfolgen.

Direct Transmission Mode Beim Aufruf einer der Funktionen `SendMessage()`, `SendDynamicMessage()` oder `SendZeroMessage()` der API wird die Bestätigung des Underlying Layer überprüft, ob das vorgegebene Zeitintervall `I_DM_TMD_TO` nicht überschritten wurde.

Der Monitoring-Timer wird gestartet, wenn die aufgerufene Funktion `SendMessage()`, `SendDynamicMessage()` oder `SendZeroMessage()` komplett ausgeführt wurde. Der Timer wird beendet, wenn eine Bestätigung der Übertragung durch den Underlying Layer vorliegt und die Anwendung benachrichtigt wurde.

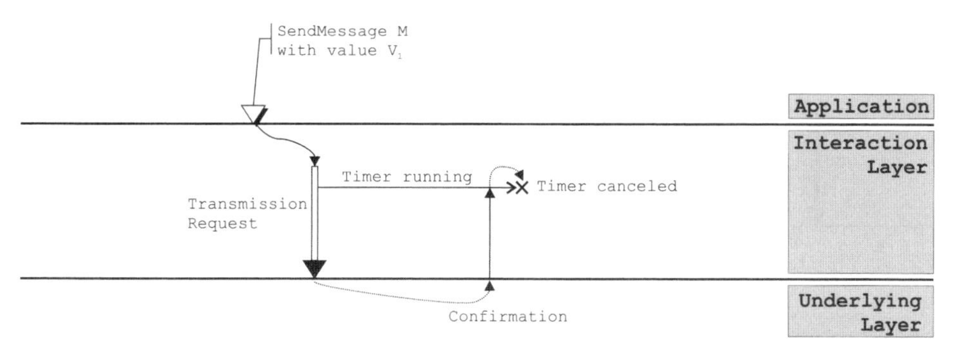

Abb. 5.13: Direct Transmission Mode: Beispiel einer erfolgreichen Übertragung (Quelle: OSEK/VDX Specification)

Wird die Übertragung einer I-PDU zum Underlying Layer nicht bestätigt, läuft das festgelegte Timeout ab, die Deadline wird überschritten und die Anwendung wird darüber benachrichtigt.

Läuft bei einer Übertragung das festgelegte Timeout ab, sorgt der IL nicht für einen erneuten Versuch einer Übertragung der I-PDU. Diese Aufgabe hat die Anwendung zu erfüllen und kann somit spezifisch für die Anwendung realisiert werden.

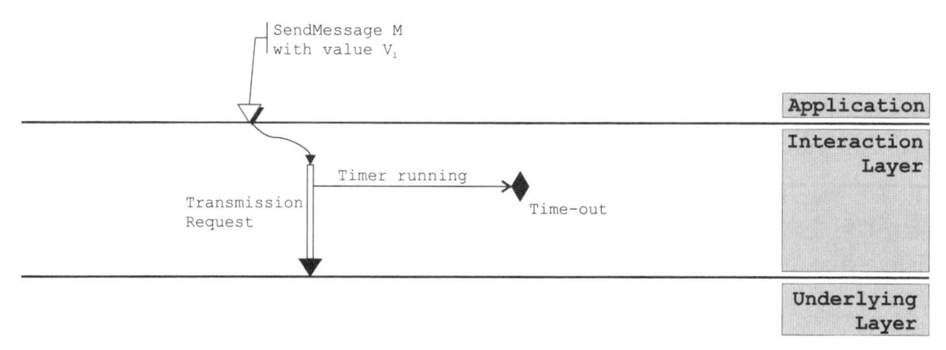

Abb. 5.14: Direct Transmission Mode: Beispiel einer fehlerhaften Übertragung (Quelle: OSEK/VDX Specification)

Periodic Transmission Mode Das Deadline-Monitoring erlaubt die Überwachung der periodischen Übertragungen von I-PDUs, die in einem definierten Zeitintervall stattfinden. Das Timeout muss dabei größer sein als das Zeitintervall für die Übertragung. Das Timeout wird mit dem Parameter I_DM_TMP_TO festgelegt und ist abhängig von dem Randbedingungen des Systemdesigns.

Der Monitoring-Timer wird nach jedem periodischen Transmission Request gestartet und läuft somit nicht ständig. Der Timer zu dem korrespondierenden Intervall wird beendet, wenn eine Bestätigung erfolgt, dass die Übertragung der überwachten Message erfolgt ist.

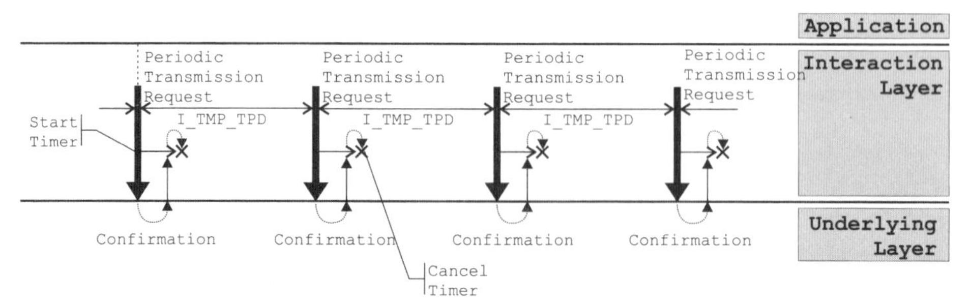

Abb. 5.15: Periodic Transmission Mode: Erfolgreiche Übertragung (Quelle: OSEK/VDX Specification)

Erfolgt keine Bestätigung der Übertragung, läuft das festgelegte Timeout ab.

Für die Dauer eines überwachten Timeouts führen mehrere periodische Übertragungen nicht zum Rücksetzen und erneuten Starten (restart) des Timers. Der Timer kann nur durch eine Bestätigung oder durch Timeout, definiert durch I_DM_TMP_TO, zurückgesetzt werden.

Der IL wiederholt eine Übertragung nicht, wenn ein Timeout auftritt, da eine Übertragung an einen Zyklus gebunden ist.

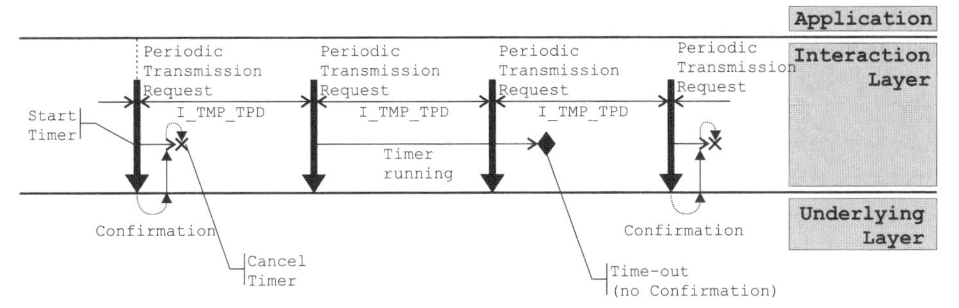

Abb. 5.16: Periodic Transmission Mode: Fehlerhafte Übertragung (Quelle: OSEK/VDX Specification)

Der Anwendung oder dem OSEK Indirect Network Management kann hiermit angezeigt werden, dass ein Timeout vorgekommen ist. Erfolgt keine Benachrichtigung, sind die Übertragungen der I-PDUs innerhalb der erlaubten Zeitspanne erfolgt.

Mixed Transmission Mode Das Deadline-Monitoring erlaubt die Überwachung der Übertragung von I-PDUs innerhalb der festgelegten Zeitspanne I_DM_TMM_TO.

Der Timer zum Überwachen der Zeitspanne I_DM_TMM_TO wird gestartet, wenn eine Übertragung initiiert wird und keine weitere Übertragung stattfindet. Der Timer wird beendet, wenn die Übertragung der I-PDU bestätigt wird.

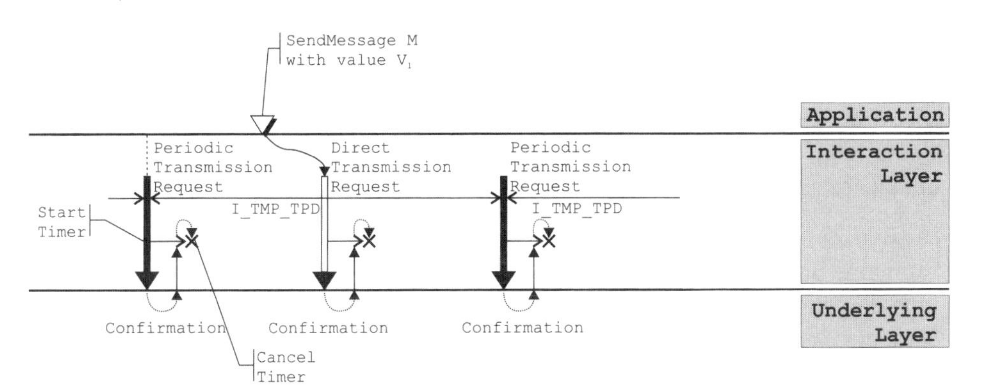

Abb. 5.17: Mixed Transmission Mode: Erfolgreiche Übertragung (Quelle: OSEK/VDX Specification)

Solange eine Übertragung überwacht wird, kann der Timer nicht durch weitere Übertragungen zurückgesetzt und neu gestartet werden. Der Timer kann nur zurückgesetzt werden, wenn eine Übertragung bestätigt wurde oder das Timeout erreicht wird.

Der IL wiederholt eine Übertragung nicht, die aufgrund eines abgelaufenen Timeout fehlgeschlagen ist. Die Bestätigung einer Übertragung muss innerhalb des gleichen Zyklus stattfinden, in der die Message mit Triggered-Transfer-Eigenschaft die Daten der I-PDU überschreibt.

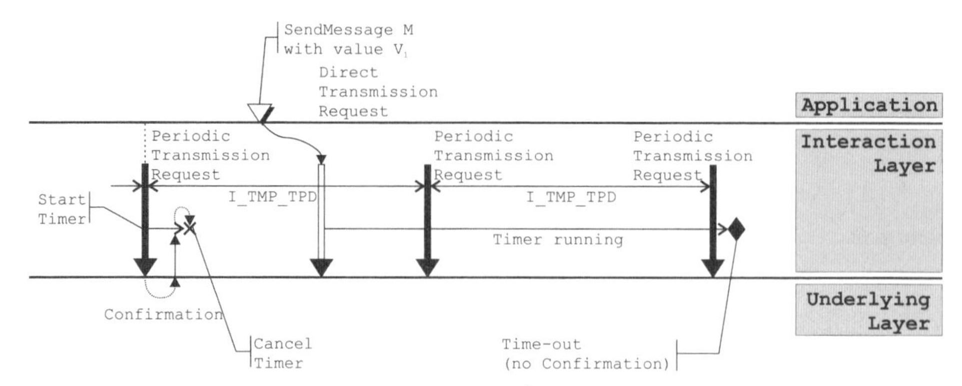

Abb. 5.18: Mixed Transmission Mode: Fehlerhafte Übertragung (Quelle: OSEK/VDX Specification)

Die Anwendung oder das OSEK Indircet Network Management kann über die erfolgreiche Übertragung einer I-PDU innerhalb des Timeouts benachrichtigt werden.

5.1.6 Benachrichtigungen

Der folgende Abschnitt beschreibt die Mechanismen zur Benachrichtigung (Notification) der Anwendung, damit der endgültige Status einer vorher ausgeführten Aktion mitgeteilt wird.

Die Anwendung wird benachrichtigt, wenn ein vorher festgelegtes Ereignis auftritt. In der Regel muss keine spezielle OSEK-COM-API-Funktion aufgerufen werden, um sicherzustellen, dass der Mechanismus der Benachrichtigung aktiv ist.

Die Benachrichtigung ist immer an eine Bedingung geknüpft. Im Fall der Filterung kann eine Benachrichtigung der Anwendung durchgeführt werden, wenn die Message den Filter nicht passieren kann. Diese Möglichkeit besteht sowohl auf der Seite des Senders als auf der Seite des Empfängers. Auch die Anwendung wird benachrichtigt, wenn auf Seiten des Empfängers eine queued Message zu einem Überlauf der Queue führt.

Die Konfigurierung der Benachrichtigung erfolgt durch das Message Object auf beiden Seiten, somit sowohl auf der Seite des Empfängers als auch des Senders.

Notification Classes

OSEK COM unterstützt vier verschiedene Klassen der Benachrichtigung, die Notification Classes. Die Klassen 1 und 3 dienen zum Benachrichtigen beim Empfangen und die Klassen 2 und 4 zum Benachrichtigen beim Senden.

Alle Klassen werden bei der externen Kommunikation unterstützt.

Bei der internen Kommunikation wird nur die Klasse 1 unterstützt.

- **Notification Class 1**: Message Reception

  Der konfigurierte Mechanismus zur Benachrichtigung wird sofort aufgerufen, wenn eine empfangene Message im Message Object gespeichert wurde.

- **Notification Class 2**: Message Transmission

  Der konfigurierte Mechanismus zur Benachrichtigung wird sofort nach dem erfolgreichen Senden der I-PDU, in der die Message enthalten ist, aufgerufen.

- **Notification Class 3**: Message Reception Error

  Der konfigurierte Mechanismus zur Benachrichtigung wird sofort aufgerufen, wenn beim Empfang einer Message einer der beiden Fehler aufgetreten ist: Ein Timeout ist abgelaufen und somit die festgelegte Deadline überschritten oder ein Fehler wird vom Underlying Layer durch Rückgabe eines Fehlercodes angezeigt.

- **Notification Class 4**: Message Transmission Error

  Der konfigurierte Mechanismus zur Benachrichtigung wird sofort aufgerufen, wenn beim Senden einer Message einer der beiden Fehler aufgetreten ist: Ein Timeout ist abgelaufen und somit die festgelegte Deadline überschritten oder ein Fehler wird vom Underlying Layer durch Rückgabe eines Fehlercodes angezeigt.

Notification-Mechanismen

Folgende Mechanismen für die Benachrichtigung werden unterstützt.[2]

1. **Callback-Funktionen**

   Der IL ruft Callback-Funktionen auf, die von der Anwendung zur Verfügung gestellt werden.

2. **Flag**

   Der IL setzt ein Flag, das die Anwendung durch Aufruf der `ReadFlag()`-API-Funktion abfragen kann. Die Funktion liefert `COM_TRUE` zurück, wenn das Flag gesetzt ist, im anderen Fall `COM_FALSE`. Das Flag wird durch den Aufruf der `ReadFlag()`-API-Funktion durch die Anwendung zurückgesetzt. Die Flags können ebenfalls durch Aufruf der Funktion `ReceiveMessage()` oder `ReceiveDynamicMessage()` zurückgesetzt werden, wenn die Flags zu der Notification Class 1 oder 3 gehören. Ein Zurücksetzen der Flags geschieht ebenfalls durch Aufruf der Funktionen `SendMessage()`, `SendDynamicMessage()` und `SendZeroMessage()`, wenn die Flags zu der Notification Class 2 oder 4 gehören.

2 Ein zusätzlicher Mechanismus für die Benachrichtigung wird vom Indirect Network Management unterstützt.

3. **Task**

   Der IL aktiviert einen Task der Anwendung.

4. **Event**

   Der IL setzt ein Event eines Tasks der Anwendung.

Es kann nur ein Mechanismus für die Benachrichtigung beim Senden und beim Empfangen von Message Objects und nur eine Notification Class festgelegt werden. Alle Mechanismen für die Benachrichtigung stehen allen Notification Classes zur Verfügung.

Bis auf die Funktionen `StartCOM()` und `StopCOM()` können alle Services innerhalb der Callback-Funktion aufgerufen werden. Der Anwender muss dabei sicherstellen, dass ein verschachtelter Aufruf von Funktionen nicht zu Problemen führt, wie z.B. Stack-Size-Überlauf.

Schnittstelle der Callback-Funktionen

Eine Callback-Funktion, die durch die Anwendung zur Verfügung gestellt wird, hat folgende Schnittstelle:

```
COMCallback( CallbackRoutineName )
{
}
```

Die Callback-Funktion verfügt weder über eine Parameterliste noch über einen Rückgabewert.

Eine Callback-Funktion wird entweder auf Interrupt-Level oder auf Task-Level ausgeführt. Dadurch finden die Restriktionen des OS Verwendung, die bei System-Interrupt-Services oder Tasks angewendet werden.

5.1.7 System-Management

Das System-Management verwaltet die OSEK Communication und stellt die dafür benötigten Funktionen zur Verfügung.

Initialisierung/Shutdown

Beim Start eines verteilten Systems kommt es darauf an, dass ein Protokoll zur Kommunikation verwendet wird und dass genaue Kenntnisse über das Protokoll vorliegen. Die Beschreibung der API für das Protokoll der Kommunikation ist nicht innerhalb von OSEK COM definiert. OSEK COM geht davon aus, dass alle unterlagerten Layer der Kommunikation korrekt gestartet sind und die erforderlichen Protokolle der Kommunikation korrekt funktionieren.

OSEK COM unterstützt durch folgende Funktionen den Start-up und den Shutdown der Kommunikation:

- **`StartCOM()`**

  Die Funktion initialisiert die internen OSEK-COM-Datenstrukturen, ruft die Services zum Initialisieren der Messages auf und startet die OSEK-COM-Module.

- **`StopCOM()`**

  Die Funktion beendet die Ausführung von OSEK COM und gibt alle in diesem Zusammenhang reservierten Ressourcen wieder frei.

- **`StartPeriodic()`** und **`StopPeriodic()`**

  Diese Funktionen starten bzw. beenden die periodische Übertragung aller Messages, die den Periodic oder Mixed Transmission Mode verwenden. Es kann unter Umständen nützlich sein, die periodische Übertragung zu unterbrechen, ohne dabei die Ausführung von OSEK COM zu beenden.

  `StartCOM()` startet automatisch die periodische Übertragung.

  `StopCOM()` beendet die periodische Übertragung.

- **`InitMessage()`**

  Die Funktion erlaubt der Anwendung, eine Message mit einem von ihr festgelegten Wert zu initialisieren.

Nach dem Starten des Kernels kann die Anwendung den Service `StartCOM()` aufrufen. Der Service reserviert und initialisiert die benötigten System-Ressourcen, die vom OSEK-COM-Modul verwendet werden. Es kann in der OIL konfiguriert werden, dass der Service `StartCOM()` den vom Benutzer definierten Service `StartCOMExtension()` aufruft.

Bei queued Messages setzt der Service `StartCOM()` die Anzahl der empfangenden Messages auf null. Die Queue ist somit leer.

Unqueued Messages können auf drei verschiedenen Wegen initialisiert werden: Es wird kein Initialwert in der OIL festgelegt, es wird ein Initialwert in der OIL festgelegt oder es wird explizit eine Initialisierung durch Aufruf des Services `InitMessage()` ausgeführt.

- Wird eine Message nicht durch einen Initialwert initialisiert, der in der OIL festgelegt wird, dann erhält die Message den Wert null.
- Hat eine Message einen Initialwert, der durch die OIL festgelegt wird, dann wird die Message mit diesem Wert initialisiert. Die OIL kann den Wertebereich von Unsigned-Integer-Datentypen für die Initialisierung festlegen. Es kann dann nur eine Initialisierung mit Werten stattfinden, die sich innerhalb des angegebenen Wertebereichs befinden.

Messages, die bei der Initialisierung keinen Initialwert erhalten oder bei denen der Initialwert durch die OIL festgelegt wird, müssen bei der Ausführung der Funktion `StartCOM()`initialisiert werden, bevor die Funktion den Service `StartCOMExtension()` aufruft.

- Die Funktion `InitMessage()` kann verwendet werden, um eine Message mit einem gültigen Wert zu initialisieren. Es kann `InitMessage()` für Messages verwendet werden, deren Initialisierung zu komplex ist, um durch die OIL spezifiziert zu werden.

  `InitMassage()` kann an beliebigen Stellen der Anwendung aufgerufen werden, wenn die Funktion `StartCOM()` vorher aufgerufen wurde.

  `InitMessage()` kann für die Reinitialisierung von Messages zu einem beliebigen Zeitpunkt verwendet werden.

Bei allen drei Arten der Initialisierung von Messages werden folgende Operationen durchgeführt:

- Bei externen Messages, die gesendet werden sollen, werden das Datenfeld der Message in der I-PDU und der Wert der Variablen `old_value` auf den definierten Wert gesetzt.
- Bei internen Messages, die gesendet werden sollen, wird keine Initialisierung durchgeführt.
- Bei Messages, die empfangen werden sollen, werden das Message Object bei unqueued Messages und die Variable `old_value` auf den definierten Wert gesetzt.

Der Service `InitMessage()` kann bei Dynamic-Length-Messages die gesamte Message initialisieren und das Feld mit der Längeninformation auf die maximale Message-Länge setzen.

Bei queued Messages leert `InitMessage()` die Queue und setzt die Anzahl empfangender Messages auf null.

`StartCOM()` unterstützt die Möglichkeit, die Kommunikation in verschiedenen Konfigurationen zu starten. Dazu wird `StartCOM()` ein Parameter übergeben, der die gewählte Konfiguration angibt.

`StopCOM()` ermöglicht es der Anwendung, die Kommunikation zu beenden, und gibt alle belegten Ressourcen wieder frei. OSEK COM kann durch `StartCOM()` wieder neu gestartet werden. Alle Daten werden zurückgesetzt bzw. gelöscht und befinden sich dann im Initialzustand. `StopCOM()` verhindert nicht, dass Messages verfälscht werden, und so stehen nicht verarbeitete Messages der Anwendung nicht mehr zur Verfügung und gehen verloren.

Vor dem ersten Aufruf der Funktion `StartCOM()` und nach dem Aufruf und Beenden der Funktion `StopCOM()` ist das Verhalten der Kommunikation undefiniert, wenn Funktionen von OSEK COM aufgerufen werden.

Fehlerbehandlung

Die Fehlerbehandlung unterstützt die Handhabung von temporären und permanent vorhandenen Fehlern innerhalb des OSEK COM. Es wird eine Basis für die Fehlerbehandlung zur Verfügung gestellt, die durch den Anwender komplettiert werden muss. Der Anwender erhält dadurch eine effiziente zentralisierte oder dezentralisierte Fehlerbehandlung.

Es werden zwei unterschiedliche Arten von Fehlern unterschieden:

- **Application errors**

  Der IL konnte eine Funktion nicht korrekt ausführen, aber die Korrektheit der internen Daten kann angenommen werden.

  In diesem Fall wird die zentrale Fehlerbehandlung aufgerufen. Zusätzlich ruft der IL das dezentrale Fehlermanagement mit den Statusinformationen auf. Es liegt dann am Anwender, auf den Fehler in geeigneter Weise zu reagieren.

- **Fatal errors**

  Der IL kann nicht länger die Korrektheit der internen Daten sicherstellen. In diesem Fall führt der IL einen zentralen System-Shutdown durch.

  Alle Funktionen, die eine Fehlerbehandlung durchführen, werden mit einem Parameter aufgerufen, der den Fehler spezifiziert.

OSEK COM stellt zwei Levels der Fehlerprüfung bereit:

Extended Error Checking

Das *Extended Error Checking* kann während der Entwicklungsphase für das Testen der Anwendung verwendet werden. Es werden zusätzliche erweiterte Überprüfungen wie z.B. Checks für die Plausibilisierung durchgeführt. Die weiterten Checks benötigen mehr Rechenzeit für die Ausführung und belegen mehr Speicher (RAM und ROM/FLASH). Bei der Verwendung des Extended Error Checking wird der erweiterte Errorcode beim Aufruf der OSEK-COM-API-Funktionen zurückgegeben.

Standard Error Checking

Das *Standard Error Checking* wird verwendet, wenn die Anwendung komplett getestet wurde und das System sich in der Produktionsphase befindet. Es wird der Fehlercode zurückgeliefert, der für das *Standard Error Checking* durch die OSEK-COM-API definiert wird.

Der Return-Wert einer API-Funktion hat Vorrang vor den Ausgabeparametern. Gibt eine Funktion einen Fehler zurück, sind die Werte der Ausgabeparameter nicht definiert.

Error-Hook-Funktionen Die COM-Error-Hook-Funktion `COMErrorHook()` wird aufgerufen, wenn eine Systemfunktion einen `StatusType`-Wert zurückliefert, der nicht `E_OK` ist. Die Hook-Funktion wird nicht aufgerufen, wenn die Funktion, die den Fehler aufdeckt, durch die Hook-Funktion `COMErrorHook()` aufgerufen wurde. Dadurch wird ein rekursiver Aufruf der Hook-Funktionen vermieden.

Die Hook-Funktion hat folgende Eigenschaften:

- Sie wird durch den IL aufgerufen und ist abhängig vom Kontext der Implementierung.
- Sie ist nicht durch Interrupt-Services der Category 2 (siehe OSEK OS Spezifikation) unterbrechbar.
- Sie ist Teil des IL.
- Sie wird durch den Anwender mit anwenderspezifischer Funktionalität implementiert.
- Ihre Schnittstelle ist standardisiert, die Funktionalität ist aber nicht standardisiert und ist somit nicht portabel.
- Es können nur die API-Funktionen `COMErrorGetServiceId()` und `GetMessageSatus()` verwendet werden. Zusätzlich stehen die Makros `COMError_Name1_Name2` für den Zugriff auf Parameter zur Verfügung, wobei `Name1` für den Namen des Service und `Name2` für den Namen des Parameters steht.
- Sie ist vorgeschrieben und durch die OIL konfigurierbar.

Error-Management. Die Verwendung des `ComErrorHook()`-Service erlaubt ein effektives Fehlermanagement und ermöglicht dem Anwender, auf zusätzliche Informationen zuzugreifen.

Das Makro `COMErrorGetServiceId` ermöglicht es, zu identifizieren, welche Funktion den Fehler verursacht hat. Dazu wird der Bezeichner der Funktion ermittelt. Der Bezeichner ist vom Typ `COMServiceType`. Gültige Werte sind `COMServiceId_xxxx`, wobei `xxxx` der Bezeichner der Funktion ist. Die Implementierung von `COMErrorGetServiceId` ist vorgeschrieben (mandatory). Wird die Funktion `COMErrorHook()` aufgerufen, stehen Makros zur Verfügung, die einen Zugriff auf die Parameter erlauben. Die Bezeichner der Makros werden durch folgendes Schema gebildet: einen fixen Präfix und zwei zusätzlichen Komponenten. Die Schreibweise ist `COMError_Name1_Name2` und wird wie folgt gebildet:

- **COMError**: ist ein fixer Präfix
- **Name1**: ist der Bezeichner des Service
- **Name2**: ist der Name des Parameters

Die folgenden Beispiele erlauben den Zugriff auf Parameter der Funktion SendMessage():

- COMError_SendMessage_Message()
- COMError_SendMessage_DataRef()

5.1.8 Modell des Interaction Layer

Die folgenden Abbildungen sollen das Verhalten des Interaction Layer für den externen Empfang, das externe Senden und die interne Kommunikation veranschaulichen. Es werden dabei die bereits vorher vorgestellten Konzepte dargestellt und veranschaulicht. Die Mechanismen zum Benachrichtigen der Anwendung

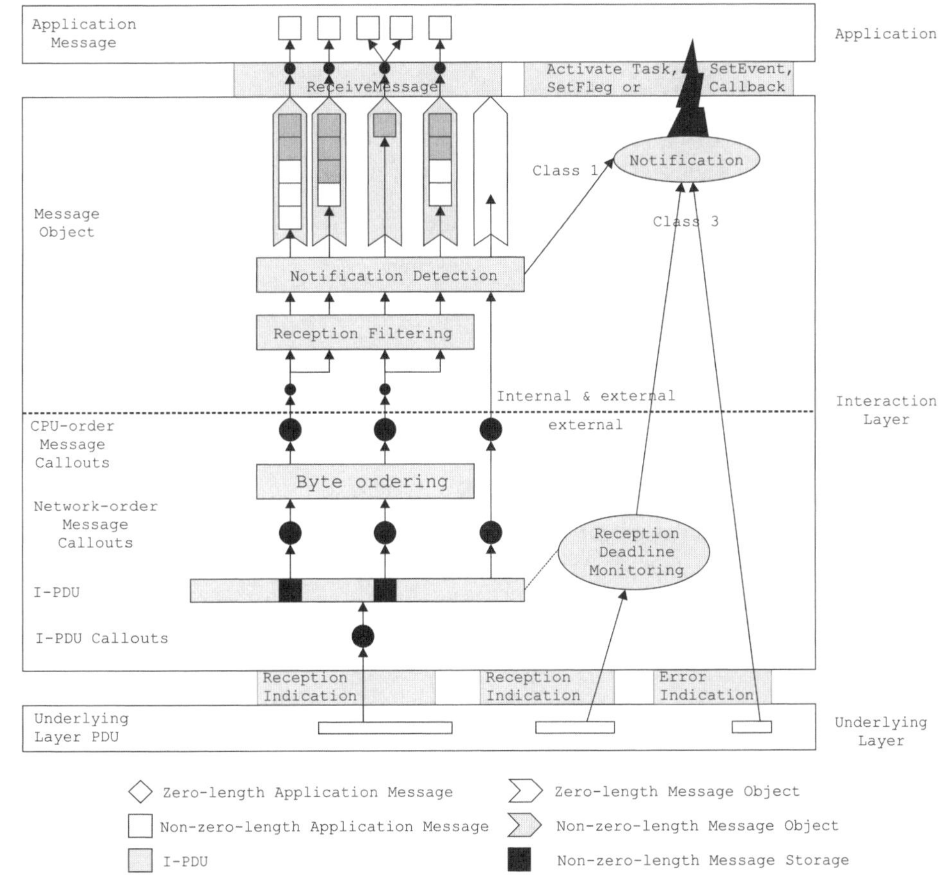

Abb. 5.19: IL-Modell für den externen Empfang von Messages (Quelle: OSEK/VDX Specification)

sind nur angedeutet und geben keine Details wieder. Die Abbildungen dienen zum besseren Verständnis der Zusammenhänge und stellen keine teilweise Implementierung des IL dar. Abhängig von dem verwendeten Mikrocontroller und weiteren systemspezifischen Randbedingungen kann eine optimierte Variante des vorgestellten Modells erstellt werden. Dadurch kann eine Optimierung hinsichtlich der benötigter Rechenleistung und des Speichers erreicht werden.

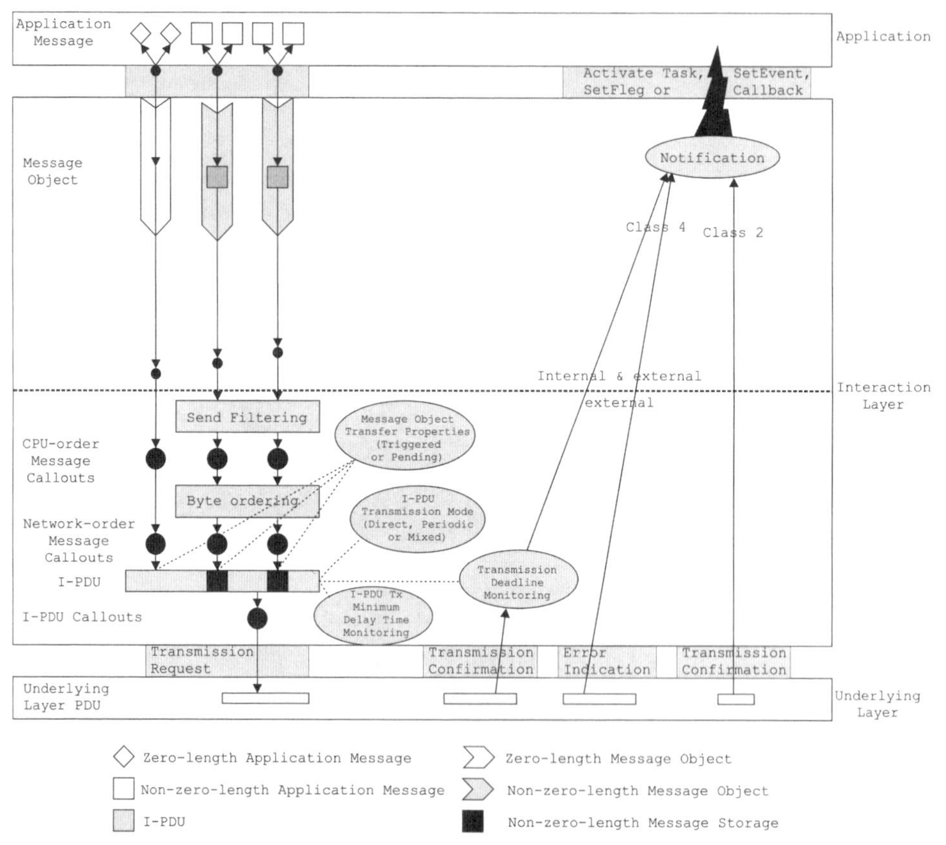

Abb. 5.20: IL-Modell für das externe Senden von Messages (Quelle: OSEK/VDX Specification)

Abbildung 5.21 zeigt das Modell für die interne Kommunikation, der Sender und der Empfänger benutzen dabei den gleichen IL als Teil des externen Sendens von Messages.

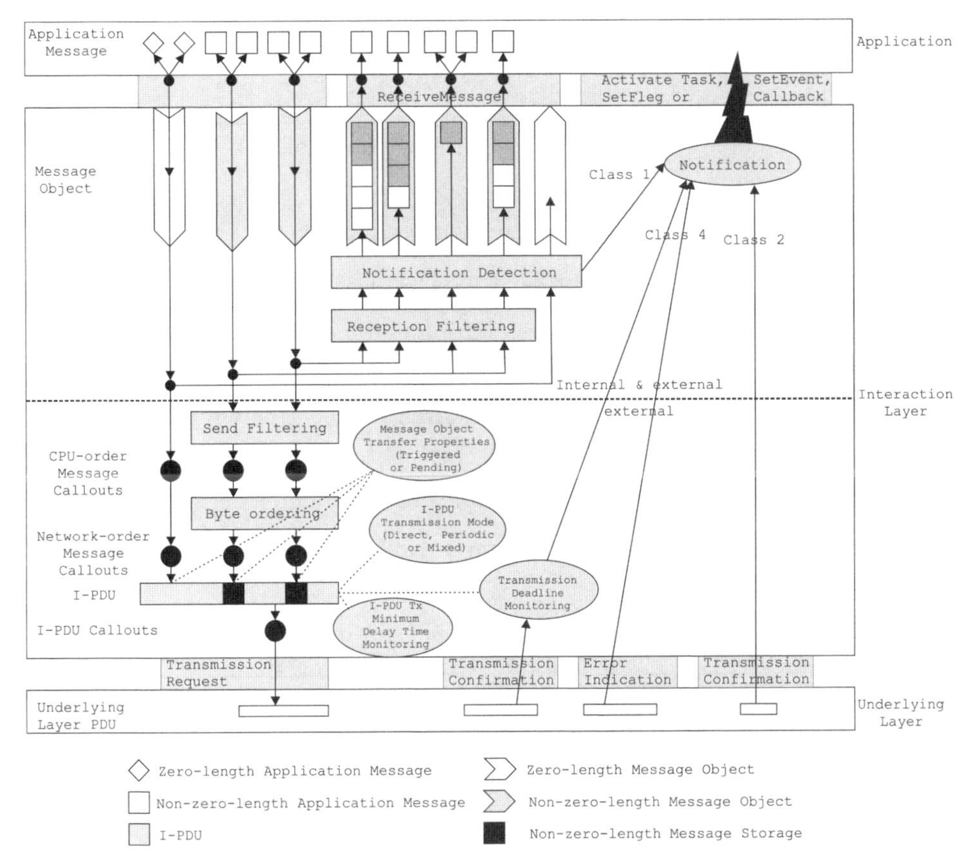

Abb. 5.21: IL-Modell für die interne Kommunikation und das externe Senden von Messages (Quelle: OSEK/VDX Specification)

5.2 OSEK Network Management

Das Netzwerkmanagement trägt der Tatsache Rechnung, dass immer mehr »Electronic Control Units«, so genannte *ECUs*, die von unterschiedlichen Herstellern stammen, in Kraftfahrzeugen verwendet werden und miteinander über serielle Schnittstellen kommunizieren und Daten austauschen.

Um einen reibungslosen Betrieb der unterschiedlichen ECUs zu gewährleisten und damit den Datenaustausch, ist eine Standardisierung der Kommunikation erforderlich.

Das OSEK Network Management (NM) stellt eine standardisierte Schnittstelle mit standardisierten Services für das »inter-networking« bereit.

Die wesentliche Aufgabe des OSEK NM ist die sichere und zuverlässige Übertragung innerhalb des Netzwerks der ECUs. Es werden dabei folgende Eigenschaften unterstützt:

- Jeder Knoten eines Netzwerks muss für einen autorisierten Benutzer erreichbar/nutzbar sein.
- Maximale Fehlertoleranz bei Auftreten von temporären Fehlern.
- Unterstützung von netzwerkspezifischen Diagnose-Funktionen.

Das NM ist Teil einer OSEK-Implementierung und muss auf jeder ECU im Netzwerk realisiert sein.

Das OSEK NM stellt zwei alternative Verfahren für die Überwachung des Netzwerks zur Verfügung:

- **Indirect monitoring**, durch Überwachung der Nachrichten der Anwendung
- **Direct monitoring**, durch NM Kommunikation unter der Verwendung von Token

Das OSEK NM stellt einen Satz von Funktionen für die Überwachung der einzelnen ECUs zur Verfügung. Abbildung 5.22 zeigt die Integration des OSEK NM in einem System. Das NM wird dabei an das System und das verwendete Bussystem angepasst, um somit die Ressourcen des Systems optimal nutzen zu können.

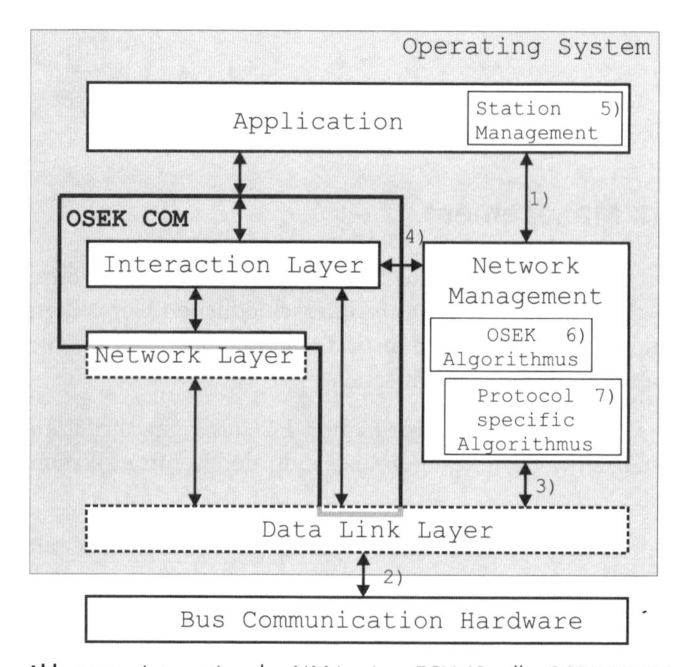

Abb. 5.22: Integration des NM in einer ECU (Quelle: OSEK/VDX Specification)

Die in der Abbildung 5.22 verwendeten Schnittstellen und Algorithmen sind:

1. API, definiert durch OSEK
2. Mehrere Busse, die in einem Mikrocontroller integriert sind oder mit ihm verbunden sind
3. Schnittstelle zum Data Link Layer (DLL). Die Schnittstelle ist für die verwendete Communication und das verwendete Protokoll spezifisch.
4. Schnittstelle zum Communication Interaction Layer
5. Station Management
6. OSEK-Algorithmen
7. Protokollspezifische Management-Algorithmen

OSEK NM

Das OSEK NM stellt u.a. eine Schnittstelle (API) zur Anwendung, Algorithmen für die Überwachung des Busteilnehmers, eine OSEK-interne Schnittstelle (NM<->COM), Algorithmen für den Wechsel des Busteilnehmers in den »Sleep«-Mode und eine *NM Protocol Data Unit* (NMPDU) zur Verfügung.

Anpassungen an die Bus-spezifischen Anforderungen

Es können Anpassungen an unterschiedliche Bussysteme, wie z.B. CAN, VAN, J1850, K-BUS, D2B usw. vorgenommen werden. Das NM ist somit prinzipiell unabhängig vom verwendeten Bussystem. Es muss eine Fehlerbehandlung, wie z.B. für »Bus off« oder Übertragungsfehler, realisiert sein.

Ferner muss die Interpretation von Statusinformationen, wie z.B. Overrun, möglich sein.

Anpassungen an Ressourcen der ECU

Das NM ist für die jeweiligen Anforderungen skalierbar. Die Anwendung kann die NM-Services entsprechend der Anforderungen nutzen.

Anpassungen an Hardware-spezifische Anforderungen

Anpassung an die Protokolleinheit innerhalb des Mikrocontrollers und der Physical-Layer-Einheit, um z.B. die Hardware in einen Power-Save-Betrieb zu setzen.

Philosophie der Überwachung von Teilnehmern der Kommunikation

Die Überwachung informiert die Anwendung über die vorhandenen Teilnehmer im Netzwerk. Die Anwendung kann prüfen, welche Funktionen von den einzelnen Teilnehmern bereitgestellt werden und welche Teilnehmer sich im Netzwerk befinden.

5.2.1 Direkt-Netzwerkmanagement

OSEK NM unterstützt die Direkt- und die Indirekt-Netzwerkmanagement-Kommunikation. Ein Teilnehmer im Netzwerk, ein Knoten, ist eine logische Einheit, auf die durch die Kommunikation ein Zugriff ermöglicht wird. Ein Mikrocontroller, der über zwei Kommunikationsmodule verfügt und damit mit unterschiedlichen Kommunikationsmedien verbunden wird, z.B. *CAN HIGH speed* und *CAN LOW speed*, repräsentiert aus der Sicht von OSEK zwei unterschiedliche logische Knoten.

Die NM-Kommunikation kontrolliert das Netzwerk mit einer minimalen Belastung des Busses und geringer Nutzung von Ressourcen des Mikrocontrollers.

Jeder Knoten, der aktiv ist, überwacht jeden anderen Knoten im Netzwerk. Dafür sendet der überwachende Knoten eine NM-Nachricht nach den vorgegebenen Algorithmen. Die NM-Nachrichten werden dafür netzwerkweit synchronisiert. Für die Synchronisation wird ein logischer Ring verwendet.

Die Kommunikation des logischen Rings ist dabei unabhängig von der Struktur des Netzwerks. Jedem Knoten im Netzwerk wird ein Nachfolger zugeordnet. Der logische erste Knoten ist der Nachfolger für den logischen letzten Knoten des logischen Rings, der dadurch geschlossen wird.

Die Kommunikationssequenz auf dem lokalen Ring synchronisiert die NM-Kommunikation. Es findet eine dezentrale Kontrolle statt, die durch NM-Nachrichten sichergestellt wird. Die dadurch erzeugte Buslast ist fest definiert und somit für das gesamte System kalkulierbar. Jeder Knoten des Systems muss in der Lage sein, NM-Nachrichten an jeden anderen Knoten des Systems senden zu können und jede Nachricht empfangen zu können. Abbildung 5.28 zeigt ein System mit zwei Bussen und den logischen Ring.

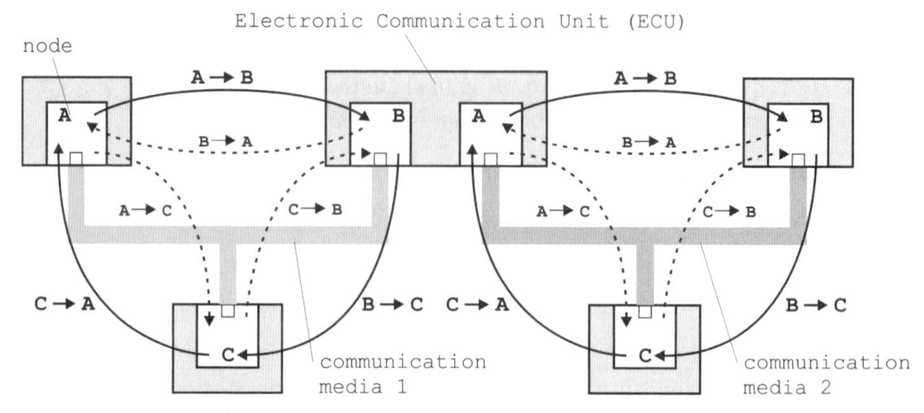

Abb. 5.23: Struktur des NM (logischer Ring) mit zwei Bussen (Quelle: OSEK/VDX Specification)

Das Direkt-Netzwerkmanagement sendet und empfängt zwei Typen von Nachrichten, mit denen ein logischer Ring aufgebaut und verwaltet wird. Ein neuer Knoten teilt mit der *Alive Message* mit, dass sich ein neuer Sender im logischen Ring befindet, während eine *Ring Message* verantwortlich für die laufende Synchronisierung des logischen Rings ist. Diese Message wird von einem Knoten zum nächsten weitergereicht.

Receive Alive Message	Der Sender registriert sich in dem logischen Ring.
Receive Ring Message	Ein senderspezifisches Signal, um anzuzeigen, dass er noch lebt. Es leitet die Synchronisation des NM gemäß den logischen Ring-Algorithmen ein.
Time-out on Ring Message	Zeigt an, dass der Sender unterbrochen wurde.

Ein Knoten, der einen anderen Knoten überwacht, kann zwei Zustände des überwachten Knotens unterscheiden:

Knoten vorhanden	NM-spezifische Message empfangen (*Alive Message* oder *Ring Message*).
Knoten nicht vorhanden	NM-spezifische Message innerhalb des vorgegebenen Timeouts nicht empfangen.

Der überwachte Knoten kann selber zwei unterschiedliche Zustände einnehmen:

Knoten vorhanden oder nicht stumm	NM-spezifische Message gesendet (*Alive Message* oder *Ring Message*).
Knoten nicht vorhanden oder stumm	NM-spezifische Message innerhalb des vorgegebenen Timeouts nicht gesendet.

Der Status der Knoten im Netzwerk wird in gleichmäßigen Intervallen erfasst und bewertet. Um dies zu ermöglichen, müssen alle Knoten über das NM kommunizieren. Die NM-Kommunikation ist unabhängig von dem Underlying-Layer-Bus-Protokoll. Jeder Knoten kann unidirektional unter Verwendung von Adressen mit jedem anderen Knoten des Netzwerks kommunizieren. Dafür wird eine individuelle und eine Gruppen-Adressierung der Knoten erforderlich.

Eine Kommunikation zwischen Sender und Empfänger erfordert eine eindeutige Adressierung. Deshalb verfügt jeder Knoten über eine eindeutige Adresse innerhalb des gesamten Netzwerks.

Bei jeder Kommunikation, die eine eindeutige Adresse erfordert, enthält die Message Daten, die eine eindeutige Identifizierung des Senders und des Empfängers ermöglichen. Das OSEK NM legt nicht das spezifische Format fest, es ist abhängig von dem verwendeten Protokoll des Busses.

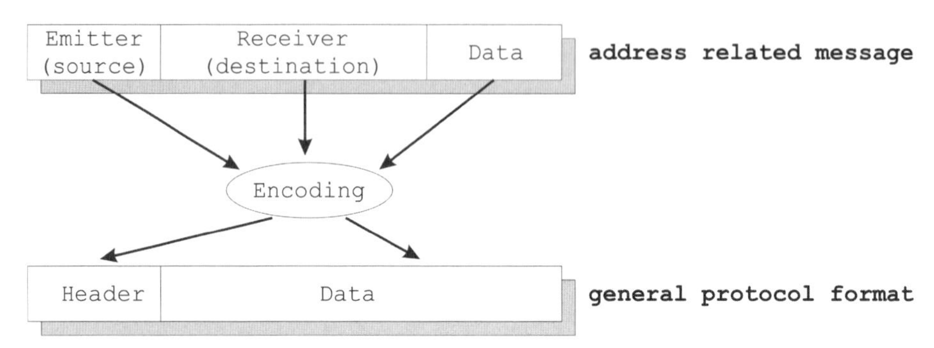

Abb. 5.24: Kodierung der NM-Kommunikation-Message in ein Protokoll-Format (Quelle: OSEK/VDX Specification)

Die individuelle Adressierung der Knoten ist als 1:1-Relation implementiert. Die Adressierung von Gruppen erfolgt als 1:k-Relation, wobei k kleiner als die Anzahl der vorhandenen Knoten im Netzwerk sein muss. Universelle Empfänger lassen sich so zu Gruppen zusammenfassen.

Eigenschaften der Knoten-Adressierung

- Jeder Knoten verfügt über eine eindeutige Adresse innerhalb des gesamten Netzwerks.
- Die Adresse des Senders und des Empfängers sind explizit in der Message enthalten.
- 1:k-Adressierung für die Adressierung von Gruppen ist implementiert.
- Alle Messages werden als Broadcast Message gesendet.
- Die Integration eines neuen Knotens in den Ring erfordert keine Mitteilung von den existierenden Knoten.

Das NM unterstützt den Datenaustausch zwischen Anwendungen durch die Infrastruktur des logischen Rings. Während der Zeitspanne zwischen dem Empfang und dem Senden der Ring-Message ist die Anwendung in der Lage, die Daten zu verändern. Die empfangenden Messages werden in einem Datenpuffer abgelegt und stehen der Anwendung zur Verfügung, während die zu sendenden Daten aus dem Datenpuffer gelesen werden und in das Datenfeld der NM-Message eingetragen werden, um im nächsten Zyklus gesendet zu werden. Abbildung 5.30 zeigt den prinzipiellen Ablauf.

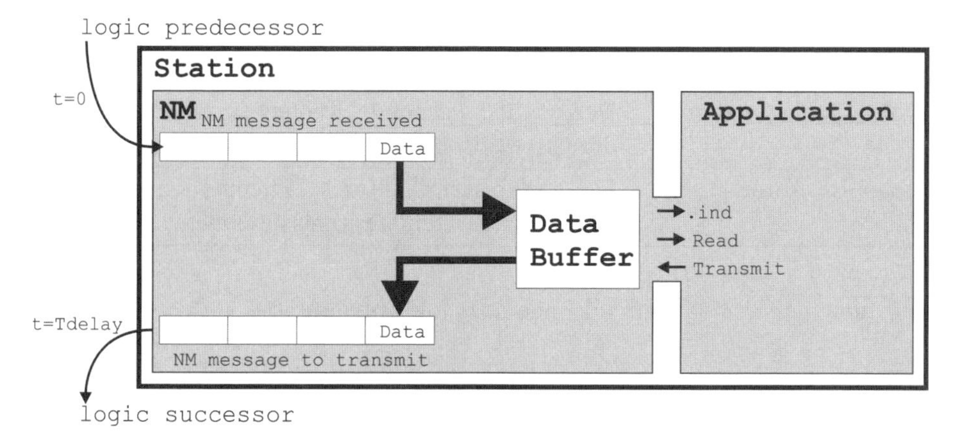

Abb. 5.25: Mechanismus zum Übertragen von Daten zum bzw. vom logischen Ring (Quelle: OSEK/VDX Specification)

Es werden folgende Standard-Funktionalitäten bereitgestellt:

- Die Initialisierung wird nach jedem Systemstart (*Kaltstart*) durchgeführt. Es ist eine Timer-Funktion erforderlich, die vom Betriebssystem oder der Kommunikationshardware durch die Data-Link-Layer-Schnittstelle zur Verfügung gestellt werden muss.
- Bevor das System beendet wird, durch Aufruf einer Funktion oder automatisch, kann das NM ein Shutdown durchführen, um die Netzwerkhistorie für einen neuen Systemstart zu speichern.
- Das NM kann individuelle Parameter, wie z.B. Timeouts, Knoten-Identifikationen und, falls erforderlich, die Nummern der Hardware- und Softwareversionen handhaben.

5.2.2 Indirekt-Netzwerkmanagement

Je nach den Aspekten des Systemdesigns kann das Direkt-Netzwerkmanagement nur schwer oder überhaupt nicht umsetzbar sein. Das trifft vor allem auf sehr einfache oder zeitkritische Systeme zu. Das Netzwerkmanagement basiert dabei auf der Verwendung von überwachten Messages der Anwendung. Die indirekte Überwachung ist auf Knoten begrenzt, die hauptsächlich periodische Messages senden.

Ist dies der Fall, wird von dem zu überwachenden Knoten eine periodisch gesendete Message ausgesucht, die von mindestens einem anderen Knoten überwacht wird. Knoten, die normalerweise keine periodischen Messages senden und trotzdem überwacht werden sollen, müssen eine periodische Message für die Überwachung bereitstellen.

Der zu überwachende Knoten kann folgende Zustände annehmen:

Knoten ist nicht stumm	Der zu überwachende Knoten sendet die anwendungsspezifischen Messages.
Knoten ist stumm	Es wurden innerhalb des Timeouts keine anwendungsspezifischen Messages gesendet.

Der Empfänger-Knoten kann folgende Zustände annehmen:

Knoten ist vorhanden	Anwendungsspezifische Messages empfangen.
Knoten ist nicht vorhanden	Anwendungsspezifische Messages innerhalb des Timeouts nicht empfangen.

Kapitel 6

Design Patterns

In diesem Kapitel wird anhand einiger Beispiele die Lösung von Standardproblemen aufgezeigt. Dazu gehören die Realisierung von zyklischen Tasks, das Warten auf Ereignisse, der Datenaustausch über »shared memory« und die Realisierung von Service Tasks, die zur Strukturierung der Anwendung dienen.

Es wird gezeigt, wie die Wait-Funktionalität realisiert werden kann, die im OSEK/VDX-Standard nicht zur Verfügung gestellt wird.

Zum Abschluss werden Möglichkeiten gezeigt, wie CAN-Messages effizient verteilt werden können und ein Watchdog und ein EEPROM-Handler unter Verwendung von OSEK/VDX realisiert werden können.

6.1 Zyklische Tasks

Um zyklische Tasks, das sind Tasks, die in einem regelmäßigen Intervall aktiviert werden, zu realisieren, stehen folgende Möglichen zur Verfügung:

- Die direkte Koppelung des Tasks mit einem Alarm
- Es wird bei Ablauf eines Alarms ein Event erzeugt, das zum Aktivieren des Tasks führt.

Im ersten Beispiel erfolgt eine direkte Koppelung von Task und Alarm. Wichtig ist dabei, dass der Task entweder ein

1. Autorun-Task ist, er wird durch das Betriebssystem aktiviert, oder
2. innerhalb eines Init-Tasks aktiviert wird oder
3. durch einen beliebigen anderen Task aktiviert wird.

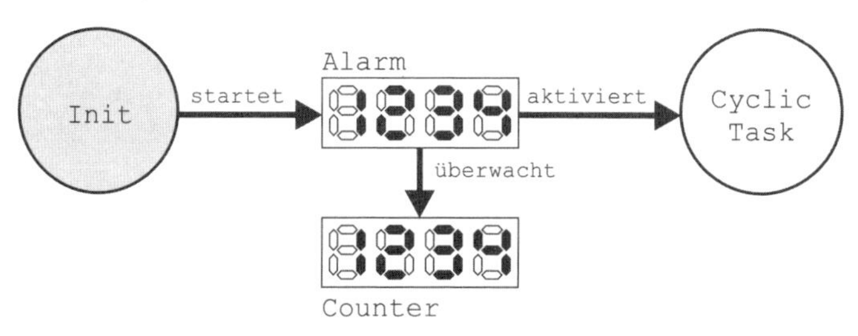

Abb. 6.1: Zyklischer Task

Quelle: 3SOFT Schulungsunterlagen

```
TASK(CycleTask)
{
  static bool theFirstCycleFlag = true;

  if(theFirstCycleFlag == true) {
    /*--- Initialisieren des Alarms */
    SetRelAlarm(CycleTaskAlarm, 100, 100);
    theFirstCycleFlag = false;
  }
  /*--- ab hier wird die zyklische Funktionalitaet
        umgesetzt */
  TerminateTask();
}
```

In der zweiten Variante wird der Task nicht direkt, sondern durch ein Event aktiviert. Es besteht somit die Möglichkeit, den Task durch weitere andere Events zu aktivieren.

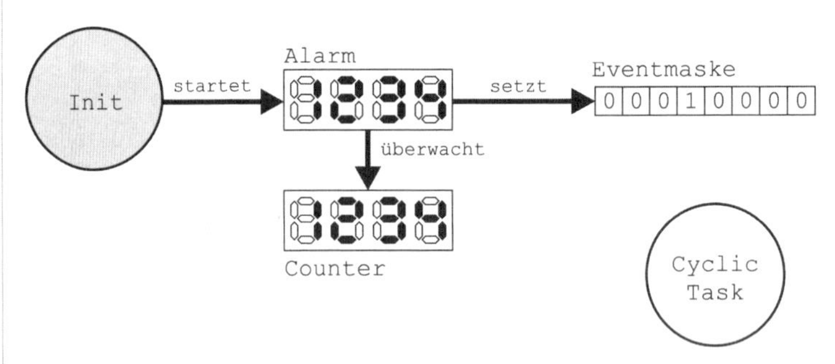

Abb. 6.2: Zyklischer Task durch Events

Das nächste Beispiel zeigt, wie ein zyklischer Task realisiert werden kann, der auf Events reagiert, die durch einen Alarm erzeugt werden. Die Zuordnung, welches Event der Alarm bei Ablauf der festgelegten Zeitspanne erzeugt, erfolgt in der OIL-Datei. Wichtig ist, dass der Task entweder ein

1. Autorun-Task ist, er wird durch das Betriebssystem aktiviert, oder
2. innerhalb eines Init-Tasks aktiviert wird oder
3. durch einen beliebigen anderen Task aktiviert wird.

```
TASK(CycleTask)
{
  /*--- Initialisieren des Alarms */
```

Quelle: 3SOFT Schulungsunterlagen

```
  SetRelAlarm(CycleTaskAlarm, 100, 100);

  while(true) {
    WaitEvent(CycleEvent);
    ClearEvent(CycleEvent);

    /*--- ab hier wird die zyklische Funktionalitaet
          umgesetzt */
  }
  TerminateTask();
}
```

6.2 Warten auf Events

Eine wesentliche Möglichkeit, Tasks miteinander zu synchronisieren, besteht durch das Senden und Empfangen von Ereignissen, den Events. Ereignisse können vielfältigen Ursprungs sein. Ein Ereignis kann u.a. der Ablauf eines Alarms, das Ändern eines Portzustands oder z.B. das Empfangen einer CAN-Message sein.

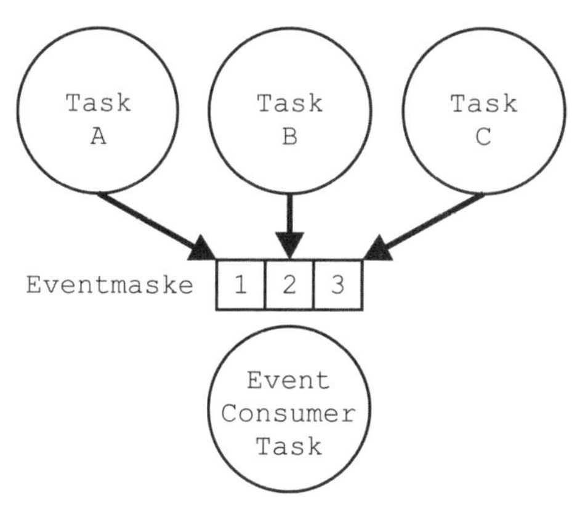

Abb. 6.3: Task, der auf Events wartet

Das nächste Listing zeigt einen Task, der auf drei unterschiedliche Events reagieren kann. Jedem Event ist immer eine entsprechende Bearbeitungsfunktion zugeordnet.

```
TASK(EventConsumerTask)
{
  EventMaskType theEventMask;
  while(true) {
    /*--- Es wird auf Events gewartet und die
```

Quelle: 3SOFT Schulungsunterlagen

```
        Kontrolle an das Betriebssystem zurueckgegeben
        (Point of Rescheduling) */
    WaitEvent(MyEvent1 | MyEvent2 | MyEvent3);
    /*--- Eins der Events ist empfangen worden. Der
        Task erhaelt die Kontrolle und arbeitet
        seinen Programmcode ab. Mit GetEvent() wird
        die Eventmaske des Tasks gelesen
        und anschliessend mit ClearEvent() geloescht.
        In der lokalen Variablen theEventMask befinden
        sich weiterhin die empfangenen Events. */
    GetEvent(EventConsumrTask, &theEventMask);
    ClearEvent(theEventMask);

    if(theEventMask & MyEvent1) {
      /*--- Funktion fuer das Event MyEvent1 */
    }

    if(theEventMask & MyEvent2) {
      /*--- Funktion fuer das Event MyEvent2 */
    }

    if(theEventMask & MyEvent3) {
      /*--- Funktion fuer das Event MyEvent3 */
    }
  }
  TerminateTask();
}
```

Im nächsten Beispiel wartet der Task auf eine bestimmte Kombination von Events. Die Reihenfolge des Auftretens der Events ist nicht von Bedeutung. Jeder Event-Kombination ist eine Bearbeitungsfunktion zugeordnet. Das Listing zeigt das Vorgehen:

```
TASK(EventConsumerTask)
{
  EventMaskType theEventMask;
  EventMaskType theSavedMask;
  while(true) {
    /*--- Es wird auf Events gewartet und die
          Kontrolle an das Betriebssystem zurueckgegeben
          (Point of Rescheduling) */
    WaitEvent(MyEvent1 | MyEvent2 | MyEvent3);
```

Quelle: 3SOFT Schulungsunterlagen

```
    /*--- Eins der Events ist empfangen worden. Der
          Task erhaelt die Kontrolle und arbeitet
          seinen Programmcode ab. Mit GetEvent() wird
          die Eventmaske des Tasks gelesen
          und anschliessend mit ClearEvent() geloescht.
          In der lokalen Variablen theEventMask befinden
          sich weiterhin die empfangenden Events. */
    GetEvent(EventConsumerTask, &theEventMask);
    ClearEvent(theEventMask);
    /*--- Neue Events in der theSavedMask eintragen */
    theSavedMask = theSavedMask | theEventMask;
    /*--- Auswerten der empfangenen Events */
    if((theSavedEvents & MyEvent1)
       && (theSavedEvents & MyEvent2)) {
      /*--- Loeschen der Events aus der theSavedMask */
      theSavedEvents
        = theSavedEvents & ~(MyEvent1 | MyEvent2);
      /*--- Funktion fuer die Kombination der Events
            MyEvent1 u. MyEvent2 */
    }
    if((theSavedEvents & MyEvent1)
       && (theSavedEvents & MyEvent3)) {
      /*--- Loeschen der Events aus der theSavedMask */
      theSavedEvents
        = theSavedEvents & ~(MyEvent1 | MyEvent3);
      /*--- Funktion fuer die Kombination der Events
            MyEvent1 u. MyEvent3 */
    }
  }
  TerminateTask();
}
```

Das folgende Listing zeigt ebenfalls, wie auf eine bestimmte Kombination von Events gewartet werden kann. Es wird dabei auf zwei unterschiedliche Kombinationen von Events gewartet: »`MyEvent1` und `MyEvent2`« und »`MyEvent1` und `MyEvent3`«. Die beiden Kombinationen sind in den statischen Konstanten `theCombinedEventsA` und `theCombinedEventsA` gespeichert. Eine Bearbeitung der Programmabschnitte erfolgt somit immer nur dann, wenn beide Events für die Erfüllung der erforderlichen Kombination aufgetreten sind.

In der Variablen Variablen `theWaitMask` werden alle Events gespeichert die auftreten können, hier `MyEvent1`, `MyEvent2` und `MyEvent3`.

```
TASK(EventConsumerTask)
{
  /*--- Definition der Kombinationen der Events */
  static const EventMaskType theCombinedEventsA
    = MyEvent1 | MyEvent2;
  static const EventMaskType theCombinedEventsB
    = MyEvent1 | MyEvent3;

  EventMaskType theEventMask;
  EventMaskType theWaitMask
    = MyEvent1 | MyEvent2 | MyEvent3;
  while(true) {
    /*--- Es wird auf Events gewartet und die
          Kontrolle an das Betriebssystem zurueckgegeben
          (Point of Rescheduling) */
    WaitEvent(theWaitMask);
    /*--- Eins der Events ist empfangen worden. Der
          Task erhaelt die Kontrolle und arbeitet
          seinen Programmcode ab. Mit GetEvent() wird
          die Eventmaske des Tasks gelesen
          und anschliessend mit ClearEvent() geloescht.
          In der lokalen Variablen theEventMask befinden
          sich weiterhin die empfangenen Events. */
    GetEvent(EventConsumerTask, &theEventMask);
    theWaitEvent ^= theEventMask;
    if((~theWaitEvent) & theCombinedEventsA) {
      ClearEvent(theCombinedEventsA);
      /*--- Funktion fuer die Kombination der Events
            MyEvent1 u. MyEvent2 */
    }
    if((~theWaitEvent) & theCombinedEventsB) {
      ClearEvent(theCombinedEventsB);
      /*--- Funktion fuer die Kombination der Events
            MyEvent1 u. MyEvent3 */
    }
  }
  TerminateTask();
}
```

Quelle: 3SOFT Schulungsunterlagen

Das letzte Beispiel zeigt, wie ein Task auf alle Events wartet und wie erst dann eine Funktion aufgerufen wird, um die gewünschte Aktion auszuführen:

```
DeclareTask(EventConsumerTask);
DeclareEvent(MyEvent1);
DeclareEvent(MyEvent2);
DeclareEvent(MyEvent3);

TASK(EventConsumerTask)
{
  /*--- Erwartete Events, die zum Ausfuehren der
        Funktion fuehren. */
  EventMaskType theExpectedMask
    = MyEvent1 | MyEvent2 | MyEvent3;
  EventMaskType theEventMask;

  for(;;) {
    WaitEvent(theExpectedMask);
    GetEvent(EventConsumerTask, &theEventMask);
    ClearEvent(theEventMask);
    theExpectedMask ^= theEventMask;

    if(theExpectedMask == 0 ) {
      /*--- Funktion aufrufen */
      theExpectedMask = MyEvent1 | MyEvent2 | MyEvent3;
    }
  }
  TerminateTask();
}
```

Quelle: 3SOFT Schulungsunterlagen

6.3 Datenaustausch über shared memory

Für den Austausch von Daten zwischen verschiedenen Tasks stehen verschiedene Mechanismen zur Verfügung. Zum einen besteht die Möglichkeit, den Austausch der Daten über die Nutzung von Betriebssystemmitteln, den Ressourcen, zu realisieren und zum anderen über einen gemeinsam genutzten Speicherbereich.

Abbildung 6.4 zeigt, wie eine Realisierung mit der Nutzung des Betriebssystemmittels Ressource aussieht.

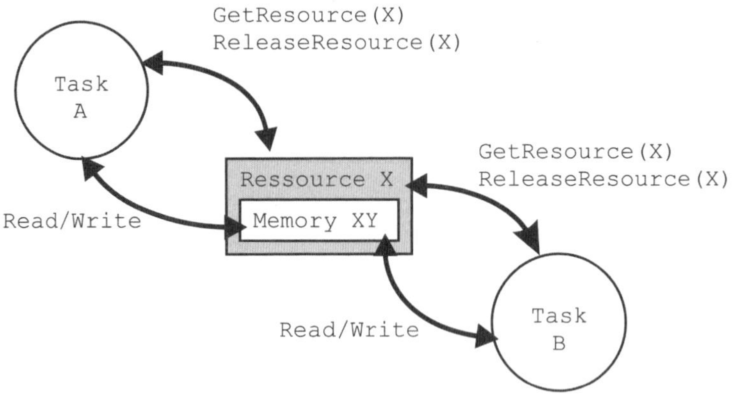

Abb. 6.4: Datenaustausch mit Ressourcen

Das folgende Listing zeigt beispielhaft, wie die Nutzung von Ressourcen realisiert werden kann.

```
DeclareTask(A);
DeclareTask(B);
DeclareResource(ResA);

TASK(A) {
  GetResource(ResA);
  /*--- Zugriff auf den Speicher */
  ReleaseResource(ResA);
  ...
  TerminateTask();
}

TASK(B) {
  GetResource(ResA);
  /*--- Zugriff auf den Speicher */
  ReleaseResource(ResA);
  ...
  TerminateTask();
}
```

Quelle: 3SOFT Schulungsunterlagen

Das Kapseln der Zugriffe auf den Speicher erfolgt durch die OSEK/VDX-Funktionen `GetResource()` und `ReleaseResource()`.

Abbildung 6.5 zeigt eine andere Variante zum Austausch von Daten zwischen unterschiedlichen Tasks. Hierbei wird auf die Verwendung von Ressourcen verzichtet. Es muss allerdings berücksichtigt werden, dass die beiden Tasks A und B non preemptive und mit unterschiedlichen Prioritäten definiert sein müssen.

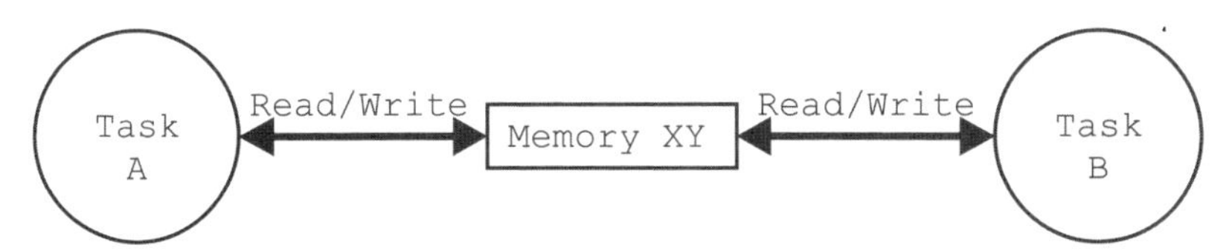

Abb. 6.5: Datenaustausch zwischen zwei Tasks

6.4 Service Task

Ein Service Task stellt Dienste für mehrere Tasks zur Verfügung. Er dient zur Strukturierung der Anwendung und kann in unterschiedlichen Umfeldern eingesetzt werden. Service Tasks können z.B. I/O-Kanäle verkapseln oder als Treiber für ein EEPROM dienen.

Abbildung 6.6 zeigt die Architektur des Service Tasks.

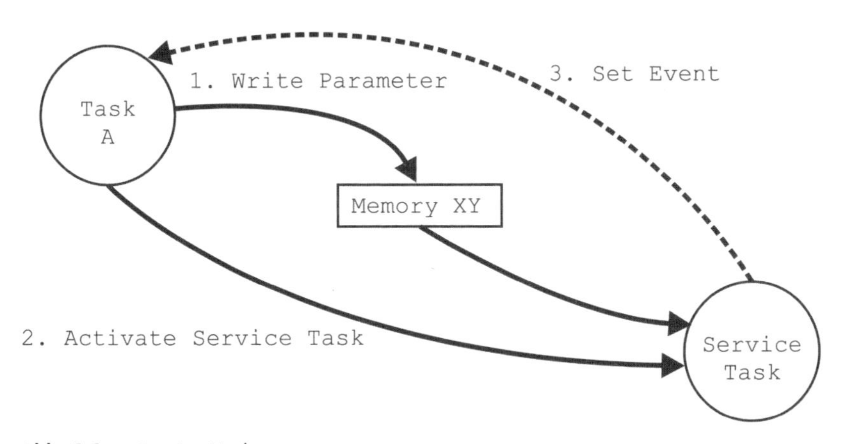

Abb. 6.6: Service Task

Abbildung 6.7 zeigt den Service Task mit einem UML-Aktivitätsdiagramm dargestellt, wobei eine Aktivität mit einem Task gleichgesetzt wird.

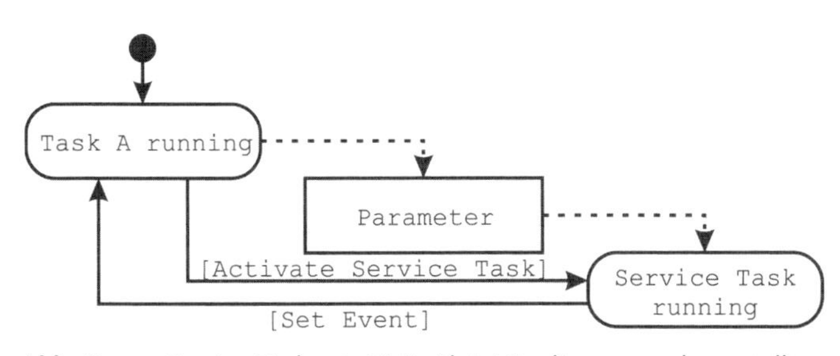

Abb. 6.7: Service Task mit UML-Aktivitätsdiagramm dargestellt

Quelle: 3SOFT Schulungsunterlagen

Das folgende Listing zeigt eine Umsetzung:

```
DeclareTask(UserTask);
DeclareTask(ServiceTask);
DeclareEvent(SeviceEndEvent);

/*--- Globaler Speicher fuer Parameter und Ergebnisse
      der Service Tasks */
char g_Param;
char g_Result;

TASK(UserTask)
{
  ...
  g_Param = 42;
  ActivateTask(ServiceTask);
  WaitEvent(ServiceEndEvent);
  ClearEvent(ServiceEndEvent);
  ...
}

TASK(ServiceTask)
{
  /*--- Berechnung des Ergebnisses */
  g_Result = (g_Param + 4) / 2;
  SetEvent(UserTask, ServiceEndEvent);
  TerminateTask();
}
```

6.5 Wait-Funktionalität

Im OSEK/VDX-Standard wird keine direkte Wait-Funktionalität bereitgestellt. In Abbildung 6.8 wird gezeigt, wie diese Funktionalität durch das Nutzen von Alarmen und Events nachgebildet werden kann.

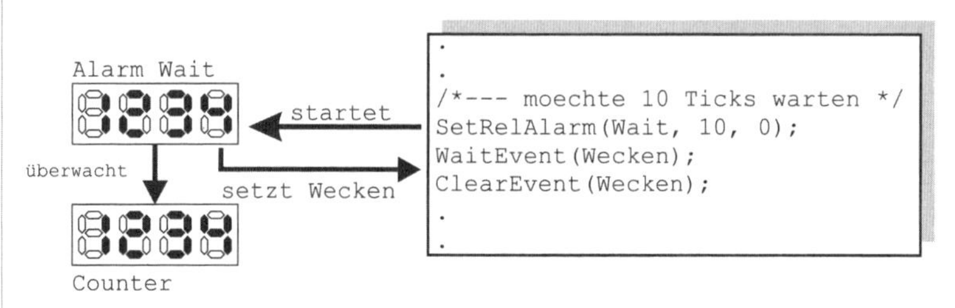

Abb. 6.8: Nachbilden der Wait-Funktionalität

Quelle: 3SOFT Schulungsunterlagen

6.6 Verteilen von CAN-Messages

Das *Controller Area Network* (CAN) wird in der Automation und in der Kraftfahrzeugtechnik vielseitig eingesetzt. Es handelt sich dabei um ein ereignisorientiertes Protokoll. Es werden nur Nachrichten gesendet, wenn neue Daten zur Verfügung stehen. Dabei besitzt jede Nachricht eine Adresse, den *Identifier*, der zur eindeutigen Identifizierung der Nachricht dient.

Moderne Mikrocontroller verfügen über CAN-Module, die häufig über mindestens einen Akzeptanzfilter verfügen. Diese Filter sind in Hardware realisiert und prüfen, ob der empfangende Identifier für das Gerät/den Mikrocontroller bestimmt ist. Ist dies der Fall, wird ein Interrupt erzeugt und die damit verknüpfte Funktion aufgerufen. Abbildung 6.9 zeigt ein Konzept, das mit OSEK/VDX realisiert wird. Hierbei wird das System so konfiguriert, dass der Empfang einer Nachricht mit dem korrekten Identifier zum Aktivieren des CAN-Tasks führt. Dieser übernimmt dann das Verteilen der Daten durch Messages.

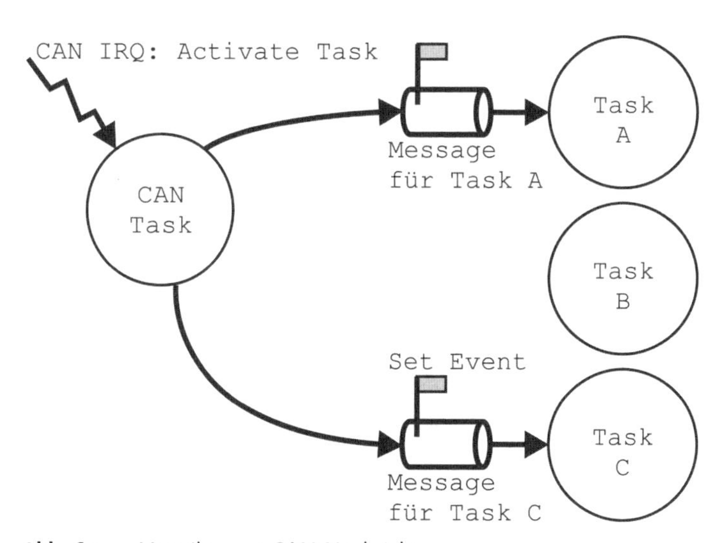

Abb. 6.9: Verteilen von CAN-Nachrichten

Quelle: 3SOFT Schulungsunterlagen

Das folgende Listing zeigt eine mögliche Realisierung des CAN-Tasks.

```
DeclareTask(A);
DeclareTask(B);
DeclareTask(C);
DeclareTask(CANTask);

TASK(CANTask)
{
```

```
    /*--- Ermitteln, welche Mailbox den IRQ ausgeloest
          hat, abhaengig davon wird die Nachricht fuer
          Task A oder B gesendet. */
    switch(MailboxNr) {
      case 1: SendMessage(MailboxA, Data); break;
      case 2: SendMessage(MailboxC, Data); break;
    }
    TerminateTask();
}

/*--- Beispiel, wie Task C auf ein Event wartet */
TASK(C)
{
    .
    .
    WaitEvent(SendMessageC);
    ReceiveMessage(MailBoxC, &theData);
    .
    .
}
```

6.7 Watchdog

Der *Watchdog* dient zur Überwachung des Systems. Die Watchdog-Hardware muss dabei zyklisch bedient werden. Die Bedienung darf nur erfolgen, wenn das System ordnungsgemäß arbeitet. *Ordnungsgemäß arbeiten* bedeutet in diesem Zusammenhang, dass die Programmteile innerhalb eines bestimmten Zeitfensters ihre Aufgabe abgearbeitet haben müssen. Ist dies nicht der Fall, wird von einem schweren Fehler ausgegangen und die Watchdog-Hardware führt einen harten Reset des Systems durch.

Das Problem liegt in der richtigen Anordnung der Bedienung des Watchdogs. Ein Ansatz besteht darin, dass die zu überwachenden Tasks bzw. Funktionen einen Watchdog-Task triggern. Der Watchdog-Task prüft anhand von aktuellen Zählerständen und den Vorgaben aus dem ROM, ob das Triggern der Watchdog-Hardware erfolgen kann.

Der wesentliche Vorteil des Konzepts ist die einfache Erweiterbarkeit. Abbildung 6.10 zeigt die Softwarestruktur des Watchdog-Konzepts.

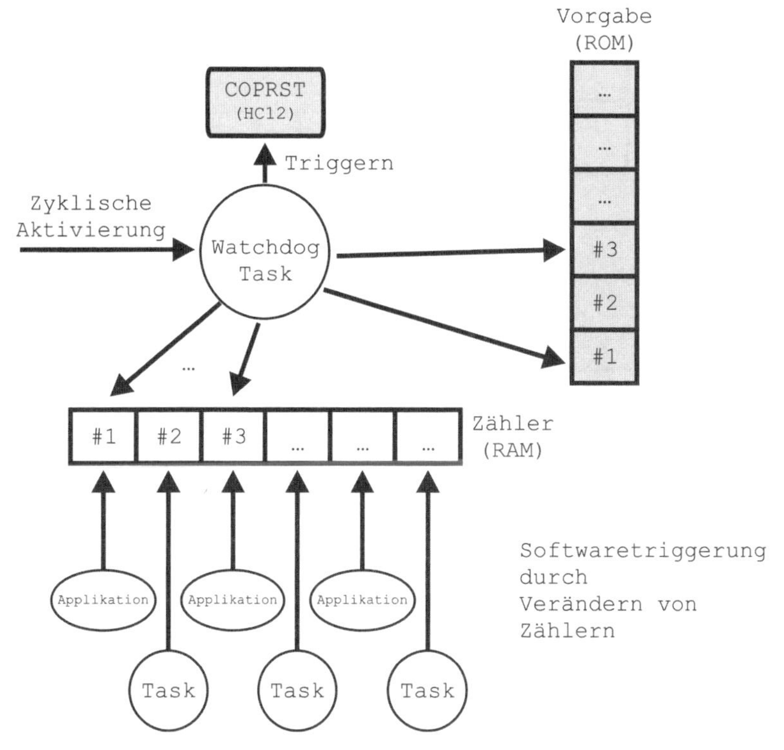

Abb. 6.10: Watchdog-Konzept

6.8 EEPROM-Handler

Das EEPROM dient zum Ablegen von Parametern und z.B. Diagnose-Daten. Diese Daten werden nicht flüchtig abgespeichert, das heißt, sie gehen auch nach Abschalten der Versorgungsspannung nicht verloren. Das EEPROM verfügt über erheblich höhere Zugriffszeiten insbesondere beim Schreiben als externes oder internes RAM. Die Zeitspanne, bis Daten in das EEPROM gespeichert bzw. gelesen sind, kann mehrere Millisekunden betragen.

Da Mikrocontroller nicht auf das Beenden der Schreibzugriffe warten sollten – 10 ms sind für einen modernen Mikrocontroller bereits eine große Zeitspanne –, wird ein Konzept mit einem Ringpuffer und einem zyklischen EEPROM-Task verwendet, der alle 10 ms aufgerufen wird. Der EEPROM-Task liest aus dem Write-Request-Buffer die Daten, die im EEPROM abgelegt werden sollen, und startet dann den Schreibalgorithmus für das EEPROM. In einem Fast-Read-RAM-Buffer werden die Daten für schnelle Lesezugriffe durch die Anwendung gespiegelt. Abbildung 6.11 zeigt das Konzept.

Quelle: 3SOFT Schulungsunterlagen

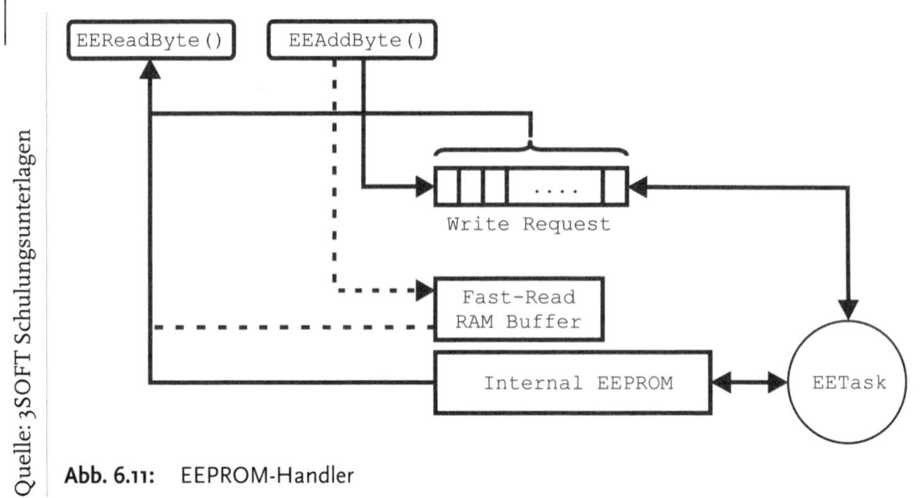

Abb. 6.11: EEPROM-Handler

Kapitel 7

OSEK-OS-API[1]

Die API (Application Programmers Interface) ist die Schnittstelle, die dem Anwendungsprogrammierer zur Verfügung gestellt wird, um die Funktionen des Betriebssystems nutzen zu können. OSEK verlangt zwingend 38 API-Funktionen. Je nach Implementierung sind weitere herstellerabhängige Funktionen möglich.

Tabelle 7.1 listet alle API-Funktionen auf und zeigt, in welcher Situation (x) sie aufgerufen werden können[2].

Funktion	Task	ISR-Kategorie 1	ISR-Kategorie 2	Error-Hook	Pre-Task-Hook	Post-Task-Hook	Start-up-Hook	Shutdown-Hook	Alarm-Callback
ActivateTask	x	-	x	-	-	-	-	-	-
TerminateTask	x	-	-	-	-	-	-	-	-
ChainTask	x	-	-	-	-	-	-	-	-
Schedule	x	-	-	-	-	-	-	-	-
GetTaskID	x	-	x	x[3]	x	x	-	-	-
GetTaskState	x	-	x	x	x	x	-	-	-
DisableAllInterrupts	x	x	x	-	-	-	-	-	-
EnableAllInterrupts	x	x	x	-	-	-	-	-	-
SuspendAllInterrupts	x	x	x	x	x	x	-	-	x
ResumeAllInterrupts	x	x	x	x	x	x	-	-	x
SuspendOSInterrupts	x	x	x	-	-	-	-	-	-
ResumeOSInterrupts	x	x	x	-	-	-	-	-	-
GetResource	x	-	x	-	-	-	-	-	-
ReleaseResource	x	-	x	-	-	-	-	-	-
SetEvent	x	-	x	-	-	-	-	-	-
ClearEvent	x	-	-	-	-	-	-	-	-

Tabelle 7.1: Aufrufrestriktionen der API-Funktionen

1 Dies ist partiell eine inoffizielle Übersetzung der offiziellen OSEK/VDX Specification, siehe S. 14
2 Funktionsbeschreibungen in diesem Kapitel beruhen teilweise auf 3SOFT-Schulungsunterlagen
3 Es kann vorkommen, dass sich kein Task im Zustand RUNNING befindet. In diesem Fall wird von der API-Funktion der Status ID_INVALID_TASK zurückgegeben.

Funktion	Task	ISR-Kategorie 1	ISR-Kategorie 2	Error-Hook	Pre-Task-Hook	Post-Task-Hook	Start-up-Hook	Shutdown-Hook	Alarm-Callback
GetEvent	x	-	x	x	x	x	-	-	-
WaitEvent	x	-	-	-	-	-	-	-	-
GetAlarmBase	x	-	x	x	x	x	-	-	-
GetAlarm	x	-	x	x	x	x	-	-	-
SetRelAlarm	x	-	x	-	-	-	-	-	-
SetAbsAlarm	x	-	x	-	-	-	-	-	-
CancelAlarm	x	-	x	-	-	-	-	-	-
GetActiveApplicationMode	x	-	x	x	x	x	x	x	-
StartOS	-	-	-	-	-	-	-	-	-
ShutdownOS	x	-	x	x	-	-	x	-	-

Tabelle 7.1: Aufrufrestriktionen der API-Funktionen (Forts.)

7.1 Allgemeine Datentypen

OSEK stellt für die unterschiedlichen API-Funktionen Datentypen zur Verfügung.

StatusType

Fast alle API-Funktionen liefern ein Resultat (Return-Wert) zurück. Das Resultat einer API-Funktion ist vom Typ `StatusType` und gibt Aufschluss über den aufgetretenen Fehler. Konnte eine API-Funktion fehlerfrei durchgeführt werden, wird E_OK (emtspricht 0) zurückgegeben. Bei der Rückgabe eines Fehlerwerts können die veränderten Parameter ungültig sein.

Hinweis: Die im Folgenden angegebenen Rückgabewerte beziehen sich auf den extended Mode.

Folgende Fehlercodes können die API-Funktionen zurückliefern:

- E_OS_ACCESS= 1
- E_OS_CALLEVEL= 2
- E_OS_ID= 3
- E_OS_LIMIT= 4
- E_OS_NOFUNC= 5

- E_OS_RESOURCE= 6
- E_OS_STATE= 7
- E_OS_VALUE= 8

Während der Initialisierung des Betriebssystems stehen folgende Fehlercodes zur Verfügung:

- E_OS_SYS_STACK
- E_OS_SYS_PARITY

7.2 Task-Verwaltung

Es werden alle in OSEK/VDX zur Verfügung gestellten Datentypen und API-Funktionen beschrieben.

7.2.1 Datentypen

Für die Verwendung der API-Funktionen für die Task-Verwaltung werden folgende Datentypen zur Verfügung gestellt:

TaskType

Typ der Task-Objekte (sowohl Basic als auch extended) zum eindeutigen Identifizieren der Tasks.

TaskRefType

Referenz auf ein Objekt vom Typ `TaskType` (`TaskType *`). Der Datentyp wird praktisch nur bei Prototypen verwendet.

TaskStateType

Typ für Objekte, die einen Zustand eines Tasks beschreiben. Objekte vom Typ `TaskStateType` können die Werte der Konstanten

- RUNNING
- WAITING
- READY
- SUSPENDED

annehmen.

TaskStateRefType

Referenz auf ein Objekt vom Typ `TaskStateType` (`TaskStateType *`). Der Datentyp wird praktisch nur bei Prototypen verwendet.

7.2.2 DeclareTask()

Deklaration eines Tasks. Die Deklaration eines Tasks ist mit der externen Deklaration in C vergleichbar. Jeder benutzte Task muss deklariert werden.

Syntax

```
DeclareTask(TaskType inTaskID);
```

Inputs

`inTaskID`: Name des Tasks, der deklariert werden soll. Der Name des Tasks ist exakt der Name, der in der OIL-Konfigurationsdatei angegeben ist.

Outputs

keine

Specification/Conformance Class

OS Conformance Classes/Call Levels

BCC1	BCC2	ECC1	ECC2	TASK	ISR
X	X	X	X	-	-

Verwendung in Hook-Funktionen

Error	Start-up	Shutdown	PreTask	PostTask
-	-	-	-	-

Beispiel

```
DeclareTask(ProducerProcess);
DeclareTask(ConsumerProcess);

TASK(ProducerProcess){
  while(1){
    /*--- Es wird auf eine Bedingung zum Senden eines
          Events gewartet. Hier darauf, dass ein
          Portpin den Wert 1 annimmt. */
    if( PORTA == 1 ){
      SetEvent( ConsumerTask, eventPORTA );
    }
  }
}
```

7.2.3 ActivateTask()

Die Funktion dient zur Aktivierung eines Tasks. Der Zustand des Tasks wechselt bei erfolgreicher Durchführung von SUSPENDED zu READY. Der Aufruf der Funktion mit dem gleichem Wert für den Parameter `inTaskID` kann zu mehrfacher Aktivierung führen, wenn dieses erlaubt ist.

Die API-Funktion ist ein »Point of Rescheduling«.

Syntax

```
StatusType ActivateTask( TaskType inTaskID );
```

Inputs

`inTaskID`: Name des Tasks, der deklariert werden soll. Der Name des Tasks ist exakt der Name, der in der OIL-Konfigurationsdatei angegeben ist.

Outputs

keine

Return

Status	Beschreibung	S	E
E_OS_ID	Ungültiger Task-Bezeichner		X
E_OS_LIMIT	Zu viele Task-Aktivierungen	X	X
E_OK	Kein Fehler	X	X

S: Standard-Status, **E**: Extended-Status

Specification/Conformance Class

OS Conformance Classes/Call Levels

BCC1	BCC2	ECC1	ECC2	TASK	ISR
X	X	X	X	X	X

Verwendung in Hook-Funktionen

Error	Start-up	Shutdown	PreTask	PostTask
-	X	-	-	-

7.2.4 TerminateTask()

Die API-Funktion dient zur Beendigung eines Tasks. Der Zustand des Tasks wechselt dabei von RUNNING nach SUSPENDED. Ein Task kann sich nur selbst in den Task-Zustand SUSPENDED versetzen, das heißt, ein laufender Task terminiert sich.

Die API-Funktion ist ein »Point of Rescheduling«.

Syntax

```
StatusType TermінteTask(void);
```

Inputs

keine

Outputs

keine

Return

Status	Beschreibung	S	E
E_OS_RESOURCE	Der Task besitzt noch nicht freigegebene Ressourcen, das Beenden des Tasks ist nicht sicher.		X
E_OS_CALLEVEL	Aufruf erfolgt aus einem Interrupt heraus.		X
E_OK	Kein Fehler	X	X

S: Standard-Status, **E**: Extended-Status

Specification/Conformance Class

OS Conformance Classes/Call Levels

BCC1	BCC2	ECC1	ECC2	TASK	ISR
X	X	X	X	X	-

Verwendung in Hook-Funktionen

Error	Start-up	Shutdown	PreTask	PostTask
-	-	-	-	-

Beispiel

Das Beispiel zeigt einen Task, der nichts anderes zu tun hat, als sich selber zu beenden, und ist somit das kürzeste gültige OSEK-Programm. Der Task wird zunächst deklariert und danach definiert.

```
DeclareTask(ProducerProcess);

Task(ProducerProcess)
{
  TerminateTask();
}
```

7.2.5 ChainTask()

Der Aufruf der Funktion beendet den laufenden Task und aktiviert den mit dem Parameter `inTaskID` angegebenen Task. Der zu aktivierende Task kann identisch mit dem gerade beendeten Task sein. Dadurch sind Selbstaktivierungen ohne Mehrfachaktivierungen erlaubt. Während des Aufrufs ist ein Wechsel des Tasks nicht möglich.

Die API-Funktion ist ein »Point of Rescheduling«.

Syntax

```
StatusType ChainTask(TaskType inTaskID);
```

Inputs

`inTaskID`: Name des Tasks, der deklariert werden soll. Der Name des Tasks ist exakt der Name, der in der OIL-Konfigurationsdatei angegeben ist.

Outputs

keine

Return

Status	Beschreibung	S	E
E_OS_ID	Ungültiger Task-Bezeichner		X
E_OS_LIMIT	Zu viele Aktivierungen des Tasks `inTaskID`. Nur verwendbar mit den Conformance Classes BCC2 und ECC2. Die Aktivierung des Tasks `inTaskID` wird nicht durchgeführt.	X	X
E_OS_RESOURCE	Der Task besitzt noch nicht freigegebene Ressourcen, das Beenden des Tasks ist nicht sicher.		X
E_OS_CALLEVEL	Der Aufruf erfolgt aus einem Interrupt heraus.		X
E_OK	Kein Fehler	X	X

S: Standard-Status, **E**: Extended-Status

Specification/Conformance Class

OS Conformance Classes/Call Levels

BCC1	BCC2	ECC1	ECC2	TASK	ISR
X	X	X	X	X	-

Verwendung in Hook-Funktionen

Error	Start-up	Shutdown	PreTask	PostTask
-	-	-	-	-

Beispiel

```
DeclareTask(FirstProcess);
DeclareTask(SecondProcess);

TASK(FirstProcess)
{
  ChainTask(SecondProcess);
}

TASK(SecondProcess)
{
  TerminateTask();
}
```

7.2.6 Schedule()

Die API-Funktion ermöglicht die explizite Anforderung eines Schedulings. Bei preemptive Tasks ist der Aufruf wirkungslos, da der Task mit der höheren Priorität bereits läuft. Es ist zu prüfen, ob ein Task mit höherer Priorität vorliegt. Der aktuelle Task kann unter Umständen nach dem Aufruf weiterlaufen.

Die API-Funktion ist ein »Point of Rescheduling«.

Syntax

```
StatusType Schedule(void);
```

Inputs

keine

Outputs

keine

Return

Status	Beschreibung	S	E
E_OS_CALLEVEL	Aufruf erfolgt aus einem Interrupt heraus.		X
E_OK	Die Funktion wird ohne Fehler beendet.	X	X

S: Standard-Status, **E**: Extended-Status

Specification/Conformance Class

OS Conformance Classes/Call Levels

BCC1	BCC2	ECC1	ECC2	TASK	ISR
X	X	X	X	X	-

Verwendung in Hook-Funktionen

Error	Start-up	Shutdown	PreTask	PostTask
-	-	-	-	-

7.2.7 GetTaskID()

Die API-Funktion bestimmt den gerade aktiven Task. Es wird INVALID_TASK zurückgeliefert, wenn es keinen aktiven Task gibt. Die API-Funktion wird vorzugsweise in Hooks eingesetzt, um festzustellen, aus welchem Task heraus der Aufruf der Hook erfolgt ist.

Syntax

```
StatusType GetTaskID(TaskRefType outTaskID);
```

Inputs

keine

Outputs

Der Parameter `outTaskID` ist eine Referenz (Zeiger/Pointer) auf eine Variable vom Typ `TaskType`. In dieser Variablen wird der Identifier des gerade laufenden Tasks gespeichert. Wenn sich kein Task im Zustand `RUNNING` befindet, wird in der Variablen der Wert `INVALID_TASK` geschrieben.

Return

Status	Beschreibung	S	E
E_OK	Die Funktion wird ohne Fehler beendet.	X	X

S: Standard-Status, **E:** Extended-Status

Specification/Conformance Class

OS Conformance Classes/Call Levels

BCC1	BCC2	ECC1	ECC2	TASK	ISR
X	X	X	X	X	X

Verwendung in Hook-Funktionen

Error	Start-up	Shutdown	PreTask	PostTask
X	-	-	X	X

7.2.8 GetTaskState()

Die API-Funktion ermittelt den aktuellen Zustand eines Tasks und kann aus Tasks, ISRs und Hooks aufgerufen werden. Das Ergebnis der Funktion kann bereits bei der Auswertung falsch sein. Das Ergebnis der Funktion kann `RUNNING`, `WAITING`, `READY` oder `SUSPENDED` lauten.

Syntax

```
StatusType GetTaskState(TaskType         inTaskID,
                        TaskStateRefType outTaskState);
```

Inputs

`inTaskID`: Name des Tasks, der deklariert werden soll. Der Name des Tasks ist exakt der Name, der in der OIL-Konfigurationsdatei angegeben ist.

Outputs

Der Parameter `outTaskState` ist eine Referenz (Zeiger/Pointer) auf eine Variable vom Typ `TaskStateType`. In der Variablen wird der aktuelle Zustand des Tasks `inTaskID` abgelegt. Die Variable kann die Werte `RUNNING`, `WAITING`, `READY` und `SUSPENDED` zugewiesen bekommen.

Return

Status	Beschreibung	S	E
E_OS_ID	Ungültiger Task-Bezeichner		X
E_OK	Die Funktion wurde ohne Fehler beendet.	X	X

S: Standard-Status, **E**: Extended-Status

Specification/Conformance Class

OS Conformance Classes/Call Levels

BCC1	BCC2	ECC1	ECC2	TASK	ISR
X	X	X	X	X	X

Verwendung in Hook-Funktionen

Error	Start-up	Shutdown	PreTask	PostTask
X	-	-	X	X

Beispiel

```
DeclareTask(FirstProcess);  /* Priority = 1 */
DeclareTask(SecondProcess); /* Priority = 2 */

TASK(FirstProcess)
{
  StatusType    theStatus;
  TaskStateType theState;

  theStatus = ActivateTask(SecondProcess);
  /* ggf. auf Fehler pruefen */
  theStatus = GetTaskState(SecondProcess,&theState);
}
```

7.2.9 Konstanten

Bezeichner	Typ	Beschreibung
RUNNING	TaskStateType	Wert für den Task-Status *running*
WAITING	TaskStateType	Wert für den Task-Status *waiting*
READY	TaskStateType	Wert für den Task-Status ready
SUSPENDED	TaskStateType	Wert für den Task-Status *suspended*
INVALID_TASK	TaskType	Wert für einen nicht definierten Task

7.2.10 Konventionen

Die Definition eines Tasks ist als neues Konstrukt in C integriert. Der Code wird vom Präprozessor in ANSI-C-Anweisungen umgewandelt. Details sind implementierungsabhängig, d.h. abhängig vom verwendeten Zielsystem (Target) und von der verwendeten Entwicklungsumgebung.

Das unten aufgeführte Konstrukt definiert einen neuen Task mit dem Namen `TaskName`. Der `TaskName` muss vorher mittels `DeclareTask(TaskName)` deklariert worden sein.

```
TASK (TaskName)
{
}
```

7.3 Interrupt-Verarbeitung

7.3.1 EnableAllInterrupts()

Die API-Funktion stellt den Zustand wieder her, der durch den Aufruf der API-Funktion `DisableAllInterrupts()` gesichert wurde.

Die Funktion kann von ISRs der Kategorie 1 und Kategorie 2 und von einem Task, jedoch nicht aus einer Hook-Routine heraus, aufgerufen werden.

Diese Funktion ist das Gegenstück der `DisableAllInterrupts()`-Funktion. Diese Funktion muss vorher aufgerufen werden. Zwischen den beiden Aufrufen dieser Funktionen kann kritischer Code geschrieben werden. Innerhalb dieses Bereichs dürfen API-Funktionen nicht aufgerufen werden.

Syntax

```
void EnableAllInterrupts(void);
```

Inputs

keine

Outputs

keine

Return

Status	Beschreibung	S	E
keiner			

S: Standard-Status, **E:** Extended-Status

Specification/Conformance Class

OS Conformance Classes/Call Levels

BCC1	BCC2	ECC1	ECC2	TASK	ISR
X	X	X	X	X	X

Verwendung in Hook-Funktionen

Error	Start-up	Shutdown	PreTask	PostTask
-	-	-	-	-

Beispiel

```
DisableAllInterrupts();
// kritischer Code kann ab hier eingefuegt werden
// API-Funktionen duerfen hier nicht aufgerufen werden
EnableAllInterrupts();
```

7.3.2 DisableAllInterrupts()

Bei Aufruf der API-Funktion werden alle Interrupts gesperrt, die von der Hardware gesperrt werden können. Es wird der aktuelle Zustand für den Aufruf der Funktion `EnableAllInterrupts()`gespeichert.

Die Funktion kann von ISRs der Kategorie 1 und Kategorie 2 und von einem Task, jedoch nicht aus einer Hook-Routine heraus, aufgerufen werden.

Die Funktion leitet einen Bereich ein, in dem kritischer Code geschrieben werden kann. Innerhalb dieses Bereichs dürfen keine API-Funktionen aufgerufen werden. Dieser kritische Bereich wird durch den Aufruf der Funktion `EnableAllInterrupts()` beendet.

Die Implementierung dieser Funktionen ist stark abhängig von der verwendeten Plattform und benötigt nur einen geringen Overhead. Es ist zu berücksichtigen, dass diese Funktionen keine Verschachtelung von Aufrufen unterstützen. Werden verschachtelte Aufruf, wie z.B. in Libraries, benötigt, sind die API-Funktionen `SuspendOSInterrupts()/ResumeOSInterrupts()` oder `SuspendAllInterrupts()/ResumeAllInterrupts()` zu benutzen.

Syntax

```
void DisableAllInterrupts();
```

Inputs

keine

Outputs

keine

Return

Status	Beschreibung	S	E
keiner			

S: Standard-Status, **E:** Extended-Status

Specification/Conformance Class

OS Conformance Classes/Call Levels

BCC1	BCC2	ECC1	ECC2	TASK	ISR
X	X	X	X	X	X

Verwendung in Hook-Funktionen

Error	Start-up	Shutdown	PreTask	PostTask
-	-	-	-	-

7.3.3 ResumeAllInterrupts()

Die API-Funktion stellt den Zustand aller Interrupts wieder her, die durch den Aufruf der Funktion `SuspendAllInterrupts()` gesichert wurden.

Die Funktion kann von ISRs der Kategorie 1 und Kategorie 2 und von einem Task, jedoch nicht aus einer Hook-Routine heraus, aufgerufen werden.

Diese Funktion ist das Gegenstück der `SuspendAllInterrupts()`-Funktion. Diese Funktion muss vorher aufgerufen werden. Innerhalb des Bereichs zwischen den API-Funktionen `SuspendAllInterrupts()`/`ResumeAllInterrupts()` bzw. `SuspendOSInterrupts()`/`ResumeOSInterrupts()` kann kritischer Code geschrieben werden.

Die Funktionen `SuspendAllInterrupts()`/`ResumeAllInterrupts()` können verschachtelt werden. Beim ersten Aufruf der Funktion `SuspendAllInterrupts()` wird der Zustand der Interrupts gespeichert und erst beim letzten Aufruf der Funktion `ResumeAllInterrupts()` wird der alte Zustand wieder hergestellt.

Syntax

```
void ResumeAllInterrupts();
```

Inputs

keine

Outputs

keine

Return

Status	Beschreibung	S	E
kein			

S: Standard-Status, **E**: Extended-Status

Specification/Conformance Class

OS Conformance Classes/Call Levels

BCC1	BCC2	ECC1	ECC2	TASK	ISR
X	X	X	X	X	X

Verwendung in Hook-Funktionen

Error	Start-up	Shutdown	PreTask	PostTask
-	-	-	-	-

7.3.4 SuspendAllInterrupts()

Der Aufruf der API-Funktion sichert den aktuellen Status aller Interrupts und sperrt (disabled) sie, soweit das Sperren der Interrupts von der Hardware unterstützt wird. Einige Mikrocontroller verfügen über nicht maskierbare Interrupts (NMIs).

Die Funktion kann von ISRs der Kategorie 1 und Kategorie 2 und von einem Task, jedoch nicht aus einer Hook-Routine heraus, aufgerufen werden.

Die Funktion leitet einen Bereich ein, in dem kritischer Code geschrieben werden kann. Dieser kritische Bereich wird durch den Aufruf der Funktion `ResumeAllInterrupts()` beendet. Innerhalb dieses kritischen Bereichs zwischen den Aufrufen der API-Funktionen `SuspendAllInterrupts()`/`ResumeAllInterrupts()` und `SuspendOSInterrupts()`/`ResumeInterrupts()` dürfen keine anderen API-Funktionen aufgerufen werden.

Die API-Funktion nutzt die Möglichkeiten der zugrunde liegenden Hardware (Mikrocontroller) und benötigt somit nur ein Minimum an Overhead.

Syntax

```
void SuspendAllInterrupts();
```

Inputs

keine

Outputs

keine

Return

Status	Beschreibung	S	E
keiner			

S: Standard-Status, **E**: Extended-Status

Specification/Conformance Class

OS Conformance Classes/Call Levels

BCC1	BCC2	ECC1	ECC2	TASK	ISR
X	X	X	X	X	X

Verwendung in Hook-Funktionen

Error	Start-up	Shutdown	PreTask	PostTask
-	-	-	-	-

7.3.5 ResumeOSInterrupts()

Die API-Funktion stellt den Zustand der Interrupts wieder her, die durch den Aufruf der Funktion `SuspendOSInterrupts()` gesichert wurden.

Die Funktion kann von ISRs der Kategorie 1 und Kategorie 2 und von einem Task, jedoch nicht aus einer Hook-Routine heraus, aufgerufen werden.

Diese API-Funktion ist das Gegenstück der API-Funktion `SuspendOSInterrupts()`, die vorher aufgerufen wurde. Es wird ein Bereich beendet, der kritischen Code enthält. Innerhalb des Bereichs zwischen den API-Funktionen `SuspendAllInterrupts()`/`ResumeAllInterrupts()` bzw. `SuspendOSInterrupts()`/`ResumeOSInterrupts()` kann kritischer Code geschrieben werden, er darf jedoch keine API-Funktion enthalten.

`SuspendOSInterrupts()`/`ResumeAllInterrupts()` können geschachtelt werden, wobei `SuspendedOSInterrupts()` und `ResumeAllInterrupts()` immer als Paar verwendet werden müssen. Der Status der Interrupts wird beim ersten Aufruf von `SuspendOSInterrupts()` gespeichert und die Interrupts werden gesperrt. Erst beim letzten Aufruf von `ResumeOSInterrupts()` wird der gespeicherte Status der Interrupts wieder hergestellt und die Interrupts werden wieder freigegeben.

Syntax

```
void ResumeOSInterrupts(void);
```

Inputs

keine

Outputs

keine

Return

Status	Beschreibung	S	E
keiner			

S: Standard-Status, **E**: Extended-Status

Specification/Conformance Class

OS Conformance Classes/Call Levels

BCC1	BCC2	ECC1	ECC2	TASK	ISR
X	X	X	X	X	X

Verwendung in Hook-Funktionen

Error	Start-up	Shutdown	PreTask	PostTask
-	-	-	-	-

7.3.6 SuspendOSInterrupts()

Die API-Funktion speichert den Status der Interrupts der Kategorie 2 und die Interrupts dieser Kategorie.

Die Funktion kann von ISRs und von einem Task, jedoch nicht aus einer Hook-Routine heraus, aufgerufen werden.

Die API-Funktion leitet einen Bereich ein, in dem kritischer Code geschrieben werden kann. Dieser Bereich wird durch Aufruf von `ResumeOSInterrupts()` beendet. Innerhalb dieses kritischen Bereichs zwischen den Aufrufen der API-Funktionen `SuspendAllInterrupts()/ResumeAllInterrupts()` und `SuspendOSInterrupts()/ResumeInterrupts()` dürfen keine anderen API-Funktionen aufgerufen werden.

Die API-Funktion nutzt die Möglichkeiten der zugrunde liegenden Hardware (Mikrocontroller) und benötigt somit nur ein Minimum an Overhead.

`SuspendOSInterrupts()/ResumeInterrupts()` ermöglichen es, Interrupts der Kategorie 2 zu sperren bzw. wieder freizugeben. Die Verwendung ist jedoch nicht effizient, wenn mehrere Interrupts gesperrt werden sollen.

Syntax

```
void SuspendOSInterrupts(void);
```

Inputs

keine

Outputs

keine

Return

Status	Beschreibung	S	E
keiner			

S: Standard-Status, **E**: Extended-Status

Specification/Conformance Class

OS Conformance Classes/Call Levels

BCC1	BCC2	ECC1	ECC2	TASK	ISR
X	X	X	X	X	X

Verwendung in Hook-Funktionen

Error	Start-up	Shutdown	PreTask	PostTask
-	-	-	-	-

7.3.7 Konventionen

Die Definition einer Interrupt-Service-Routine (ISR) der Kategorie 2 wird mit dem unten aufgeführten Konstrukt durchgeführt.

```
ISR (FuncName)
{
}
```

ISR ist als neues Konstrukt in C integriert. Der Code wird vom Präprozessor in ANSI-C-Anweisungen umgewandelt. Details sind implementierungsabhängig, d.h. abhängig vom verwendeten Zielsystem (Target) und von der verwendeten Entwicklungsumgebung.

Die Konventionen für die Definition von Interrupt-Service-Routinen (ISRs) der Kategorie 1 ist abhängig vom verwendeten System und damit abhängig von der Implementierung der Entwicklungsumgebung.

7.4 Ressourcen-Verwaltung

7.4.1 Datentypen

ResourceType

Datentyp für eine Ressource.

7.4.2 DeclareResource()

Die Deklaration einer Ressource. Die Deklaration einer Ressource ist mit der externen Deklaration in C vergleichbar. Jede benutzte Ressource muss deklariert werden.

Syntax

```
DeclareResource(inResourceID);
```

Inputs

`inResourceID`: Name der Ressource, die deklariert werden soll. Der Name der Ressource ist exakt der Name, der in der OIL-Konfigurationsdatei angegeben ist.

Outputs

keine

Specification/Conformance Class

OS Conformance Classes/Call Levels

BCC1	BCC2	ECC1	ECC2	TASK	ISR
X	X	X	X	-	-

Verwendung in Hook-Funktionen

Error	Start-up	Shutdown	PreTask	PostTask
-	-	-	-	-

7.4.3 GetResource()

Mit Aufruf der API-Funktion beginnt ein kritischer Bereich im Code, der einer Ressource zugewiesen wird. Die Ressource wird über den Parameter `inResID` referenziert. Der kritische Bereich wird durch Aufruf der API-Funktion `ReleaseResource()` verlassen.

Das OSEK-»priority ceiling protocol« für die Verwaltung von Ressourcen ist in Kapitel 3 näher beschrieben.

Die geschachtelte Anforderung einer Ressource ist nur erlaubt, wenn der innere kritische Bereich komplett im Inneren eines umschließenden kritischen Bereichs ausgeführt wird (s. Kapitel 3, Restriktionen bei der Verwendung von Ressourcen). Die geschachtelte Anforderung einer gleichen Ressource ist nicht erlaubt.

Syntax

```
StatusType GetResource(ResourceType inResID);
```

Inputs

`inResID`: Name der Ressource, die gesperrt (locked) wird. Der Name der Ressource ist exakt der Name, der in der OIL-Konfigurationsdatei angegeben ist.

Outputs

keine

Return

Status	Beschreibung	S	E
E_OS_ID	Die angeforderte Ressource ist eine nicht gültige Ressource.		X
E_OS_ACCESS	Der Versuch, die Ressource anzufordern, ist gescheitert, weil sie bereits gesperrt (locked) ist.		X
E_OK	Die Funktion wurde ohne Fehler beendet.	X	X

S: Standard-Status, **E**: Extended-Status

Specification/Conformance Class

OS Conformance Classes/Call Levels

BCC1	BCC2	ECC1	ECC2	TASK	ISR
X	X	X	X	X	X

Verwendung in Hook-Funktionen

Error	Start-up	Shutdown	PreTask	PostTask
-	-	-	-	-

7.4.4 ReleaseResource()

Die Ressource wird wieder freigegeben (unlock) und ein kritischer Bereich des Programmcodes verlassen. Die Funktion ist das Gegenstück zu `GetResource()`. Eine Ressource muss freigegeben werden, bevor der Task den Zustand `SUSPENDED` oder `WAITING` einnimmt.

Syntax

```
StatusType ReleaseResource(ResourceType inResID);
```

Inputs

`inResID`: Name der Ressource, die freigegeben (unlock) wird. Der Name der Ressource ist exakt der Name, der in der OIL-Konfigurationsdatei angegeben ist.

Outputs

keine

Return

Status	Beschreibung	S	E
E_OS_ID	Die angeforderte Ressource ist eine nicht gültige Ressource.		X
E_OS_NOFUNC	Die Ressource, die freigegeben werden soll, ist nicht gesperrt (locked).		X
E_OS_ACCESS	Der Versuch, die Ressource freizugeben, ist gescheitert, weil die Ressource über eine geringere »ceiling priority«-Priorität verfügt als die statische Priorität des aufrufenden Tasks oder ISR.		X
E_OK	Die Funktion wurde ohne Fehler beendet.	X	X

S: Standard-Status, **E**: Extended-Status

Specification/Conformance Class

OS Conformance Classes/Call Levels

BCC1	BCC2	ECC1	ECC2	TASK	ISR
X	X	X	X	X	X

Verwendung in Hook-Funktionen

Error	Start-up	Shutdown	PreTask	PostTask
-	-	-	-	-

7.4.5 Konstanten

Bezeichner	Typ	Beschreibung
RES_SCHEDULER	ResourceType	Konstante vom Datentyp ResourceType

7.5 Events

OSEK stellt Events für die Synchronisation zur Verfügung und ist somit ein wichtiges Element für die Realisierung ereignisgesteuerter Systeme. Die Verarbeitung von Events in OSEK hat folgende Eigenschaften:

- Tasks können auf Ereignisse warten (`WaitEvent();`).
- Vorliegende Ereignisse können signalisiert werden.
- Ein wartender Task erkennt nur das Eintreffen eines Events, aber nicht dessen Ursprung.
- Ein Task kann auf ein oder mehrere verschiedene Events warten.
- Nur extended Tasks dürfen auf Events warten.
- Das Auslösen eines Events ist möglich:
  - Aus jedem Task (sowohl Basic als auch extended Tasks).
  - Aus einer ISR-Kategorie 2.
  - Durch ein- oder ausgehende Messages (mit OSEK/VDX-COM).

7.5.1 Datentypen

Für die Verwendung der API-Funktionen für die Event-Verarbeitung werden folgende Datentypen zur Verfügung gestellt:

EventMaskType

Typ zum Speichern einer Maske von Events. Der Speicherplatzbedarf ist dabei abhängig von der Anzahl der verwendeten Events, die dem Task zugeordnet werden. Zu berücksichtigen ist, dass der verwendete Datentyp für alle Masken und auch für andere Tasks Verwendung findet.

EventMaskRefType

Referenz auf ein Objekt vom Typ `EventMaskType`.

7.5.2 DeclareEvent()

Deklaration eines Events. Die Deklaration ist vergleichbar mit der Deklaration einer externen Variablen in ANSI-C. Jedes verwendete Event muss deklariert werden.

Syntax

```
DeclareEvent(inEventID);
```

Inputs

`inEventID`: Name des Events, das deklariert werden soll. Der Name des Events ist exakt der Name, der in der OIL-Konfigurationsdatei angegeben ist.

Outputs

keine

Specification/Conformance Class

OS Conformance Classes/Call Levels

BCC1	BCC2	ECC1	ECC2	TASK	ISR
-	-	X	X	-	-

Verwendung in Hook-Funktionen

Error	Start-up	Shutdown	PreTask	PostTask
-	-	-	-	-

7.5.3 SetEvent()

Der Aufruf der Funktion führt zum Auslösen der im Parameter `inEventMask` gesetzten Events für den durch den Parameter `inTaskID` festgelegten Task. Falls der Task `inTaskID` auf das eine in `inEventMask` gesetzte Event wartet, dann wird der Task `inTaskId` in den Zustand READY wechseln.

Diese Funktion darf aus Tasks und ISRs aufgerufen werden.

Bei preemptive Tasks bildet der Aufruf der Funktion einen »Point of Rescheduling«.

Syntax

```
StatusType SetEvent( TaskType      inTaskID,
                     EventMaskType inEventMask);
```

Inputs

`inTaskID`: Name des Tasks, der Eigentümer der Events ist. Der Name des Tasks ist exakt der Name, der in der OIL-Konfigurationsdatei angegeben ist.

`inEventMask`: Eine Maske mit den zu setzenden Events. Es wird eine logische bitweise ODER-Verknüpfung durchgeführt. Die Namen der Events sind in der OIL-Konfigurationsdatei angegeben.

Outputs

keine

Return

Status	Beschreibung	S	E
E_OS_ID	Ungültiger Task-Bezeichner		X
E_OS_ACCESS	Es handelt sich nicht um einen extended Task.		X
E_OS_STATE	Der Task befindet sich im Zustand SUSPENDED. Events können nicht gesetzt werden, wenn sich der Task in diesem Zustand befindet.		X
E_OK	Die Funktion wurde ohne Fehler beendet.	X	X

S: Standard-Status, **E**: Extended-Status

Specification/Conformance Class

OS Conformance Classes/Call Levels

BCC1	BCC2	ECC1	ECC2	TASK	ISR
-	-	X	X	X	X

Verwendung in Hook-Funktionen

Error	Start-up	Shutdown	PreTask	PostTask
-	-	-	-	-

Beispiel

```
TASK(ProducerProcess){
  while(1){
    /*--- Es wird auf eine Bedingung zum Senden eines
          Events gewartet. Hier darauf, dass ein
          Portpin den Wert 1 annimmt. */
    if( PORTA == 1 ){
      SetEvent( ConsumerTask, eventPORTA );
    }
```

```
    }
}
TASK(ConsumerProcess){
  EventMaskType theMask;
  while(1){
    WaitEvent(MYEVENT);
    GetEvent(EventProcces,(EventMaskRefType)&theMask);
    /*--- Bearbeiten des Events */

    ClearEvent( MYEVENT);
  }
  TerminateTask();
}
```

7.5.4 GetEvent()

Es wird eine Kopie der aktuellen Eventmaske des Tasks erstellt, der durch den Parameter `inTaskID` angegeben wird. Mit dem Parameter `outEventmask` wird ein Zeiger (Adresse) übergeben, an der die Kopie abgelegt wird. Da es sich um eine physische Kopie handelt, kann nicht sichergestellt werden, dass während der darauf folgenden Auswertung die Kopie und das Original noch übereinstimmen. Die Original-Eventmaske wird durch den Aufruf weder gelöscht noch verändert.

Syntax

```
StatusType GetEvent( TaskType inTaskID,
                     EventMaskRefType outEventMask );
```

Inputs

`inTaskID`: Name des Tasks, der Eigentümer der Events ist. Der Name des Tasks ist exakt der Name, der in der OIL-Konfigurationsdatei angegeben ist.

Outputs

`outEventMask`: Referenz (Zeiger/Pointer) auf eine Variable vom Typ `EventMaskType`. In dieser Variablen wird der aktuelle Status der Events kopiert. Es wird dabei eine logische bitweise ODER-Verknüpfung durchgeführt. Die Namen der Events sind in der OIL-Konfigurationsdatei angegeben.

Return

Status	Beschreibung	S	E
E_OS_ID	Ungültiger Task-Bezeichner		X
E_OS_ACCESS	Es handelt sich nicht um einen extended Task.		X

Status	Beschreibung	S	E
E_OS_STATE	Der Task befindet sich im Zustand SUSPENDED. Events können nicht gesetzt werden, wenn sich der Task in diesem Zustand befindet.		X
E_OK	Die Funktion wurde ohne Fehler beendet.	X	X

S: Standard-Status, **E**: Extended-Status

Specification/Conformance Class

OS Conformance Classes/Call Levels

BCC1	BCC2	ECC1	ECC2	TASK	ISR
-	-	X	X	X	X

Verwendung in Hook-Funktionen

Error	Start-up	Shutdown	PreTask	PostTask
-	-	-	X	X

Beispiel

```
TASK(EventProcess){
  EventMaskType theMask;
  while(1){
    WaitEvent(MYEVENT);
    GetEvent(EventProcces,(EventMaskRefType)&theMask);
    /*--- Bearbeiten des Events */

    ClearEvent( MYEVENT);
  }
  TerminateTask();
}
```

7.5.5 ClearEvent()

Die Funktion löscht die im Parameter `inEventMask` angegebenen Events für den laufenden Task. Diese Funktion darf nur von extended Tasks aufgerufen werden.

Syntax

```
StatusType ClearEvent( EventMaskType inEventMask );
```

Inputs

`inEventMask`: Eine Maske mit den zu löschenden Events. Es wird eine logische bitweise ODER-Verknüpfung durchgeführt. Die Namen der Events sind in der OIL-Konfigurationsdatei angegeben.

Outputs

keine

Return

Status	Beschreibung	S	E
E_OS_ACCESS	Die Funktion wurde nicht innerhalb eines extended Tasks aufgerufen.		X
E_OS_CALLEVEL	Die Funktion wurde durch eine Interrupt-Service-Routine (ISR) aufgerufen.		X
E_OK	Die Funktion wurde ohne Fehler beendet.	X	X

S: Standard-Status, **E**: Extended-Status

Specification/Conformance Class

OS Conformance Classes/Call Levels

BCC1	BCC2	ECC1	ECC2	TASK	ISR
-	-	X	X	X	X

Verwendung in Hook-Funktionen

Error	Start-up	Shutdown	PreTask	PostTask
-	-	-	-	-

7.5.6 WaitEvent()

Der laufende Task wechselt in den Zustand `WAITING` und wartet auf die im Parameter `inEventMask` angegebenen Events. Diese Funktion darf nur von extended Tasks aufgerufen werden. Nach Eintreffen eines Events wird die Eventmaske nicht gelöscht.

Bei preemptive Tasks bildet der Aufruf der Funktion einen »Point of Rescheduling«.

Syntax

```
StatusType WaitEvent( EventMaskType inEventMask );
```

Inputs

`inEventMask`: Eine Maske von Events, auf deren Eintreffen gewartet wird. Es wird eine logische bitweise ODER-Verknüpfung durchgeführt. Die Namen der Events sind in der OIL-Konfigurationsdatei angegeben.

Outputs

keine

Return

Status	Beschreibung	S	E
E_OS_ACCESS	Die Funktion wurde nicht innerhalb eines extended Tasks aufgerufen.		X
E_OS_RESOURCE	Die Funktion wird von einem Task aufgerufen, der noch eine Ressource belegt (locked) hat.		X
E_OS_CALLEVEL	Die Funktion wurde durch eine Interrupt-Service-Routine (ISR) aufgerufen.		X
E_OK	Die Funktion wurde ohne Fehler beendet.	X	X

S: Standard-Status, **E**: Extended-Status

Specification/Conformance Class

OS Conformance Classes/Call Levels

BCC1	BCC2	ECC1	ECC2	TASK	ISR
-	-	X	X	X	-

Verwendung in Hook-Funktionen

Error	Start-up	Shutdown	PreTask	PostTask
-	-	-	-	-

7.6 Alarme

Ein Alarm ist eine Aktivität, die bei Erreichen eines bestimmten Zählwerts ausgeführt wird. Mögliche Aktivitäten sind:

- Aktivieren eines Tasks
- Auslösen eines Events

Alarme sind zur Laufzeit des Programms, d.h. dynamisch, aktivierbar und deaktivierbar. Alarme können einmalig oder zyklisch sein.

7.6.1 Datentypen

OSEK stellt für die Alarme folgende Datentypen bereit:

TickType

Typ für Tick-Objekte.

TickRefType

Referenz auf ein Objekt vom Typ `TickType`.

AlarmBaseType

Die Datenstruktur dient zum Speichern der Zähler-Eigenschaften und -Parameter. Die Elemente der Datenstruktur sind:

`maxallowedvalue`	Die maximale Anzahl von Zähler-Ticks
`ticksperbase`	Anzahl der benötigten Zähler-Ticks, um einen zählerspezifischen Wert zu erreichen
`mincycle`	Der kleinste Wert, der als `inCycle`-Parameter für die Funktionen `SetRelAlarm()` und `SetAbsAlarm()` angegeben werden kann, wenn ein zyklischer Alarm aktiviert wird

AlarmBaseRefType

Referenz auf ein Objekt vom Typ `AlarmBaseType`.

AlarmType

Typ für Alarm-Objekte.

7.6.2 DeclareAlarm()

Deklaration eines Alarms. Die Deklaration eines Alarms ist mit der externen Deklaration in C vergleichbar. Jeder benutzte Alarm muss deklariert werden.

Syntax

```
DeclareAlarm(inAlarmID);
```

Inputs

`inAlarmID`: Name des Alarms, der deklariert werden soll. Der Name des Alarms ist exakt der Name, der in der OIL-Konfigurationsdatei angegeben ist.

Outputs

keine

Specification/Conformance Class

OS Conformance Classes/Call Levels

BCC1	BCC2	ECC1	ECC2	TASK	ISR
X	X	X	X	-	-

Verwendung in Hook-Funktionen

Error	Start-up	Shutdown	PreTask	PostTask
-	-	-	-	-

7.6.3 SetRelAlarm()

Aktivieren eines Alarms, der relativ zum Aufruf der Funktion ausgeführt wird. Der Alarm läuft nach `inIncrements` ab. Nach Ablauf des Alarms kann entweder ein Task aktiviert werden oder ein Event ausgelöst werden. Mit `inCycle` kann die Periode des Alarms angegeben werden. Wird der Wert 0 für `inCycle` angegeben, wird der Alarm nur einmalig ausgeführt.

Syntax

```
StatusType SetRelAlarm(AlarmType inAlarmID.
                       TickType  inIncrement,
                       TickType  inCycle);
```

Inputs

`inAlarmID`: Name des Alarms, der gesetzt wird. Der Name des Alarms ist exakt der Name, der in der OIL-Konfigurationsdatei angegeben ist.

`inIncrement`: Die Anzahl der Zähler-Ticks, bis der Alarm zum ersten Mal aktiviert wird

`inCycle`: Ist der Wert nicht gleich null (0), wird nach der angegebenen Anzahl von Zähler-Ticks der Alarm zyklisch aktiviert.

Outputs

keine

Return

Status	Beschreibung	S	E
E_OS_ID	Der Alarm ist kein gültiger Alarm.		X
E_OS_VALUE	Der Wert des Parameters `inIncrement` ist kleiner null (0) oder größer als `maxallowedvalue` oder der Parameter `inCycle` ist kleiner als `mincycle` oder größer als `maxallowedvalue`.		X
E_OS_STATE	Der Alarm wurde bereits gesetzt und ist nicht abgelaufen. Der Alarm wird erneut gesetzt.	X	X
E_OK	Die Funktion wurde ohne Fehler beendet.	X	X

S: Standard-Status, **E**: Extended-Status

Specification/Conformance Class

OS Conformance Classes/Call Levels

BCC1	BCC2	ECC1	ECC2	TASK	ISR
X	X	X	X	X	X

Verwendung in Hook-Funktionen

Error	Start-up	Shutdown	PreTask	PostTask
-	-	-	-	-

Beispiel

Das folgende Beispiel realisiert ein Timeout. Dazu wird ein Alarm aktiviert, der nach 10 Ticks abläuft und eine Aktion ausführt, wenn der abzuarbeitende Programmcode bis zum Erreichen von `CancelAlarm()` mehr als diese Zeitdauer benötigt. Die Aktion kann hier das Aktivieren eines Tasks sein.

```
DeclareTask(WorkerProcess);
DeclareAlarm(ActErrorCntAlarm);

TASK(WorkerProcess)
{
  StatusType theStatus;

  theStatus = SetRelAlarm(ActErrorCntAlarm,10,0);
  if(theStatus == E_OK)
  {
    /* do work */

    /* finished, stop alarm */
    theStatus = CancelAlarm(ActErrorCntAlarm);
  }
  TerminateTask();
}
```

7.6.4 SetAbsAlarm()

Es wird ein Alarm für einen absoluten Zeitpunkt aktiviert. Der Alarm läuft zum Zeitpunkt `inStart` ab und danach dann jeweils nach `inCycle`. Nach Ablauf des Alarms kann entweder ein Task aktiviert oder ein Event ausgelöst werden. Mit `inCycle` kann die Periode des Alarms angegeben werden. Wird der Wert null für `inCycle` angegeben, wird der Alarm nur einmalig ausgeführt.

Syntax

```
StatusType SetAbsAlarm(AlarmType inAlarmID,
                       TickType  inStart,
                       TickType  inCycle);
```

Inputs

`inAlarmID`: Name des Alarms, der gesetzt wird. Der Name des Alarms ist exakt der Name, der in der OIL-Konfigurationsdatei angegeben ist.

`inStart`: Die absolute Anzahl von Zähler-Ticks, bis der Alarm zum ersten Mal aktiviert wird

`inCycle`: Ist der Wert nicht gleich null (0), wird nach der angegebenen Anzahl von Zähler-Ticks der Alarm zyklisch aktiviert.

Outputs

keine

Return

Status	Beschreibung	S	E
E_OS_ID	Der Alarm ist kein gültiger Alarm.		X
E_OS_VALUE	Der Wert des Parameters `inStart` ist kleiner null (0) oder größer als `maxallowedvalue` oder der Parameter `inCycle` ist kleiner als `mincycle` oder größer als `maxallowedvalue`.		X
E_OS_STATE	Der Alarm wurde bereits gesetzt und ist nicht abgelaufen. Der Alarm wird erneut gesetzt.	X	X
E_OK	Die Funktion wurde ohne Fehler beendet.	X	X

S: Standard-Status, **E**: Extended-Status

Specification/Conformance Class

OS Conformance Classes/Call Levels

BCC1	BCC2	ECC1	ECC2	TASK	ISR
X	X	X	X	X	X

Verwendung in Hook-Funktionen

Error	Start-up	Shutdown	PreTask	PostTask
-	-	-	-	-

7.6.5 GetAlarm()

Die API-Funktion ermittelt die Anzahl der Ticks, bis der mit dem Parameter `inAlarmID` angegebene Alarm abläuft. Diese API-Funktion darf aus Tasks, ISRs und Hooks aufgerufen werden.

Syntax

```
StatusType GetAlarm( AlarmType  inAlarmID,
                     TickRefTyp outTicks);
```

Inputs

`inAlarmID`: Name des Alarms, dessen Ablaufzeit gelesen wird. Der Name des Alarms ist exakt der Name, der in der OIL-Konfigurationsdatei angegeben ist.

Outputs

`outTicks`: Referenz (Zeiger/Pointer) auf eine Variable vom Typ `TickType`. Die Funktion kopiert die Anzahl der Zähler-Ticks, die noch benötigt werden, bis der Alarm abläuft.

Return

Status	Beschreibung	S	E
E_OS_ID	Der Alarm ist kein gültiger Alarm.		X
E_OS_NOFUNC	Der angegebene Alarm wird zum Zeitpunkt des Aufrufs der Funktion nicht benutzt. Dieser Status ist ein typischer Indikator dafür, dass der Alarm nicht gesetzt bzw. gestartet wurde oder bereits abgelaufen ist.	X	X
E_OK	Die Funktion wurde ohne Fehler beendet.	X	X

S: Standard-Status, **E**: Extended-Status

Specification/Conformance Class

OS Conformance Classes/Call Levels

BCC1	BCC2	ECC1	ECC2	TASK	ISR
X	X	X	X	X	X

Verwendung in Hook-Funktionen

Error	Start-up	Shutdown	PreTask	PostTask
X	-	-	X	X

7.6.6 CancelAlarm()

Der Aufruf der API-Funktion führt zum Deaktivieren eines laufenden Alarms. Der Ablaufzeitpunkt des Alarms `inAlarmID` wird gelöscht. Diese API-Funktion darf sowohl aus Tasks als auch aus ISRs aufgerufen werden.

Syntax

```
StatusType CancelAlarm(AlarmType inAlarmID);
```

Inputs

`inAlarmID` : Name des Alarms, der vorzeitig beendet werden soll. Der Name des Alarms ist exakt der Name, der in der OIL-Konfigurationsdatei angegeben ist.

Outputs

keine

Return

Status	Beschreibung	S	E
E_OS_ID	Der Alarm ist kein gültiger Alarm.		X
E_OS_NOFUNC	Der angegebene Alarm wird nicht benutzt.	X	X
E_OK	Die Funktion wurde ohne Fehler beendet.	X	X

S: Standard-Status, **E**: Extended-Status

Specification/Conformance Class

OS Conformance Classes/Call Levels

BCC1	BCC2	ECC1	ECC2	TASK	ISR
X	X	X	X	X	X

Verwendung in Hook-Funktionen

Error	Start-up	Shutdown	PreTask	PostTask
-	-	-	-	-

7.6.7 GetAlarmBase()

Die Basisinformationen des mit dem Parameter `inTaskID` übergebenen Alarms werden ausgelesen und die Charakteristika des angegebenen Alarms zurückgeliefert. Die API-Funktion darf aus Tasks, ISRs und Hooks aufgerufen werden.

Bezeichner	Beschreibung
`maxallowedvalue`	Die maximale Anzahl der Zähler-Ticks für einen Alarm
`ticksperbase`	Die Anzahl der Zähler-Ticks, die benötigt werden, um einen für die Zähler-Unit spezifischen Wert zu erreichen. Dieser Wert ist in der OSEK-Spezifikation definiert, wird jedoch normalerweise nicht verwendet.
`Mincycle`	Der kleinste Wert für den Parameter `inCycle`, wenn der Alarm zyklisch aktiviert werden soll.

Syntax

```
StatusType GetAlarmBase(AlarmType        inAlarmID,
                        AlarmBaseRefType outAlarmBase);
```

Inputs

`inAlarmID`: Name des Alarms, dessen Parametersatz gelesen werden soll. Der Name des Alarms ist exakt der Name, der in der OIL-Konfigurationsdatei angegeben ist.

Outputs

`outAlarmBase`: Referenz (Zeiger/Pointer) auf eine Variable vom Typ `AlarmBaseType`. In der Datenstruktur der Variablen werden die aktuellen Eigenschaften des Alarms kopiert.

Return

Status	Beschreibung	S	E
`E_OS_ID`	Der Alarm ist kein gültiger Alarm.		X
`E_OK`	Die Funktion wurde ohne Fehler beendet.	X	X

S: Standard-Status, **E**: Extended-Status

Specification/Conformance Class

OS Conformance Classes/Call Levels

BCC1	BCC2	ECC1	ECC2	TASK	ISR
X	X	X	X	X	X

Verwendung in Hook-Funktionen

Error	Start-up	Shutdown	PreTask	PostTask
X	-	-	X	X

7.6.8 Konstanten

Für die Funktion `GetAlarmBase()` sind für alle Zähler folgende Konstanten definiert, wobei das x für den jeweiligen Zähler steht.

Bezeichner	Beschreibung
OSMAXALLOWEDVALUE_x	Maximale Anzahl der erlaubten Werte für den Zähler x in Ticks
OSTICKSPERBASE_x	Die Anzahl der Zähler x in Ticks, die benötigt werden, um einen für die Zähler-Unit spezifischen Wert zu erreichen
OSMINSYCLE_x	Der kleinste Wert für den Zähler x, wenn der Alarm zyklisch aktiviert werden soll

Es steht immer mindestens ein Zähler zur Verfügung, der Zeiten zählt, der *System Counter.* Die Konstanten für diesen System Counter sind in der folgenden Tabelle aufgeführt:

Bezeichner	Beschreibung
OSMAXALLOWEDVALUE	Maximale Anzahl der erlaubten Werte für den System Counter x in Ticks.
OSTICKSPERBASE	Die Anzahl der System-Counter-Ticks, die benötigt werden, um einen für die Zähler-Unit spezifischen Wert zu erreichen
OSMINSYCLE	Der kleinste Wert für den System Counter, wenn der Alarm zyklisch aktiviert werden soll

7.6.9 Konventionen

Die Definition einer Alarm-Callback-Funktion sieht wie folgt aus.

```
ALARMCALLBACK (AlarmCallBackName)
{
}
```

7.7 Ausführungskontrolle

Die Funktionen ermöglichen eine Kontrolle des Betriebssystems. Das Betriebssystem kann explizit gestartet (mit `StartOS()`) und gestoppt (mit `ShutdownOS()`) werden. Es besteht die Möglichkeit, beim Starten des Betriebssystems den Betriebsmode festzulegen. Ein Betriebssystemmode kann z.B. das Abarbeiten der Anwendung, die eigentliche Funktionalität oder ein Testmodus sein, der im normalen Betrieb nicht zur Verfügung stehen darf.

7.7.1 Datentypen

AppModeType

Der Datentyp stellt den Application Mode dar.

7.7.2 GetActiveApplicationMode()

Die Funktion wird verwendet, wenn die Anwendung die Möglichkeit zur Verfügung stellt, in verschiedenen Modes gestartet zu werden.

Syntax

```
AppModeType GetActiveApplicationMode(void);
```

Inputs

keine

Outputs

keine

Return

Die Funktion liefert den aktuellen Application Mode (APPMODE) zurück, in dem das Betriebssystem gestartet wurde. Der Name des APPMODE ist exakt der Name, der in der OIL-Konfigurationsdatei angegeben ist.

Specification/Conformance Class

OS Conformance Classes/Call Levels

BCC1	BCC2	ECC1	ECC2	TASK	ISR
X	X	X	X	X	X

Verwendung in Hook-Funktionen

Error	Start-up	Shutdown	PreTask	PostTask
X	X	X	X	X

7.7.3 StartOS()

Der Aufruf der Funktion ist nur außerhalb des Betriebssystems erlaubt. Sie startet das Betriebssystem, nachdem die Hardware initialisiert und somit betriebsbereit ist. Bei der Ausführung der Funktion wird, wenn sie vorhanden ist, die `StartupHook()`-Funktion aufgerufen.

Syntax

```
void StartOS(AppModeType inMode);
```

Inputs

`inMode`: Der Parameter legt fest, in welcher Betriebsart (Mode) das Betriebssystem gestartet wird.

Outputs

keine

Return

Status	Beschreibung	S	E
keiner			

S: Standard-Status, **E**: Extended-Status

Specification/Conformance Class

OS Conformance Classes/Call Levels

BCC1	BCC2	ECC1	ECC2	TASK	ISR
X	X	X	X	-	-

Verwendung in Hook-Funktionen

Error	Start-up	Shutdown	PreTask	PostTask
-	-	-	-	-

7.7.4 ShutdownOS()

Die Funktion beendet das Betriebssystem. Die Funktion kann verwendet werden, wenn das Betriebssystem in einem anderen Mode gestartet werden soll oder wenn ein kritischer Fehler erkannt wurde. Bei der Ausführung der Funktion wird, wenn sie vorhanden ist, die Funktion `ShutdownHook()` aufgerufen.

Syntax

```
void ShutdownOS(StatusType inError);
```

Inputs

`inError`: Fehlercode, der an den `ShutdownHook()` übergeben wird

Outputs

keine

Return

Status	Beschreibung	S	E
keiner			

S: Standard-Status, **E**: Extended-Status

Specification/Conformance Class

OS Conformance Classes/Call Levels

BCC1	BCC2	ECC1	ECC2	TASK	ISR
X	X	X	X	X	X

Verwendung in Hook-Funktionen

Error	Start-up	Shutdown	PreTask	PostTask
X	X	-	-	-

7.7.5 Konstanten

Bezeichner	**Beschreibung**
`OSDEFAULTAPPMODE`	Der Default Application Mode. Dieser Wert ist ein immer gültiger Wert für den Parameter `inMode` der Funktion `StartOS()`.

7.8 Hooks

7.8.1 Datentypen

OSServiceIdType

Der Datentyp repräsentiert die Identifikation der Systemfunktionen.

7.8.2 ErrorHook()

Die Hook-Funktion wird verwendet, wenn sie von der Anwendung bereitgestellt wird und wenn sie als in der OIL-Konfigurationsdatei verfügbar definiert ist. Der Prototyp der Funktion muss in der Anwendung mit dem Prototyp in der OIL-Konfigurationsdatei identisch sein. Die Hook-Funktion wird immer dann vom Betriebssystem aufgerufen, wenn eine API-Funktion mit einem Status beendet wird, der nicht `E_OK` ist, oder wenn ein Alarm abläuft und der Task bereits aktiviert oder ein Event gesetzt ist. Die Funktion wird nicht rekursiv aufgerufen, wenn aus der Funktion heraus eine API-Funktion aufgerufen wird, die den Fehler hervorgerufen hat. Die Funktion wird typischerweise im Extended-Status-Mode verwendet und nicht im Final-Release-Code bereitgestellt.

Syntax

```
void ErrorHook(StatusType inError);
```

Inputs

`inError`: Fehler, der zum Aufruf der Hook-Funktion geführt hat

Outputs

keine

Return

Status	Beschreibung	S	E
keiner			

S: Standard-Status, **E**: Extended-Status

Specification/Conformance Class

OS Conformance Classes/Call Levels

BCC1	BCC2	ECC1	ECC2
X	X	X	X

7.8.3 PreTaskHook()

Die Hook-Funktion wird verwendet, wenn sie von der Anwendung bereitgestellt wird und wenn sie in der OIL-Konfigurationsdatei als verfügbar definiert ist. Der Prototyp der Funktion muss in der Anwendung mit dem Prototyp in der OIL-Konfigurationsdatei identisch sein. Die Funktion wird vom Betriebssystem aufgerufen, wenn ein Task den Zustand von `READ` nach `RUNNING` wechselt und die Kontrolle über die CPU und damit über das System übernimmt. Wenn die Hook-Funktion die API-Funktion `GetTaskID()` aufruft, wird der Identifier des Tasks zurückgegeben. Diese Funktion kann zum Benchmarking der Anwendung während der Entwicklungsphase verwendet werden.

Syntax

```
void PreTaskHook(void);
```

Inputs

keine

Outputs

keine

Return

Status	Beschreibung	S	E
keiner			

S: Standard-Status, **E**: Extended-Status

Specification/Conformance Class

OS Conformance Classes/Call Levels

BCC1	BCC2	ECC1	ECC2
X	X	X	X

7.8.4 PostTaskHook()

Die Hook-Funktion wird verwendet, wenn sie von der Anwendung bereitgestellt wird und wenn sie in der OIL-Konfigurationsdatei als verfügbar definiert ist. Der Prototyp der Funktion muss in der Anwendung mit dem Prototyp in der OIL-Konfigurationsdatei identisch sein. Die Funktion wird vom Betriebssystem aufgerufen, wenn der Task die Kontrolle über die CPU abgibt. Das heißt, der Task wechselt seinen Zustand von `RUNNING` nach `READY`, `WAITING` oder `SUSPENDED`. Wird in der Hook-Funktion die API-Funktion `GetTaskID()` aufgerufen, liefert sie den Identifier des letzten aktiven Tasks zurück. Diese Funktion kann zum Benchmarking der Anwendung während der Entwicklungsphase verwendet werden.

Syntax

```
void PostTaskHook(void);
```

Inputs

keine

Outputs

keine

Return

Status	Beschreibung	S	E
keiner			

S: Standard-Status, **E**: Extended-Status

Specification/Conformance Class

OS Conformance Classes/Call Levels

BCC1	BCC2	ECC1	ECC2
X	X	X	X

7.8.5 StartupHook()

Die Hook-Funktion wird verwendet, wenn sie von der Anwendung bereitgestellt wird und wenn sie in der OIL-Konfigurationsdatei als verfügbar definiert ist. Der Prototyp der Funktion muss in der Anwendung mit dem Prototyp in der OIL-Konfigurationsdatei identisch sein. Die Funktion wird nach dem Start des Betriebssystems aufgerufen, nachdem das System initialisiert ist und der Scheduler nach Aufruf der Funktion `StartOS()`gestartet wurde. Der Start-up-Hook kann von der Anwendung verwendet werden, um Device Driver zu initialisieren, Tasks zu starten, die den APPMODE `active` haben, und er bietet die Möglichkeit, andere anwendungsspezifische Initialisierungen durchzuführen.

Syntax

```
void StartupHook(void);
```

Inputs

keine

Outputs

keine

Return

Status	Beschreibung	S	E
keiner			

S: Standard-Status, **E**: Extended-Status

Specification/Conformance Class

OS Conformance Classes/Call Levels

BCC1	BCC2	ECC1	ECC2
X	X	X	X

7.8.6 ShutdownHook()

Die Hook-Funktion wird verwendet, wenn sie von der Anwendung bereitgestellt wird und wenn sie in der OIL-Konfigurationsdatei als verfügbar definiert ist. Der Prototyp der Funktion muss in der Anwendung mit dem Prototyp in der OIL-Konfigurationsdatei identisch sein. Die Hook-Routine wird vom Betriebssystem nach Aufruf der Funktion `ShutdownOS()` aufgerufen. Stellt das Betriebssystem beim Shutdown einen Fehler fest, wird ein Fehlercode übergeben, der nicht `E_OK` ist.

Syntax

```
void ShutdownHook(StatusType inError);
```

Inputs

`inError`: Fehlercode, der bei Aufruf der Hook-Funktion übergeben wird

Outputs

keine

Return

Status	Beschreibung	S	E
keiner			

S: Standard-Status, **E**: Extended-Status

Specification/Conformance Class

OS Conformance Classes/Call Levels

BCC1	BCC2	ECC1	ECC2
X	X	X	X

7.8.7 Konstanten

Bezeichner	Beschreibung
`OSServiceId_xx`	Eindeutiger Bezeichner (Name) für die Systemfunktion `xx` Beispiel: `OSServiceId_ActivateTask`. Der Bezeichner `OSServiceId_xx` ist vom Typ `OSServiceIdType`.

7.8.8 Makros

Bezeichner	Beschreibung
`OSErrorGetServiceId`	Stellt den Bezeichner der Funktion zur Verfügung, die einen Fehler erzeugt hat. Der Bezeichner der Funktion ist vom Typ `OSServiceIdType`. Mögliche Werte sind `OSServiceId_xx`, wobei `xx` der Name einer Systemfunktion ist.
`OSError_x1_x2`	Namen von Makros, die auf Parameter (innerhalb des `ErrorHook()`) der Systemfunktion zugreifen, die die `ErrorHook()`-Funktion aufrufen. Der Name der Systemfunktion ist `x1` und `x2` ist der Name des Parameters.

7.9 Unterschiede zwischen OSEK/VDX 2.1 und 2.2

Quelle: 3SOFT Fachartikel [II]

Die wesentlichen Neuerungen gegenüber OSEK/VDX 2.1 sind:

- Task-Gruppen auf der Basis interner Prozesse
- Restriktiveres Interrupthandling
- Erweiterte Alarm-Funktionen
- Verbesserte Fehlerbehandlung im Error-Hook

Die Bildung so genannter *Task-Gruppen* wird ermöglicht. Innerhalb einer Gruppe ist eine Unterbrechung nicht möglich. Die Realisierung von Task-Gruppen ermöglicht eine leichtere Portierung von bereits vorhandenem Programmcode anderer Real-Time-Systeme nach OSEK. Die Realisierung der Task-Gruppen erfolgt durch interne Ressourcen.

Interne Ressourcen stehen vollständig unter der Kontrolle des Betriebssystems, sie werden bei der Konfiguration festgelegt. Die Belegung und Freigabe der internen Ressourcen erfolgt implizit bei einem Zustandwechsel des Tasks. Die Tasks besitzen quasi eine zweite Priorität im `running`-Zustand. Das non preemptive Scheduling ist ein Sonderfall.

Beim Interrupt-Handling ist eine Bereinigung erfolgt. Folgende Punkte wurden geändert:

- Es gibt keine Kategorie-3-ISRs mehr.
- Es gibt keine `InterruptDescriptors` mehr.
- Es wurden folgende zugehörige API-Funktionen gestrichen:
  - `EnableInterrupt()`
  - `DisableInterrupt()`
  - `GetInterruptDescriptor()`
  - `EnterISR()`
  - `LeaveISR()`
- Das Interrupt-Handling wurde um folgende Funktionen erweitert, diese API-Funktionen sich auch in Kategorie-1-ISRs erlaubt:
  - `SuspendAllInterrupts()`
  - `ResumeAllInterrupts()`

Eine weitere Verbesserung sind die erweiterten Alarm-Funktionen. Dazu gehören:

- Alarme können Callback-Funktionen aufrufen. Vorher war nur die Aktivierung von Tasks oder das Setzen von Events möglich. Für die Umsetzung wurde das neue Schlüsselwort `ALARMCALLBACK` eingeführt.
- Alarme können automatisch gestartet werden. Durch diese Möglichkeit kann häufig der Initialisierungstask eingespart werden. In der OIL-Datei wird dazu das Autostart-Attribut gesetzt.

Weiter wurde die Fehlerbehandlung erweitert. Diese Erweiterungen betreffen:

- `ErrorHook()`, es stehen Makros für eine detaillierte Untersuchung zur Verfügung. Die aufgerufenen API-Funktionen und die übergebenen Parameter können bestimmt werden.
- Unterscheidung zwischen Fehlern und Warnungen. Im Standard Mode werden nur Warnungen erkannt und im extended Mode werden Warnungen und Fehler erkannt.

Kapitel 8

OSEKtime-API[1]

Im folgenden Abschnitt werden die Systemfunktionen der API des OSEKtime-Betriebssystems beschrieben.

Tabelle 8.1 zeigt, welche Funktionen in OSEKtime-Tasks, Interrupt-Service-Routinen (ISRs) und Hook-Funktionen verwendet werden können.

Funktion	Task	ttIdle-Task	ISRs	ttStart-up-Hook	ttShutdown-Hook	ttError-Hook
ttGetOSEKOSState	x	x	x	x	x	x
ttGetTaskID	x	x	x	-	-	x
ttGetTaskState	x	x	x	-	-	x
ttGetActiveApplicationMode	x	x	x	x	x	x
ttSwitchAppmode	x	x	x	-	-	x
ttStartOS	-	-	-	-	-	-
ttShutdownOS	x	x	x	-	-	x
ttSyncTimes	x	-	x	-	-	-
ttGetOSSyncStatus	x	x	x	-	x	x

Tabelle 8.1: OSEKtime-API-Funktionen

8.1 Datentypen

ttStatusType

Dieser Datentyp wird für die Status-Informationen der API-Funktionen benutzt. Der normale Rückgabewert einer API-Funktion ist TT_E_OS_OK und entspricht dem OSEK-E_OK.

Folgende Werte für Fehler der API-Funktionen sind definiert:

TT_E_OS_ID	Korrespondiert mit dem E_OS_ID-OSEK-OS-Fehlercode
TT_E_OS_DEADLINE	Task-Deadline-Überschreitung, zusätzlicher OSEKtime-OS-Fehlercode

1 Dies ist partiell eine inoffizielle Übersetzung der offiziellen OSEK/VDX Specification, siehe S. 14

Zusätzlich gibt es interne Fehler, die von der Implementierung abhängig sind. Sie befinden sich in dem gleichen Namensbereich wie die API-Funktionen und es darf keine Überlappung mit den bereits vorhandenen Werten der Fehlercodes der API-Funktionen geben.

Um die internen von den externen Fehlercodes unterscheiden zu können, beginnen diese mit TT_E_OS_SYS_

Beispiele:

- TT_E_OS_SYS_STACK
- TT_E_OS_SYS_SCHDOVERFLOW
- ... und andere implementierungsspezifische Fehlercodes, die in der Implementierungsbeschreibung definiert sind.

Es ist sicherzustellen, dass die Namen und Wertebereiche der internen Fehler des OSEKtime OS sich nicht mit den Namen und Wertebereichen der anderen OSEK/VDX-Funktionen überlappen.

ttAppModeType

Der Datentyp stellt den Application Mode dar.

ttAppModeRefType

Referenz auf eine Variable vom Typ `ttAppModeType`

ttOSEKOSStateType

Dieser Datentyp stellt den Status des OSEK-OS-Subsystems dar.

ttOSEKOSStateRefType

Referenz auf eine Variable vom Typ `ttOSEKOSStateType`

ttTaskType

Der Datentyp identifiziert einen Task.

ttTaskRefType

Der Datentyp ist eine Referenz auf eine Variable vom Typ `ttTaskType`.

ttTaskStateType

Der Datentyp identifiziert den Zustand eines Tasks.

ttTaskStateRefType

Der Datentyp ist eine Referenz auf eine Variable vom Typ `ttTaskStateType`.

ttSynchronizationStatusType

Der Datentyp stellt den Status der Synchronisation des OSEKtime-Betriebssystems dar.

ttSynchronizationStatusRefType

Der Datentyp ist eine Referenz auf eine Variable vom Typ `ttSynchronization-StatusType`.

ttTickType

Der Datentyp definiert den Typ für Zählwerte.

8.2 Konstanten

TT_OS_DEFAULTAPPMODE

Default Application Mode, immer gültiger Wert für den Parameter der Funktion `ttStartOS()`. Konstante vom Typ `ttAppModeType`.

TT_INVALID_TASK

Konstante vom Datentyp `ttTaskStateType` für einen nicht definierten Task

TT_RUNNING

Konstante vom Datentyp `ttTaskStateType` für den `running`-Zustand

TT_OS_OSEKOSUP

Gibt an, ob ein OSEK-OS-Subsystem läuft. Konstante vom Datentyp `ttOSEKOSSta-teType`.

TT_OS_OSEKOSDOWN

Gibt an, dass kein OSEK-Subsystem gestartet wurde oder sich im Shutdown befindet. Konstante vom Datentyp `ttOSEKOSStateType`.

TT_PREEMPTED

Konstante vom Datentyp `ttTaskStateType` für den `preempted`-Zustand

TT_SUSPENDED

Konstante vom Datentyp `ttTaskStateType` für den `suspended`-Zustand

TT_SYNCHRONOUS

Konstante vom Datentyp `ttSynchronizationStatusType`, der anzeigt, dass sich das System im *synchron*-Zustand befindet

TT_ASSYNCHRONOUS

Konstante vom Datentyp `ttSynchronizationStatusType`, der anzeigt, dass sich das System im *asynchron*-Zustand befindet

8.3 Konventionen

Die folgenden Präfixe werden von allen OSEKtime-Elementen, -Datentypen, -Konstanten, -Fehlercodes und -Systemfunktionen verwendet:

- `tt`-Präfix wird für Elemente, Datentypen und Systemfunktionen verwendet.
- `TT_E_OS_`-Präfix wird für Fehlercodes verwendet.
- TT-Präfix wird für Konstanten benutzt.

Das Betriebssystem muss die Speicheradresse zum Aufruf der Task-Funktion kennen. Dafür wird ein Makro bereitgestellt, das der C-Präprozessor auswertet. Dem Betriebssystem können dadurch die Adressen der Tasks bereitgestellt werden. Der Name `TaskName` der Tasks dient zur eindeutigen Identifizierung der Tasks bei der Konfiguration des Systems durch einen OSEK-Konfigurator.

Die Definition eines Tasks sieht wie folgt aus:

```
ttTask( TaskName )
{
}
```

Die Identifizierung des Tasks durch das `ttTask`-Makro und dem `TaskName` erfolgt zum Zeitpunkt der Systemgenerierung.

Für die Definition der `ttIdleTask` wird dasselbe Pattern verwendet.

Für die Definition einer Interrupt-Service-Routine sind folgende Namenskonventionen zu verwenden:

```
ttISR( FuncName )
{
}
```

Das Schlüsselwort `ttISR` wird zum Zeitpunkt der Systemgenerierung ausgewertet und eine Interrupt-Funktion wird im Programmcode eingefügt.

8.4 Funktionen

Es werden im Folgenden die API-Funktionen beschrieben, die vom OSEKtime OS bereitgestellt werden.

8.4.1 ttGetTaskID()

Die Systemfunktion liefert die Information zurück, welcher Task sich im `running`-Zustand befindet.

Syntax

```
ttStatusType ttGetTaskID(ttTaskRefType TaskID);
```

Inputs

keine

Outputs

`TaskID`: Die Referenz auf den Task, der gerade laufend ist

Verfügbarkeit

Der Aufruf der API-Funktion ist zugelassen in Tasks, ISRs und in der `ttErrorHook()`-Hook-Funktion.

Return

Status	Beschreibung
TT_E_OS_OK	Kein Fehler

8.4.2 ttGetTaskState()

Liefert den aktuellen Zustand eines Tasks zurück. Dieser kann `running`, `preempted` oder `suspended` sein.

Syntax

```
ttStatusType ttGetTaskDtate(
               ttTaskType TaskID,
               ttTaskStateRefType State);
```

Inputs

`TaskID`: Die Referenz des Tasks, dessen Zustand ermittelt werden soll

Outputs

`State`: Eine Referenz auf den aktuellen Zustand des Tasks

Verfügbarkeit

Der Aufruf der API-Funktion ist zugelassen in Tasks, ISRs und in der `ttErrorHook()`-Hook-Funktion.

Bei der Verwendung dieser Systemfunktion ist besondere Sorgfalt bei Time-triggered Systemen nötig, da bereits nach Beendigung der Funktion das Ergebnis nicht mehr gültig sein kann.

Return

Status	Beschreibung
TT_E_OS_OK	Kein Fehler
TT_E_OS_ID	TaskID fehlerhaft

8.4.3 ttSwitchAppMode()

Die API-Funktion führt einen Wechsel zwischen unterschiedlichen Dispatcher Tables während der Laufzeit durch. Dabei wird die Synchronisation nicht unterbrochen. Der neue Application Mode wird mit dem Parameter Mode angegeben. Der Wechsel erfolgt, wenn der aktuelle Zyklus des Dispatchers abgeschlossen ist. Die Länge eines Dispatcher-Zyklus wird dabei nicht verändert.

Syntax

```
ttStatusType ttSwitchAppMode(
          ttAppModeType Mode);
```

Inputs

Mode: Der Application Mode, in den gewechselt werden soll

Outputs

keine

Verfügbarkeit

Die API-Funktion ist zugelassen für Time-triggered Tasks und ISRs.

Return

Status	Beschreibung
TT_E_OS_OK	Kein Fehler

8.4.4 ttGetActiveApplicationMode()

Es wird eine Referenz auf den aktuellen Application Mode zurückgeliefert. Die Funktion kann genutzt werden, um Mode-spezifischen Programmcode zu realisieren.

Syntax

```
ttStatusType ttGetActiveApplicationMode(
          ttAppModeRefType Mode);
```

Inputs

keine

Outputs

`Mode`: Referenz auf den aktuell verwendeten Application Mode vom Typ `ttAppModeRefType`

Verfügbarkeit

Die API-Funktion kann von allen Tasks, ISRs und allen Hook-Funktionen verwendet werden.

Return

Status	Beschreibung
TT_E_OS_OK	Kein Fehler

8.4.5 ttGetOSEKOSState()

Die Funktion liefert den aktuellen Status des OSEK-OS-Subsystems zurück.

Syntax

```
ttStatusType ttGetOSEKOSState(
             ttOSEKStateRefType State);
```

Inputs

keine

Outputs

`Mode`: Referenz auf den aktuellen Status des OSEK-OS-Subsystems vom Typ `ttOSEKStateRefType`

Verfügbarkeit

Die API-Funktion kann von allen Tasks, ISRs und allen Hook-Funktionen verwendet werden.

Return

Status	Beschreibung
TT_E_OS_OK	Kein Fehler

8.4.6 ttStartOS()

Die Funktion startet das Betriebssystem in dem angegebenen Mode.

Syntax

```
void ttStartOS(ttApModeType Mode);
```

Inputs

`Mode`: Application Mode

Outputs

keine

Verfügbarkeit

Die API-Funktion darf nur außerhalb des Betriebssystems aufgerufen werden, es können ggf. implementierungsspezifische Restriktionen vorhanden sein. Der Aufruf der Funktion wird nicht beendet.

Return

Status	Beschreibung
keiner	

8.4.7 ttShutdownOS()

Mit dieser Systemfunktion kann der Anwender das gesamte System beenden, im Allgemeinen beim Erkennen einer kritischen Lage. Das OSEKtime-Betriebssystem kann die Funktion intern aufrufen, wenn ein interner undefinierter Zustand des Systems erkannt wird, der dafür sorgt, dass eine weitere Bearbeitung nicht mehr möglich ist. Dieses kann z.B. der Überlauf des Stacks sein.

Syntax

```
void ttShutdownOS(ttStatusType Error);
```

Inputs

`Error`: Der den Aufruf der Systemfunktion verursacht hat

Outputs

keine

Verfügbarkeit

Nach Aufruf der Systemfunktion befindet sich das System im Shutdown.

Die Funktion kann zusammen mit Tasks, ISRs, in `ttErrorHook()` und `ttStartHook()` verwendet werden. Die Funktion kann ebenfalls intern vom Betriebssystem aufgerufen werden.

Ruft das Betriebssystem die Funktion `ttShutdownOS()` auf, dann ist der Parameter Wert TT_E_OS_OK nicht gültig, da er bereits veraltet ist.

Abhängig von der verwendeten Konfiguration darf die Systemfunktion vom OSEK-OS-Subsystem aufgerufen werden.

Return

Status	Beschreibung
keiner	

8.4.8 ttErrorHook()

Diese Hook-Funktion wird vom OSEKtime-Betriebssystem am Ende einer Systemfunktion gestartet, wenn der Rückgabewert vom Typ `ttStatusType` nicht gleich TT_E_OS_OK ist. Diese Funktion wird aufgerufen, bevor in den Task oder die ISR zurückgekehrt wird.

Diese Funktion wird auch aufgerufen, wenn eine »deadline«-Verletzung/Überschreitung erkannt wird.

Die `ttErrorHook()`-Funktion wird nicht innerhalb von Systemfunktionen aufgerufen, die keinen Status zurückgeben können.

Syntax

```
void ttErrorHook(ttStatusType Error);
```

Inputs

`Error`: Erkannter Fehler

Outputs

keine

Return

Status	Beschreibung
keiner	

8.4.9 ttStartupHook()

Diese Hook-Funktion wird vom Betriebssystem am Ende der Initialisierungsphase des Betriebssystems aufgerufen, bevor der Scheduler gestartet wird. Ab diesem Zeitpunkt kann der Anwender mit Hilfe der Start-up-Hook-Funktion z.B. Treiber für die Hardware initialisieren.

Syntax

```
void ttStartupHook(void);
```

Inputs

keine

Outputs

keine

Return

Status	Beschreibung
keiner	

8.4.10 ttShutdownHook()

Die Hook-Funktion wird aufgerufen, wenn die Systemfunktion des OSEKtime-Betriebssystem `ttShutdownOS()` aufgerufen wird. Die Systemfunktion wird während des System-Shutdowns aufgerufen.

Innerhalb der Hook-Funktion können anwenderspezifische Funktionalitäten durchgeführt werden.

Syntax

```
void ttShutdownHook(ttStatusType Error);
```

Inputs

`Error`: Erkannter Fehler

Outputs

keine

Return

Status	Beschreibung
keiner	

8.4.11 ttGetOSSyncStatus()

Die Systemfunktion liefert den Zustand der Synchronisation des Systems. Ist der Zustand synchron, dann wird TT_SYNCHRONOUS, ist der Zustand asynchron, dann wird TT_ASYNCHRONOUS zurückgeliefert.

Syntax

```
ttStatusType ttGetOSSyncStatus(
             ttSyncronisationStatusRefType Status);
```

Inputs

keine

Outputs

Status: Referenz auf den aktuellen Status der Synchronisation des OSEKtime-Betriebssystems

Return

Status	Beschreibung
TT_E_OS_OK	Kein Fehler

8.4.12 ttSyncTimes()

Diese Systemfunktion versorgt das OSEKtime-Betriebssystem laufend mit der globalen Zeit. Sie wird verwendet, um die Differenz zwischen der lokalen internen Zeit und der globalen Zeit zu berechnen, und führt ggf. eine notwendige Synchronisation durch.

Syntax

```
ttStatusType ttSyncTimes(
             ttTickType GlobalTime,
             ttTickType ScheduleTime);
```

Inputs

GlobalTime: Die globale netzwerkweit synchronisierte Zeit

ScheduleTime: Der Wert der globalen Zeit, an dem die letzte Dispatching Table gestartet wurde

Outputs

keine

Return

Status	Beschreibung
TT_E_OS_OK	Kein Fehler

Kapitel 9

OSEK-COM-API[1]

In diesem Kapitel werden die Datentypen, Funktionen und Makros des Application Programming Interface (API) für das OSEK COM beschrieben. Die beschriebene API basiert auf der Spezifikation 3.0.1.

9.1 Datentypen

In diesem Abschnitt werden die verwendeten Datentypen und deren Funktion aufgeführt.

<table>
<tr><th>Datentyp</th><th colspan="2">Beschreibung</th></tr>
<tr><td>ApplicationDataRef</td><td colspan="2">Referenz auf das Datenfeld einer Application Message</td></tr>
<tr><td>CalloutReturnType</td><td colspan="2">Aufzählung mit den Werten:
COM_FALSE und
COM_TRUE</td></tr>
<tr><td>COMApplicationModeType</td><td colspan="2">Identifier zum Selektieren des COM Application Mode</td></tr>
<tr><td>COMServiceIdType</td><td colspan="2">Identifier mit den OSEK-COM-Funktionen. Sie haben die Form COMServiceId_xx, wobei xx der Name der COM-Funktion ist. Beispiel:
COMServiceId_SendMessage</td></tr>
<tr><td>COMShutdownModeType</td><td colspan="2">Identifier zum Selektieren des COM Shutdown Mode</td></tr>
<tr><td>FlagValue</td><td colspan="2">Aufzählung mit den Werten:
COM_FALSE und
COM_TRUE</td></tr>
<tr><td>LengthRef</td><td colspan="2">Referenz auf ein Datenfeld, das die Längeninformationen enthält</td></tr>
<tr><td rowspan="3">StatusType</td><td colspan="2">Liefert den aktuellen Status einer Funktion als Return-Wert zurück. Der Status kann folgende Werte annehmen:</td></tr>
<tr><td>E_OK</td><td>Der Service bzw. die Funktion wurde fehlerfrei beendet.</td></tr>
<tr><td>E_COM_ID</td><td>Die Message oder der Node Identifier ist außerhalb des gültigen Wertebereichs oder ungültig.</td></tr>
</table>

Tabelle 9.1: Datentypen der OSEK-COM-API

1 Dies ist partiell eine inoffizielle Übersetzung der offiziellen OSEK/VDX Specification, siehe S. 14

Datentyp	Beschreibung	
	E_COM_LENGTH	Die Datenlänge ist außerhalb des gültigen Wertebereichs.
	E_COM_LIMIT	Überlauf der Message-Queue
	E_COM_NOMSG	Message-Queue ist leer.
SymbolicName	OSEK COM Message Identifier.	

Tabelle 9.1: Datentypen der OSEK-COM-API (Forts.)

9.2 Funktionen

Die folgenden Funktionen und Makros stehen zur Laufzeit des Systems zur Verfügung.

9.2.1 COMCallout (CalloutRoutineName)

Die Funktionen `CalloutRoutineName` werden von der Anwendung zur Verfügung gestellt und von der OSEK-COM-Implementierung verwendet. Diese Funktionen können verwendet werden, um das OSEK COM für die Anwendung spezifischen Funktionalitäten zu erweitern, wie dies z.B. für ein Gateway notwendig ist.

Syntax

```
COMCallout (CalloutRoutineName)
```

Inputs

keine

Outputs

keine

Return

Die Funktion liefert ein Ergebnis vom Typ `CalloutReturnType` zurück.

9.2.2 COMErrorGetServiceId()

Die Funktion `COMErrorGetServiceId()`, die als Makro realisiert sein kann, liefert den Identifier der OSEK-COM-Funktion zurück, in der ein Fehler aufgetreten ist.

Syntax

```
COMServiceIdType COMErrorGetServiceId(void);
```

Inputs

keine

Outputs

keine

Return

Identifier der Funktion

9.2.3 COMErrorHook()

Die Funktion `COMErrorHook()` wird durch die Anwendung zur Verfügung gestellt und durch das OSEK COM aufgerufen, wenn eine Systemfunktion mit einem Statuscode beendet wird, der nicht `E_OK` ist.

Syntax

```
void COMErrorHook(StatusZype inError);
```

Inputs

`inError`: Name des aufgetretenen Fehlers

Outputs

keine

Return

keine

9.2.4 COMError_Name1_Name2 macros

`COMError_Name1_Name2` ist eine Zeichenfolge für Namen von Makros, die von der Anwendung zur Verfügung gestellt werden, um Zugriff auf Parameter der OSEK-COM-Funktionen beim Aufruf des `COMErrorHook()` zu erhalten.

Die einzelnen Elemente des Makro-Namens sind wie folgt definiert:

- `COMError`:Ein fester Präfix
- *`Name1`*:Der Name der Funktion z.B. `SendMessage`
- *`Name2`*:Der Name des Parameters z.B. `DataRef`

Ein gültiger Makro-Name ist dann z.B.:

```
COMError_SendMessage_DataRef
```

9.2.5 GetCOMApplicationMode()

Die Funktion liefert den aktuellen COM Application Mode zurück. Sie kann benutzt werden, um Application-Mode-abhängigen Programmcode zu schreiben.

Wird die Funktion aufgerufen, bevor StartCOM() aufgerufen wurde, dann ist das Ergebnis nicht definiert.

Syntax

```
COMApplicationMode GetCOMApplicationMode();
```

Inputs

keine

Outputs

keine

Return

Aktueller Application Mode

9.2.6 GetMessageStatus()

Die Funktion liefert den aktuellen Status des mit dem Parameter inMessage angegebenen Message Object zurück.

Syntax

```
StatusType GetMessageStatus(SymbolicName inMessage);
```

Inputs

inMessage: Symbolischer Name der Message

Outputs

keine

Return

Status	Beschreibung	S	E
E_COM_NOMSG	Die Message-Queue ist leer. Der Parameter inMessage gibt die Message-Queue an.	X	X
E_COM_LIMIT	Der Wert wird zurückgeliefert, wenn seit dem letzten Aufruf der Funktion ReceiveMessage() ein Overflow einer Message-Queue aufgetreten ist. Der Parameter inMessage gibt die Message-Queue an.	X	X
E_OK	Funktion wurde ohne Fehler beendet.	X	X
E_COM_ID	Der Parameter inMesssage ist außerhalb des gültigen Wertebereichs oder referenziert auf eine queued Message.		X

S: Standard-Status, **E**: Extended-Status

9.2.7 InitMessage()

Die Funktion initialisiert das Message Object, das mit dem Parameter `inMessage` angegeben wird. Dabei werden die Anwendungsdaten verwendet, die mit dem Parameter `inDataRef` referenziert werden.

Diese Funktion kann innerhalb der Funktion `StartCOMExtension()` aufgerufen werden, um die Standard-Initialisierung zu ändern.

Bei Messages mit dynamischer Länge wird die maximale Länge angegeben.

Syntax

```
StatusType InitMessage(SymbolicName       inMessage,
                       ApplicationDataRef inDataRef);
```

Inputs

`inMessage`: Symbolischer Name der Message

`inDataRef`: Referenz auf die Daten der Anwendung, mit der die Message initialisiert wird

Outputs

keine

Return

Status	Beschreibung	S	E
E_OK	Die Funktion wurde ohne Fehler beendet.	X	X
E_COM_ID	Der Parameter `inMesssage` ist außerhalb des gültigen Wertebereichs oder referenziert auf eine Message mit der Länge null oder auf eine interne Transmit Message.		X
Other	Es können andere implementierungsspezifische Werte zurückgegeben werden, wenn die Funktion nicht erfolgreich beendet werden konnte.	X	

S: Standard-Status, **E**: Extended-Status

9.2.8 ReadFlag_<Flag>()

Die Funktion liefert `COM_TRUE` zurück, wenn das Flag gesetzt ist. Ist das Flag nicht gesetzt, wird `COM_FALSE` zurückgeliefert.

Der Name des Flags wird durch `<Flag>` angegeben. Der Name ist Bestandteil des Namens für die Funktion. Die Syntax sieht wie folgt aus: Soll das Flag `xyz` gelesen werden, ist dafür der Name der Funktion `ReadFlag_xyz()` zu verwenden. Die

Implementierung von OSEK COM stellt für jedes Flag eine `ReadFlag_<Flag>`-Funktion zur Verfügung.

Syntax

```
FlagValue ReadFlag_<Flag>();
```

Inputs

keine

Outputs

keine

Return

Es wird der Wert des Flags zurückgeliefert.

9.2.9 ReceiveDynamicMessage()

Die Funktion kopiert Daten in eine Message für die Anwendung. Die Message wird durch den Parameter `inMessage` referenziert. Die Daten, die in die Message kopiert werden sollen, werden durch den Parameter `outDataRef` referenziert.

Die Länge der empfangenden Message wird in die Variable kopiert, auf die `outLengtRef` referenziert.

Diese Funktion kann nur für nicht queued Messages verwendet werden und steht nur für die externe Kommunikation zur Verfügung.

Syntax

```
StatusType ReceiveMessage(SymbolicName    inMessage,
                          ApplicationDataRef outDataRef
                          LengthRef          outLengthRef);
```

Inputs

`inMessage`: Symbolischer Name der Message

Outputs

`outDataRef`: Referenz auf eine Message der Anwendung, in der die Daten kopiert werden

`outLengthRef`: Referenz auf eine Variable in der Anwendung, in der die Länge der Message gespeichert wird.

Return

Status	Beschreibung	S	E
E_OK	Funktion wurde ohne Fehler beendet.	X	X
E_COM_ID	Der Parameter inMesssage ist außerhalb des gültigen Wertebereichs oder referenziert auf eine Message mit der Länge null oder auf eine statische Message oder auf eine queued Message.		X

S: Standard-Status, **E**: Extended-Status

9.2.10 ReceiveMessage()

Die Funktion kopiert Daten in eine Message für die Anwendung. Die Message wird referenziert durch den Parameter inMessage. Die Daten, die in die Message kopiert werden sollen, werden durch den Parameter outDataRef referenziert.

Syntax

```
StatusType ReceiveMessage(SymbolicName    inMessage,
                          ApplicationDataRef outDataRef);
```

Inputs

inMessage: Symbolischer Name der Message

Outputs

outDataRef: Referenz auf eine Message der Anwendung, in der die Daten kopiert werden

Return

Status	Beschreibung	S	E
E_OK	Die Funktion wird mit E_OK beendet, wenn die queued oder unqueued Messages, identifiziert durch den Parameter inMessage, zur Verfügung stehen und die Funktion ohne Fehler beendet wurde.	X	X
E_COM_NOMSG	Der Wert wird zurückgegeben, wenn die queued Message, identifiziert durch den Parameter inMessage, leer ist.		
E_COM_LIMIT	Wird zurückgegeben, wenn ein Überlauf der Message-Queue, identifiziert durch den Parameter inMessage, erkannt wird. E_COM_LIMIT zeigt somit an, dass mindestens eine Message verloren gegangen ist. Es wird eine Message zurückgeliefert und die Überlaufbedingungen werden gelöscht.		
E_COM_ID	Der Parameter inMesssage ist außerhalb des gültigen Wertebereichs oder referenziert auf eine Message mit der Länge null oder auf eine Message mit dynamischer Länge.		X

S: Standard-Status, **E**: Extended-StatusS

9.2.11 ResetFlag()

Die Funktion setzt das Flag `<Flag>` zurück.

Der Name des Flags wird durch `<Flag>` angegeben. Der Name ist Bestandteil des Funktionsnamens. Die Syntax sieht wie folgt aus: Soll das Flag `xyz` zurückgesetzt werden, muss dafür der Name der Funktion `ResetFlag_xyz()` verwendet werden. Die Implementierung von OSEK COM stellt für jedes Flag eine `ResetFlag_<Flag>`-Funktion zur Verfügung.

Syntax

```
void ResetFlag_<Flag>()
```

Inputs

keine

Outputs

keine

9.2.12 SendDynamicMessage()

Die Funktion kopiert Daten in das Message Object, das durch den Parameter `inMessage` identifiziert wird. Es werden Daten der Anwendung kopiert, die durch den Parameter `inDataRef` referenziert werden.

Syntax

```
StatusType SendDynamicMessage(SymbolicName inMessage,
                              ApplicationDataRef inDataRef,
                              LengthRef          inLengthRef);
```

Inputs

`inMessage`: Symbolischer Name der Message

`inDataRef`: Referenz auf die Daten der Anwendung, die mit der Message gesendet werden sollen

`inLengthRef`: Referenz auf einen Wert, der die Länge der Daten in der Message angibt

Outputs

keine

Return

Status	Beschreibung	S	E
E_OK	Funktion wurde ohne Fehler beendet.	X	X
E_COM_ID	Der Parameter `inMesssage` ist außerhalb des gültigen Wertebereichs oder referenziert auf eine Message mit der Länge null oder auf eine interne Transmit Message.		X
E_COM_LENGTH	Der Wert des Parameters `inLengthRef` muss größer null sein, aber kleiner als die maximale Länge, die durch den Parameter `inMesssage` festgelegt wird. Werden diese Bedingungen nicht erfüllt, dann liefert die Funktion `E_COM_LENGTH` zurück.		X

S: Standard-Status, **E**: Extended-Status

9.2.13 SendMessage()

Die Funktion kopiert Daten in das Message Object, das durch den Parameter `inMessage` identifiziert wird. Es werden Daten der Anwendung kopiert, die durch den Parameter `inDataRef` referenziert werden.

Syntax

```
StatusType SendMessage(SymbolicName        inMessage,
                       ApplicationDataRef inDataRef);
```

Inputs

`inMessage`: Symbolischer Name der Message

`inDataRef`: Referenz auf die Daten der Anwendung, die mit der Message gesendet werden sollen

Outputs

keine

Return

Status	Beschreibung	S	E
E_OK	Funktion wurde ohne Fehler beendet.	X	X
E_COM_ID	Der Parameter `inMesssage` ist außerhalb des gültigen Wertebereichs oder referenziert auf eine Message mit der Länge null oder auf eine interne Transmit Message.		X

S: Standard-Status, **E**: Extended-Status

9.2.14 SendZeroMessage()

Die Funktion sendet eine Zero-Length-Message.

Syntax

```
StatusType SendZeroLengthMessage(
                                SymbolicName inMessage);
```

Inputs

`inMessage`: Symbolischer Name auf eine Zero-Length-Message

Outputs

keine

Return

Status	Beschreibung	S	E
E_OK	Funktion wurde ohne Fehler beendet.	X	X
E_COM_ID	Der Parameter `inMessage` ist außerhalb des gültigen Wertebereichs oder referenziert auf eine Message mit der Länge null.		X

S: Standard-Status, **E**: Extended-Status

9.2.15 StartCOM()

Die Funktion startet und initialisiert die OSEK-COM-Implementierung in den Application Mode, der durch den Parameter `inMode` angegeben wurde.

Tritt bei dem Starten der Kommunikation ein Fehler auf, wird die Funktion unterbrochen und der Status zurückgeliefert.

Die Funktion ist in einem OSEK-System innerhalb eines Tasks aufzurufen.

Vor Beendigung der Funktion wird die Funktion `StartCOMExtension()` aufgerufen, die von der Anwendung zur Verfügung gestellt wird.

Vor dem Aufruf der Funktion müssen die Hardware und die Low-Level-Ressourcen, die vom OSEK COM benutzt werden sollen, initialisiert werden. Erfolgt keine Initialisierung, ist das Verhalten undefiniert.

Die Funktion gibt die zyklische Übertragung von Messages nicht frei. Soll eine zyklische Übertragung stattfinden, kann die Funktion `StartPeriodic()` innerhalb der `StartCOMExtension()` aufgerufen werden. Die Funktion stoppt die zyklische Übertragung nicht, wenn die Funktion `StartCOMExtension()` beendet wird.

Wird StartCOMExtension() nicht erfolgreich beendet, liefert die Funktion den Status im Return zurück.

Syntax

```
StatusType StartCOM(COMApplcationModeType inMode);
```

Inputs

inMode: COM Application Mode

Outputs

keine

Return

Status	Beschreibung	S	E
E_OK	Funktion wurde ohne Fehler beendet.	X	X
E_COM_ID	Der übergebene Parameter inMode hat keinen gültigen Wert.		X
Other	Es können andere implementierungsspezifische Werte zurückgegeben werden, wenn die Funktion nicht erfolgreich beendet werden konnte.	X	

S: Standard-Status, **E**: Extended-Status

9.2.16 StartCOMExtension()

Die Funktion StartCOMExtension() wird von der Anwendung zur Verfügung gestellt und von der OSEK-COM-Implementierung aufgerufen, wenn die StartCOM()-Funktion beendet wird. Die Funktion kann verwendet werden, um die Start-Funktion zu erweitern, wie z.B. mit Funktionen zum Initialisieren (InitMessage()) oder/und weiteren Start-Funktionen (StartPeriodic()).

Syntax

```
StatusType StartCOMExtension(void);
```

Inputs

keine

Outputs

keine

Return

Status	Beschreibung	S	E
E_OK	Funktion wurde ohne Fehler beendet.	X	X
Other	Es können andere implementierungsspezifische Werte zurückgegeben werden, wenn die Funktion nicht erfolgreich beendet werden konnte.	X	X

S: Standard-Status, **E**: Extended-Status

9.2.17 StartPeriodic()

Die Funktion startet die periodische Übertragung aller Messages, die den Periodic oder den Mixed Transmission Mode verwenden, sofern die periodische Übertragung für diese Messages freigegeben ist.

Durch das Starten der Funktion wird die periodische Übertragung reinitialisiert und neu gestartet.

Syntax

```
StatusType StartPeriodic();
```

Inputs

keine

Outputs

keine

Return

Status	Beschreibung	S	E
E_OK	Funktion wurde ohne Fehler beendet.	X	X
Other	Es können andere implementierungsspezifische Werte zurückgegeben werden, wenn die Funktion nicht erfolgreich beendet werden konnte.	X	X

S: Standard-Status, **E**: Extended-Status

9.2.18 StopCOM()

Die Funktion unterbricht unverzüglich alle OSEK-COM-Aktivitäten und gibt alle benutzten Ressourcen frei oder versetzt sie in den inaktiven Zustand. Daten können dadurch verloren gehen.

Alle zyklischen Übertragungen von Messages werden abgebrochen.

Wenn die Funktion erfolgreich durchgeführt wurde, kann das System durch Aufruf der Funktion `StartCOM()` wieder reinitialisiert werden.

Syntax

```
StatusType StopCOM(COMShutdownModeType inMode);
```

Inputs

`inMode`: Der Parameter legt fest, wie das System den Shutdown durchführt. Der Standard-Wert ist `COM_SHUTDOWN_IMMEDATE`. In diesem Fall wird der Shutdown unverzüglich durchgeführt und die Kommunikation abgebrochen. Es werden andere Parameter unterstützt, die dann jedoch abhängig von der jeweiligen Implementierung sind.

Outputs

keine

Return

Status	Beschreibung	S	E
`E_OK`	Funktion wurde ohne Fehler beendet.	X	X
`E_COM_ID`	Der übergebene Parameter `inMode` hat keinen gültigen Wert.		X
`other`	Es können andere implementierungsspezifische Werte zurückgegeben werden, wenn die Funktion nicht erfolgreich beendet werden konnte.	X	

S: Standard-Status, **E**: Extended-Status

9.2.19 StopPeriodic()

Die Funktion beendet die periodische Übertragung aller Messages, die den Periodic oder den Mixed Transmission Mode verwenden.

Durch das Starten der Funktion `StartPeriodic()` wird die periodische Übertragung reinitialisiert und neu gestartet.

Syntax

```
StatusType StartPeriodic();
```

Inputs

keine

Outputs

keine

Return

Status	Beschreibung	S	E
E_OK	Funktion wurde ohne Fehler beendet.	X	X
other	Es können andere implementierungsspezifische Werte zurückgegeben werden, wenn die Funktion nicht erfolgreich beendet werden konnte.	X	X

S: Standard-Status, **E**: Extended-Status

Kapitel 10

OSEK-NM-API[1]

In diesem Kapitel werden die Anweisungen, Funktionen und Datentypen beschrieben, die für das Netzwerkmanagement zur Verfügung gestellt werden.

10.1 Datentypen

In diesem Abschnitt sind die verwendeten Datentypen und deren Funktion aufgeführt.

Datentyp	Beschreibung
`ConfigHandleType`	Der Datentyp repräsentiert ein Handle auf eine Referenz vom Typ `ConfigRefType`.
`ConfigKindName`	Eindeutiger Name, der die Art der angeforderten Konfiguration festlegt. Folgende Namen sind definiert: `Normal` – wird bei direktem und indirektem NM unterstützt `Normal extended` – nur bei indirektem NM unterstützt `LimpHome` – nur bei direkten NM unterstützt
`ConfigRefType`	Referenz auf eine Konfiguration
`EventMaskType`	Typ, der den Datentyp für die Eventmaske definiert
`NetIdType`	Typ als Referenz auf Kommunikationsnetzwerke
`NetworkStatusType`	Typ, der den Netzwerkstatus angibt
`NMNodeName`	Eindeutiger Name, der den Betriebsmode des Netzwerkmanagements definiert. Die Namen `BusSleep` und `BusAwake` sind zulässig.
`NodeIdType`	Typ als Referenz auf Knoten
`RingDataType`	Typ des Datenfeld in der `NMPDU`
`RoutineRefType`	Typ als Referenz auf Low-Level-Funktionen
`SignallingType`	Eindeutiger Name, der den Mode der Signalisierung definiert. Zulässige Namen sind: `Activation`, `Event`
`StatusHandleType`	Der Datentyp repräsentiert ein Handle auf Referenz-Werte vom Typ `StatusRefType`
`TaskRefType`	Referenz auf einen Task
`TickType`	Der Datentyp repräsentiert einen Zählwert in Ticks

1 Dies ist partiell eine inoffizielle Übersetzung der offiziellen OSEK/VDX Specification, siehe S. 14

10.2 Systemgenerierungs-Support

Die beschriebenen Anweisungen dienen zur Systemgenerierung und stehen zur Laufzeit des Systems nicht zur Verfügung.

10.2.1 InitNMType()

Die Anweisung definiert den Typ des Netzwerkmanagements für das festgelegte Netzwerk.

Syntax

```
InitNMType(NetIdType inNetID, NMType inType);
```

Inputs

`inNetID`: Der Name des Netzwerks, das initialisiert wird. Der Name ist in der OIL-Konfigurationsdatei angegeben.

`inType`: Gibt die Nutzungsart des Netzwerks an. Die Nutzungsart kann entweder direkt oder indirekt sein.

Outputs

keine

Spezifikation/Conformance-Class-Benutzung

NM-Typ (X = Notwendig, O = Optional)

Direkt	Indirekt
O	O

10.2.2 InitNMScaling()

Die Anweisung dient zum Skalieren des Netzwerkmanagements.

Syntax

```
InitNMScaling(NetIdType        inNetID,
              ScalingParamType inScaling);
```

Inputs

`inNetID`: Der Name des Netzwerks, das initialisiert wird. Der Name ist in der OIL-Konfigurationsdatei angegeben.

`inScaling`: Parametersatz, der dazu dient, das Netzwerkmanagement für eine Komponente des Netzwerks zu skalieren

Outputs

keine

Spezifikation/Conformance-Class-Benutzung

NM-Typ (X = Notwendig, O = Optional)

Direkt	Indirekt
O	O

10.2.3 SelectHWRoutine()

Die Anweisung legt einen Satz von Funktionen fest, die vom Netzwerkmanagement verwendet werden, um die Bus-Hardware in unterschiedlichen Situationen kontrollieren zu können.

Abbildung 10.1 zeigt, in welchen Zuständen sich das Netzwerkmanagement befinden kann und welche Funktionen beim Zustandswechsel aufgerufen werden.

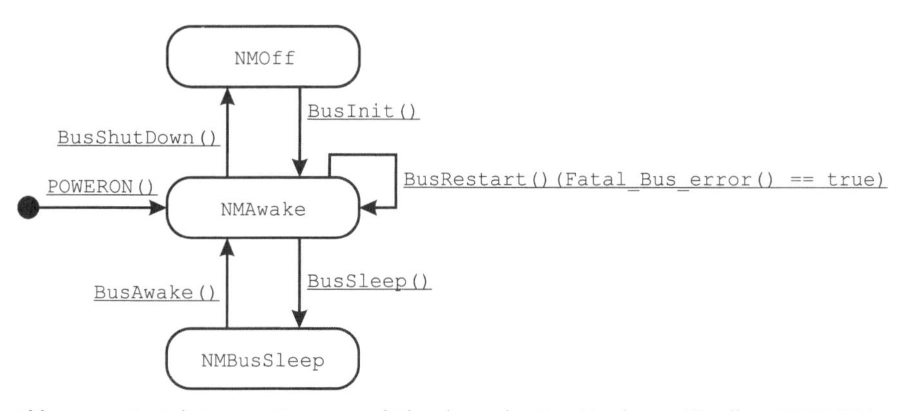

Abb. 10.1: Initialisierung, Restart und Shutdown der Bus-Hardware (Quelle: OSEK/VDX Specification)

Syntax

```
SelectHWRoutines(NetIdType inNetID,
                 RoutineRefType inBusInit,
                 RoutineRefType inBusAwake,
                 RoutineRefType inBusSleep,
                 RoutineRefType inBusRestart,
                 RoutineRefType inBusShutDown);
```

Inputs

`inNetID`: Der Name des Netzwerks, das initialisiert wird. Der Name ist in der OIL-Konfigurationsdatei angegeben.

`inBusInit`: Referenz auf eine Funktion. Die Funktion initialisiert die Bus-Hardware beim Start des Netzwerks.

`inBusAwake`: Referenz auf eine Funktion. Die Funktion reinitialisiert die Bus-Hardware beim Verlassen des Power Down Mode.

`inBusSleep`: Referenz auf eine Funktion. Die Funktion initialisiert den Power Down Mode der Bus-Hardware.

`inBusRestart`: Referenz auf eine Funktion. Die Funktion führt einen »Restart« der Bus-Hardware durch, wenn ein fataler Bus-Fehler aufgetreten ist.

`inBusShutDown`: Referenz auf eine Funktion. Die Funktion führt einen Shutdown der Bus-Hardware durch.

Outputs

keine

Spezifikation/Conformance-Class-Benutzung

NM-Typ (X = Notwendig, O = Optional)

Direkt	Indirekt
O	O

10.2.4 InitCMaskTable()

Die Anweisung initialisiert ein Element in der Table mit der relevanten Konfigurationsmaske. Die Einträge der Table werden von der Funktion `SelectDeltaConfig()`benutzt.

Syntax

```
InitCMaskTable(NetIdType       inNetID,
               ConfigKindName inConfigKind,
               ConfigRefType  inCMask);
```

Inputs

`inNetID`: Der Name des Netzwerks, das initialisiert wird. Der Name ist in der OIL-Konfigurationsdatei angegeben.

`inConfigKind`: Art der Konfiguration – entweder Normal, Normal Extended oder Limp Home

`inCMask`: Konfigurationsmaske (Liste der relevanten Modes)

Outputs

keine

Spezifikation/Conformance-Class-Benutzung

NM-Typ (X = Notwendig, O = Optional)

Direkt	Indirekt
O	O

10.2.5 InitTargetConfigTable()

Die Anweisung initialisiert ein Element in der Table mit dem relevanten Konfigurationstarget. Die Einträge der Table werden von der Funktion `SelectDeltaConfig()`benutzt.

Syntax

```
InitTargetConfigTable(NetIdType      inNetID,
                      ConfigKindName inConfigKind,
                      ConfigRefType  inTargetConfig);
```

Inputs

`inNetID`: Der Name des Netzwerks, das initialisiert wird. Der Name ist in der OIL-Konfigurationsdatei angegeben.

`inConfigKind`: Art der Konfiguration – entweder Normal, Normal Extended oder Limp Home

`inTargetConfig`: Target-Konfiguration

Outputs

keine

Spezifikation/Conformance-Class-Benutzung

NM-Typ (X = Notwendig, O = Optional)

Direkt	Indirekt
O	O

10.2.6 InitIndDeltaConfig()

Die Anweisung legt die Indikation für das Wechseln der Konfiguration des Netzwerks fest. Die betroffene Konfiguration wird durch den Parameter `inConfigKind` festgelegt.

Syntax

```
InitIndDeltaConfig(NetIdType      inNetID,
                   ConfigKindName inConfigKind,
                   SignallingMode inSMode,
                   TaskRefType    inTaskId,
                   EventMaskType  inEventMask);
```

Inputs

`inNetID`: Der Name des Netzwerks, das initialisiert wird. Der Name ist in der OIL-Konfigurationsdatei angegeben.

`inConfigKind`: Art der Konfiguration – entweder Normal, Normal Extended oder Limp Home

`inSMode`: Legt fest, ob ein Task aktiviert wird (`inSMode` = `Activation`) oder eine Signalisierung durch ein Event (`inSMode` = `Event`) stattfinden soll.

`inTaskId`: Name des Tasks, der aktiviert werden soll, oder ihm zugeordnete Events, die gesetzt werden sollen. Der Name des Tasks ist in der OIL-Konfigurationsdatei angegeben.

`inEventMask`: Maske mit den Events, die dem Task `inTaskId` zugeordnet sind und die gesetzt werden. Dieser Parameter steht nur zur Verfügung, wenn der Parameter `inSMode` auf `Event` gesetzt ist

Outputs

keine

Spezifikation/Conformance-Class-Benutzung

NM-Typ (X = Notwendig, O = Optional)

Direkt	Indirekt
O	O

10.2.7 InitSMaskTable()

Die Anweisung initialisiert ein Element in der Table mit der relevanten Status-Maske. Der Eintrag in der Tabelle wird von der Funktion `SelectDeltaStatus()` verwendet.

Syntax

```
InitSMaskTable(NetIdType     inNetID,
               StatusRefType inSMask);
```

Inputs

`inNetID`: Der Name des Netzwerks, das initialisiert wird. Der Name ist in der OIL-Konfigurationsdatei angegeben.

`inSMask`: Maske mit den relevanten Netzwerkstatus-Informationen

Outputs

keine

Spezifikation/Conformance-Class-Benutzung

NM-Typ (X = Notwendig, O = Optional)

Direkt	Indirekt
O	O

10.2.8 InitTargetStatusTable()

Die Anweisung initialisiert ein Element in der Table mit der relevanten Status-Maske. Der Eintrag in der Tabelle wird von der Funktion `SelectDeltaStatus()` verwendet.

Syntax

```
InitTargetStatusTable(NetIdType     inNetID,
                      StatusRefType inTargetStatus);
```

Inputs

`inNetID`: Der Name des Netzwerks, das initialisiert wird. Der Name ist in der OIL-Konfigurationsdatei angegeben.

`inTargetStatus`: Netzwerkstatus des Targets

Outputs

keine

Spezifikation/Conformance-Class-Benutzung

NM-Typ (X = Notwendig, O = Optional)

Direkt	Indirekt
O	O

10.2.9 InitIndDeltaStatus()

Die Anweisung spezifiziert, wie ein Wechsel des Netzwerkstatus der Anwendung angezeigt bzw. mitgeteilt wird.

Syntax

```
InitIndDeltaStatus(NetIdType       inNetID,
                   SignallingMode inSMode,
                   TaskRefType    inTaskId,
                   EvenMaskType   inEMask);
```

Inputs

`inNetID`: Der Name des Netzwerks, das initialisiert wird. Der Name ist in der OIL-Konfigurationsdatei angegeben.

`inSMode`: Art der Signalisierung des Status zur Anwendung – entweder Task-Aktivierung oder Event

`inTaskId`: Name des Tasks, der aktiviert werden soll, oder ihm zugeordnete Events, die gesetzt werden sollen. Der Name des Tasks ist in der OIL-Konfigurationsdatei angegeben.

Outputs

keine

Spezifikation/Conformance-Class-Benutzung

NM-Typ (X = Notwendig, O = Optional)

Direkt	Indirekt
O	O

10.2.10 InitDirectNMParams()

Die Anweisung initialisiert die Parameter für ein Netzwerk, dessen Netzwerkmanagement im Direkt-Mode arbeiten soll.

Syntax

```
InitDirectNMParams(NetIdType  inNetID,
                   NodeIdType inNodeID,
```

```
                    TickType    inTimerType,
                    TickType    inTimerMax,
                    TickType    inTimerError,
                    TickType    inTimerWaitBusSleep,
                    TickType    inTimerTx);
```

Inputs

`inNetID`: Der Name des Netzwerks, das initialisiert wird. Der Name ist in der OIL-Konfigurationsdatei angegeben.

`inNodeID`: Identifikation für die knotenspezifische Nachricht

`inTimerType`: Das typische Zeitintervall zwischen zwei Ring-Messages

`inTimerMax`: Das maximale Zeitintervall zwischen zwei Ring-Messages

`inTimerError`: Zeitintervall zwischen zwei Ring-Messages mit `NMLimpHome`-Identifikation

`inTimerWaitBusSleep`: Zeit, die das Netzwerkmanagement wartet, bis es in den Zustand `NMBusSleep` wechselt

`inTimerTx`: Delay zwischen zwei Sendeanforderungen

Outputs

keine

Spezifikation/Conformance-Class-Benutzung

NM-Typ (X = Notwendig, O = Optional)

Direkt	Indirekt
O	O

10.2.11 InitExtNodeMonitoring()

Die Anweisung initialisiert einen Satz von Parametern, mit dem ein Knoten mit individuellen Timeout-Werten überwacht wird.

Syntax

```
InitExtNodeMonitoring(NetIdNode  inNetID,
                      NodeIdType inNodeID,
                      Int        inDeltaInc,
                      Int        inDeltaDec);
```

Inputs

`inNetID`: Der Name des Netzwerks, das initialisiert wird. Der Name ist in der OIL-Konfigurationsdatei angegeben.

`inNodeID`: Identifikation für die knotenspezifische Nachricht

`inDeltaInc`: Wert, mit dem der Knoten-Status-Zähler inkrementiert wird, wenn eine Message nicht innerhalb der vorgegebenen Zeit empfangen wird

`inDeltDec`: Wert, mit dem der Knoten-Status-Zähler dekrementiert wird, wenn eine Message empfangen werden konnte

Outputs

keine

Spezifikation/Conformance-Class-Benutzung

NM-Typ (X = Notwendig, O = Optional)

Direkt	Indirekt
O	O

10.2.12 InitIndirectNMParams()

Die Anweisung initialisiert die benötigten Parameter für das Indirekt-Netzwerkmanagement.

Syntax

```
InitIndirectNMParams(NetIdType  inNetID,
                     NodeIdType inNodeID,
                     TickType   inTOB,
                     TickType   inTimerError,
                     TickType   inTimerWaitBusSleep);
```

Inputs

`inNetID`: Der Name des Netzwerks, das initialisiert wird. Der Name ist in der OIL-Konfigurationsdatei angegeben.

`inNodeID`: Identifikation für knotenspezifische Messages

`inTOB`: Zeit zum Überwachen eines Subsets von Knoten

`inTimeError`: Zeitintervall, bevor eine Reinitialisierung der Bus-Hardware nach Auftreten eines Fehlers durchgeführt wird, wobei das Netzwerkmanagement in den Zustand `LimpHome` wechselt

`inTimerWaitBusSleep`: Zeit, die das Netzwerkmanagement wartet, bis es in den Zustand `NMBusSleep` wechselt

Outputs

keine

Spezifikation/Conformance-Class-Benutzung

NM-Typ (X = Notwendig, O = Optional)

Direkt	Indirekt
O	O

10.2.13 InitIndRingData()

Die Anweisung spezifiziert, wie der Empfang einer Ring-Message mit Daten für den Knoten der Anwendung signalisiert wird. Der Parameter `inSMode` legt fest, ob ein Task aktiviert werden soll (`inSMode = Activation`) oder ein Event den Empfang signalisieren soll (`inSMode = Event`).

Im Fall der Signalisierung durch Events sind im Parameter `inEMask` die zu setzenden Events angegeben.

Syntax

```
InitIndRingData(NetIdType       inNetID,
                SignallingMode  inSMode,
                TaskRefType     inTaskID,
                EventMaskType   inEMask);
```

Inputs

`inNetID`: Der Name des Netzwerks, das initialisiert wird. Der Name ist in der OIL-Konfigurationsdatei angegeben.

`inSMode`: Mode der Signalisierung der Anwendung – `Activation` oder `Event`

`inTaskID`: Name des Tasks, der aktiviert werden soll oder dessen Events(s) gesetzt werden. Es ist derselbe Name, der in der OIL-Konfigurationsdatei angegeben ist.

`inEMask`: Maske des Events oder der Events, die gesetzt werden sollen. Der Task, dessen Events gesetzt werden sollen, ist im Parameter `inTaskId` angegeben.

Outputs

keine

Spezifikation/Conformance-Class-Benutzung

NM-Typ (X = Notwendig, O = Optional)

Direkt	Indirekt
O	O

10.3 Funktionen

Die folgenden Funktionen stehen zur Laufzeit des Systems zur Verfügung.

10.3.1 CmpConfig()

Die Funktion vergleicht eine Testkonfiguration `inTestConfig` mit einer festgelegten Referenzkonfiguration `inRefConfig` unter Verwendung der Maske `inCMask`.

Das Vorhandensein eines Knotens im Netzwerk ist identifiziert, wenn der Vergleich der Testkonfiguration mit der Referenzkonfiguration das Ergebnis TRUE liefert. Das Beispiel zeigt, wie ein Vergleich unter Verwendung der Parameter stattfindet.

Syntax

```
StatusType CmpConfig(NetIdType     inNetID,
                     ConfigRefType inTestConfig,
                     ConfigRefType inRefConfig,
                     ConfigRefType inCMask);
```

Inputs

`inNetID`: Der Name des Netzwerks der Konfiguration wird verglichen. Der Name ist in der OIL-Konfigurationsdatei angegeben.

`inTestConfig`: Referenz auf eine Variable vom Typ `ConfigType` mit der Testkonfiguration

`inRefConfig`: Referenz auf eine Variable vom Typ `ConfigType` mit der Referenzkonfiguration

`inCMask`: Liste der relevanten Knoten, die auf Veränderungen getestet werden sollen

Outputs

keine

Return

Status	Beschreibung	S	E
TRUE	Alle relevanten Knoten in der Testkonfiguration haben den gleichen Zustand wie in der Referenzkonfiguration.	X	X
FALSE	Mindestens ein relevanter Knoten in der Testkonfiguration hat einen anderen Status als in der Referenzkonfiguration angegeben.	X	X

S: Standard-Status, **E**: Extended-Status

Spezifikation/Conformance-Class-Benutzung

NM-Typ (X = Notwendig, O = Optional)

Direkt	Indirekt
O	O

Beispiel

Abbildung 10.2 zeigt, welche Operationen beim Vergleich der Konfiguration durchgeführt werden.

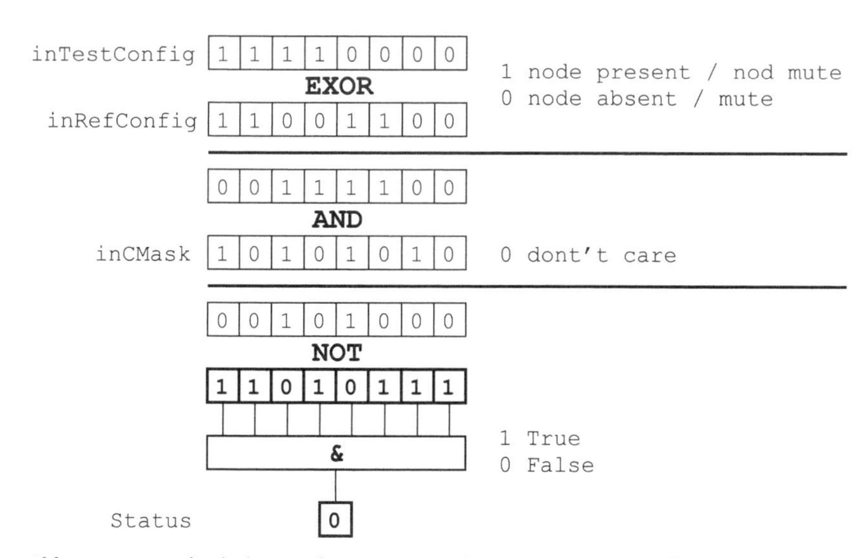

Abb. 10.2: Vergleich der Konfiguration (Quelle: OSEK/VDX Specification)

10.3.2 CmpStatus()

Die Funktion vergleicht einen Test-Status mit dem Base-Status. Wird ein Unterschied zwischen den beiden Zuständen ermittelt, dann wird der neue Status in der Variablen eingetragen und mit dem Parameter `inSMask` referenziert.

Syntax

```
StatusType CmpStatus(NetIdType     inNetID,
                     StatusRefType inTestStatus,
                     StatusRefType inRefStatus,
                     StatusRefType inSMask);
```

Inputs

`inNetID`: Der Name des Kommunikationsnetzwerks, dessen Status verglichen wird. Der Name ist in der OIL-Konfigurationsdatei angegeben.

`inTestStatus`: Referenz auf eine Variable vom Typ `StatusType`, die auf Veränderungen geprüft wird

`inRefStatus`: Referenz auf eine Variable vom Typ `StatusType`, die als Referenz für den Vergleich dient

`inSMask`: Liste des relevanten Status

Outputs

keine

Return

Status	Beschreibung	S	E
TRUE	Der Test-Status und der Base-Status sind identisch.	X	X
FALSE	Der Test-Status und der Base-Status unterscheiden sich. Der neue Status ist in der `inSMask` definiert.	X	X

S: Standard-Status, **E:** Extended-Status

Spezifikation/Conformance-Class-Benutzung

NM-Typ (X = Notwendig, O = Optional)

Direkt	Indirekt
O	O

Beispiel

Abbildung 10.3 zeigt, welche Operationen beim Vergleich des Status durchgeführt werden.

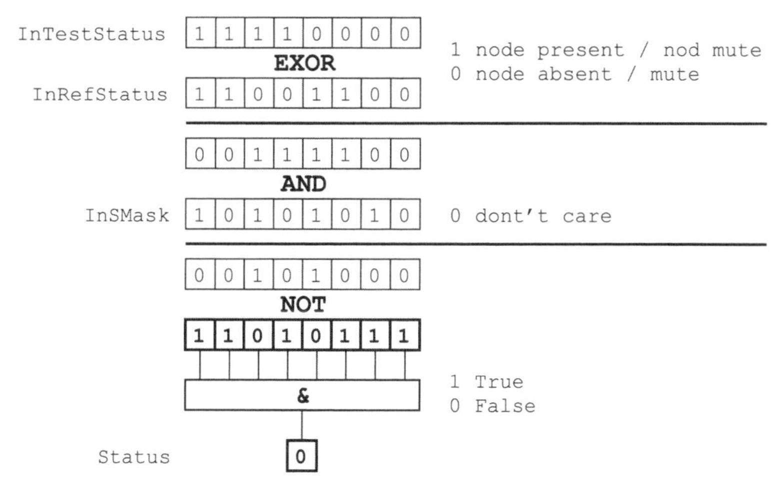

Abb. 10.3: Vergleich des Status (Quelle: OSEK/VDX Specification)

10.3.3 GetConfig()

Die Funktion ermittelt die aktuelle Konfiguration. Der Typ wird durch den Parameter `inConfigType` angegeben. Die ermittelte Konfiguration wird in die Variable kopiert, auf die der Parameter `outConfigRef` verweist.

Syntax

```
StatusType GetConfig(NetIdType       inNetID,
                     ConfigRefType   outConfigRef,
                     ConfigKindName  inConfigKind);
```

Inputs

`inNetID`: Der Name des Netzwerks, das initialisiert wird. Der Name ist in der OIL-Konfigurationsdatei angegeben.

`inConfigKind`: Art der Konfiguration – entweder Normal, Normal Extended oder Limp Home

Outputs

`outConfigRef`: Referenz auf eine Variable vom Typ `ConfigTyp`. Die Funktion kopiert die Konfiguration dorthin.

Return

Status	Beschreibung	S	E
E_OK	Kein Fehler	X	X

S: Standard-Status, **E**: Extended-Status

Spezifikation/Conformance-Class-Benutzung

NM-Typ (X = Notwendig, O = Optional)

Direkt	Indirekt
O	O

10.3.4 GetStatus()

Die Funktion ermittelt den aktuellen Status des Netzwerks und kopiert das Ergebnis in die Variable, die mit dem Parameter `inNetworkStatus` referenziert wird.

Syntax

```
StatusType GetStatus(NetIdType            inNetID,
                     NetworkStatusRefType inNetworkStatus);
```

Inputs

`inNetID`: Der Name des Kommunikationsnetzwerks, dessen Status gelesen wird. Der Name ist in der OIL-Konfigurationsdatei angegeben.

`inNetworkStatus`: Referenz auf eine Variable vom Typ `NetworkStatusType`, in die der Status des Netzwerks eingetragen wird

Outputs

keine

Return

Status	Beschreibung	S	E
E_OK	Kein Fehler	X	X

S: Standard-Status, **E**: Extended-Status

Spezifikation/Conformance-Class-Benutzung

NM-Typ (X = Notwendig, O = Optional)

Direkt	Indirekt
O	O

10.3.5 GotoMode()

Die Funktion setzt den Netzwerkmanagement-Mode auf den im Parameter `inNewMode` definierten Wert. Es sind nur die Werte `BusSleep` oder `BusAwake` zulässig.

Syntax

```
StatusType GotoMode(NetIdType  inNetID,
                    NMModeName inNewMode);
```

Inputs

`inNetID`: Der Name des Kommunikationsnetzwerks, dessen Mode gewechselt werden soll. Der Name ist in der OIL-Konfigurationsdatei angegeben.

`inNewMode`: Der neue Mode, in den das Kommunikationsnetzwerk wechseln soll

Outputs

keine

Return

Status	Beschreibung	S	E
E_OK	Kein Fehler	X	X

S: Standard-Status, **E**: Extended-Status

Spezifikation/Conformance-Class-Benutzung

NM-Typ (X = Notwendig, O = Optional)

Direkt	Indirekt
O	O

10.3.6 InitConfig()

Die Funktion kann verwendet werden, um die Konfiguration des Netzwerkmanagements auf die Default-Konfiguration zurückzusetzen und einen Restart des Konfigurationsmanagements durchzuführen. Die Funktion kann nur ausgeführt werden, wenn sich das Netzwerkmanagement im Zustand `NMNormal` befindet. Bei der Default-Konfiguration für das Direkt-Netzwerkmanagement sind alle Knoten nicht im Netzwerk und bei der Default-Konfiguration für das Indirekt-Netzwerkmanagement sind alle Knoten im Netzwerk präsent.

Syntax

```
StatusType InitConfig(NetId inNetID);
```

Inputs

`inNetID`: Der Name des Netzwerks, das initialisiert wird. Der Name ist in der OIL-Konfigurationsdatei angegeben.

Outputs

keine

Return

Status	Beschreibung	S	E
E_OK	Kein Fehler	X	X

S: Standard-Status, **E**: Extended-Status

Spezifikation/Conformance-Class-Benutzung

NM-Typ (X = Notwendig, O = Optional)

Direkt	Indirekt
O	O

10.3.7 ReadRingData()

Die Funktion liest die Ring-Daten der letzten gültigen Ring-Message und kopiert sie in die Variable, die durch den Parameter `outRingData` der Parameterliste referenziert wird. Die Daten können nur gelesen werden, während der Local Node die Kontrolle über die Ring-Message hat.

Syntax

```
StatusType ReadRingData(NetIdType   inNetID,
                        RingDataRef outRingData);
```

Inputs

`inNetID`: Der Name des Netzwerks, das von den Ring-Messages empfangen wird. Der Name ist in der OIL-Konfigurationsdatei angegeben.

Outputs

`outRingData`: Referenz auf eine Variable vom Typ `RingDataTye`, in der die Ring-Daten kopiert werden

Return

Status	Beschreibung	S	E
E_OK	Funktion wurde ohne Fehler beendet.	X	X
E_NotOK	Das Netzwerkmanagement verfügt gegenwärtig über keinen Zugang zu Ring-Messages oder der logische Ring befindet sich nicht in einem stabilen Zustand.	X	X

S: Standard-Status, **E**: Extended-Status

Spezifikation/Conformance-Class-Benutzung

NM-Typ (X = Notwendig, O = Optional)

Direkt	Indirekt
O	O

10.3.8 SelectDeltaConfig()

Die Funktion selektiert eine Kombination von Knoten des Netzwerks, um sie zu überwachen. Wenn einer der überwachten Knoten die Konfiguration ändert, wird das der Anwendung mitgeteilt.

Syntax

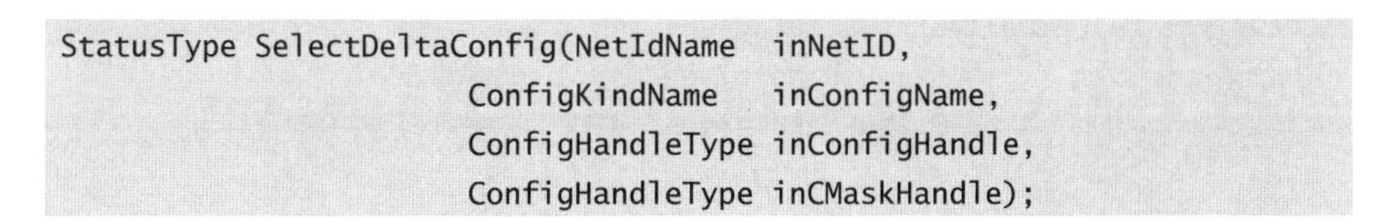

```
StatusType SelectDeltaConfig(NetIdName        inNetID,
                             ConfigKindName   inConfigName,
                             ConfigHandleType inConfigHandle,
                             ConfigHandleType inCMaskHandle);
```

Inputs

`inNetID`: Der Name des Netzwerks, das überwacht wird. Der Name ist in der OIL-Konfigurationsdatei angegeben.

`inConfigName`: Art der Konfiguration – entweder Normal, Normal Extended oder Limp Home

`inConfigHandle`: Referenz auf eine Target-Konfiguration, die mit der Anweisung `InitTargetConfigTable()` definiert wurde

`inCMaskHandle`: Referenz auf eine Konfigurationsmaske, die mit der Anweisung `InitCMaskTable()` definiert wurde

Outputs

keine

Return

Status	Beschreibung	S	E
E_OK	Kein Fehler	X	X

S: Standard-Status, **E**: Extended-Status

Spezifikation/Conformance-Class-Benutzung

NM-Typ (X = Notwendig, O = Optional)

Direkt	Indirekt
O	O

10.3.9 SelectDeltaStatus()

Die Funktion selektiert einen Netzwerkstatus und eine Status-Maske, die als Trigger verwendet werden, um der Anwendung anzuzeigen, dass sich der Status verändert hat. Wenn der überwachte Netzwerkstatus mit dem Target-Status übereinstimmt, wird die Anwendung benachrichtigt.

Syntax

```
StatusType SelectDeltaStatus(NetIdType inNetID,
                    StatusHandleType inStatusHandle,
                    StatusHandleType inSMaskHandle);
```

Inputs

`inNetID`: Der Name des Netzwerks, das überwacht wird. Der Name ist in der OIL-Konfigurationsdatei angegeben.

`inStatusHandle`: Handle zu dem Target-Status. Der Target-Status wird vorher durch die Anweisung `InitTargetStatusTable()` definiert.

`inSMaskHandle`: Handle zu der Status-Maske. Die Status-Maske wird vorher durch die Anweisung `InitSMaskTable()` definiert.

Outputs

keine

Return

Status	Beschreibung	S	E
E_OK	Kein Fehler	X	X

S: Standard-Status, **E**: Extended-Status

Spezifikation/Conformance-Class-Benutzung

NM-Typ (X = Notwendig, O = Optional)

Direkt	Indirekt
O	O

10.3.10 SilentNM()

Die Funktion sperrt die Kommunikation des Netzwerkmanagements. Die Funktion führt beim Netzwerkmanagement zu einem Wechsel des Zustands von `NMActive` nach `NMPassiv`.

Syntax

```
StatusType SilentNM(NetIdType inNetID) ;
```

Inputs

`inNetID`: Der Name des Netzwerks, das gesperrt wird. Der Name ist in der OIL-Konfigurationsdatei angegeben.

Outputs

keine

Return

Status	Beschreibung	S	E
E_OK	Kein Fehler	X	X

S: Standard-Status, **E**: Extended-Status

Spezifikation/Conformance-Class-Benutzung

NM-Typ (X = Notwendig, O = Optional)

Direkt	Indirekt
O	O

10.3.11 StartNM()

Die Funktion startet das Netzwerkmanagement für das Netzwerk, das durch den Parameter angegeben wird. Bei Aufruf der Funktion wechselt das Netzwerkmanagement vom Zustand `NMOff` in den Zustand `NMOn`.

Syntax

```
StatusType StartNM(NetIdType inNetID);
```

Inputs

`inNetID`: Der Name des Netzwerks, das gestartet wird. Der Name ist in der OIL-Konfigurationsdatei angegeben.

Outputs

keine

Return

Status	Beschreibung	S	E
E_OK	Kein Fehler	X	X

S: Standard-Status, **E**: Extended-Status

Spezifikation/Conformance-Class-Benutzung

NM-Typ (X = Notwendig, O = Optional)

Direkt	Indirekt
X	X

10.3.12 StopNM()

Die Funktion stoppt das Netzwerkmanagement für das Netzwerk, das durch den Parameter angegeben wird. Bei Aufruf der Funktion wechselt das Netzwerkmanagement in den Zustand `NMOff`.

Syntax

```
StatusType StopNM(NetIdType inNetID);
```

Inputs

`inNetID`: Der Name des Netzwerks, das gestoppt wird. Der Name ist in der OIL-Konfigurationsdatei angegeben.

Outputs

keine

Return

Status	Beschreibung	S	E
E_OK	Kein Fehler	X	X

S: Standard-Status, **E**: Extended-Status

Spezifikation/Conformance-Class-Benutzung

NM-Typ (X = Notwendig, O = Optional)

Direkt	Indirekt
X	X

10.3.13 TalkNM()

Die Funktion wechselt den Zustand des Netzwerkmanagements für das Netzwerk, das durch den Parameter angegeben wird. Bei Aufruf der Funktion wechselt das Netzwerkmanagement vom Zustand `NMPassive` in den Zustand `NMActive`. Die Funktion hebt das Sperren der Kommunikation durch die Funktion `SilentNM()` wieder auf.

Syntax

```
StatusType TalkNM(NetIdType inNetID);
```

Inputs

`inNetID`: Der Name des Netzwerks, dessen Zustand gewechselt werden soll. Der Name ist in der OIL-Konfigurationsdatei angegeben.

Outputs

keine

Return

Status	Beschreibung	S	E
E_OK	Kein Fehler	X	X

S: Standard-Status, **E**: Extended-Status

Spezifikation/Conformance-Class-Benutzung

NM-Typ (X = Notwendig, O = Optional)

Direkt	Indirekt
O	O

10.3.14 TransmitRingData()

Die Funktion kopiert Daten in das Datenfeld der Ring-Message. Die Daten werden mit der nächsten Ring-Message übertragen. Die Daten können nur geschrieben werden, während der Local Node die Kontrolle über die Ring-Message hat.

Syntax

```
StatusType TransmitRingData(NetIdType    inNetID,
                            RingDataType inRingData);
```

Inputs

`inNetID`: Der Name des Netzwerks, mit dem Daten unter der Verwendung von Ring-Messages gesendet werden. Der Name ist in der OIL-Konfigurationsdatei angegeben.

`inRingData`: Die Daten, die in das Datenfeld geschrieben werden, um sie bei der nächsten Ring-Message zu übertragen

Outputs

keine

Return

Status	Beschreibung	S	E
E_OK	Funktion wurde ohne Fehler beendet.	X	X
E_NotOK	Das Netzwerkmanagement verfügt gegenwärtig über keinen Zugang zu Ring-Messages oder der logische Ring befindet sich nicht in einem stabilen Zustand.	X	X

S: Standard-Status, **E**: Extended-Status

Spezifikation/Conformance-Class-Benutzung

NM-Typ (X = Notwendig, O = Optional)

Direkt	Indirekt
O	O

Kapitel 11

ProOSEK Win32x86

Bei ProOSEK Win32x86 handelt es sich um eine Implementierung des OSEK auf einem Windows-Zielsystem der Firma 3SOFT. Dadurch wird der Start einer Implementierung ermöglicht, ohne sich dabei bereits auf ein konkretes Zielsystem festlegen zu müssen, oder wenn eine konkrete Hardware noch nicht zur Verfügung steht. So kann die Software-Entwicklung bis zur Integration auf den Zielsystemen relativ unabhängig von der Hardware-Entwicklung betrieben werden.

Auch besteht somit die Möglichkeit, erst relativ spät, wenn der Bedarf an Rechenleistung und Speicher besser abschätzbar ist, ein den Anforderungen gerecht werdendes Zielsystem auszuwählen.

Bei der auf der CD zur Verfügung gestellten Version des ProOSEK Win32x86 handelt es sich um eine Demo-Version, die im Wesentlichen folgende Einschränkungen hat:

1. Die Anzahl der Tasks ist auf vier begrenzt.
2. Die Auswahl an grafischen Elementen in der OSEK Simulation GUI ist eingeschränkt.

Für die ersten Schritte und den prinzipiellen Ablauf einer Entwicklung mit OSEK sind die Einschränkungen nicht von Bedeutung. Die Demo-Version ist zeitlich nicht limitiert und es wird kein Lizenz-Key benötigt.

11.1 Installation

In den folgenden Schritten wird die Installation der Software beschrieben. Sie wurde unter Microsoft Windows 2000 durchgeführt.

Durch Aufruf von `ProOSEK_Win32x86_2004_03_09_setup.exe` wird die Installation gestartet. Nach dem Akzeptieren der Lizenzbedingungen startet die ProOSEK-Installierung.

Im linken Fenster des Dialogfelds kann das gewünschte Zielsystem, in diesem Fall `ProOSEK_Win32x86`, durch Anklicken der entsprechenden Checkbox ausgewählt werden. Als weitere Option steht die Auswahl des Zielverzeichnisses zur Verfügung. Im Beispiel erfolgt die Installierung im Verzeichnis `C:\Programme\ProOSEK`.

Alle anderen Optionen sind bereits gesetzt und sollten vom Anwender in diesem Beispiel nicht verändert werden.

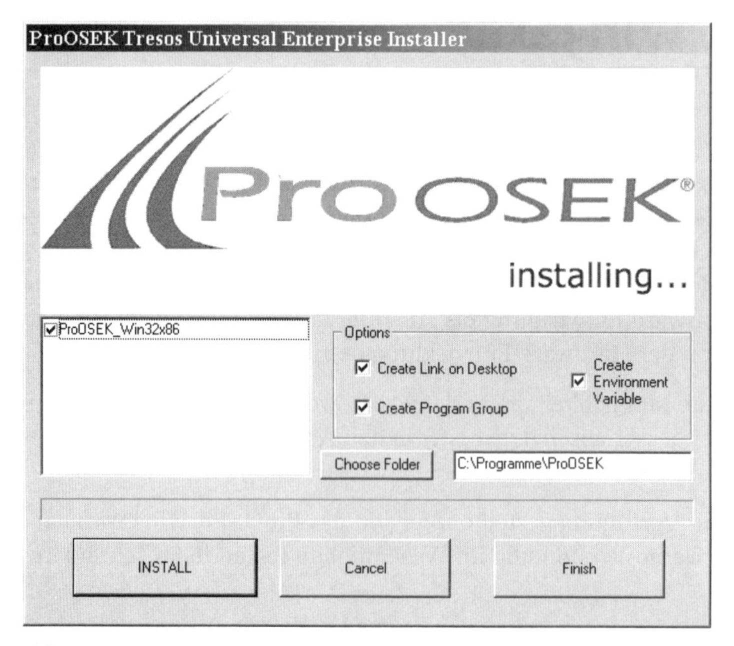

Abb. 11.1: ProOSEK-Installierung

Nach der erfolgreichen Installierung von ProOSEK erfolgt die Bestätigung durch ein Dialogfeld mit der Meldung INSTALLATION SUCCESSFUL.

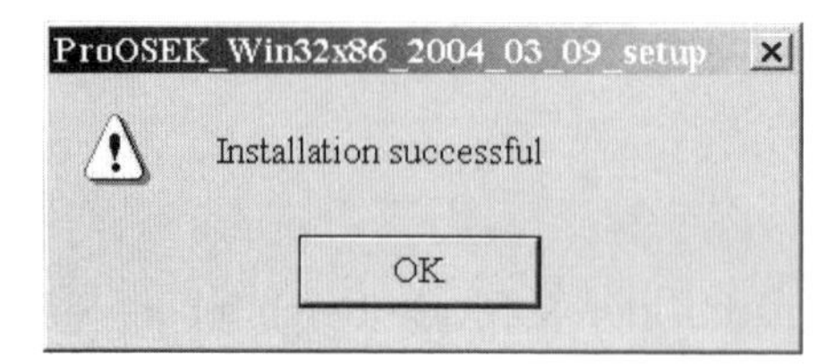

Abb. 11.2: Erfolgreiche Installierung des ProOSEK

Auf dem Desktop des Rechners erscheinen drei neue Icons, OSEK SIMULATION GUI, PROOSEK WIN32X86 und PROOSEK WINX86 DOCUMENTATION. Durch Doppelklicken auf das OSEK SIMULATION GUI-Icon wird der Simulator und durch Doppelklicken auf das PROOSEK WIN32X86-Icon der ProOSEK Configurator, eine Java-Anwendung, gestartet.

11.2 Demo_GUI

Es wird im Folgenden auf das von 3Soft bereit gestellte Beispiel `demo_gui` im Verzeichnis `C:\Programme\ProOSEK\demos\demo_gui` eingegangen.

Durch Doppelklicken auf das PROOSEK WIN32X86-Icon wird der ProOSEK Configurator gestartet. Es erscheint zuerst eine DOS-Box und anschließend die Benutzeroberfläche des ProOSEK Configurator.

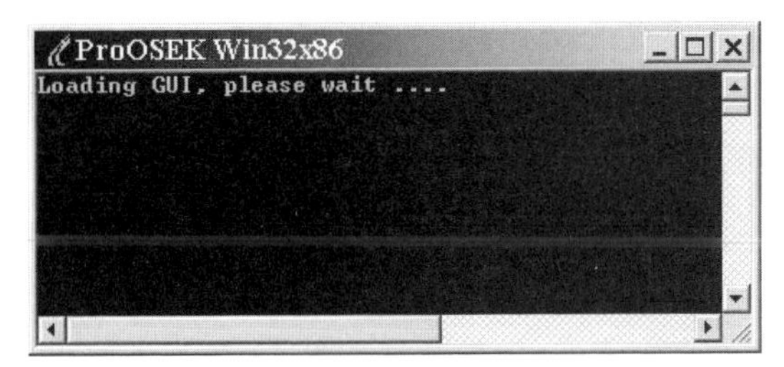

Abb. 11.3: Starten des ProOSEK Configurator

Nach dem Starten präsentiert sich die Benutzeroberfläche wie in Abbildung 11.4.

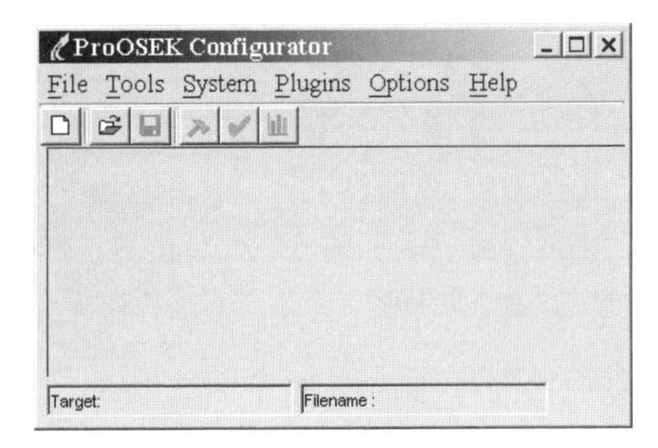

Abb. 11.4: Benutzeroberfläche des ProOSEK Configurator

Nun kann die Auswahl einer OIL-Datei erfolgen. Dies geschieht über das Menü FILE|OPEN und durch das Wechseln des Dateipfades im Dateidialogfenster in das Verzeichnis `C:\Programme\ProOSEK\demos\demo_gui`. Dort steht die OIL-Datei `demo_win32x86.oil` zur Verfügung, die durch Doppelklicken ausgewählt werden kann.

Nach dem Laden der Datei präsentiert sich der ProOSEK Configurator wie in Abbildung 11.5 gezeigt, wenn das OS-Demo ausgewählt wurde.

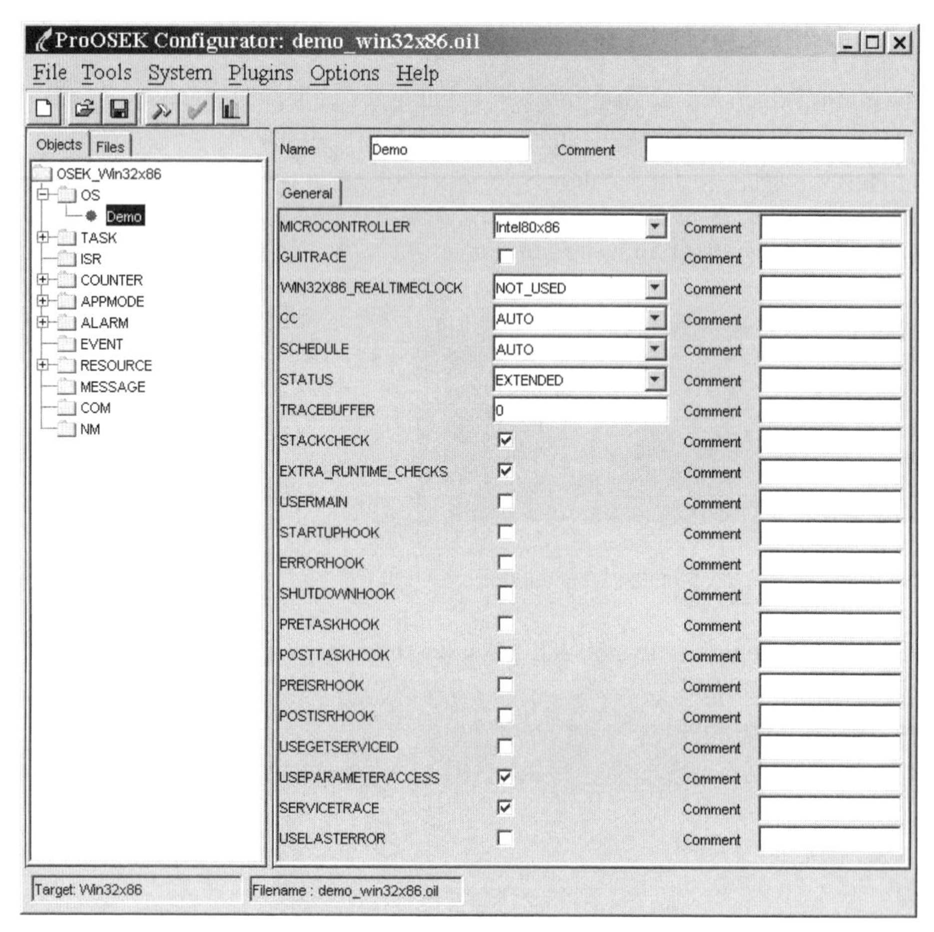

Abb. 11.5: ProOSEK Configurator nach dem Laden der OIL-Datei

Folgende Objekte können durch den ProOSEK Configurator verwaltet werden:

Objekt	Eigenschaft
`OS`	legt die Eigenschaften des OS fest. Dazu gehört u.a., welche Hooks verwendet sollen. Pro CPU kann immer nur ein OS definiert werden.
`TASK`	legt die verwendeten Tasks mit ihren Eigenschaften fest. Es wird u.a. der Typ des Tasks, Basic oder extended, die Priorität und wie oft er aktiviert werden darf, festgelegt.
`ISR`	Es werden die verwendeten Interrupt-Service-Routinen festgelegt mit den dazugehörigen Eigenschaften, wie z.B. `STACKSIZE` und `CATEGORY`.
`COUNTER`	legt die verwendeten Counter mit ihren Eigenschaften, wie `MINCYCLE` und `TICKSPERBASE` fest
`APPMODE`	legt die Attribute für den Application Mode fest

Objekt	Eigenschaft
ALARM	legt die verwendeten Alarme, deren Zuordnung zu einem Counter und die Eigenschaften des Alarms fest. Zu den Eigenschaften gehören u.a. AUTOSTART, ACTIVATETASK, SETEVENT und ALARMCALLBACK.
EVENT	Es können die verwendeten Events und deren Eventmaske festgelegt werden.
RESOURCE	legt die verwendeten Ressourcen mit ihren Eigenschaften fest
MESSAGE	legt die verwendeten Messages und deren Eigenschaften fest. ProOSEK erlaubt die Festlegung der Eigenschaften der internen Messages.
COM	ermöglicht die Festlegung der Eigenschaften für die Kommunikation
NM	Die Konfiguration des Netzwerkmanagement wird durch ProOSEK nicht unterstützt.

Nach dem Erstellen der Konfiguration kann das Betriebssystem generiert werden. Das Generieren kann über den Toolbutton GENERATE OS oder das Menü TOOLS oder die Tastenkombination [Strg]+[G] gestartet werden. Das erfolgreiche Generieren des OS wird durch eine Meldung wie in Abbildung 11.6. angezeigt.

Abb. 11.6: Erfolgreiche Generierung des OS

Beim Generieren des OS werden zwei Dateien `OS.h` und `OS.c` erzeugt. In ihnen sind die Definitionen der Schnittstellen und das eigentliche OS enthalten.

Der nächste Schritt besteht darin, das Projekt zu übersetzen, dazu muss das Projekt `osek.dsp`, das sich im Verzeichnis `C:\Programme\ProOSEK\demos\demo_gui` befindet, mit der Microsoft-Visual-C++.NET-Entwicklungsumgebung geöffnet werden. Abbildung 11.7 zeigt die Projektmappe mit den verwendeten Dateien und Ressourcen.

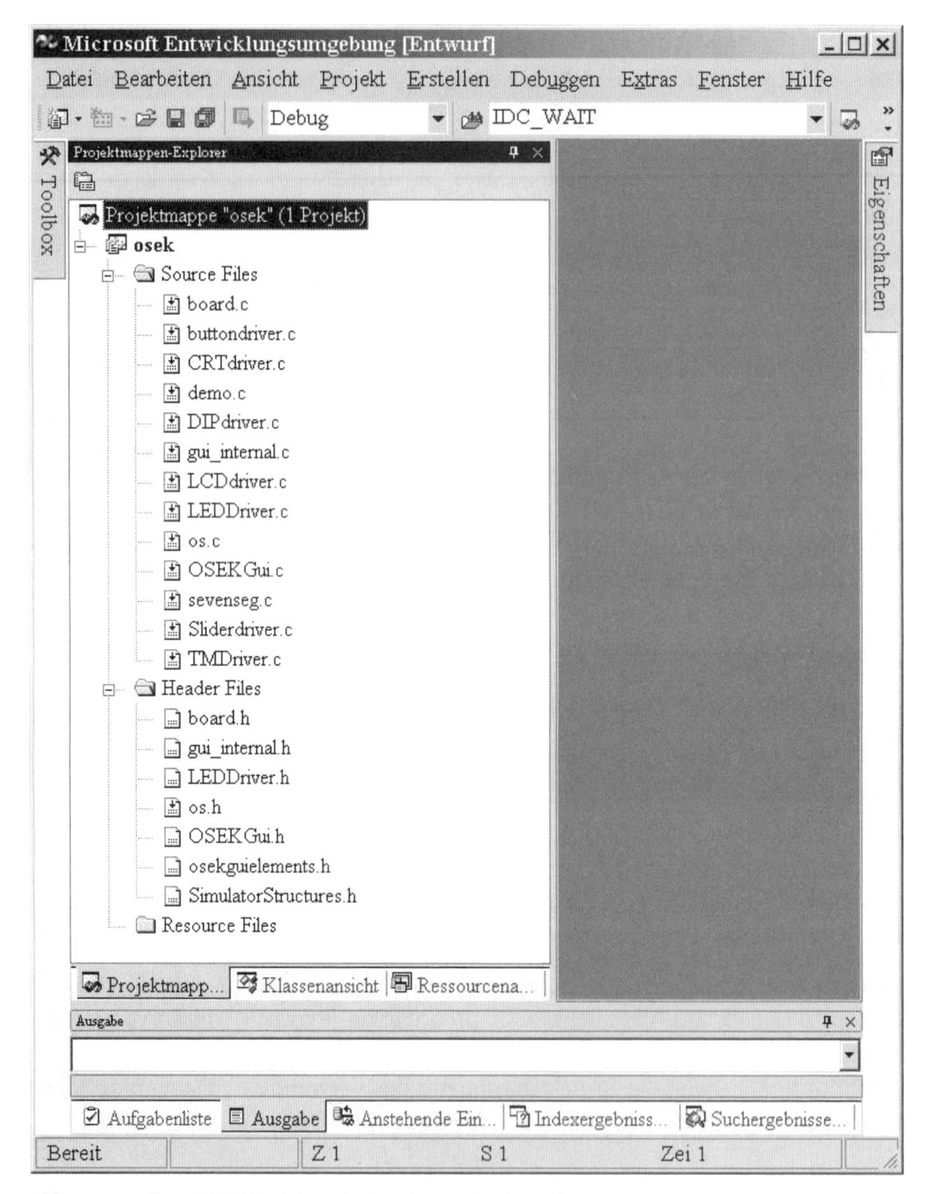

Abb. 11.7: Das OSEK-Projekt mit den dazugehörigen Dateien

Als Nächstes erfolgt das Übersetzen/Linken und Ausführen der Anwendung des Projekts. Der Vorgang wird über DEBUGGEN|STARTEN oder über die Funktionstaste F5 gestartet. Abbildung 11.8 zeigt die Ausführung der Anwendung in einer DOS-Box.

Als Nächstes wird auf die verwendete Konfiguration des OSEK eingegangen.

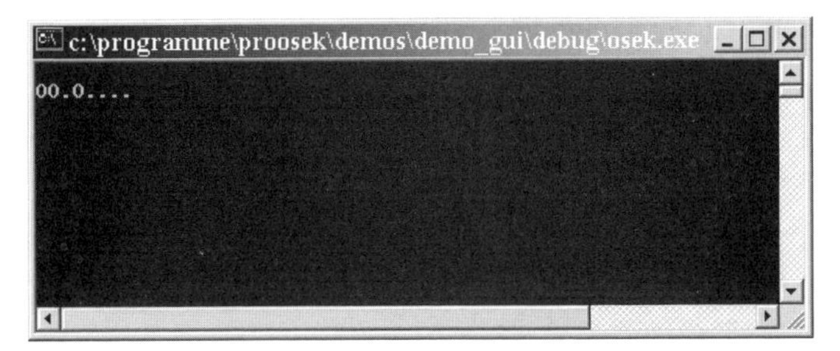

Abb. 11.8: Ausführung von OSEK.exe

11.2.1 OSEK Configuration

OS

Bei dem OS handelt es sich um eine Standardkonfiguration. Es ist allerdings in der jetzigen Demo-Version notwendig, das GUITRACE abzuschalten, da sonst der Programmcode nicht übersetzt werden kann. Das Abschalten geschieht durch Rücksetzen der Checkbox.

Task

Im Beispiel werden die drei Tasks `InitTask`, `Loop` und `Cyclic` verwendet. Sie bilden die Anwendung und enthalten den benutzerspezifischen Programmcode.

InitTask Die `InitTask` wird beim Start der Anwendung automatisch aktiviert und ausgeführt und verfügt über folgende Eigenschaften:

Eigenschaft	Wert	Ort
TYPE	BASIC	General
PRIORITY	1	General
ACTIVATION	1	General
SCHEDULE	NON	General
STACKSIZE	4000	General
CALLSCHEDULER	NO	General
AUTOSTART	TRUE[1]	AUTOSTART

Der dazugehörige Programmcode befindet sich in der Datei `demo.c` im Verzeichnis `C:\Programme\ProOSEK\demos\demo_gui`.

1 TRUE bedeutet, dass die Checkbox durch das Setzen des Hakens ausgewählt wurde.

Das folgende Programmcodesegment zeigt die Implementierung des Tasks `InitTask`.

```
TASK(InitTask)
{
  AlarmBaseType albase;
  //--- Initialisieren der LEDs der OSEK-Simulation-GUI
  //    Schnittstelle: <osekguielements.h>
  ed_id = LEDInit( 8 );

  //--- Initialisieren der LEDs der board.h
  LEDS_INIT();

  //---  Lesen der Basisinformationen des Alarms
  //     AlarmActCyclic. Der Alarm wurde in der OIL-
  //     Datei definiert.
  (void)GetAlarmBase(AlarmActCyclic, &albase);

  //--- Starten des Alarms relativ zum Startzeitpunkt.
  //    Er laueft zum ersten Mal nach dem Wert von
  //    albase.ticksperbase ab (2. Parameter) und wird
  //    zyklisch alle albase.ticksperbase (3.
  //    Parameter)
  (void)SetRelAlarm(AlarmActCyclic,
                    albase.ticksperbase,
                    albase.ticksperbase  );

  //--- Der Task wird durch Aufruf der Funktion
  //    beendet.
  (void)ChainTask(Loop);
}
```

Cyclic Der Task verfügt über die Priorität 4 und wird zyklisch durch den Alarm `AlarmActCyclic` aktiviert. Der Start des Alarms wird in dem Task `InitTask` durchgeführt.

Eigenschaft	Wert	Ort
TYPE	BASIC	General
PRIORITY	4	General
ACTIVATION	240	General
SCHEDULE	FULL	General

Eigenschaft	Wert	Ort
STACKSIZE	4000	General
CALLSCHEDULER	NO	General
RESOURCE	ResCounterVar	RESOURCE

Das folgende Programmcodesegment zeigt die Implementierung des Tasks Cyclic. in der Datei demo.c.

```
TASK(Cyclic)
{
  //--- Reservieren der Ressource CounterVar für den
  //    alleinigen Zugriff durch den Task. Es wird
  //    dadurch die Konsistenz der Daten ermoeglicht.
  //    Die Daten, die durch die Ressource verwaltet
  //    werden, sind in der globalen Variablen counter
  //    gespeichert.
  (void)GetResource(Res_CounterVar);

  //--- Daten der Ressource veraendern.
  counter = ((counter+1) & 0x0f);

  //--- Setzen der LEDs der OSEK-Simulation-GUI.
  //    Schnittstelle: <osekguielements.h>
  LEDSet( led_id, counter );

  //--- Setzen der LEDs der board.h
  LEDS_SET(counter);

  //--- Freigeben der Ressource.
  (void)ReleaseResource(Res_CounterVar);

  //--- Der Task wird beendet. Der Task-Zustand wechselt
  //    von RUNNING nach SUSPENDED.
  (void)TerminateTask();
}
```

Loop Beim Task Loop handelt es sich wie bei dem Task Cyclic um einen Task vom Typ BASIC mit einer Priorität von 2.

Im Gegensatz zum Task Cyclic wird der Task nach seiner Aktivierung nicht mehr beendet, sondern kann nur von einem höheren Task mit höherer Priorität verdrängt werden. In diesem Fall ist der Task `Cyclic` mit der höheren Priorität 4 dazu in der Lage.

Eigenschaft	Wert	Ort
TYPE	BASIC	General
PRIORITY	2	General
ACTIVATION	1	General
SCHEDULE	FULL	General
STACKSIZE	4000	General
CALLSCHEDULER	NO	General
RESOURCE	ResCounterVar	RESOURCE

Das folgende Programmcodesegment zeigt die Implementierung des Tasks `Loop` in der Datei `demo.c`.

```
TASK(Loop)
{
  volatile unsigned int dummy;
  unsigned char toggle = 0;

  //--- Endlosschleife
  while(1) {
    //--- Verbrauchen von Rechenzeit.
    int dummy2 = 5443;
    for (dummy=0; dummy<3000000; dummy++) {
    dummy2 = dummy2%((dummy%20)+1);
    } // for ...

    //--- Reservieren der Ressource CounterVar für den
    //    alleinigen Zugriff durch den Task. Es wird
    //    dadurch die Konsistenz der Daten ermoeglicht.
    //    Die Daten, die durch der Ressource verwaltet
    //    werden, sind in der globalen Variablen counter
    //    gespeichert.
    (void)GetResource(Res_CounterVar);

    if (toggle == 0)
      toggle = 1;
    else
      toggle = 0;
```

```
        //--- Setzen der LEDs der OSEK-Simulation-GUI.
        //    Schnittstelle: <osekguielements.h>
        LEDSet( led_id, ((toggle<<7)|((counter) & 0x0f)) );

        //--- Setzen der LEDs der board.h
        LEDS_SET(((toggle<<7)|((counter) & 0x0f)));

        //--- Freigeben der Ressource.
        (void)ReleaseResource(Res_CounterVar);
    } // while ...


    //--- Der Task wird beendet (hier nicht erreichbar!).
    //    Der Task-Zustand wechselt von RUNNING nach
    //    SUSPENDED.
    (void)TerminateTask();
}
```

COUNTER

Es werden die benötigten Counter definiert und die Parameter festgelegt.

SysCounter Das Beispiel verwendet einen Counter mit den unten aufgeführten Parametern. Die Counter sind abhängig von dem verwendeten Zielsystem und müssen somit bei einer Portierung angepasst werden.

Eine Anpassung der Parameter kann ebenfalls notwendig sein, wenn die Taktfrequenz des Zielsystems verändert wird.

Der `SysCounter` verfügt über folgende Parameter:

Eigenschaft	Wert	Ort
`WIN32X86_TYPE`	`WIN32X86_TIMER_1`	General
`MINCYCLE`	1	General
`MAXALLOWEDVALUE`	1000	General
`TICKSPERBASE`	5	General
`TIME_IN_NS`	100000000	General

APPMODE

Es wird nur der Application Mode `OSDEFAULTAPPMODE` unterstützt.

ALARM

Im OSEK-Objekt ALARM werden die benötigten Alarme festgelegt und die Verknüpfung mit den Countern durchgeführt.

AlarmActCyclic Im Beispiel wird ein Alarm verwendet, der mit dem Counter SysCounter verbunden ist. Bei Ablauf des Alarms wird der Task Cyclic aktiviert.

Eigenschaft	Wert	Ort
COUNTER	SysCounter	General
ACTION	ACTIVATETASK	ACTION
TASK	Cyclic	ACTION

RESOURCE

Im OSEK-Objekt RESOURCE werden die verwendeten Ressourcen festgelegt.

Res_CounterVar Im Beispiel wird eine Ressource mit dem Namen Res_CounterVar verwendet.

Eigenschaft	Wert	Ort
RESOURCEPROPERTY	STANDARD	RESOURCEPROPERTY

11.2.2 Programmcode

Das gesamte Beispiel-Projekt besteht aus den folgenden Dateien:

CRTdriver.c, DIPdriver.c, LCDdriver.c, LEDDriver.c, OSEKgui.c, Sliderdriver.c, TMDriver.c, board.c, buttondriver.h, demo.c, gui_internal.c, os.c, sevenseg.c, LEDDriver.h, OSEKGui.h, SimulatorStructures.h, board.h, gui_internal.h, os.h, osekguielements.h

Die für die Funktionalität des Beispiels relevanten Dateien sind demo.c, board.h und board.c.

Auf den Programmcode in der Datei demo.c wurde bereits bei der Beschreibung der Tasks eingegangen.

Die beiden Dateien board.h und board.c realisieren ein einfaches Benutzerinterface zum Anzeigen der aktuellen Zustände der LEDs. In der Datei board.h ist die Schnittstelle festgelegt.

```
#ifndef __BOARD_H
#define __BOARD_H
```

```
//--- Initialisieren der Anzeige. Die Anzeige besteht
//    aus einer Reihe von acht LEDs.
extern void LEDS_INIT(void);

//--- Setzen der acht LEDs
extern void LEDS_SET(int x);

#endif /* __BOARD_H */
```

Die Implementierung der Anzeige erfolgt in der Datei `board.c`. Die Anzeige erfolgt in einer unter Verwendung der Standardbibliotheken und sieht wie folgt aus:

```
#include"board.h"
#include"stdio.h"

void LEDS_INIT(void) {
  printf("\n........");
  fflush(stdout);
}

void LEDS_SET(int x)
{
  int n=0;
  printf("\b\b\b\b\b\b\b\b");

  while(++n<=8){
    if(x&1)
      putchar('O');
    else
      putchar('.');
    x>>=1;
  } // while ...
  fflush(stdout);
}
```

11.2.3 OIL-Datei

Im Folgendem wird auf die für das Beispiel verwendete OIL-Datei eingegangen. Sie legt die Konfiguration des Systems fest. Die Konfiguration wurde mit den ProOSEK Configurator erstellt und generiert.

```
#include<Win32x86.oil>
CPU OSEK_Win32x86
{
```

Die Eigenschaften des Betriebssystems werden festgelegt.

```
OS Demo
{
  CC = AUTO;
  STATUS = EXTENDED;
  SCHEDULE = AUTO;
  STARTUPHOOK = FALSE;
  ERRORHOOK = FALSE;
  SHUTDOWNHOOK = FALSE;
  PRETASKHOOK = FALSE;
  POSTTASKHOOK = FALSE;
  USERMAIN = FALSE;
  MICROCONTROLLER = Intel80x86;
  STACKCHECK = TRUE;
  EXTRA_RUNTIME_CHECKS = TRUE;
  USEGETSERVICEID = FALSE;
  USEPARAMETERACCESS = TRUE;
  SERVICETRACE = TRUE;
  USELASTERROR = FALSE;
  GUITRACE = FALSE;
  TRACEBUFFER = 0;
  WIN32X86_REALTIMECLOCK = NOT_USED;
  PREISRHOOK = FALSE;
  POSTISRHOOK = FALSE;
};
```

Es folgt die Festlegung der Eigenschaften des Tasks Loop.

```
TASK Loop /*Runs for ever */
{
  TYPE = BASIC;  /*Runs for ever */
  AUTOSTART = FALSE;
  PRIORITY = 2;
  ACTIVATION = 1;
  SCHEDULE = FULL;
  RESOURCE = Res_CounterVar;
  STACKSIZE = 4000;
  CALLSCHEDULER = NO;
};
```

Es folgt die Festlegung der Eigenschaften des Tasks `InitTask`. Da es sich um einen Task mit der Eigenschaft AUTOSTART handelt, wird zusätzlich festgelegt, in welchem APPMODE er vom Betriebssystem gestartet werden soll.

```
TASK InitTask /*Initialize the system */
{
  TYPE = BASIC;  /*no events needed */
  AUTOSTART = TRUE
  {
    APPMODE = OSDEFAULTAPPMODE;
  };
  PRIORITY = 1;
  ACTIVATION = 1;
  SCHEDULE = NON;  /*must run exclusively */
  STACKSIZE = 4000;
  CALLSCHEDULER = NO;
};
```

Es folgt die Festlegung der Eigenschaften des Tasks `Cyclic`.

```
TASK Cyclic /*Runs cyclic */
{
  TYPE = BASIC;  /*Runs cyclic */
  AUTOSTART = FALSE;
  PRIORITY = 4;
  ACTIVATION = 240;
  SCHEDULE = FULL;
  RESOURCE = Res_CounterVar;
  STACKSIZE = 4000;
  CALLSCHEDULER = NO;
};
```

Nun folgt die Festlegung des im System verwendeten Counters, hier `SysCounter`. Der Counter wird mit den von Windows bereitgestellten Timern verknüpft. In Systemen, die mit Mikrocontrollern arbeiten, werden meist Hardware-Timer mit Countern verknüpft.

```
COUNTER SysCounter
{
  MINCYCLE = 1;
  MAXALLOWEDVALUE = 1000;
  TICKSPERBASE = 5;
  WIN32X86_TYPE = WIN32X86_TIMER1;
  TIME_IN_NS = 100000000;
};
```

Das Betriebssystem startet mit dem Application Mode `OSDEFAULTAPPMODE`. Nur die zu diesem Application Mode gehörenden Tasks werden automatisch gestartet.

```
APPMODE OSDEFAULTAPPMODE;
```

Nun werden die Alarme mit dem vorher festgelegten Countern verknüpft. Es können mehrere Alarme an einen Counter gebunden werden. Es ist jedoch zu beachten, dass Alarme mit zu unterschiedlichen Anforderungen an die benötigen Wertebereiche unter Umständen zu größerem Rechenaufwand für das Betriebssystem führen können.

```
ALARM AlarmActCyclic
{
  ACTION = ACTIVATETASK
  {
    TASK = Cyclic;
  };
  COUNTER = SysCounter;
  AUTOSTART = FALSE;
};
```

Jetzt werden die vom Betriebssystem verwalteten Ressourcen festgelegt.

```
RESOURCE Res_CounterVar
{
  RESOURCEPROPERTY = STANDARD;
};
};
```

11.2.4 OSEK Simulation GUI

Im Zusammenhang mit dem *ProOSEK Win32x86* steht eine OSEK Simulation GUI[2] zur Verfügung. Mit diesem GUI besteht die Möglichkeit, Ein- und Ausgaben des mit *ProOSEK* erstellen Systems grafisch zu visualisieren. In der Demo-Version auf der CD stehen drei grafische Elemente für die Darstellung zur Verfügung. Es sind die Elemente *OSEK Simulation, LED Element* und *DIP Element.*

Das bereits vorgestellte Beispiel `demo_gui` ist für die Verwendung der *ProOSEK Simulation GUI* vorbereitet. Im Quellcode der Datei `demo.c` ist vor dem ersten Aufruf der Funktion `LEDInit()` noch die Funktion `InitGuiInternal()` aufzurufen.

Der folgende Quellcodeabschnitt veranschaulicht das Einfügen der zusätzlichen Funktion:

2 Bei der Demo-Version steht nur ein eingeschränkter Satz von grafischen Elementen zur Verfügung und die GUITRACE-Eigenschaft wird nicht unterstützt. Das heißt, bei der Generierung des OS muss GUITRACE auf FALSE gesetzt sein.

```
TASK(InitTask)
{
  AlarmBaseType albase;

  //--- Initialisierung der grafischen Elemente
  InitGuiInternal();

  led_id = LEDInit( 8 );
  LEDS_INIT();

  (void)GetAlarmBase(AlarmActCyclic, &albase);

  (void)SetRelAlarm(AlarmActCyclic,
                    albase.ticksperbase,
                    albase.ticksperbase  );
  (void)ChainTask(Loop);
}
```

Nach dem Übersetzen und Starten der Beispielanwendung mit Microsoft Visual C++ kann eine Verbindung mit der *ProOSEK Simualtion GUI* hergestellt werden.

Dazu muss die *ProOSEK Simulation GUI* durch Doppelklick auf das Icon gestartet werden. Abbildung 11.9 zeigt das Startfenster.

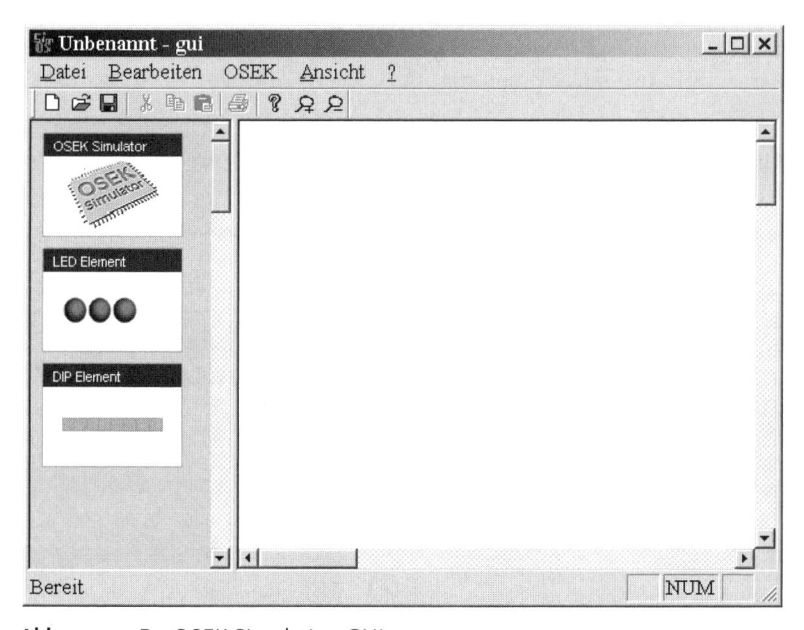

Abb. 11.9: ProOSEK Simulation GUI

Es sind folgende Schritte durchzuführen, um eine Verbindung mit dem OSEK-System aufbauen zu können:

1. Der Simulation das verwendete OSEK mitteilen. Dazu den Menüeintrag OSEK| CONNECT auswählen und in dem Dialogfeld den String `Demo share` eintragen. Es handelt sich dabei um denselben Namen, der in der Datei `demo.c` eingetragen wurde.

```
char *connectString ="DEMO share";
```

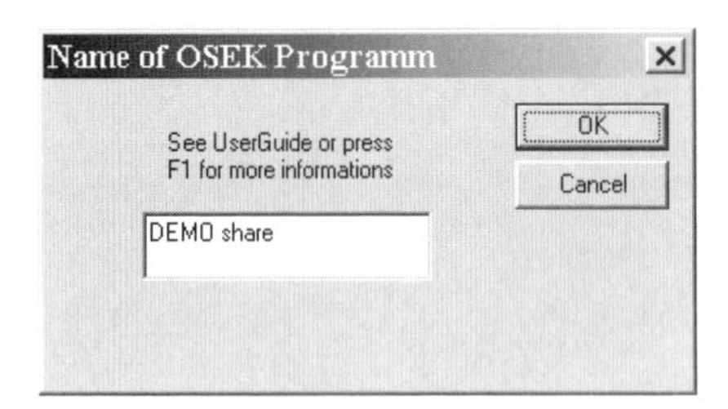

Abb. 11.10: Das verwendete OSEK-System mitteilen

2. Mit Drag&Drop die benötigten grafischen Elemente auf die Bearbeitungsfläche ziehen. In dem Beispiel werden die Elemente *OSEK Simulator* und *LED Element* benötigt.
3. Nun kann zwischen dem *LED Output*-Pin des *OSEK Simulator*-Elements und den *LED Input*-Pin des LED-Elements eine Verbindungslinie gezogen werden. Das sich ergebende Bild sollte nach erfolgreicher Durchführung der einzelnen Schritte wie in Abbildung 11.11 aussehen.

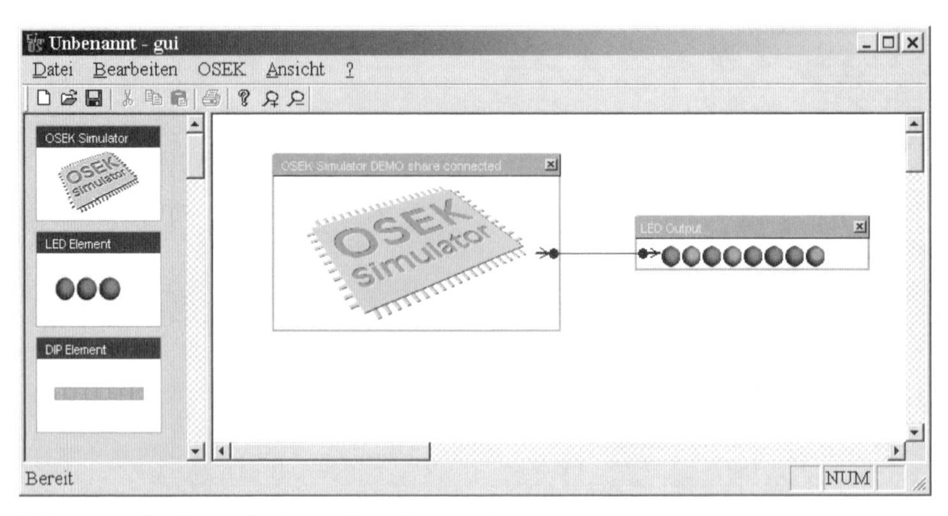

Abb. 11.11: Simulation der Anwendung demo_gui

Da das OSEK-System bereits läuft, beginnen die LEDs analog zu den LEDs der Konsole (das DOS-Fenster) zu blinken.

11.3 Service Task

Das folgende Beispiel realisiert einen Service Task. Der Service Task soll eine serielle Schnittstelle, z.B. eine RS232 bedienen, um ASCII-Zeichen senden zu können.

Es wird auf folgende Aspekte eingegangen:

- Starten und Beenden von Tasks
- Setzen von Events
- Warten auf Events
- Datenaustausch über Datencontainer

Abbildung 11.12 zeigt die Struktur des Beispiels. Der Task Task_A_TASK schreibt die zu sendenden Daten in einen gemeinsam genutzten Datencontainer und aktiviert anschließend den Task RS232_TASK. Nach dem Senden der Daten wird ein Event an den Task_A_TASK gesendet, um das Senden der Daten zu signalisieren. Das OSEK-System startet beim Hochlauf automatisch einen Counter, an den ein Alarm gebunden ist. Dieser Alarm erzeugt regelmäßig ein Event, auf das der Task Task_A_TASK wartet, um den Zeitzähler zu erhöhen.

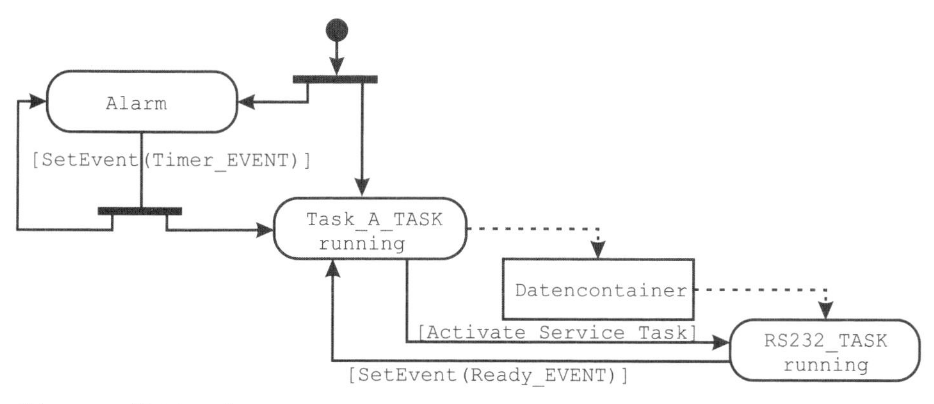

Abb. 11.12: Aktivitätsdiagramm

Das Sequenzdiagramm in Abbildung 11.13 veranschaulicht das Zusammenspiel zwischen den Tasks und dem Betriebssystem. Es wird deutlich, dass eine Koppelung der Tasks untereinander über das Betriebssystem erfolgt, in dem die dort bereitgestellten Dienste verwendet werden.

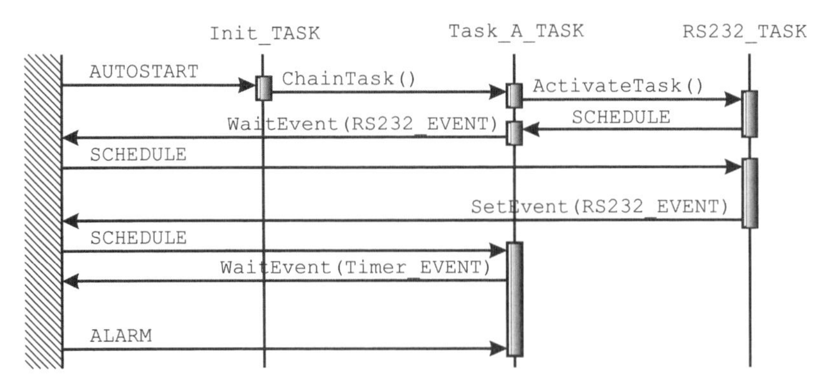

Abb. 11.13: Ablauf der Aktivierungen von Tasks

Das Programm besteht aus den Tasks `Init_TASK`, `Task_A_TASK` und `RS232_TASK`.

Der Task `Init_TASK` hat die Aufgabe, den Start des Systems anzuzeigen, um anschließend die Kontrolle der Programmausführung an den Task `Task_A_Task` durch Aufruf der Funktion `ChainTask()` zu übergeben.

Der folgende Programmabschnitt zeigt die Realisierung des Tasks:

```
TASK(Init_TASK)
{
  /*--- Ausgabe, dass der Task gestartet wurde */
  printf( "Init_Task\n" );

  g_RS232_SendBufferUsed = 0;

  /*--- Kontrolle an den Task_A_TASK uebergeben */
  (void)ChainTask(Task_A_TASK);
}
```

Der Task `RS232_TASK` hat die Aufgabe, den zu sendenden String, der sich im Buffer `g_RS232_SendBuffer` befindet, über eine serielle Schnittstelle auszugeben. In diesem Beispiel wird dafür die `printf()`-Funktion verwendet, um diese Funktionalität am Bildschirm darstellen zu können.

Der Task wird durch den Task `Task_A_TASK` explizit mittels des Aufrufs `ActivateTask( RS232_TASK )` aktiviert und beendet sich selbstständig durch den Aufruf der Funktion `TerminateTask()`, nachdem der String gesendet wurde.

Der folgende Programmabschnitt zeigt die Realisierung:

```
TASK(RS232_TASK)
{
```

```
  /*--- Ausgabe, dass der Task gestartet wurde */
  printf( "RS232_Task:" );

  /*--- Sendebuffer ausgeben */
  printf( g_RS232_SendBuffer );
  printf( "\n" );


  /*--- Event an den Task_A_TASK senden */
  SetEvent( Task_A_TASK, Ready_EVENT );

  /*--- Task beenden */
  TerminateTask();
}
```

Der Produzent der zu sendenden Daten ist der Task Task_A_TASK. Er wartet auf das Event Timer_EVENT, das vom Alarm Sekunden_ALARM an den Task gesendet wird, um dann den Task RS232_TASK zu aktiveren. Nach der Aktivierung des Tasks wird auf das Event Ready_EVENT vom Task RS232_TASK gewartet, der das Ende des Sendens des Strings mitteilt.

```
TASK(Task_A_TASK)
{
  /*--- Lokale Daten, nur innerhalb des Tasks sichtbar.*/
  int theSekunden;
  int theMinuten;
  int theStunden;

  /*--- Lokale Eventmaske */
  EventMaskType myEvents;

  /*--- Initialisieren der lokalen Variablen */
  theSekunden = 0;
  theMinuten  = 0;
  theStunden  = 0;

  /*--- Ausgabe, dass der Task gestartet wurde */
  printf( "Start Task_A_Task\n" );

  /*--- Endlosschleife, d.h., der Task terminiert sich
        nicht selbststaendig */
  while( 1 ) {
```

```
    /*--- Erstellen eines formatierten Strings fuer den
          Sendebuffer und Ermitteln der Laenge */
    sprintf( g_RS232_SendBuffer, "%d%:%02d:%02d",
             theStunden, theMinuten, theSekunden );

    g_RS232_SendBufferUsed =
      strlen( g_RS232_SendBuffer );

    /*--- Aktivieren des Tasks RS232_TASK */
    ActivateTask( RS232_TASK );

    /*--- Auf das Enden des Sendens des Strings warten */
    WaitEvent( Ready_EVENT );

    /*--- Event lesen und loeschen */
    GetEvent(  Task_A_TASK, &myEvents );
    ClearEvent( Ready_EVENT );

    /*--- Warten auf das naechste Event vom Timer */
    WaitEvent( Timer_EVENT );

    /*--- Event lesen und loeschen */
    GetEvent(  Task_A_TASK, &myEvents );
    ClearEvent( Timer_EVENT );

    /*--- Zeit um eine Sekunde erhoehen */
    theSekunden++;
    if( theSekunden > 59 ) {
      theSekunden = 0;
      theMinuten++;
      if( theMinuten > 59 ) {
        theMinuten = 0;
        theStunden++;
      } // if ...
    } // if ...
  } // while ...

  TerminateTask(); /* or ChainTask() */
}
```

Nach dem erfolgreichen Übersetzen und Starten des Programms wird eine Anzeige auf der Konsole wie in Abbildung 11.14 erzeugt:

```
c:\Programme\ProOSEK\demos\demo_gui\Debug\osek.exe
Init_Task
Start Task_A_Task
RS232_Task:0:00:00
RS232_Task:0:00:01
RS232_Task:0:00:02
RS232_Task:0:00:03
RS232_Task:0:00:04
RS232_Task:0:00:05
RS232_Task:0:00:06
RS232_Task:0:00:07
RS232_Task:0:00:08
RS232_Task:0:00:09
RS232_Task:0:00:10
RS232_Task:0:00:11
RS232_Task:0:00:12
RS232_Task:0:00:13
RS232_Task:0:00:14
RS232_Task:0:00:15
```

Abb. 11.14: Konsolenausgabe der Service Task

Die für die Generierung des Systems erforderliche OIL-Datei enthält alle erforderlichen Objekte und ist im Folgenden dargestellt.

Objekt OS

Definition des Systems. Es handelt sich hierbei um eine Standarddefinition, in der u.a. keine Hooks verwendet werden.

```
OS ServiceTask_OS
{
  MICROCONTROLLER = Intel80x86;
  GUITRACE = FALSE;
  WIN32X86_REALTIMECLOCK = NOT_USED;
  CC = AUTO;
  SCHEDULE = AUTO;
  STATUS = EXTENDED;
  STACKCHECK = TRUE;
  EXTRA_RUNTIME_CHECKS = TRUE;
  USERMAIN = FALSE;
  STARTUPHOOK = FALSE;
  ERRORHOOK = FALSE;
  SHUTDOWNHOOK = FALSE;
  PRETASKHOOK = FALSE;
  POSTTASKHOOK = FALSE;
  PREISRHOOK = FALSE;
  POSTISRHOOK = FALSE;
  USEGETSERVICEID = FALSE;
  USEPARAMETERACCESS = FALSE;
```

```
    SERVICETRACE = FALSE;
    USELASTERROR = FALSE;
};
```

Objekt TASK Task_A_TASK

Definition des Tasks Task_A_TASK, der regelmäßig durch das Timer-Event aktiviert wird.

```
TASK Task_A_TASK
{
    TYPE = AUTO;
    AUTOSTART = FALSE;
    SCHEDULE = NON;
    CALLSCHEDULER = DONTKNOW;
    PRIORITY = 12;
    ACTIVATION = 1;
    STACKSIZE = 4000;
    EVENT = Ready_EVENT;
};
```

Objekt TASK InitTask

Definition des Tasks InitTask. Der Task wird automatisch vom System gestartet und sorgt für das Starten der restlichen Tasks.

```
TASK Init_TASK
{
    TYPE = AUTO;
    AUTOSTART = TRUE;
    SCHEDULE = NON;
    CALLSCHEDULER = DONTKNOW;
    PRIORITY = 5;
    ACTIVATION = 1;
    STACKSIZE = 4000;
};
```

Objekt TASK RE232_TASK

Definition des Tasks RS232_TASK. Er wird durch den Task Task_A_TASK explizit aktiviert und beendet sich selbstständig durch Aufruf der Funktion Terminate-Task().

```
TASK RS232_TASK
{
```

```
    TYPE = AUTO;
    AUTOSTART = FALSE;
    SCHEDULE = NON;
    CALLSCHEDULER = DONTKNOW;
    PRIORITY = 10;
    ACTIVATION = 1;
    STACKSIZE = 4000;
};
```

Objekt COUNTER

Definition des System-Counters. Der verwendete Counter und damit die Parameter sind abhängig von der verwendeten Plattform und müssen ggf. bei einem Wechsel angepasst werden.

```
COUNTER System_COUNTER
{
  WIN32X86_TYPE = WIN32X86_TIMER1;
  MINCYCLE = 1;
  MAXALLOWEDVALUE = 1000;
  TICKSPERBASE = 5;
  TIME_IN_NS = 10000000;
};
```

11.4 Service Task mit mehreren Benutzern

Das folgende Beispiel wird um einen weiteren Task erweitert und demonstriert die Verwendung von Ressourcen.

Der Task `RS232_TASK` hat die Aufgabe, Daten, hier Strings, über die *RS232*[3] auszugeben. Die zu sendenden Daten befinden sich in einem globalen Datencontainer, auf den alle anderen Tasks zugreifen können. Konnte ein Task erfolgreich Daten in den Datencontainer kopieren, dann wird der bereits aktive, sich im Zustand `WAITING` befindliche Task `RS232_TASK` durch das Senden des Events `RS232_EVENT` in den Zustand `RUNNING` gesetzt. Der Wechsel in den Zustand `RUNNING` erfolgt allerdings nur, wenn kein anderer Task laufend ist, der über eine höhere Priorität verfügt.

Der laufende Task `RS232_TASK` versucht nun, über den Aufruf der Funktion `GetResource()` den Datencontainer für die anderen Tasks zu sperren. Konnte dies erfolgreich durchgeführt werden, dann werden die Daten über die RS232 gesendet und der Datencontainer wird anschließend mittels Aufruf der Funktion `Release-`

3 Im Beispiel erfolgt die Ausgabe über die Standardkonsole.

Resource() wieder freigegeben. Anschließend wechselt der Task durch Aufruf der Funktion WaitEvent() in den WAITING-Zustand.

Der Task_A_TASK wird regelmäßig jede Sekunde aktiviert. Er realisiert eine einfache Zeitbasis, die Sekunden zählt und einen formatierten String in den Datencontainer schreibt. Dazu wird mittels Aufruf der Funktion GetResource() der Datencontainer für andere Tasks gesperrt.

Kann die Ressource nicht erfolgreich angefordert werden, dann wird dies durch den Status der Funktion angezeigt. Folgende Rückgabewerte der Funktion GetResource() stehen zur Verfügung:

- E_OS_ID, die angeforderte Ressource ist keine gültige Ressource.
- E_OS_ACCESS, die angeforderte Ressource ist bereits gesperrt.
- E_OK, die Anforderung war erfolgreich.

Im Fall des Task_A_TASK wird auf das Senden und somit auf das Reservieren der Ressource verzichtet. Im nächsten Intervall wird erneut versucht, die aktuelle Zeit zu übertragen. Dies führt hier zu einem zeitlichen Sprung.

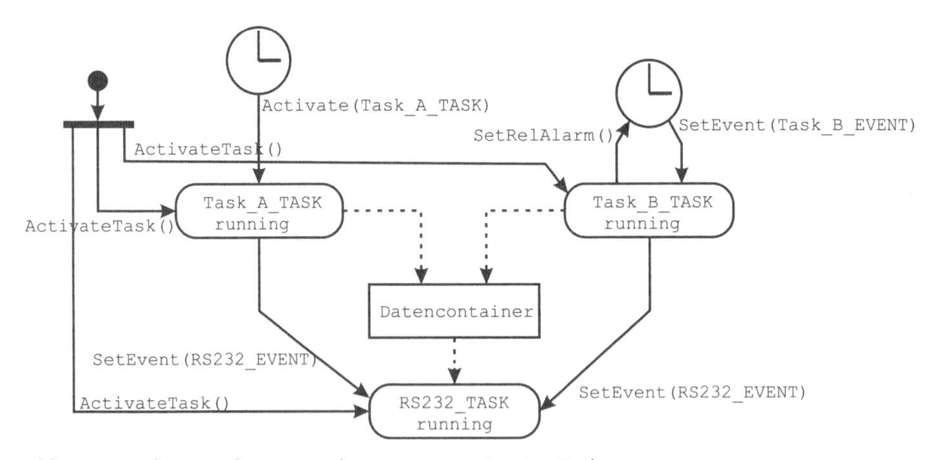

Abb. 11.15: Aktivitätsdiagramm der erweiterten Service Task

Asynchron dazu wird der Task_B_TASK zyklisch durch einen relativen Alarm aktiviert. Der Task versucht wie der Task Task_A_TASK, die Ressource zu sperren, um Daten in den Datencontainer schreiben zu können. Konnten Daten erfolgreich in den Datencontainer geschrieben werden, wird die Ressource freigegeben und ein Event zum Aktivieren des Tasks RS232_TASK wird gesendet.

In diesem Beispiel werden die drei Tasks automatisch durch das Betriebssystem gestartet. Es kann somit ein Init Task entfallen.

Der folgende Programmabschnitt[4] zeigt die Realisierung des RS232_TASK. Wie bei den anderen Tasks auch wird auf das Senden der Daten des Datencontainers verzichtet, wenn die Ressource nicht reserviert werden konnte. Hier sind je nach Anwendungsfall Ausfallstrategien einzuplanen, um den zeitlichen Verzug oder den Verlust von Daten zu verhindern.

```
TASK(RS232_TASK)
{
  /*--- Lokale Eventmaske */
  EventMaskType theEvents;

  /*--- Start des Tasks */
  printf( "Start RS232_TASK\n" );

  /*--- Endlosschleife */
  while( 1 ) {
```

Bearbeitung der Events, d.h. Warten auf ein Event, hier RS232_EVENT. Das Warten wird durch das OS realisiert, so dass die dadurch benötigte Rechenzeit minimal ist. Nach dem Empfang des Events geht der Task in den RUNNING-Zustand. Das Event kann gelesen und gelöscht werden. Das Löschen des Events ist wichtig, da sonst trotz Aufruf der Funktion WaitEvent() der Task wieder sofort aktiviert wird.

```
    /*--- Warten auf das naechste Event */
    WaitEvent( RS232_EVENT );

    /*--- Event lesen und loeschen */
    GetEvent(  RS232_TASK, &theEvents );
    ClearEvent( RS232_EVENT );

    /*--- Ressource anfordern */
    switch( GetResource( RS232_RESOURCE ) ) {
      case E_OS_ID: {
        printf( "Task_B:<E_OS_ID>\n" );
        break;
      }
      case E_OS_ACCESS: {
        printf( "Task_B:<E_OS_ACCESS>\n" );
        break;
      }
      case E_OK: {
```

4 Das komplette Programmlisting und die OIL-Datei befinden sich im Anhang.

Die Anforderung der Ressource konnte erfolgreich durchgeführt werden. Es kann mit der Ausgabe der Daten aus dem Sendebuffer begonnen werden, der in diesem Beispiel den Datencontainer realisiert.

```
            printf( g_RS232_SendBuffer );
            printf( "\n" );

            /*--- Ressource freigeben */
            ReleaseResource( RS232_RESOURCE );
            break;
          }
        } // switch ...
      } // while ...

  TerminateTask();
}
```

Der nächste Programmabschnitt zeigt die Realisierung des Tasks `Task_A_TASK`.

```
TASK(Task_A_TASK)
{
  /*--- Lokale Daten, nur innerhalb des Tasks sichtbar.*/
  int theSekunden;
  int theMinuten;
  int theStunden;

  /*--- Lokale Eventmaske */
  EventMaskType theEvents;

  /*--- Initialisieren der lokalen Variablen */
  theSekunden = 0;
  theMinuten  = 0;
  theStunden  = 0;

  /*--- Start des Tasks */
  printf( "Start Task_A_TASK\n" );

  /*--- Endlosschleife, d.h., der Task terminiert sich
        nicht selbststaendig */
  while( 1 ) {
    /*--- Warten auf das naechste Event vom Timer */
    WaitEvent( Timer_EVENT );
```

```
    /*--- Event lesen und loeschen */
    GetEvent(  Task_A_TASK, &theEvents );
    ClearEvent( Timer_EVENT );

    /*--- Zeit um eine Sekunde erhoehen */
    theSekunden++;
    if( theSekunden > 59 ) {
      theSekunden = 0;
      theMinuten++;
      if( theMinuten > 59 ) {
        theMinuten = 0;
        theStunden++;
      } // if ...
    } // if ...

    /*--- Ressource anfordern */
    switch( GetResource( RS232_RESOURCE ) ) {
      case E_OS_ID: {
        printf( "Task_A:<E_OS_ID>\n" );
        break;
      };
      case E_OS_ACCESS: {
        printf( "Task_A:<E_OS_ACCESS>\n" );
        break;
      };
      case E_OK: {
        sprintf( g_RS232_SendBuffer, "%d%:%02d:%02d",
                 theStunden, theMinuten, theSekunden );

        /*--- Ressource freigeben */
        ReleaseResource( RS232_RESOURCE );

        /*--- Event senden an den RS232_TASK, um diesen
              zu aktivieren */
        SetEvent( RS232_TASK, RS232_EVENT );
        break;
      }
    } // switch ...
  } // while ...

  TerminateTask(); /* or ChainTask() */
}
```

Der letzte Programmabschnitt zeigt die Realisierung des Tasks Task_B_TASK. Es wird ein relativer Alarm aktiviert, der mit einer zufälligen Zahl initialisiert wird. Es wird versucht, somit einen asynchron zum Task Task_A_TASK laufenden Task zu simulieren, um Konflikte bei der Reservierung der Ressource nachbilden zu können.

```
TASK(Task_B_TASK)
{
  /*--- Lokale Eventmaske */
  EventMaskType theEvents;

  /*--- Initialisieren des Zufallgenerators */
  srand( (unsigned)time( NULL ) );

  /*--- Start des Tasks */
  printf( "Start Task_B_TASK\n" );

  /*--- Ersten Alarm starten */
  SetRelAlarm( Task_B_ALARM, 100, 0 );

  while( 1 ) {
    /*--- Warten auf das naechste Event */
    WaitEvent( Task_B_EVENT );

    /*--- Event lesen und loeschen */
    GetEvent(  Task_B_TASK, &theEvents );
    ClearEvent( Task_B_EVENT );

    /*--- Ressource anfordern */
    switch( GetResource( RS232_RESOURCE ) ) {
      case E_OS_ID: {
        printf( "Task_B:<E_OS_ID>\n" );
        break;
      }
      case E_OS_ACCESS: {
        printf( "Task_B:<E_OS_ACCESS>\n" );
        break;
      }
      case E_OK: {
        sprintf( g_RS232_SendBuffer,
                 "Task_B_TASK sendet Daten" );
```

```
        /*--- Ressource freigeben */
        ReleaseResource( RS232_RESOURCE );

        /*--- Event senden an den RS232_TASK, um ihn
              zu aktivieren */
        SetEvent( RS232_TASK, RS232_EVENT );
        break;
      }
    } // switch ...

    /*--- Neuen Alarm starten mit einer Zufallszahl */
    rand();
    SetRelAlarm( Task_B_ALARM, rand() % 200, 0 );
  } // while ...

  TerminateTask(); /* or ChainTask() */
}
```

In dem letzten Beispiel sind alle wesentlichen Möglichkeiten von OSEK vorgestellt worden, die mit der Win32x86-Umgebung umsetzbar sind. Diese Umgebung bietet eine komfortable und schnelle Einarbeitung in das OSEK, ohne dabei auf eine konkrete Embedded Hardware zurückgreifen zu müssen.

Der Einsatz einer Embedded Hardware erschwert die Einarbeitung, da zusätzliche Probleme auftreten, die mit dem Einsatz von OSEK nicht unmittelbar in Verbindung stehen:

- Eingeschränktes Debuggen
- Handhaben spezieller Entwicklungsumgebungen mit ihren Besonderheiten und Spracherweiterungen
- Einsatz spezieller Hardware, wie Evaluation Boards

Es ist jedoch beim Einsatz der Win32x86-Umgebung zu beachten, dass das Laufzeitverhalten, d.h. die Abarbeitung des Programmcodes nicht identisch mit den späteren Embedded Systems ist und ggf. nicht alle in der Win32x86 verwendeten Ressourcen zur Verfügung stehen.

11.5 Abfüllanlage mit UML, C++ und OSEK

Mit dem folgenden Beispiel soll die Verwendung von UML, C++ und OSEK in einem Projekt demonstriert werden.

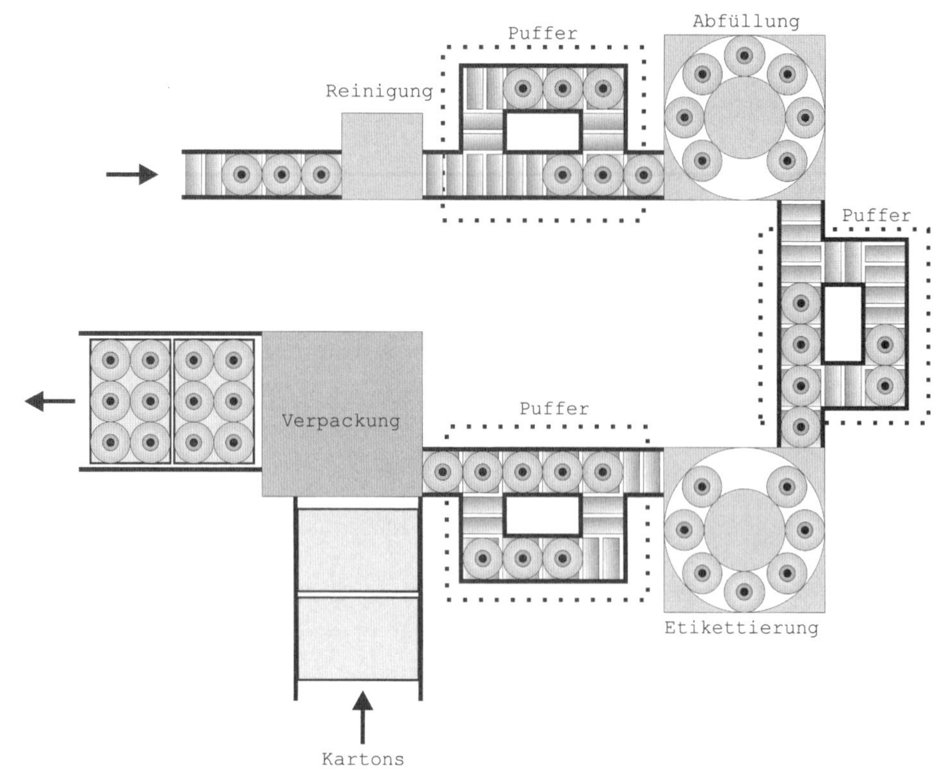

Abb. 11.16: Abfüllanlage für Flaschen

Die Verpackungsanlage besteht im Wesentlichen aus den Komponenten:

- Reinigung
- Abfüllung
- Etikettierung
- Verpackung
- Puffer zwischen den einzelnen Bearbeitungsstationen

In dem Projekt soll die Reinigung der Flaschen realisiert werden. Der erste Schritt besteht darin, zu klären, mit welchen Komponenten die Reinigung in Verbindung steht und wie sie miteinander kommunizieren. Die Reinigung steht mit der Zuführung der Flaschen und einem Puffer zur Abfüllung in Verbindung.

Wenn die Reinigung bereit ist, eine neue Flasche zu reinigen, dann wird dieser Wunsch der Zuführung mitgeteilt. Dieses geschieht durch das Senden eines Events. Wenn die Zuführung eine neue Flasche zugeführt hat, dann wird dieses der Reinigung ebenfalls mit einem Event angezeigt.

Konnte die Reinigung eine Flasche erfolgreich reinigen, was den Normalfall darstellt, dann wird dem Puffer angezeigt, dass eine neue saubere Flasche für die Übergabe in den Puffer bereitsteht. Verfügt der Puffer über einen weiteren Platz für die Zwischenlagerung der Flasche, dann zeigt der Puffer dieses der Reinigung an und die Reinigung kann die Flasche an den Puffer übergeben.

Im Rahmen einer Entwicklung stehen nicht immer alle Komponenten bei der Entwicklung zur Verfügung, so dass die nicht vorhandenen Komponenten durch Stubs ersetzt werden müssen. Die Stubs realisieren dabei nicht den vollen Funktionsumfang der simulierten Komponenten, sondern stellen lediglich Schnittstellen und einfache Funktionalität zur Verfügung.

Der Stub, der die Zuführung der Flaschen realisiert, sendet nach Empfang des Events zur Anforderung einer neuen Flasche ein Event mit 200 ms Verzögerung, das anzeigt, dass eine neue Flasche zugeführt wurde. Gleiches geschieht bei der Realisierung des Stubs für den Puffer.

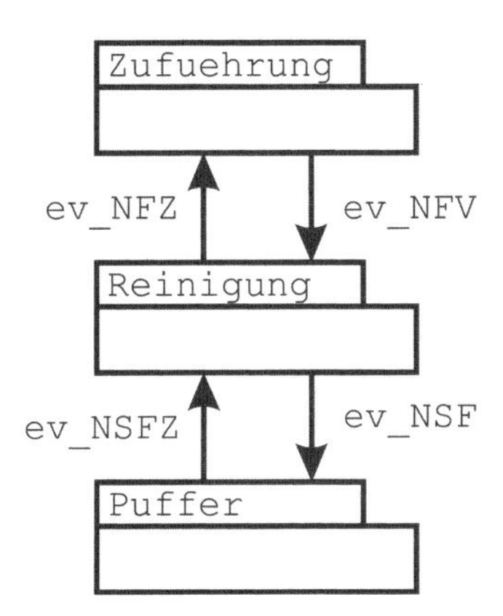

Abb. 11.17: Reinigung mit den dazugehörigen Stubs

Event	Funktion
ev_NFZ	Neue Flasche zuführen
ev_NFV	Neue Flasche vorhanden
ev_NSF	Neue saubere Flasche
ev_NSFZ	Neue saubere Flasche zuführen

Der zu dem Stubs gehörende Programmcode sieht wie folgt aus:

```
TASK(Zufuehrung_TASK)
{
  /*--- Lokale Eventmaske */
```

```
  EventMaskType theEvents;

  printf( " Start <Zufuehrung_TASK>\n" );

  while(1) {
    WaitEvent( ev_NFZ ); // neue Flasche zufuehren
    GetEvent(  Zufuehrung_TASK, &myEvents );
    ClearEvent( ev_NFZ );

    SetRelAlarm( Zufuehrung_ALARM, 100, 0 );
  } // while ...
  TerminateTask();
}
TASK(Puffer_TASK)
{
  /*--- Lokale Eventmaske */
  EventMaskType myEvents;

  printf( " Start <Puffer_TASK>\n" );

  while(1) {
    WaitEvent( ev_NSF ); // neue saubere Flasche
    GetEvent(  Puffer_TASK, &myEvents );
    ClearEvent( ev_NSF );

    printf( "Alarm->ev_NSFZ\n" );
    SetRelAlarm( Puffer_ALARM, 200, 0 );
  }
  TerminateTask();
}
```

Die Realisierung der Reinigung soll mit Verwendung der UML umgesetzt werden. Da die UML auf objektorientierte Techniken aufsetzt, ist die Verwendung einer objektorientierten Sprache unumgänglich. In vielen Embedded-Systems-Entwicklungsumgebungen wird ein C++-Compiler zur Verfügung gestellt. Bei der richtigen Auswahl der zu verwendenden Sprachmittel ist der Einsatz auch bei kleinen 16-Bit-Systemen und zum Teil auch bei 8-Bit-Systemen effizient möglich. In dem Beispiel soll gezeigt werden, wie aus den Zustandsdiagrammen der UML automatisch der Programmcode generiert werden kann.

Als UML-Entwicklungsumgebung findet objectiF der Firma microTOOL Verwendung.

Doch bevor sich der Programmcode-Generierung zugewendet werden kann, ist das Problem zu lösen, wie aus C-Programmcode auf Methoden einer C++-Klasse zugegriffen werden kann. Dies ist notwendig, da OSEK/VDX eine reine C-Schnittstelle definiert und die Tasks durch C-Funktionen abgebildet werden. Innerhalb dieser Funktionen muss ein Aufruf von Methoden möglich sein.

Ein Zugriff auf Methoden und Attribute einer Klasse kann nicht direkt erfolgen, da C++ über andere Konventionen verfügt als C. Dies ist durch die erweiterte Signatur von C++-Methoden und -Funktionen notwendig. In C++ können Methoden und Funktionen mit gleichen Bezeichnern verwendet werden (Name der Methode oder Funktion), die aber über eine andere Parameterliste (Anzahl und/oder Typ der Parameter) unterschieden werden.

Der Zugriff auf eine C++-Methode oder -Attribute kann durch einen Wrapper erfolgen. Der Wrapper sorgt für die korrekte Einhaltung der Aufrufkonventionen.

Als Beispiel für die Realisierung eines Wrappers soll die Klasse `Automat` dienen. Die Klasse `Automat` stellt die Methode `run()` zur Verfügung, die innerhalb einer C-Funktion aufgerufen werden soll. Die Realisierung der Methode erfolgt in der dazugehörigen `Automat.cpp`-Datei.

```
// Automat.h
#ifndef _AUTOMAT_H
#define _AUTOMAT_H

class Automat {
  public:
    void run();
};
extern Automat g_Automat;
#endif
```

Es wird das Objekt `g_Automat` der Klasse angelegt.

```
// Automat.cpp
#include "Automat.h"
Automat g_Automat;

void Automat::run() {
}
```

Der Wrapper wird in den Dateien `AutomatWrapper.h` und `AutomatWrapper.cpp` realisiert und sorgt für die korrekten Aufrufkonventionen bei der Übersetzung.

```
// AutomatWrapper.h
#ifndef _AutomatWrapper_h
#define _AutomatWrapper_h

#ifdef __cplusplus
extern "C" {
#endif
void g_Automat_run();

#ifdef __cplusplus
}
#endif
#endif
// AutomatWrapper.cpp
#include "AutomatWrapper.h"
#include "Automat.h"

extern "C" {
void g_Automat_run() {
  g_Automat.run();
}
}
```

In dem Beispiel wird die `run()`-Methode der Klasse innerhalb der C-Funktion `SetRelAlarm()` aufgerufen. Der folgende Programmcode zeigt die dazugehörigen Dateien.

```
// OS.h
#ifndef _OS_H
#define _OS_H

void SetRelAlarm();

#endif
// OD.c
#include "OS.h"
#include "AutomatWrapper.h"

void SetRelAlarm() {
  g_Automat_run();
}
```

Nachdem das Problem des Zugriffs auf Methoden von Klassen aus C-Funktionen durch Wrapper gelöst ist, kann die Reinigung umgesetzt werden.

Das Zustandsdiagramm beschreibt den Ablauf der Reinigung einer Flasche. Nach der Initialisierung der Reinigung ist diese ohne Flaschen. Beim Übergang in den Zustand st_LEER wird ein Event st_NFZ (neue Flasche zuführen) an die Zuführung gesendet. In diesem Zustand wird so lange verharrt, bis die Zuführung eine neue Flasche in die Anlage zugeführt hat und dieses durch das Senden des Events ev_NFV der Reinigungsanlage signalisiert.

Nun kann der Ablauf einer Reinigung gestartet werden. Dazu wird zuerst geprüft, ob die Flasche beschädigt ist. Ist dies der Fall, wird die defekte Flasche ausgeworfen und es wird der Zuführung das Event ev_NFZ gesendet.

Es wird nun versucht, die Flasche zu reinigen. Nach der Reinigung wird geprüft, ob sie sauber ist. Ist dies nicht der Fall, dann wird die Reinigung wiederholt. Die Anzahl der Reinigungsversuche ist begrenzt und wird das Limit erreicht, dann gilt die Flasche als defekt und wird ausgeworfen. Das Zustandsdiagramm der Abbildung 11.18 zeigt den Ablauf.

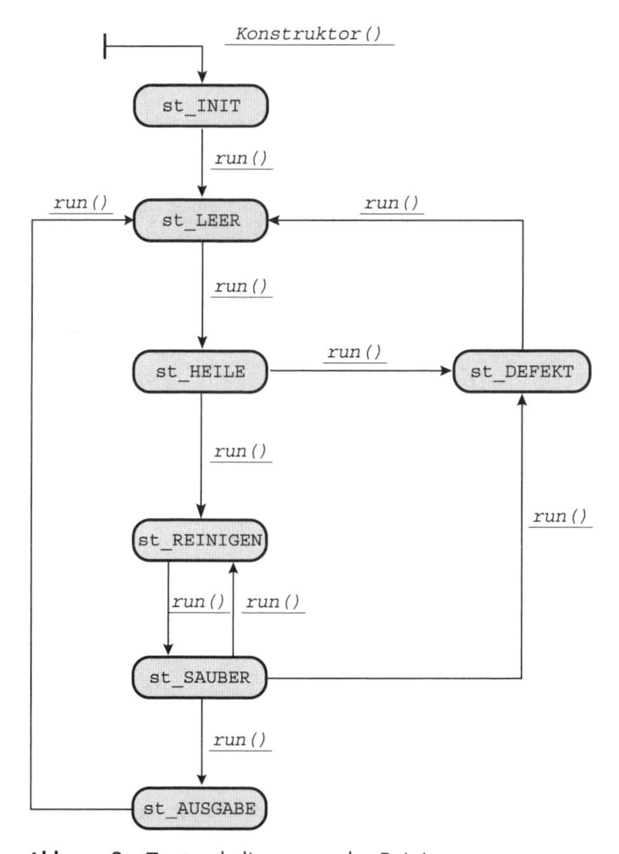

Abb. 11.18: Zustandsdiagramm der Reinigung

Konnte die Flasche erfolgreich gereinigt werden, wird dies dem Puffer mittels Event `ev_NSF` (neue saubere Flasche) angezeigt. Verfügt der Puffer über Pufferkapazitäten für die neue Flasche, wird dieses dem Reinigungsautomaten durch das Event `st_NSFZ` mitgeteilt und der Reinigungsautomat kann die Flasche dem Puffer übergeben.

Die Funktionalität wird in der Klasse `Reinigung` realisiert. Der Aufruf der Methode `run()` der Klasse erfolgt durch den folgenden Programmcode.

```
TASK(Reinigung_TASK)
{
  while( 1 ) {
    g_Reinigung_run();
  } // while ...
  TerminateTask();
}
```

Dabei werden innerhalb der Klasse die durch das OSEK/VDX bereitgestellten Funktionen und Typen verwendet. Dazu gehören in diesem Beispiel das Warten, Setzen und Löschen von Events und das Starten von Alarmen.

Um diese OSEK/VDX-Funktionen verwenden zu können, müssen die Funktionen in Abhängigkeit der benutzten Compilervariante übersetzt werden. Dazu wird innerhalb der `OS.h` das externe »C«-Konstrukt verwendet.

Der folgende Programmcode zeigt die Umsetzung bei der Funktion `WaitEvent()`.

```
#ifdef cplusplus
extern "C" {
#endif
extern int OSEKOSWaitEvent(EventMaskType);
#ifdef cplusplus
}
#endif
```

Die Klasse `Reinigung` wird durch die Verwendung von objectiF erstellt, dazu gehört neben dem Erstellen der benötigten Methoden und Attribute auch das Design des Zustandsdiagramms. Das Zustandsdiagramm der Abbildung 11.18 wird durch die Bedingungen für die Zustandswechsel und die Aktionen verfeinert.

Ein SkriptServer, eine Erweiterung von objectiF, ermöglicht neben der Generierung der Klassen und Methodenrümpfe auch die Codegenerierung für den Zustandsautomaten. Somit entfällt das fehlerträchtige Umsetzen der Diagramme in den dazugehörigen Programmcode.

Abbildung 11.19 zeigt die Klasse Reinigung mit ihren Methoden und den Attributen. Daraus werden die Dateien Reinigung.c und Reinigung.cpp mit der Deklaration der Klasse und der Definition der Methoden erstellt.

```
#ifndef _Reinigung_H_
#define _Reinigung_H_
#include "OS.h"

class Reinigung
{
  public:
    Reinigung ();
    void run ();
  private:
    enum StateEnumeration {st_AUSGABE = 1,
      st_DEFEKT = 2, st_HEILE = 3, st_INIT = 4,
      st_LEER = 5, st_REINIGEN = 6, st_SAUBER = 7};
    StateEnumeration m_CurrentState;
    EventMaskRefType m_EventMaskRef;
    EventMaskType m_EventMask;
    void entry_init ();
    void entry_leer ();
    void entry_heile ();
    void entry_sauber ();
    void entry_ausgabe ();
    void entry_defekt ();
    void exit_leer ();
    void exit_heile ();
    void exit_reinigen ();
    void exit_sauber ();
    void exit_ausgabe ();
    void exit_defekt ();
    bool con_heile_to_reinigen ();
    bool con_sauber_to_reinigen ();
    bool con_reinigen_to_sauber ();
    bool con_sauber_to_ausgabe ();
    bool con_sauber_to_defekt ();
    bool con_defekt_to_leer ();
    bool con_ausgabe_to_leer ();
    bool con_heile_to_defekt ();
};
extern Reinigung g_Reinigung;

#endif //_Reinigung_H_
```

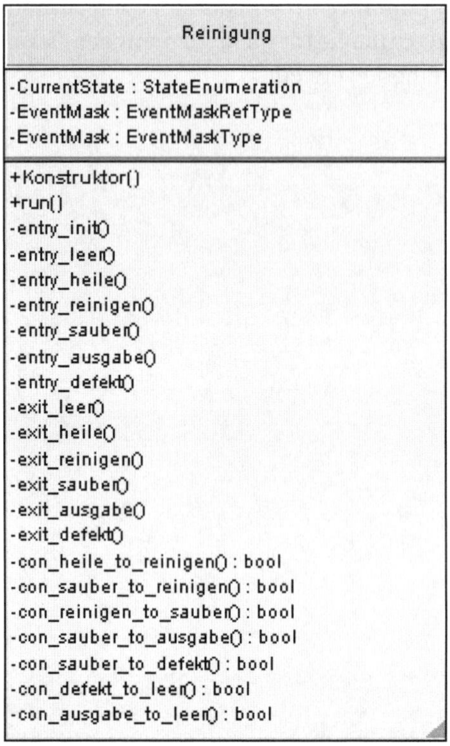

Reinigung

-CurrentState : StateEnumeration
-EventMask : EventMaskRefType
-EventMask : EventMaskType

+Konstruktor()
+run()
-entry_init()
-entry_leer()
-entry_heile()
-entry_reinigen()
-entry_sauber()
-entry_ausgabe()
-entry_defekt()
-exit_leer()
-exit_heile()
-exit_reinigen()
-exit_sauber()
-exit_ausgabe()
-exit_defekt()
-con_heile_to_reinigen() : bool
-con_sauber_to_reinigen() : bool
-con_reinigen_to_sauber() : bool
-con_sauber_to_ausgabe() : bool
-con_sauber_to_defekt() : bool
-con_defekt_to_leer() : bool
-con_ausgabe_to_leer() : bool

Abb. 11.19: Klasse `Reinigung` mit allen Methoden und Attributen

Der folgende Programmabschnitt zeigt exemplarisch die Realisierung der Methode `con_heile_to_reinigen()`. Die Bedingung ist nur dann erfüllt, wenn das Event `ev_REINIGUNG_ALARM` empfangen werden konnte. Dieses Event wird gesendet, wenn der Alarm `Reinigung_ALARM` abgelaufen ist.

```
bool Reinigung::con_heile_to_reinigen () {
  if( (m_EventMask & ev_REINIGUNG_ALARM) ==
                                ev_REINIGUNG_ALARM ) {
    return( true );
  } // if ...
  return( false );
}
```

Der durch den SkriptServer erzeugte Programmcode wird durch das folgende Programmlisting gezeigt. Das Programmlisting ist nicht vollständig, sondern zeigt nur exemplarisch die Umsetzung der Zustände `st_LEER` und `st_HEILE`.

Am Ende der Switch-Anweisung wird durch Aufruf der Funktion `WaitEvent()` auf ein Event gewartet. Kann ein Event empfangen werden, dann wird die Eventmaske durch Aufruf der Funktion GetEvent() in das Attribut m_EventMask der Klasse kopiert.

```
void Reinigung::run () {
  switch (m_CurrentState ) {
    case st_LEER: {
      if ((m_EventMask & ev_NFV) == ev_NFV ) {
        exit_leer();
        entry_heile();
        m_CurrentState = st_HEILE;
      } // if ...
      break;
    }
    case st_HEILE: {
      if (con_heile_to_reinigen()== true) {
        exit_heile();
        m_CurrentState = st_REINIGEN;
    }
      else if (con_heile_to_defekt() == true) {
        exit_heile();
        entry_defekt();
        m_CurrentState = st_DEFEKT;
      } // if ...
      break;
    }
    ...
    // Standard Default-Zweig...
    default: {
      break;
    }
  } // switch ...

  WaitEvent( ev_NFV | ev_NSFZ | ev_REINIGUNG_ALARM );
  GetEvent(  Reinigung_TASK, &m_EventMask );
}
```

Abbildung 11.20 zeigt das Zustandsdiagramm mit allen Bedingungen für die Zustandswechsel und die Aktionen bei einem Zustandswechsel.

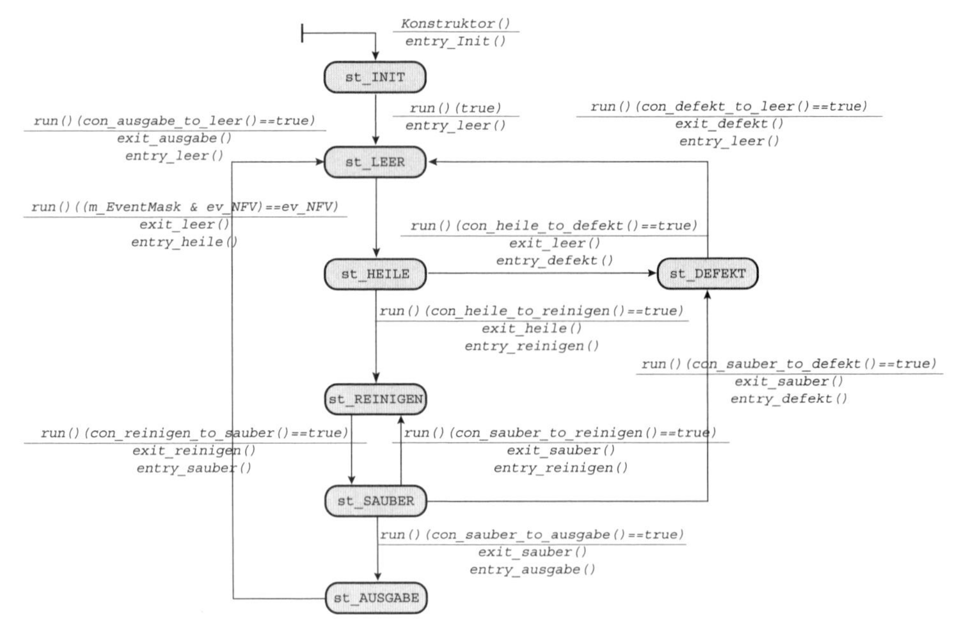

Abb. 11.20: Zustandsdiagramm Reinigung mit allen Bedingungen und Aktionen

Im Anhang sind die Listings und die OIL-Datei enthalten.

Backus-Naur-Form[1]

Eine Möglichkeit zur Darstellung einer Syntax einer Sprache, wie z.B. die »OSEK Implementation Language«, ist neben der Verwendung von Syntaxdiagrammen die Backus-Naur-Form (BNF). Mit ihr lassen sich alle notwendigen Syntaxgraphen in Textform ausdrücken. Die Erweiterte Backus-Naur-Form (EBNF) erlaubt zusätzlich die komfortable Formulierung von Wiederholungen.

Die EBNF stellt folgende Möglichkeiten zur Definition einer Syntax zur Verfügung:

- Verkettung
- Auswahl
- Metazeichen
- Auslassung
- Wiederholungen

Grundsätzlich besitzen alle EBNF-Definitionen die Form

```
Symbol ::= Regel
```

`Symbol` ist hierbei der Name des zu definierenden Symbols, `::=` trennt das zu definierende `Symbol` von der Bildungsregel und die `Regel` beschreibt eben diese. Folgende Symbole gehören zur EBNF und sind somit nicht Gegenstand der zu definierenden Syntax:

::=	Symbol zum Trennen von Symbol und Regel
|	Symbol für die Auswahl
( )	Klammern
e, empty	Symbol für die Auslassung
{ }	Symbol für Wiederholungen

1 Naur, Peter (ed.) *Revised Report on the Algorithmic-language ALGOL 60.*, Communication of the ACM, Vol. 3, No. 5, pp. 299-314 May 1960 oder M. Marcotty & H. Ledgard, The World of Programming Languages, Springer-Verlag, Berlin 1986

Bei der Bildung einer Syntax wird zwischen den Terminal- und den Nonterminalsymbolen unterschieden. Terminalsymbole sind z.B. **if** und **else** der Programmiersprache C und werden fett geschrieben. Nonterminalsymbole sind zusammengesetzte Symbole. Sie werden kleingeschrieben und alle einzelnen Zeichen werden in Häkchen gesetzt.

A.1 Verkettung

Eine Verkettung wird durch die Aufreihung der Einzelsymbole beschrieben. Die Einzelsymbole können hierbei sowohl Terminale als auch Nonterminale sein. Die Definition

```
OIL_version ::= OIL_version = version description ;
```

wird wie folgt interpretiert: Eine `OIL_version` ist eine Aneinanderreihung der Symbole **`OIL_version`**, ein Terminalsymbol, dem Gleichheitszeichen, ebenfalls ein Terminalsymbol, `version description` und dem Terminalsymbol Semikolon.

Die Verkettung von Symbolen hat Vorrang vor allen anderen EBNF-Operationen. Durch das Setzen von Klammern kann diese Regel gebrochen werden, da diese die höchste Vorrangstufe besitzen.

A.2 Auswahl

Für die Auswahl verschiedener Bildungsregeln wird der EBNF-Operator »|« verwendet. Die Anzahl der Alternativen ist hierbei theoretisch unbegrenzt.

```
boolean ::= FALSE | TRUE
```

Für `boolean` kann wahlweise **FALSE** oder **TRUE** stehen, wobei beide Alternativen gleichwertig sind.

Werden Auswahl und Verkettung zusammengesetzt, was vermieden werden sollte, so ist die Rangfolge der Operatoren zu berücksichtigen:

```
dec_digits ::= dec_digit | dec_digit dec_digits
```

Im oberen Beispiel besteht die Wahl zwischen `dec_digit` und `dec_digit dec_digits`. Das liegt daran, dass die Bindung zwischen der Aufzählung stärker ist als bei der Alternative. Bei dem nächsten Beispiel ergibt sich daraus ein nachnamenloser **HANS** und ein **PETER MAIER**.

```
Name ::= HANS | PETER MAIER
```

Um dies zu ändern, können Klammern eingeführt werden:

```
Name ::= ( HANS | PETER ) MAIER
```

Es kann sich nun zwischen **HANS MAIER** und **PETER MAIER** entschieden werden. Durch die Klammerung erhält die Alternative die höhere Priorität. Man muss sich zuerst für einen der beiden Vornamen entscheiden.

A.3 Metazeichen

Metazeichen sind Bestandteil der EBNF-Sprache. Es gibt aber Fälle, in denen diese Metazeichen auch Bestandteil der zu definierenden Sprache sind. Metazeichen, die Bestandteil der zu definierenden Sprache sind, werden fett geschrieben. Das folgende Beispiel enthält die Metazeichen + und -.

```
sign ::= empty | + | -
```

Das zu definierende Symbol ist `sign`, die Bildungsregel besteht aus den Alternativen, dem Terminal `empty`, dem Metazeichen »+« und dem Metateichen »-«. Die Bildungsregel legt somit fest, dass entweder kein Vorzeichen verwendet wird, dafür steht das Terminal `empty`, oder ein »+« oder »-« als Vorzeichen verwendet werden muss.

A.4 Auslassung

Zur Auslassung von möglichen Symbolen wird ein weiteres Metasymbol verwendet, das `e`, oft auch als `empty` ausgeschrieben. Sollte das Symbol selber in der Regel verwendet werden, dann wird es in spitzen Klammern verwendet.

```
auto_specifier ::= e | WITH_AUTO
auto_specifier ::= empty | WITH_AUTO
```

A.5 Wiederholungen

Es gibt prinzipiell zwei Möglichkeiten, um Wiederholungen zu formulieren. Die erste Möglichkeit besteht darin, ein weiteres Symbol einzuführen. Das folgende Beispiel veranschaulicht den Zusammenhang:

```
String ::= Buchstabe Zeichen
Zeichen ::= empty | Buchstabe Zeichen
```

Ein String muss aus mindestens einem Buchstaben bestehen. Ein Zeichen kann entweder leer sein oder aus einem Buchstaben und einem Zeichen bestehen. Durch den rekursiven Aufruf des Symbols `Zeichen` lässt sich eine Wiederholung realisieren.

Eleganter und kürzer wird diese Definition durch die Verwendung der Wiederholoperatoren { und }, die aus der BNF die EBNF werden lassen. Mit ihnen können die beiden Symbole zusammengefasst werden:

```
String ::= Buchstabe { Buchstabe }
```

Wenn auf der rechten Seite nur eine Symbolfolge in geschweiften Klammern steht, dann kann die Regel sowohl durch das Fehlen von Symbolen als auch durch beliebig häufige Vorkommen von Symbolen erfüllt werden. Es sollten aus Gründen der Lesbarkeit in einer Regel keine Wiederholungen geschachtelt werden.

Es gibt bestimmte Fälle von Wiederholungen, bei denen eine bestimmte minimale und maximale Anzahl von bestimmten Symbolen gefordert wird. In einem solchen Fall wird durch hoch- und tiefgestellte Zahlen hinter der schließenden Klammer der erlaubte Bereich angegeben. Wird nur eine Obergrenze angegeben, dann braucht der Wiederholungsteil nicht durchlaufen zu werden. Die alleinige Verwendung einer Untergrenze gibt entsprechend nur eine Mindestzahl von Wiederholungen an, die maximale Anzahl der Wiederholungen ist unbegrenzt. Ein String, der aus mindestens einem, aber maximal sechs Buchstaben bestehen kann, kann so definiert werden:

$$\texttt{String ::= Buchstabe \{ Buchstabe \}}_1^6$$

Häufig wird der Fall auftreten, dass man entweder kein oder genau ein Vorkommen einer Symbolfolge fordert, also höchstens ein Vorkommen. Anstatt dies mit `{ Regel }01` zu bezeichnen, wird eine weitere Regel als Erweiterung der BNF eingeführt, die Kurzform `[ Regel ]`. Für das `If`-Symbol sieht dann die EBNF-Darstellung folgendermaßen aus:

```
If ::= if Expr then Stmts [ else Stmts ]
```

A.6 Syntax der OIL

Die Syntax der OIL wird mit der BNF beschrieben und verwendet somit keine Erweiterungen der EBNF.

Es gibt folgende geringe Abweichungen gegenüber der BNF. Symbole werden in spitzen Klammern geschrieben:

```
<file> ::= <OIL_version>
           <implementation_definition>
           <application_definition>
```

Metazeichen werden in Anführungszeichen gesetzt:

```
<object> ::= "OS" | "TASK" | ...
```

UML

Im Folgenden wird eine kurze Einführung in die Unified Modeling Language, kurz UML gegeben. Dabei werden die einzelnen Diagrammtypen und ihre Anwendungsmöglichkeiten vorgestellt.

Die Einführung ist allgemein gehalten und nimmt dabei keinen Bezug auf ein konkretes Werkzeug. Die Darstellung der Diagramme und der Grad der Unterstützung ist von Werkzeug zu Werkzeug sehr unterschiedlich. Das Gleiche gilt für die Ergebnisse, die ein Werkzeug liefert. Dieses reicht vom reinen »Malprogramm« bis hin zur automatischen Codegenerierung für Mikrocontroller. Um es vorwegzunehmen, auch mit UML werden Programmierkenntnisse und Kenntnisse über die konkrete Hardware benötigt, um ein effizientes Modell erstellen zu können. Ein wesentlicher Grund, der einen Einsatz von UML-Werkzeugen erschwert, die über Codegeneratoren verfügen, ist der Preis solcher Werkzeuge. Dieser liegt teilweise im 5- bis 6-stelligen Bereich.

Als ein guter Kompromiss hat sich das UML-Werkzeug objectiF der Firma microTOOL in verschiedenen Projekten bewährt. Es ist sehr flexibel, die Schnittstellen sind offen gelegt und es lässt sich einfach erweitern. Dafür verfügt es nicht über die Möglichkeit, ein Modell »laufen zu lassen«. Für solche Aufgaben sind Werkzeuge von iLogix, Matlab oder Artisan notwendig. Diese sind erheblich komplexer, was die Einarbeitung erschwert, und erheblich teurer.

B.1 Was ist UML?

UML ist keine neue Programmiersprache, sondern eine Sammlung von verschiedenen Diagrammtypen, die ein Software-System darstellen und beschreiben. UML ermöglicht durch die unterschiedlichen Diagrammtypen verschiedene Sichten auf das Software-System. Durch die Standardisierung der Diagramme, d.h. ihre Symbole und Verwendung, wird eine einheitliche Sprache gesprochen.

UML ist somit eher als evolutionär und nicht revolutionär zu verstehen. UML befindet sich in einer ständigen Weiterentwicklung. In den ersten Versionen wurde z.B. der zeitliche Aspekt nicht berücksichtigt, der in Echtzeitanwendungen von großer Bedeutung ist.

Des Weiteren gibt es Tendenzen, UML für bestimmte Anwendungsbereiche zu spezialisieren. Hier ist nur das Schlagwort »Automotive UML« genannt. Dort sind wesentliche Aspekte Echtzeitverhalten und Kompaktheit der Anwendungen, da die

Ressourcen (Rechenleistung, Speicher, Ein-/Ausgaben) aufgrund der relativ hohen Stückzahlen der Steuergeräte teuer sind. Es bleibt zu hoffen, dass eine allgemeine UML all diese Anforderungen erfüllen wird.

Die UML stellt folgende Diagrammtypen für die Beschreibung von Softwaresystemen zur Verfügung:

- Anwendungsfalldiagramm
- Sequenzdiagramm
- Kommunikationsdiagramm
- Klassendiagramm
- Zustandsdiagramm
- Aktivitätsdiagramm
- Übersichtsdiagramm
- Komponentendiagramm

Die verschiedenen Diagrammtypen werden von den Werkzeugen unterschiedlich gut unterstützt. Zum Teil existieren Erweiterungen und Ergänzungen der Diagrammtypen oder bestimmte Diagrammtypen werden überhaupt nicht unterstützt.

B.2 Begriffe

Innerhalb der objektorientierten Systeme wird, obwohl unterschiedliche Dialekte existieren, die gleiche Sprache gesprochen, die der Objekttechnologie. In den Dialekten tauchen immer wieder die folgenden Begriffe auf:

- Klasse
- Objekt
- Prozess
- Assoziation/Rolle
- Ereignis
- Vererbung
- Polymorphie

Die Mittel für die Beschreibung eines Modells lassen sich in statische und dynamische Aspekte aufteilen. Die statischen Aspekte eines Modells sind Systemkomponenten mit deklarativem Charakter.

Zu den statischen Aspekten gehören die Klasse, die Rolle bzw. Assoziation und das Modul. Die Klasse beschreibt die Struktur und das Verhalten einer Menge gleichartiger Objekte, und obwohl sie an sich statisch ist, existieren auch dynamische Aspekte. Klassen sind abstrakte Datentypen, wie z.B. klassische Strukturen. Die Klasse übernimmt also die Rolle der klassischen Datentypen und somit sind die Eigenschaften überwiegend statisch. Die in einer Klasse beschriebenen Eigenschaften, ihre Attribute und Methoden, werden benutzt, um zur Laufzeit des Programms Objekte anzulegen. Beim Anlegen eines neuen Objekts spricht man vom Instanzieren. Beim Instanzieren von Objekten wird der benötigte Speicherplatz angefordert und es kann die korrekte Initialisierung des Speichers vorgenommen werden.

Die Rolle bzw. Assoziation ist eine instanzierbare, vererbbare und differenzierbare Relation (Relation = Herstellen von Beziehungen). Eine Rolle bzw. Assoziation beschreibt die Beziehungen der Klassen untereinander und ihrer Kardinalität, also der Anzahl der Objekte, die miteinander in Beziehung stehen.

Das Modul oder Paket bildet eine in sich geschlossene Komponente, die getrennt von dem System betrachtet, implementiert und getestet werden kann. In UML werden Komponenten für die Komponentenarchitektur verwendet, um die Architekturaspekte abzudecken.

Die wesentlichen Begriffe bei den dynamischen Aspekten sind Objekt, Ereignis und Prozess. Das Objekt wird beim Instanzieren einer Klasse angelegt. Weitere Merkmale bei der Modellierung sind der Objektfluss und die Persistenz, d.h. die Lebensdauer eines Objekts. Ein Prozess ist die Instanz einer Methode. Dem Prozess werden bei seiner Aktivierung eine Priorität und das Zeitverhalten zugeordnet. Es werden Zusicherungen in Form von Vor- und Nachbedingungen vereinbart.

Ein weiteres Konzept, das durch die Vererbung ermöglicht wird, ist der Polymorphismus. Dieses Konzept erlaubt das dynamische Binden des Programms zur Laufzeit. Vererbung und Polymorphismus besitzen sowohl dynamische als auch statische Aspekte und lassen sich somit nicht eindeutig in einen dieser beiden Bereiche einordnen.

B.3 Diagramme

Im Folgenden werden die einzelnen Diagrammtypen mit ihren Anwendungsmöglichkeiten vorgestellt. Es wird anhand des UML-Werkzeugs objectiF eine technische Umsetzung der Diagrammtypen gezeigt.

B.3.1 Use-Case-Diagramm

Mit dem Use-Case-Diagramm werden die Anwendungsfälle im Software-System dargestellt und zwar werden die Abhängigkeiten der Anwendungsfälle untereinander und die Beteiligung so genannter Akteure gezeigt.

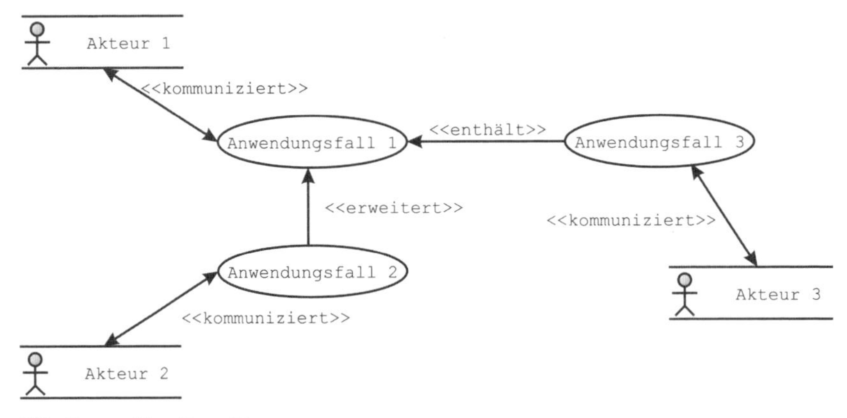

Abb. B.1: Use-Case-Diagramm

Der Akteur »kommuniziert« dabei mit den Anwendungsfällen. Die Kommunikation kann dabei in beide Richtungen erfolgen. Anwendungsfälle können sich gegenseitig »erweitern« und es kann eine »enthält«-Beziehung festgelegt werden. Dadurch kann ein Anwendungsfall für die Erfüllung seiner Aufgaben auf bereits vorhandene Anwendungsfälle zurückgreifen.

B.3.2 Sequenzdiagramm

Das Sequenzdiagramm zeigt den zeitlichen Programmablauf einer Methode und berücksichtigt dabei die Aufrufe anderer Methoden. Es zeigt den Objektbezug und berücksichtigt die zeitliche Abfolge.

Dargestellt wird neben den Objekten und der Zeitachse der Nachrichtenaustausch durch den Aufruf von Methoden der beteiligten Objekte. Zusätzlich können zeitliche Bedingungen mit angegeben werden.

Abbildung B.2 zeigt ein Sequenzdiagramm mit den Botschaften, dem Aufruf der Methoden und den Objekten mit den dazugehörigen Klassen.

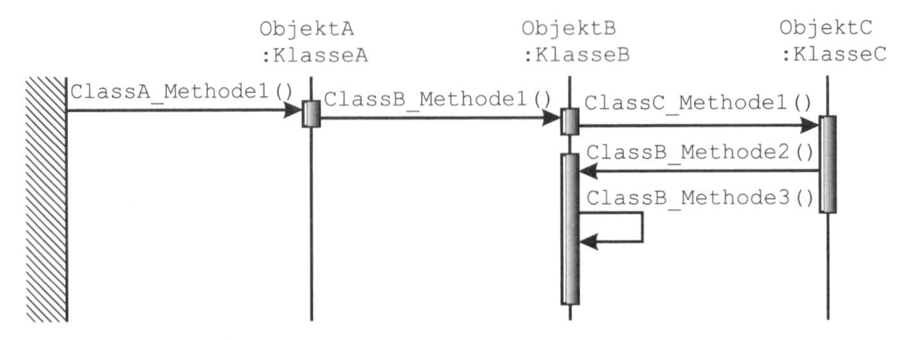

Abb. B.2: Sequenzdiagramm

Die Anzahl der dargestellten Details ist je nach verwendetem Werkzeug unterschiedlich.

B.3.3 Kommunikationsdiagramm

Das Kommunikationsdiagramm wird auch als dynamisches Objektdiagramm bezeichnet. Es handelt sich wie beim Sequenzdiagramm um ein Interaktionsdiagramm, hat aber gegenüber dem Sequenzdiagramm zwei wesentliche Nachteile:

- Die Zeitachse ist nicht vorhanden.
- Die Quelle des Aufrufs fehlt.

Aufgrund dieser Nachteile und der Tatsache, dass ein Sequenzdiagramm die gleichen Sachverhalte darstellt, wird das Diagramm in einigen Werkzeugen nicht unterstützt.

B.3.4 Klassendiagramm

Das Klassendiagramm zeigt die logische Struktur eines Softwaresystems. Es werden die statischen Zusammenhänge zwischen Klassen und Instanzierungen visualisiert. Im Klassendiagramm lassen sich Klassen, Rollen, Instanzen und die Beziehungen zwischen Instanzen darstellen.

Abbildung B.3 zeigt die Darstellung einer Klasse ohne die Darstellung von Attributen und Methoden.

KlasseA

Abb. B.3: Darstellung einer Klasse

Abbildung B.4 zeigt die Darstellung einer Klasse mit der Darstellung von Attributen und Methoden.

KlasseA
-Attribut1 : int *#Attribut2 : int* +Attribut3 : int
+methode1() void +methode2() void

Abb. B.4: Klasse mit Darstellung der Attribute und Methoden

Bei der Darstellung von Methoden und Attributen wird auch die Sichtbarkeit angegeben:

- + public
- # protected
- - private

Die Generalisierung bzw. Spezialisierung und somit die Vererbungsstruktur lässt sich durch Verbinden der Klassen mit der Generalisierung darstellen. Die Verbindung ist gerichtet und zeigt von der Spezialisierung auf die Generalisierung. Es wird in diesem Zusammenhang auch oftmals von der Subclass und der Superclass gesprochen.

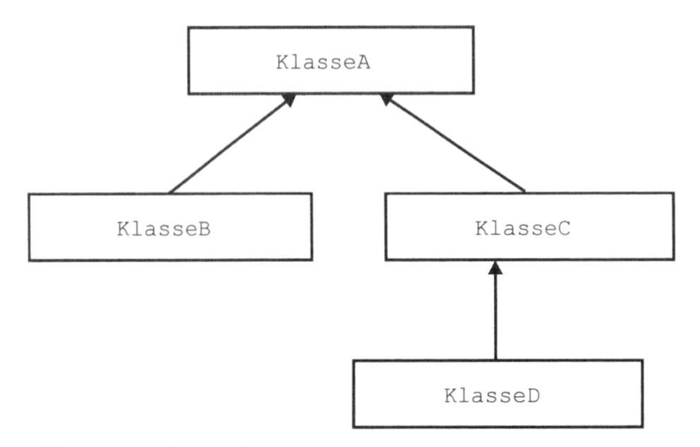

Abb. B.5: Klassendiagramm

Die `KlasseA` ist die Generalisierung oder Basisklasse und die Klassen `KlasseB` und `KlasseC` sind Spezialisierungen. Die `KlasseD` ist eine Spezialisierung der `KlasseC`.

Der automatisch genierte Programmcode für die Definition der `KlasseC` sieht wie folgt aus:

```
class KlasseC : public KlasseA
{
  public:
    void methode1 ();
    void methode2 ();
    void methode3 ();
};
```

Die Rollen oder Beziehungen zwischen Klassen sind gerichtet. Die Multiplizität, die Rollennamen und die Rollenbezeichnung können angegeben werden.

Die Multiplizität beschreibt, mit wie vielen Objekten einer Klasse eine Klasse eine Beziehung hat. Folgende Angaben sind typisch:

- 0..1
- 1
- 1..*
- *

Abbildung B.6 zeigt die Beziehung zwischen den zwei Klassen KlasseA und KlasseB. Die Beziehung zwischen den beiden Klassen heißt »Beziehung« und ist gerichtet. Die Rollennamen sind RolleA und RolleB. Die Multiplizität ist 1 und 1..*.

Abb. B.6: Rolle zwischen zwei Klassen

Die Aggregation beschreibt die Zugehörigkeit mehrerer Teile zu einem Ganzen. Die Teile des Ganzen können unabhängig voneinander existieren und betrachtet werden. Ein Auto besteht z.B. aus Motor, Getriebe, Achsen, Rädern und so weiter. Jedes dieser Teile kann unabhängig vom Auto existieren, auch wenn sie für die Gesamtfunktion unabdingbar sind.

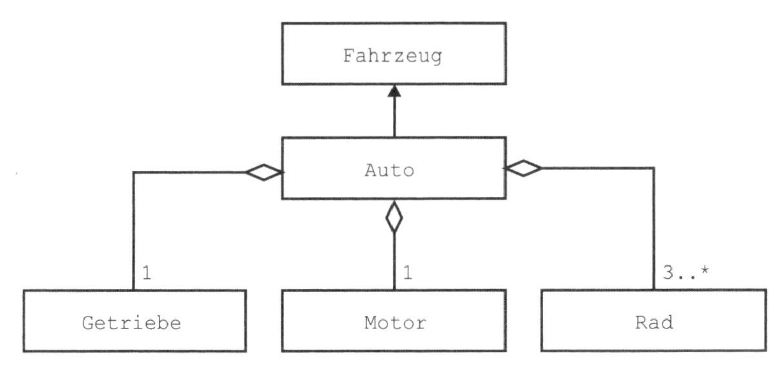

Abb. B.7: Aggregation

Bei der Komposition, ein Spezialfall der Aggregation, kann das Aggregat nur existieren, wenn alle Teile des Ganzen vorhanden sind. Eine Rechnung besteht aus Rechnungspositionen. Ist nicht mindestens eine Rechnungsposition vorhanden, dann ist auch eine Rechnung nicht existent, da sie nicht sinnvoll ist.

Abb. B.8: Komposition

Mit UML können ebenfalls Templates bzw. Schablonen mit ihren formalen Argumenten und die Instanzierung beschrieben werden. Abbildung B.9 zeigt eine Darstellung.

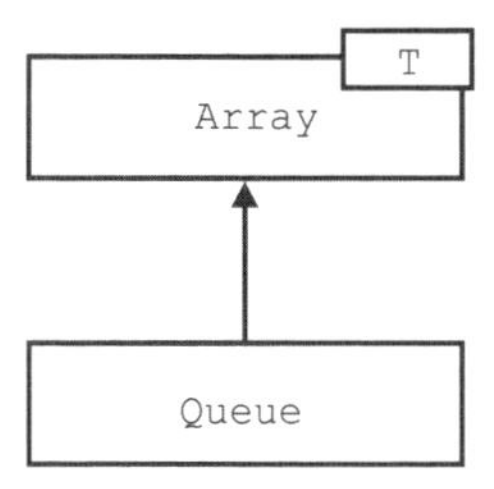

Abb. B.9: Template mit einer Instanzierung

B.3.5 Zustandsdiagramm

Das Zustandsdiagramm beschreibt die Zustände, die Zustandsübergänge und die Bedingungen, die zu einem Zustandswechsel führen, und die daraus resultierenden Aktionen, die bei einem Zustandswechsel ausgeführt werden.

Es gibt immer einen Startzustand und evtl. einen oder mehrere Endzustände.

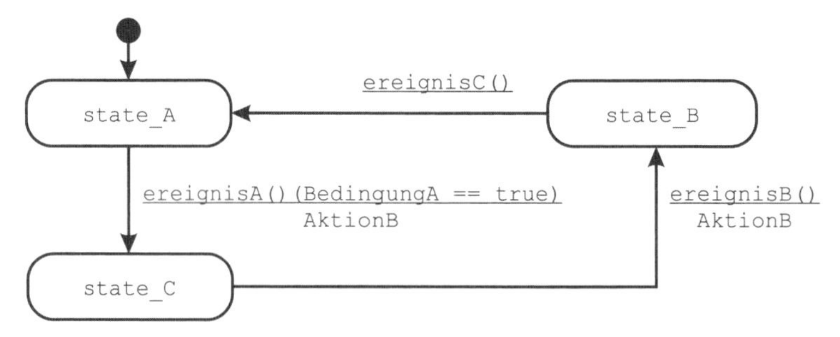

Abb. B.10: Zustandsdiagramm

Abbildung B.10 zeigt ein Zustandsdiagramm mit den drei Zuständen `state_A`, `state_B` und `state_C`. Bei der Instanzierung eines neuen Objekts wird der Konstruktor ausgeführt und der Zustand `state_A` eingenommen. Es erfolgt ein Zustandswechsel nach `state_C`, wenn die Methode `ereignisA()` aufgerufen wird und die Bedingung `BedingungA` erfüllt ist. Bei dem Zustandswechsel wird die Methode `Aktion()` ausgeführt.

Das folgende Listing zeigt den automatisch aus dem Zustandsdiagramm erzeugten Programmcode.

```
Automat::Automat ()
{
  m_CurrentState = state_A;
}
void Automat::ereignisA ()
{
  switch (m_CurrentState ) {
    case state_A: {
      if (BedingungA == true) {
        AktionA();
        m_CurrentState = state_C;
        return;
      }
      break;
    }
  } // switch ...
}

void Automat::ereignisB ()
{
  switch (m_CurrentState ) {
    case state_C: {
      AktionB();
      m_CurrentState = state_B;
      return;
      break;
    }
  } // switch ...
}

void Automat::ereignisC ()
{
  switch (m_CurrentState ) {
    case state_B: {
      m_CurrentState = state_A;
      return;
      break;
    }
  } // switch ...
}
```

B.3.6 Aktivitätsdiagramm

Das zweite vorgesehene Zustandsdiagramm ist das Aktivitätsdiagramm. Im Gegensatz zum Zustandsdiagramm werden die Zustände als Aktivitäten bezeichnet. Aktivitäten können Subaktivitätsdiagramme enthalten und erlauben somit im Gegensatz zum Zustandsdiagramm eine Strukturierung. Es stehen ferner Entscheidungs- und Synchronisationsknoten zur Verfügung.

Abbildung B.11 zeigt ein Aktivitätsdiagramm bestehend aus den Aktivitäten `Aktivität A` bis `Aktivität E`. Beim Verlassen der `Aktivität A` wird je nach `BedingungB` in die `Aktivität B` oder den Synchronisationsknoten gewechselt. Die `Aktivität B` enthält ein Subaktivitätsdiagramm.

Wird auf den Synchronisationsknoten verzweigt, werden die `Aktivität C` und `Aktivität E` parallel ausgeführt. Der Synchronisationsknoten nach den beiden Aktivitäten synchronisiert dieses wieder. Das heißt, es wird erst die `Aktivität D` gestartet, wenn beide Aktivitäten abgeschlossen sind.

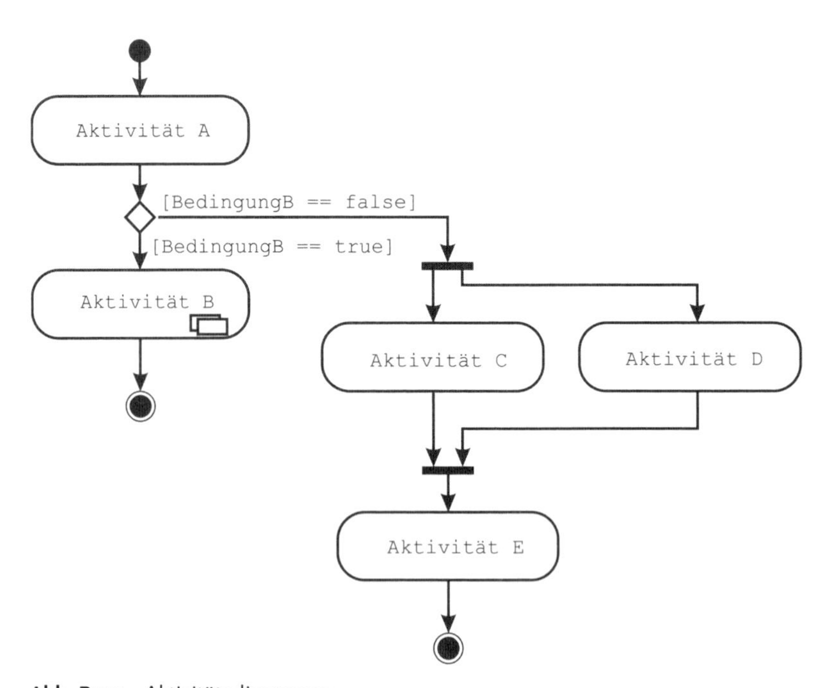

Abb. B.11: Aktivitätsdiagramm

Java

In einigen der vorherigen Beispielen wurde die Programmiersprache Java verwendet. Java findet zurzeit bei der Implementierung von OSEK/VDX-Systemen auf Embedded Systems nur geringe Verwendung. Es ist jedoch unabhängig von einer verwendeten Plattform und verfügt über Mechanismen, die eine quasi parallele Abarbeitung von Programmcode erlauben. Dadurch ist Java u.a. besonders gut geeignet, Problemstellungen wie die Synchronisation von Tasks oder deren Datenaustausch untereinander zu untersuchen.

Es lassen sich mit Java Mechanismen realisieren, die denen von OSEK recht nahe kommen. Es ergibt sich somit die Möglichkeit, erste Untersuchungen durchzuführen, ohne gleich auf reales OSEK zurückgreifen zu müssen. Es lässt sich das zeitliche Verhalten, jedoch nur im begrenzten Maß das Echtzeitverhalten nachbilden.

Dieser Abschnitt gibt eine kurze Einführung und es werden nur die relevanten Themen angeschnitten.

Wie lässt sich Java umschreiben?

In *The Java Language: A Whitepaper* beschreibt Sun Java folgendermaßen:

> *Java: A simple, object-oriented, distributed, interpreted, robust, secure, architecture neutral, portable, high performance, multi-threaded, and dynamic language*[1]

Die Aussage enthält eine nicht unerhebliche Anzahl von Schlagwörtern, die Java aber genau beschreiben. Um das Potenzial der Sprache zu veranschaulichen, soll auf die einzelnen Begriffe näher eingegangen werden

Einfach: Java ist eine einfache Sprache. Die Anzahl der Sprachkonstruktionen wurde bewusst klein gehalten und viele Konstrukte sind den Programmiersprachen C und C++ sehr ähnlich.

Folgende Sprachkonstrukte stehen in Java nicht zur Verfügung:

- `goto`
- Header-Dateien

---

1 Java: Eine einfache, objektorientierte, verteilte, interpretierte, robuste, sichere, architekturunabhängige, portable, hoch performante, Multithread-fähige und dynamische Sprache.

- Präprozessor
- `struct`
- `union`
- `enum`
- Überladen von Operatoren
- Mehrfaches Vererben
- Zeiger

Objektorientiert: Java ist eine objektorientierte Programmiersprache und stellt alle Elemente der objektorientierten Programmierung zur Verfügung.

Verteilt: Java unterstützt die Ausführung von Anwendungen in Netzwerken. Es werden Klassen bereitgestellt, die Netzwerkverbindungen unterstützen.

Interpretiert: Der Java-Compiler erzeugt Bytecode und nicht speziellen Maschinencode. Um ein Java-Programm ablaufen zu lassen, wird ein Java-Interpreter, die so genannte »Java virtual Machine«, benötigt.

Robust: Java ist eine stark typisierte Sprache, dadurch kann während der Übersetzungsphase eine statische Prüfung auf Konsistenz der Typen durchgeführt werden. Java benötigt explizite Methodendeklarationen. Es werden keine Zeiger verwendet und das Speichermanagement verfügt über eine Garbage Collection, so dass ein manuelles Entfernen von nicht benötigtem Speicher entfällt, was Memory Leaks und andere böse Fehler verhindert. Die Ausnahmebehandlung bietet die Möglichkeit, robustere Programme zu entwickeln.

Sicher: Da Java dazu gedacht ist, in Netzwerkumgebungen abzulaufen, werden Mechanismen bereitgestellt, die sicherstellen, dass ein Programmcode nicht in der Lage ist, Viren anzulegen oder in das Dateisystem einzudringen. Java unterscheidet dabei zwischen Programmen und Applets.

Architekturunabhängig: Eine Java-Anwendung kann auf jedem System laufen, das über eine Java virtual Machine verfügt. Das ausführbare Programm wird als Bytecode innerhalb der Java virtual Machine ausgeführt.

Portabilität: Da Java unabhängig von einer Architektur ist und die Basis-Datentypen genau in ihrem Wertebereich definiert sind, wird eine Portabilität sichergestellt.

Hochperformanz: Java ist eine interpretierte Sprache. Dadurch kann sie niemals so schnell sein wie eine übersetzte Sprache. Die Angaben, wie schnell bzw. wie langsam Java gegenüber C ist, schwanken sehr stark. Sie betragen zwischen 20 Mal bis weniger als zwei Mal langsamer als C.

Zum Teil stehen »just in time«-Compiler zur Verfügung, die Java-Bytecode in Maschinencode für eine bestimmte CPU während der Laufzeit übersetzen. Der

Java-Bytecode wurde bereits im Hinblick auf die »just in time«-Compiler entworfen, so dass der Prozess sehr einfach ist und effizienten Maschinencode erzeugt. Sun behauptet sogar, dass der so generierte Maschinencode dem durch C oder C++ erzeugten in nichts nachsteht.

Es gibt Entwicklungsumgebungen, die nicht Java-Bytecode erzeugen, sondern direkt Maschinencode. Das Entwicklungsprogramm Xtools von Mac OS X Panther stellt z.B. diese Funktionalität zur Verfügung. Es lassen sich damit Anwendungen erzeugen, die keine Java virtual Machine benötigen.

Multithread-Fähigkeit: Java ermöglicht die quasi parallele Abarbeitung von mehreren Aufgaben. Gerade in interaktiven Anwendungen wird dadurch der Durchsatz von Aktionen für den Benutzer erhöht. So kann eine Datei geladen werden, während ein Dialog bearbeitet und eine Berechnung durchgeführt wird.

Java stellt eine Klasse `Thread` zur Verfügung, die das Programmieren von Threads direkt unterstützt. Die Klasse enthält Methoden zum Starten, Ausführen und Beenden eines Threads und überwacht den aktuellen Status des Threads.

Es stehen einfache Befehle für die Synchronisation der Threads untereinander zur Verfügung.

Dynamisch: Java ist eine dynamische Sprache. Sie lädt die benötigten Klassen erst dann, wenn sie benötigt werden, auch über das Netz. Ein Programm kann zur Laufzeit feststellen, zu welcher Klasse ein Objekt gehört, das ihm übergeben wird. Das ist möglich, da Klassen über eine Laufzeit-Repräsentation verfügen. Die Laufzeit-Klassendefinitionen in Java ermöglichen es, Klassen zu einem laufenden System dynamisch dazuzubinden.

C.1 Programm oder Applet?

Java unterscheidet grundsätzlich zwischen zwei Arten von Anwendungen, dem Programm und dem Applet. Das Programm ist im Gegensatz zum Applet alleine lauffähig.

Das folgende Listing zeigt das einfachste Java-Programm. Es erzeugt ein »Hello World!« auf der Konsole. Das Programm besteht wie jedes Java-Programm aus einer öffentliche Definition und enthält eine Methode `main()`.

Der Interpreter beginnt die Ausführung des Programms mit der Abarbeitung der Methode `main()`. Diese besteht aus einer einzigen Anweisung, die für die Ausgabe des Textes

```
Hello World!
```

auf der Konsole sorgt.

```
import java.util.*;

public class JavaApp {
  public static void main (String args[]) {
    System.out.println("Hello World!");
  }
}
```

Das Programm muss in einer Datei abgespeichert sein, die über denselben Namen verfügt wie die Klasse, in diesem Fall `JavaApp.java`. Der Java-Compiler, z.B. `javac`, erzeugt daraus eine Datei, die den Java-Bytecode enthält. Die Datei heißt dann:

```
JavaApp.class
```

Durch Aufruf des Java-Interpreters `java` kann dann das übersetzte Programm zur Ausführung gebracht werden.

Java erlaubt neben dem Erstellen von einfachen Anwendungen mit Ausgaben über das Terminal auch die Entwicklung komplexer Programme, die über das *Look and Feel* des verwendeten Betriebssystems verfügen. Java unterstützt das Metal-, Windows-, Motif- und Macintosh-Look-and-Feel. Das Umschalten in die unterschiedlichen Darstellungsformen kann während der Laufzeit erfolgen, so dass die Entwicklung an die jeweilige Umgebung angepasster Programme entfallen kann.

Abbildung C.1 zeigt ein Mac-OS-X-Java-Programm im Aqua-Look-and-Feel mit Menüleiste.

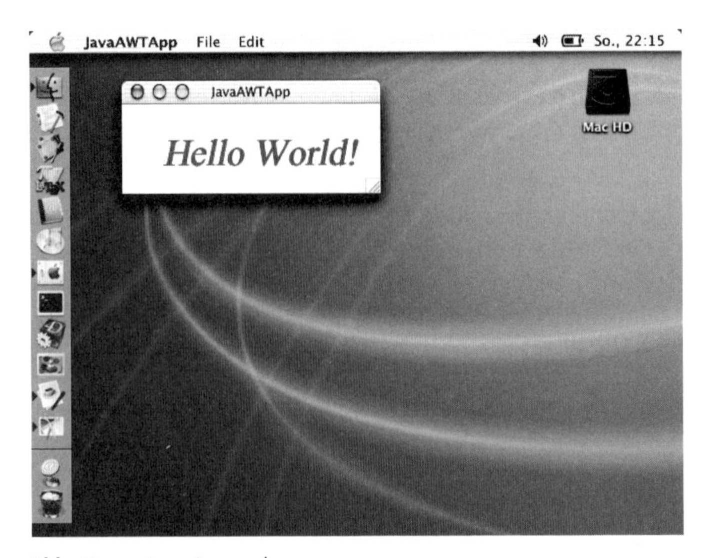

Abb. C.1: Java-Anwendung

Java-Anwendungen können im Gegensatz zu Java-Applets auf alle Ressourcen des Systems zugreifen.

Das folgende Listing zeigt ein einfaches Java-Programm, das ein Applet ist und somit nicht alleine lauffähig. Für die Ausführung wird ein Appletviewer oder Webbrowser benötigt.

```
import java.awt.*;
import java.applet.*;

public class JavaAWTApplet extends Applet {
  static final String message = "Hello World!";
  private Font font = new Font("serif",
                        Font.ITALIC + Font.BOLD, 36);

  public void init() {
    setLayout (null);
  }

  public void paint (Graphics g) {
    g.setColor(Color.blue);
    g.setFont(font);
    g.drawString(message, 40, 80);
  }
}
```

Um die Ausführung des Applets zu ermöglichen, wird eine HTML-Datei benötigt, die das Applet zur Ausführung bringen kann.

```
<HTML>
<HEAD>
<TITLE>Simple Applet Example</TITLE>
</HEAD>
<BODY>
<APPLET archive="JavaAWTApplet.jar"
code="JavaAWTApplet"width=300 height=150>
Your browser does not support Java, so nothing is
displayed.
</APPLET>
</BODY>
</HTML>
```

Abbildung C.2 zeigt die Ausführung des Applets im Browser.

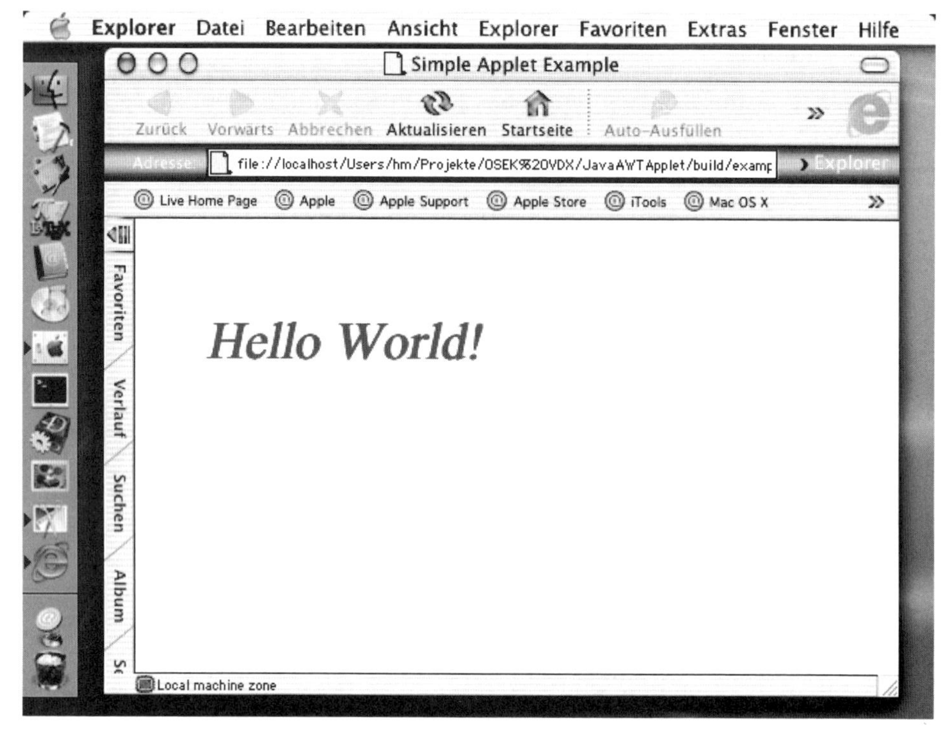

Abb. C.2: Applet-Anwendung

Java-Programme, die über das Netz geladen werden, sind nicht vertrauenswürdig, das gilt für alle anderen in einer beliebigen Sprache geschriebenen Programme ebenfalls. Die einzige Möglichkeit besteht darin, das Programm in einer sehr eingeschränkten Umgebung ablaufen zu lassen. In dieser Umgebung besteht z.B. keine Möglichkeit, Dateien zu löschen, falsche E-Mails zu versenden oder den Rechner als File-Server zu verwenden.

Hier setzt das Applet-Konzept an. Der Appletviewer und der Webbrowser beschränken die möglichen Aktionen des Applets. Je nach verwendetem Webbrowser oder Appletviewer sind unterschiedliche Einschränkungen möglich. Im Allgemeinen bestehen für Applets u.a. folgende Einschränkungen:

- Dateien des lokalen Systems können nicht gelesen werden.
- Dateien können nicht auf das lokale System geschrieben werden.
- Dateien können nicht auf dem lokalen System gelöscht werden.
- Dateien können im lokalen System nicht umbenannt werden.
- Verzeichnisse können auf dem lokalen System nicht angelegt werden.
- Der Inhalt eines Verzeichnisses kann nicht gelistet werden.

- Es kann nicht geprüft werden, ob eine Datei existiert.
- Die Größe der Datei oder der Zeitpunkt der letzten Änderung kann nicht ermittelt werden.
- Mit einem Rechner kann keine Netzwerkverbindung aufgebaut werden, die nicht identisch ist mit der Netzwerkverbindung, von dem das Applet geladen wurde.
- Netzwerkverbindungen des lokalen Systems können nicht überwacht werden.
- Es kann kein neues Top-Level-Fenster aufgebaut werden, ohne einen deutlichen Hinweis auszugeben, dass es nicht vertrauenswürdig ist.
- Das Applet kann nicht an den Namen des Benutzers und sein Homeverzeichnis gelangen.
- Es können keine Systemeigenschaften definiert werden.
- Es kann kein Programm auf dem lokalen System aufrufen werden.
- Das Applet kann den Java-Interpreter nicht durch `System.exit()` oder `Runtime.exit()` beenden.
- Es können nicht dynamisch Bibliotheken des lokalen Systems geladen werden.
- Es können keine Threads erzeugt oder manipuliert werden, die nicht der Threadgruppe des Applets angehören.
- Es kann kein `Classloader`-Objekt erzeugt werden.
- Es kann kein `SecurityManager`-Objekt erzeugt werden.

Es werden noch weitere Mechanismen bereitgestellt, wie z.B. die Bytecode-Überprüfung, um eine sichere Ausführung des Applets zu gewährleisten.

C.2 Threads

Neben den bereits erwähnten Eigenschaften von Java ist die Fähigkeit des Multithreading ein gegenüber anderen Programmiersprachen wie C oder C++ herausstechendes Merkmal. Bei C oder C++ stehen spezifische Mechanismen für das jeweilige System zur Verfügung. In Java wurde das Multithreading in das Sprachkonzept integriert und ist somit unabhängig von der verwendeten Plattform.

Für die Verwendung von Threads stellt Java die Klasse `Thread` bereit. Die Klasse enthält u.a. folgende Methoden:

- **`run()`**
  Die Methode `run()` ist der eigentliche Thread. Es muss immer eine Ableitung von der Klasse `Thread` gebildet werden, die über eine eigene `run()`-Methode

verfügt. Die Methode darf nicht direkt aufgerufen werden, da ein direkter Aufruf nur den Inhalt der Methode ausführt, aber dabei kein neuer Thread gestartet wird. Das Starten erfolgt durch die Methode `start()`.

- **`start()`**

  Der Thread wird gestartet. Das folgende Listing zeigt den Rumpf einer Klasse, die einen Thread realisiert. Im Konstruktor wird die Methode `start()` aufgerufen, die für das Anlegen und das Starten des Threads zuständig ist. Die Methode `run()` enthält nur eine einzige Anweisung, danach wird das Ende des Blocks erreicht und der Thread wird beendet.

```
import java.lang.*;

public class CMyThread extends Thread{
  public CMyThread() {
    // Starten des Threads
    start();
  }
  public void run() {
    System.out.println( "Start Thread" );
  }
}
```

- **`stop()`**

  Die Methode hält den laufenden Thread an.

- **`sleep()`**

  Durch Aufruf der Methode wird der Thread für die angegebene Zeit angehalten. Das folgende Listing zeigt eine Thread-Klasse, die zehnmal in der Sekunde eine Ausgabe produziert.

```
import java.lang.*;

public class CMyThread extends Thread{
  public CMyThread() {
    start();
  }
  public void run() {
    System.out.println( "Start Thread" );
    try {
      for(int theIndex=0; theIndex<10; theIndex++) {
        System.out.print( "." );
        sleep( 1000 ); // 1000ms
```

```
        }
        System.out.println();
      }
      catch( InterruptedException e ) {
      }
      System.out.println( "End Thread" );
    }
    public static void main(String[] args) {
      CMyThread CMyThread1 = new CMyThread();
    }
}
```

Alternativ zur `sleep()`-Methode kann die `wait()`-Methode verwendet werden. Diese unterbricht den laufenden Thread und wartet so lange, bis die angegebene Zeit abgelaufen ist.

- **`wait()`** (Methode der `Object`-Klasse)

  Der Thread wird unterbrochen, um auf eine bestimmte Bedingung zu warten.

- **`notify()`**

  Mit der Methode wird dem Thread mitgeteilt, dass die Bedingung eingetreten ist.

- **`suspend()`**

  Der Thread wird vorübergehend angehalten.

- **`resume()`**

  Der Thread wird wieder fortgesetzt.

- **`synchronized`**

  Schlüsselwort, das ein Unterbrechen der damit gekennzeichneten Methode verhindert.

Das Zusammenspiel zwischen den einzelnen Methoden ist in den im Anhang D.1 bis D.4 aufgeführten Beispielen `SchlafenderFriseur` und `Philosoph` dargestellt.

Programmlistings

D.1 Problem der speisenden Philosophen

Das komplette Programm besteht aus folgenden Dateien:

- `Bankett.java`
- `Philosoph.java`
- `PhilosophException.java`
- `Semaphore.java`
- `Gabel.java`
- `OSEK.java`
- `Task.java`

Das folgende Programmlisting zeigt die Realisierung der Klasse `Bankett`. Sie enthält die Methode `main()` und ist somit der Ausgangspunkt des Programms.

```
//--- Bankett.java
//
import java.util.*;

public class Bankett {
  //--- Anlegen der lokalen Datenobjekte
  //    Die Klasse stellt einen einfachen Scheduler zum
  //     Aufrufen der Philosophen bereit.
  private static OS m_OSEK = new OSEK();

  //--- Es werden zwei Vektoren fuer die Verwaltung der
  //    Philosophen und Gabeln angelegt.
  private static Philosoph m_Philosophen[]
                 = new Philosoph[ 5];
  private static Gabel m_Gabel[] = new Gabel[ 5];

  public static void main( String args[] ) {
    //--- Erzeugen von Instanzen der Klasse Gabel und
    //    dem Eintragen in den dafuer vorgesehenen
    //    Vektor.
```

```
    m_Gabel[ 0] = new Gabel();
    m_Gabel[ 1] = new Gabel();
    m_Gabel[ 2] = new Gabel();
    m_Gabel[ 3] = new Gabel();
    m_Gabel[ 4] = new Gabel();

    //--- Erzeugen von Instanzen der Klasse Philosoph
    //    und dem Eintragen in den dafuer vorgesehenen
    //    Vektor. Es wird dabei die Zuordnung der Gabeln
    //    zu den Philosophen durchgefuehrt.
    m_Philosophen[ 0] = new Philosoph( 0, m_Gabel[ 4],
                                          m_Gabel[ 0] );
    m_Philosophen[ 1] = new Philosoph( 0, m_Gabel[ 0],
                                          m_Gabel[ 1] );
    m_Philosophen[ 2] = new Philosoph( 0, m_Gabel[ 1],
                                          m_Gabel[ 2] );
    m_Philosophen[ 3] = new Philosoph( 0, m_Gabel[ 2],
                                          m_Gabel[ 3] );
    m_Philosophen[ 4] = new Philosoph( 0, m_Gabel[ 3],
                                          m_Gabel[ 4] );

    //--- Den Scheduler initialisieren
    m_OS.DeclareTask( m_Philosophen[ 0] );
    m_OS.DeclareTask( m_Philosophen[ 1] );
    m_OS.DeclareTask( m_Philosophen[ 2] );
    m_OS.DeclareTask( m_Philosophen[ 3] );
    m_OS.DeclareTask( m_Philosophen[ 4] );

    //--- Nun den Scheduler fuer 5000 Zyklen laufen
    //    lassen.
    int theCycle;
    for( theCycle = 0; theCycle < 5000; theCycle++ ) {
      m_OS.Scheduler();
    }
  }
}
// EndOfFile
```

Das Programmlisting zeigt die Realisierung der Klasse `Philosoph`. Die Klasse erbt die Eigenschaften der Klasse `Task` und ist somit eine Spezialisierung. Die Klasse `Philosoph` enthält neben einigen lokalen Daten, den Attributen, einen Konstruktor und die Methode `task()`. Innerhalb der Methode `task()` können Ausnahmen, so genannte *Exceptions* erzeugt werden, um eine Fehlerbehandlung zu realisieren. Die sich daraus ergebenen Möglichkeiten sind ansatzweise realisiert. Es werden zurzeit zwei Fehler behandelt: Es essen mehr als zwei Philosophen und ein Philosoph verhungert.

```
//--- Philosoph.java
//
import java.util.*;

public class Philosoph extends Task {
  //--- Ein Philosoph kennt nur die drei Zustaende
  //    denken, hungrig sein und essen.
  private static final int st_DENKEN  = 0;
  private static final int st_HUNGRIG = 1;
  private static final int st_ESSEN   = 2;

  //--- Da jeder Philosoph unterschiedlich lange fuer
  //    die einzelnen Zustaende benoetigt, wird ein
  //    Zufallsgenerator angelegt, der fuer alle Objekte
  //    der Klasse zur Verfuegung steht.
  private static Random random = new Random();

  //--- Zeitdauer, die durch den Zufallsgenerator
  //    ermittelt wird.
  private int m_Zeit;

  //--- Aktueller Zustand eines Philosophen
  private int m_State;

  //--- Index oder Name eines Philosophen.
  private int m_Philosoph;

  //--- Referenzen auf die Gabeln, auf die der Philosoph
  //    zugreifen kann.
  private Gabel m_Linke;
  private Gabel m_Rechte;

  //--- Anzahl der erfolglosen Zugriffe auf eine Gabel.
  private int m_Zugriffe;

  //--- Das Attribut / lokale Variable wird nur einmal
  //    fuer alle Objekte der Klasse Philosoph angelegt
  //    und enthaelt die Anzahl der zurzeit essenden
  //    Philosophen.
  private static int m_Essende;

  //--- Konstruktor ---
```

```
public Philosoph( int   inPhilosophID,
                  Gabel inLinke,
                  Gabel inRechte ) {
  m_Philosoph = inPhilosophID;
  m_Linke     = inLinke;
  m_Rechte    = inRechte;
  m_State = st_DENKEN;
  //--- Zeitdauer fuer das Denken via Zufallsgenerator
  //    festlegen
  m_Zeit = Math.abs( random.nextint() % 199 );
  m_Essende = 0;

  System.out( m_Philosoph +
             " Philosoph DENKEN = " +
              m_Zeit );_
}

//--- Methode task ---
public void task() throws PhilosophException {
  switch( m_State ) {
    case st_DENKEN: {
      m_Zeit--;
      if( m_Zeit <= 0 ) {
        //--- Der Philosoph ist hungrig geworden
        //    Anzahl der erfolglosen Zugriffe auf die
        //    Gabeln initialisieren.
        m_Zugriffe = 0;
        //--- Zustandswechsel
        m_State = st_HUNGRIG;
      }
      break;
    }
    case st_HUNGRIG: {
      //--- lokale Variable
      boolean theLinkeGabel;
      boolean theRechteGabel;

      //--- Feststellen, ob der Philosoph verhungert
      //    ist
      m_Zugriffer++;
      if( m_Zugriffe > 1000 ) {
        //--- Ausnahme erzeugen, um das Verhungern
        //    zu signalisieren. Wobei
        //    false - das Verhungern und
        //    true  - zu viele essende Philosophen
```

```
  //          signalisiert
  throw new PhilosophException( false );
}
//--- Versuch beide Gabeln aufzunehmen.
//    Das Aufnehmen muss ein atomarer Vorgang
//    sein. Das heisst, er darf nicht
//     unterbrochen werden, da man sich eine
//Gabel nicht teilen
//    kann.
theLinkeGabel  = m_Linke.nehmen();
theRechteGabel = m_Rechte.nehmen();

//--- Pruefen, ob beide Gabeln aufgenommen
// werden konnten
if( theLinkeGabel == true
    && theRechteGabel == true ) {
  //--- Beide Gabeln aufgenommen.
  //    Anzahl der essenden Philosophen pruefen.
  //    Es koennen immer nur zwei gleichzeitig
  //    essen.
  m_Essende++;
  if( m_Essende > 2 ) {
    //--- Zu viele essen gleichzeitig
    throw new PhilosophException( true );
  }
  //--- Zeitdauer fuer das Essen festlegen
  m_Zeit = Math.abs( random.nextInt() % 199 );
  //--- Aktuellen Status ausgeben
  System.out.println( m_Philosoph +
     " Philosoph ESSEN = " + m_Zeit +
     " Zugriffe = " + m_Zugriffe +
     " [" + m_Essende + "]" );
  //--- Zustandswechsel
  m_State = st_ESSEN;
}
else {
  //--- Es konnten nicht beide Gabeln
  //    aufgenommen werden. Die aufgenommenen
  //     Gabeln werden wieder abgelegt.
  if( theLinkeGabel == true ) {
    m_Linke.ablegen();
  }
  if( theRechteGabel() == true ) {
    m_Rechte.ablegen();
  }
```

```
        }
        break;
      }
      case st_ESSEN: {
        m_Zeit--;
        if( m_Zeit <= 0 ) {
          //--- Das Essen ist beendet.
          //    Zeitdauer fuer das Essen festlegen
          m_Zeit = Math.abs( random.nextInt() % 199 );
          //--- Aktuellen Status ausgeben
          System.out.println( m_Philosoph +
             " Philosoph DENKEN = " + m_Zeit  );

          //--- Die beiden Gabeln wieder ablegen.
          m_Linke.ablegen();
          m_Rechte.ablegen();
          //--- Zustandswechsel
          m_State = st_DENKEN;
        }
        break;
      }
    } // switch ...
  } // task()
}
// EndOfFile
```

Die Klasse `PhilosophException` ist im folgenden Programmlisting realisiert:

```
//--- PhilosophException.java
//
import java.util.*;

public class PhilosophException extends Exception{
  public PhilosophException( boolean inArt ) {
    super();
    if( inArt == true ) {
      System.out.println(
        "Zu viele essende Philosophen" );
    }
    else {
      System.out.println( "Philosoph verhungert" );
   }
  }
}
// EndOfFile
```

Das folgende Programmlisting zeigt die Realisierung der Klasse Semaphore.

```
// Semaphore.java
public class Semaphore {
  boolean m_UsedFlag;

  public Semaphore() {
    m_UsedFlag = false;
  }

  /*--- request */
  public int REQUEST() {
    if( m_UsedFlag == false ) {
      m_UsedFlag = true;
      return( 0 );
    }
    else {
      return( -1 );
    }
  }

  public void RELEASE( int inRefID ) {
    m_UsedFlag = false;
  }
}
// EndOfFile
```

Das folgende Programmlisting zeigt die Realisierung der Klasse Gabel.

```
//--- Gabel.java
//
public class Gabel extends Semaphore {
  private boolean m_GenommenFlag;

  public boolean nehmen() {
    int theResult = REQUEST();
    if( theResult >= 0 ) {
      m_GenommenFlag = true;
    }
    else {
      m_GenommenFlag = false;
    }
  }
  public void ablegen() {
    RELEASE( 0 );
```

```
      m_GenommenFlag = false;
    }
  }
  // EndOfFile
```

Das folgende Programmlisting zeigt die Realisierung der Klasse `OSEK`.

```
//--- OSEK.java
//
public class OSEK
{
  public OSEK() {
    m_Task = new Task[ 32];
    m_NumOfTasks = 0;
    m_ActiveTask = 0;
  }

  public void DeclareTask( Task inTask ) {
    m_Task[ m_NumOfTasks] = inTask;
    m_NumOfTasks++;
  }

  public void Scheduler() {
    try {
      m_Task[ m_ActiveTask].task();
    }
    catch( PhilosophException exeption ) {
    }
    m_ActiveTask++;
    if( m_ActiveTask >= m_NumOfTasks ) {
      m_ActiveTask = 0;
    }
  }

  private Task[] m_Task;
  private int    m_NumOfTasks;
  private int    m_ActiveTask;
}
// EndOfFile
```

Das folgende Programmlisting zeigt die Realisierung der Klasse `Task`.

```
//--- Task.java
//
public class Task
{
```

```
  public void task() throws PhilosophException{}
}
// EndOfFile
```

D.2 Problem der speisenden Philosophen mit Threads

Das komplette Programm besteht aus folgenden Dateien:

- Bankett.java
- Philosoph.java
- Semaphore.java
- Gabel.java

Das folgende Programmlisting zeigt die Realisierung der Klasse Bankett. Sie enthält die Methode main() und ist somit der Ausgangspunkt des Programms. Im Gegensatz zum ersten Beispiel werden Threads verwendet.

```
//--- Bankett.java
//
import java.util.*;

public class Bankett {
  //--- Anlegen zweier Vektoren fuer die Referenzen
  //    auf die Philosophen und die Gabeln.
  private static Philosoph m_Philosophen[]
    = new Philosoph[ 5];
  private static Gabel m_Gabel[] = new Gabel[ 5];

  //--- Startpunkt des Programms
  public static void main (String args[]) {
    //--- Anlegen der Gabel-Objekte
    m_Gabel[ 0] = new Gabel();
    m_Gabel[ 1] = new Gabel();
    m_Gabel[ 2] = new Gabel();
    m_Gabel[ 3] = new Gabel();
    m_Gabel[ 4] = new Gabel();

    //--- Anlegen der Philosophen-Objekte und das
    //    Zuweisen der Referenzen auf die Gabeln, die
    //    der jeweilige Philosoph erreichen, d.h.
    //    aufnehmen kann.
    m_Philosophen[ 0]
      = new Philosoph( 0, m_Gabel[ 4], m_Gabel[ 0] );
    m_Philosophen[ 1]
```

```
      = new Philosoph( 1, m_Gabel[ 0], m_Gabel[ 1] );
    m_Philosophen[ 2]
      = new Philosoph( 2, m_Gabel[ 1], m_Gabel[ 2] );
    m_Philosophen[ 3]
      = new Philosoph( 3, m_Gabel[ 2], m_Gabel[ 3] );
    m_Philosophen[ 4]
      = new Philosoph( 4, m_Gabel[ 3], m_Gabel[ 4] );

    //--- Die Threads starten, das heisst, die Philosophen
    //    werden aktiv.
    m_Philosophen[ 0].start();
    m_Philosophen[ 1].start();
    m_Philosophen[ 2].start();
    m_Philosophen[ 3].start();
    m_Philosophen[ 4].start();
    System.out.println("Start ...");
  }
}
// EndOfFile
```

Das Programmlisting zeigt die Realisierung der Klasse `Philosoph`. Die Klasse erbt die Eigenschaften der Klasse `Thread`. Die Methode `run()` ist unterbrechbar und realisiert die Aktivitäten eines Philosophen. Er kann die Zustände `denken`, `hungrig` und `essen` einnehmen. Mittels eines Zufallsgenerators wird die jeweilige Zeitspanne für `denken` und `essen` festgelegt.

```
//--- Philosoph.java
//
import java.util.*;

public class Philosoph extends Thread {
  //--- Ein Philosoph kennt nur die drei Zustaende
  //    denken, hungrig sein und essen.
  private static final int st_DENKEN  = 0;
  private static final int st_HUNGRIG = 1;
  private static final int st_ESSEN   = 2;

  //--- Da jeder Philosoph unterschiedlich lange fuer
  //    die einzelnen Zustaende benoetigt, wird
  //    ein Zufallsgenerator angelegt, der fuer alle
  //    Instanzen der Klasse verwendet wird.
  private static Random random = new Random();

  //--- Lokale Attribute fuer Zeitdauer, Summe aller
  //    Zeiten und den aktuellen Zustand.
```

```
private int m_Zeit;
private int m_t_Summe;
private int m_State;

//--- Kennung (ID) fuer den Philosophen (ein Name ist
//    natuerlich huebscher).
private int m_Philosoph;

//--- Referenz auf die Gabeln, die der Philosoph
//    erreichen, d.h. aufnehmen kann.
private Gabel m_Linke;
private Gabel m_Rechte;

//--- Anzahl der erfolglosen Versuche, beide Gabeln
//    aufzunehmen
private int m_Zugriffe;

//--- Anzahl der gerade essenden Philosophen
private static int m_Essende;

//--- Flags, die signalisieren, dass eine Gabel
//    aufgenommen werden konnte.
private boolean m_LinkeGabel;
private boolean m_RechteGabel;

//--- Konstruktor
public Philosoph( int   inPhilosophID,
                  Gabel inLinke,
                  Gabel inRechte ) {
  m_Philosoph   = inPhilosophID;
  m_Linke       = inLinke;
  m_Rechte      = inRechte;
  m_State       = st_DENKEN;
  m_Zugriffe    = 0;
  m_Essende     = 0;
  m_LinkeGabel  = false;
  m_RechteGabel = false;
}

public synchronized boolean aufnehmen() {
  boolean theResult = false;
  m_LinkeGabel  = m_Linke.nehmen();
  m_RechteGabel = m_Rechte.nehmen();

  if( m_LinkeGabel==true && m_RechteGabel==true ) {
```

```
      theResult = true;
    }
    else {
      //--- Eine der beiden konnte nicht aufgenommen
      //    werden. Die bereits aufgenommene Gabel wird
      //    wieder abgelegt.
      if( m_LinkeGabel == true ) {
        m_Linke.ablegen();
      }
      if( m_RechteGabel == true ) {
        m_Rechte.ablegen();
      }
    }
    return( theResult );
  }

  public void run() {
    try {
      boolean theDoneFlag = false;
      while( theDoneFlag == false ) {
        switch( m_State ) {
          case st_DENKEN: {
            //--- Der Philosoph denkt fuer einige Zeit,
            //    bis er hungrig wird
            m_Zeit = Math.abs( random.nextInt() % 199 );
            m_t_Summe += m_Zeit;
            sleep( m_Zeit );
            m_State = st_HUNGRIG;
            break;
          }
          case st_HUNGRIG: {
            //--- Es wird versucht, beide Gabeln
            //    aufzunehmen. Das Aufnehmen muss ein
            //    atomarer Vorgang sein. Man kann sich
            //    eine Gabel nicht teilen.
            if( aufnehmen() == true ) {
              m_Essende++;
              System.out.println( m_Philosoph +
                "  Philosoph ESSEN = " + m_Zeit +
                " Zugriffe = " + m_Zugriffe + "  [" +
                m_Essende + "]" );
              m_State = st_ESSEN;
            }
            else {
              m_Zugriffe += 1;
            }
```

```
            break;
          }
          case st_ESSEN: {
            m_Zeit = Math.abs( random.nextInt() % 199 );
            m_t_Summe += m_Zeit;
            sleep( m_Zeit );
            System.out.println( m_Philosoph +
              " Philosoph DENKEN = " + m_Zeit );
            m_Linke.ablegen();
            m_Rechte.ablegen();
            m_Essende--;
            m_State = st_DENKEN;
            break;
          }
        } // switch ...

        //--- Abbruchbedingung fuer das Programm
        if( m_t_Summe >= 1000 ) {
          theDoneFlag = true;
          System.out.println( "ende " +m_Philosoph);
        }
        sleep( 5 );
      } // while
    }
    catch( InterruptedException e)
      System.out.println( m_Philosoph +
        " InterruptedException" );
    }
  }
}
// EndOfFile
```

Das folgende Listing zeigt die Realisierung der Klasse Semaphore.

```
//--- Semaphore.java
//
public class Semaphore {
  boolean m_UsedFlag;

  //--- Konstruktor
  public Semaphore() {
    m_UsedFlag = false;
  }

  public int REQUEST() {
    if( m_UsedFlag == false ) {
```

```
      m_UsedFlag = true;
      return( 0 );
    }
    else {
      return( -1 );
    }
  }

  public void RELEASE( int inRefID ) {
    m_UsedFlag = false;
  }
}
// EndOfFile
```

Das folgende Listing zeigt die Realisierung der Klasse `Gabel`.

```
//---Gabel.java
//
public class Gabel extends Semaphore{
  private boolean m_GenommenFlag = false;

  public boolean nehmen() {
    int theResult = REQUEST();
    if( theResult >= 0 ) {
      m_GenommenFlag = true;
    }
    else {
      m_GenommenFlag = false;
    }
    return( m_GenommenFlag );
  }

  public void ablegen() {
    RELEASE( 0 );
    m_GenommenFlag = false;
  }
}
// EndOfFile
```

D.3 Problem des schlafenden Friseurs

Das komplette Programm besteht aus folgenden Dateien:

- `SchlafenderFriseur.java`
- `Wartezimmer.java`

- Kunde.java
- Friseur.java

Das folgende Programmlisting zeigt die Realisierung der Klasse SchlafenderFriseur. Sie enthält die Methode main() und ist somit der Ausgangspunkt des Programms.

```
//---SchlafenderFriseur.java
//
import java.util.*;

public class SchlafenderFriseur {
  public static void main (String args[]) {
    System.out.println("Start ...");
    Wartezimmer theWartezimmer = new Wartezimmer( 3 );
    Kunde   theKunde1 = new Kunde( theWartezimmer, 1 );
    Kunde   theKunde2 = new Kunde( theWartezimmer, 2 );
    Kunde   theKunde3 = new Kunde( theWartezimmer, 3 );
    Kunde   theKunde4 = new Kunde( theWartezimmer, 4 );
    Kunde   theKunde5 = new Kunde( theWartezimmer, 5 );
    Friseur theFriseur = new Friseur( theWartezimmer );
  }
}
// EndofFile
```

Das folgende Listing zeigt die Realisierung der Klasse Wartezimmer.

```
//--- Wartezimmer.java
//
import java.util.*;

public class Wartezimmer {
  public Wartezimmer( int inStuehle ) {
    m_Stuehle  = new Thread[ inStuehle];
    m_Anzahl   = inStuehle;
    m_Wartende = 0;
  }

  public synchronized
  boolean hinsetzen( Thread inThread ) {
    boolean theResult = false;

    if( m_Wartende < m_Anzahl ) {
      //--- Noch Platz im Wartezimmer
      if( m_Wartende == 0 ) {
```

```
        m_Erster = 0;
        m_Letzter = 0;
        m_Wartende = 1;
        m_Stuehle[ 0] = inThread;
      }
      else {
        m_Letzter++;
        m_Wartende++;
        if( m_Letzter >= m_Anzahl ) {
          m_Letzter = 0;
        }
        m_Stuehle[ m_Letzter] = inThread;
      }
      theResult = true;
    }
    return( theResult );
  }

  public synchronized boolean aufstehen() {
    boolean theResult = false;

    if( m_Wartende > 0 ) {
      int theKunde = m_Erster;
      m_Erster++;
      if( m_Erster >= m_Anzahl ) {
        m_Erster = 0;
      }

      m_Wartende--;
      Kunde theThread = (Kunde)m_Stuehle[ theKunde];
      System.out.println( "Kunde " +
        theThread.getKennung() + " wird barbiert" );
      theThread.aufstehen();
      theResult = true;
    }
    return( theResult );
  }

  int getWartende() { return( m_Wartende ); }

  Thread [] m_Stuehle;
  int       m_Erster;
  int       m_Letzter;
  int       m_Wartende;
  int       m_Anzahl;
}
// EndOfFile
```

Das folgende Listing zeigt die Realisierung der Klasse Kunde.

```
//--- Kunde.java
//
import java.util.*;

public class Kunde extends Thread {
  private static Random random = new Random();
  private        int    m_Zeit;

  public Kunde( Wartezimmer inWartezimmer,
                int         inKunde ) {
    m_Wartezimmer = inWartezimmer;
    m_Kunde = inKunde;
    this.start();
  }

  synchronized void warten() {
    try {
      wait();
    }
    catch( InterruptedException e) {
      System.out.println("Kunde InterruptedException");
    }
  }

  public synchronized void aufstehen() {
    notify();
  }


  public void run() {
    int theCycle = 0;
    try {
      while( theCycle < 20 ) {
        if( m_Wartezimmer.hinsetzen( this) == true ) {
          System.out.println( "Kunde Hinsetzen =" +
            m_Kunde + " [" +
            m_Wartezimmer.getWartende() + "]" );
          warten();
        }
        else {
          System.out.println("Kunde geht =" + m_Kunde);
        }
        m_Zeit = Math.abs( random.nextInt() % 79 );
        sleep( m_Zeit );
```

```
        theCycle++;
      }
      System.out.println( "Kunde ende " + m_Kunde );
    }
    catch( InterruptedException e) {
      System.out.println("Kunde InterruptedException");
    }
  }
  public int getKennung() { return( m_Kunde ); }

  Wartezimmer m_Wartezimmer;
  int         m_Kunde;
}
// EndOfFile
```

Das folgende Listing zeigt die Realisierung der Klasse `Friseur`.

```
//---  Friseur.java
//
import java.util.*;

public class Friseur extends Thread {
  public Friseur( Wartezimmer inWartezimmer ) {
    m_Wartezimmer = inWartezimmer;
    start();
  }

  public void run() {
    int theCycle = 0;
    try {
      while( theCycle < 200 ) {
        if( m_Wartezimmer.aufstehen() == true ) {
          sleep( 20 );
        }
        else {
          sleep( 50 );
        }
        theCycle++;
      }
      System.out.println( "Friseur ende" );
    }
    catch( InterruptedException e) {
      System.out.println(
        "Friseur InterruptedException" );
    }
  }
```

```
  Wartezimmer m_Wartezimmer;
}
// EndOfFile
```

D.4 Problem des schlafenden Friseurs 2

Das komplette Programm besteht aus folgenden Dateien:

- SchlafenderFriseur2.java
- Wartezimmer.java
- Kunde.java
- Friseur.java

Das folgende Programmlisting zeigt die Realisierung der Klasse SchlafenderFriseur2. Sie enthält die Methode main() und ist somit der Ausgangspunkt des Programms.

```
//--- SchlafenderFriseur2.java
//
import java.util.*;

public class SchlafenderFriseur2 {
  public static void main (String args[]) {
    System.out.println("Start ...");
    Wartezimmer theWartezimmer = new Wartezimmer( 3 );
    Friseur theFriseur = new Friseur( theWartezimmer );

    theWartezimmer.setFriseur( theFriseur );

    Kunde theKunde1 = new Kunde( theWartezimmer, 1 );
    Kunde theKunde2 = new Kunde( theWartezimmer, 2 );
    Kunde theKunde3 = new Kunde( theWartezimmer, 3 );
    Kunde theKunde4 = new Kunde( theWartezimmer, 4 );
    Kunde theKunde5 = new Kunde( theWartezimmer, 5 );
  }
}
// EndOfFile
```

Das folgende Listing zeigt die Realisierung der Klasse Wartezimmer.

```
//--- Wartezimmer.java
//
import java.util.*;
```

```
public class Wartezimmer {
  public Wartezimmer( int inStuehle ) {
    m_Stuehle  = new Thread[ inStuehle];
    m_Anzahl   = inStuehle;
    m_Wartende = 0;
  }

  public synchronized
  boolean hinsetzen( Thread inThread ) {
    boolean theResult = false;

    if( m_Wartende < m_Anzahl ) {
      //--- Noch Platz im Wartezimmer
      if( m_Wartende == 0 ) {
        m_Erster = 0;
        m_Letzter = 0;
        m_Wartende = 1;
        m_Stuehle[ 0] = inThread;
        m_Friseur.wecken();
      }
      else {
        m_Letzter++;
        m_Wartende++;
        if( m_Letzter >= m_Anzahl ) {
          m_Letzter = 0;
        }
        m_Stuehle[ m_Letzter] = inThread;
      }
      theResult = true;
    }
    return( theResult );
  }

  public synchronized boolean aufstehen() {
    boolean theResult = false;

    if( m_Wartende > 0 ) {
      int theKunde = m_Erster;
      m_Erster++;
      if( m_Erster >= m_Anzahl ) {
        m_Erster = 0;
      }
      m_Wartende--;

      Kunde theThread = (Kunde)m_Stuehle[ theKunde];
      System.out.println( "Kunde " +
```

```
                          theThread.getKennung() +
                          " wird barbiert" );
      theThread.aufstehen();
      theResult = true;
    }
    return( theResult );
  }

  int getWartende() { return( m_Wartende ); }

  public void setFriseur( Friseur inFriseur ) {
    m_Friseur = inFriseur;
  }

  Friseur   m_Friseur;
  Thread [] m_Stuehle;
  int       m_Erster;
  int       m_Letzter;
  int       m_Wartende;
  int       m_Anzahl;
}
// EndOfFile
```

Das folgende Listing zeigt die Realisierung der Klasse `Friseur`.

```
//---  Friseur.java
//
import java.util.*;

public class Friseur extends Thread {
  public Friseur( Wartezimmer inWartezimmer ) {
    m_Wartezimmer = inWartezimmer;
    start();
  }

  synchronized void schlafenlegen() {
    try {
      System.out.println( "Friseur schlaeft" );
      wait();
    }
    catch( InterruptedException e) {
      System.out.println(
        "Friseur InterruptedException" );
    }
  }
```

```
  public synchronized void wecken() {
    notify();
  }

  public void run() {
    int theCycle = 0;
    try {
      while( theCycle < 400 ) {
        if( m_Wartezimmer.aufstehen() == true ) {
          sleep( 20 );
        }
        else {
          schlafenlegen();
        }
        theCycle++;
      }
      System.out.println( "Friseur ende" );
    }
    catch( InterruptedException e) {
      System.out.println(
        "Friseur InterruptedException" );
    }
  }

  Wartezimmer m_Wartezimmer;
}
// EndOfFile
```

Das folgende Listing zeigt die Realisierung der Klasse Kunde.

```
//--- Kunde.java
//
import java.util.*;

public class Kunde extends Thread {
  private static Random random = new Random();
  private        int    m_Zeit;

  public Kunde( Wartezimmer inWartezimmer,
                int         inKunde ) {
    m_Wartezimmer = inWartezimmer;
    m_Kunde = inKunde;
    this.start();
  }
```

```
  synchronized void warten() {
    try {
      wait();
    }
    catch( InterruptedException e) {
      System.out.println(
        "Kunde InterruptedException" );
    }
  }

  public synchronized void aufstehen() {
    notify();
  }

  public void run() {
    int theCycle = 0;
    try {
      while( theCycle < 20 ) {
        if( m_Wartezimmer.hinsetzen( this) == true ) {
          System.out.println( "Kunde Hinsetzen =" +
            m_Kunde + " [" + m_Wartezimmer.getWartende()
            + "]" );
          warten();
        }
        else {
          System.out.println("Kunde geht =" + m_Kunde);
        }
        m_Zeit = Math.abs( random.nextInt() % 179 );
        sleep( m_Zeit );
        theCycle++;
      }
      System.out.println( "Kunde ende " + m_Kunde );
    }

    catch( InterruptedException e) {
      System.out.println("Kunde InterruptedException");
    }
  }

  public int getKennung() { return( m_Kunde ); }

  Wartezimmer m_Wartezimmer;
  int         m_Kunde;
}
// EndOfFile
```

D.5 Events

Die folgenden Listings demonstrieren die prinzipielle Funktionsweise der OSEK-Events unter Verwendung von Java. Es wird dabei auf das Thread-Konzept von Java zurückgegriffen, um eine quasi parallele Bearbeitung des `ProducerTask` und des `ConsumerTask` zu ermöglichen.

Das komplette Programm besteht aus folgenden Dateien:

- `ConsumerTask.java`
- `ProducerTask.java`
- `OSEKTimer.java`
- `OSEK.java`
- `OSEKDemo.java`

Die Klasse `OSEKDemo` realisiert das Hauptprogramm. Es werden die notwendigen Objekte angelegt, das OS und der Timer gestartet.

```
//--- OSEKDemo.java
//
public class OSEKDemo {
  static int[] AlarmTaskCall =
    new int[ 10] ; // { 0, 1, 2, 3, 4, 5, 6, 7, 8, 9 };
  static OSEK OS = new OSEK( 10, 10, AlarmTaskCall );
  static ConsumerTask theConsumerTask =
    new ConsumerTask( 0, true );
  static ProducerTask theProducerTask =
    new ProducerTask( 1, false );

  public static void main (String args[]) {
    System.out.println("Hello World!");

    theConsumerTask.StartOS();
    theConsumerTask.SetRelAlarm( 0, 500, 0 );
  }
}
// EndOfFile
```

Die Kasse `OSEK` beinhaltet eine Basisimplementierung des Betriebssystems. Es ist im Wesentlichen für die Bearbeitung von Events ausgelegt und soll deren Funktion demonstrieren.

```
//--- OSEK.java
//
```

```
public class OSEK extends Thread {
  public OSEK( int inNumOfTasks,
               int inNumOfAlarms,
               int[] inAlarmTaskCall ) {
    if( m_ListOfTasks == null ) {
      m_ListOfTasks = new OSEK[ inNumOfTasks];
      m_NumOfTasks = inNumOfTasks;
    } // if ...
    if( m_Alarm == null ) {
      m_Alarm = new Alarm[ inNumOfAlarms];
      for( int theIndex = 0;
               theIndex < inNumOfAlarms; theIndex++ ) {
        m_Alarm[ theIndex] = new Alarm();
      } // for ...
      m_NumOfAlarms = inNumOfAlarms;
    }
    if( m_OSEKTimer == null ) {
      m_OSEKTimer = new OSEKTimer( this );
      m_OSEKTimer.start();
    } // if ...
  }

  protected OSEK( int inTask, boolean inAuto ) {
    m_Task = inTask;
    m_ListOfTasks[ inTask] = this;
  }

  public synchronized void WaitEvent( int inEventMask ){
    try {
      m_EventMask |= inEventMask;
      wait();
    }
    catch( InterruptedException e) {
      System.out.println(
        "Kunde InterruptedException" );
    }
  }

  public synchronized void SetEvent( int inTask,
                                     int inEventMask ) {
    m_ListOfTasks[ inTask].m_Events |= inEventMask;
    if( (m_ListOfTasks[ inTask].m_Events &
          m_ListOfTasks[ inTask].m_EventMask) > 0 ) {
      OSEK theTask = m_ListOfTasks[ inTask];
      theTask.OSEK_Notify();
```

```
  } // if ...
}

public synchronized void GetEvent( int inTask,
          EventMaskRefType outEventMask) {
  outEventMask.DATA = m_Events;
}

public synchronized void ClearEvent( int inEventMask )
{
  int theEventMask = ~inEventMask;
  m_Events &= ~inEventMask;
}

public synchronized void SetRelAlarm( int inAlarm,
                                      int inStart,
                                      int inCycle ) {
  m_Alarm[ inAlarm].Counter = inStart;
  m_Alarm[ inAlarm].Reload  = inCycle;
  m_Alarm[ inAlarm].Task = 1;
  m_Alarm[ inAlarm].SetFlag = true;
}

public void StartOS() {
  System.out.println( "StartOS " );
  OSEK theTask = m_ListOfTasks[ 0];
  theTask.OSEK_Start();
}

public synchronized void ShutdownOS( int inStatus ) {
  m_OSEKTimer.Stop();
  System.out.println( "ShutdownOS " + inStatus );
}

public synchronized void Dispatcher() {
  m_Cycle++;
  for( int theIndex = 0; theIndex < 10; theIndex++ ) {
    if( m_Alarm[ theIndex].SetFlag == true ) {
      m_Alarm[ theIndex].Counter -= 100;
      if(  m_Alarm[ theIndex].Counter <= 0 ) {
         if(  m_Alarm[ theIndex].Reload > 0 ) {
           m_Alarm[ theIndex].Counter =
             m_Alarm[ theIndex].Reload;
         }
         else {
```

```
            m_Alarm[ theIndex].SetFlag = false;
          } // if ...
          int theTask = m_Alarm[ theIndex].Task;
          m_ListOfTasks[ theTask].OSEK_Start();
        } // if ...
      } // if ...
    } // for ...
  }



  public synchronized void OSEK_Notify() {
  }

  public synchronized void OSEK_Start() {
  }

  public synchronized void      TerminateTask() {
    System.out.println( "TerminateTask=" + m_Task );
  }

  public class EventMaskRefType {
    public int DATA;
  }

  static int        m_Cycle;
  static OSEKTimer m_OSEKTimer;
  static OSEK[]     m_ListOfTasks;
  static int        m_NumOfTasks;
  int               m_Task;
  boolean           m_Auto;


  int m_Events;     // Aufgelaufene Events
  int m_EventMask; // Events, auf die der Task wartet

  //--- Alarme
  class Alarm {
    public boolean SetFlag;
    public int  Counter;
    public int  Reload;
    public int  Task;
  }

  static Alarm[] m_Alarm;
```

```
  static int     m_NumOfAlarms;
}
// EndOfFile
```

Die Klasse OSEKTimer realisiert einen Timer, der als durch einen Thread implementiert ist und alle 100 ms den OSEK-Dispatcher aufruft. Mit der Methode Stop kann der Thread und somit auch der OSEKTimer beendet werden.

```
//--- OSEKTimer.java
//
public class OSEKTimer extends Thread
{
  public OSEKTimer( OSEK inOSEKHandle ) {
    m_OSEKHandle = inOSEKHandle;
    m_DoneFlag = false;
    m_Cycle = 0;
  }

  public void Stop() {
    m_DoneFlag = true;
  }

  public void run() {
    try {
      while( m_DoneFlag == false ) {
        sleep( 100 );
        m_Cycle++;
        m_OSEKHandle.Dispatcher();
      } // while ..
    }
    catch( InterruptedException e) {
      System.out.println( " InterruptedException" );
    }
  }

  OSEK    m_OSEKHandle;
  boolean m_DoneFlag;
  int     m_Cycle;
}
// EndOfFile
```

Der Task ProducerTask ist der Produzent von Events. Es wird dazu die Swing-Komponente JoptionPane verwendet, um eine relativ komfortable Eingabe der Event-IDs zu ermöglichen. Es muss sich bei der Eingabe um numerische Werte (Integer-Werte) handeln. Andere Eingaben führen zu einer fehlerhaften Konvertierung, die von diesem Beispiel nicht abgefangen und behandelt wird.

```
//--- ProducerTask.java
//
import javax.swing.*;

public class ProducerTask extends OSEK {
  public ProducerTask( int inTask, boolean inAuto ) {
    //--- Geerbten Konstruktor aufrufen
    super( inTask, inAuto );
  }

  public void run() {
    boolean theDoneFlag = false;
    while( theDoneFlag == false ) {
      String name =
        JOptionPane.showInputDialog( "EventID");
      int theEvent = Integer.parseInt( name);
      System.out.println( "Task " + m_Task +
                          " SetEvent=" + theEvent );
      SetEvent( 0, theEvent );
      if( theEvent == 4 ) {
        theDoneFlag = true;
      } // if ...
    } // while ...
    TerminateTask();
  }

  public synchronized void OSEK_Notify() {
    notify();
  }

  public synchronized void OSEK_Start() {
    start();
  }
}
// EndOfFile
```

Der Task `ConsumerTask` wird vom Betriebssystem aktiviert, wenn ein Event ausgelöst wurde, das u.a. für diesen Task bestimmt ist. Das heißt, der Task wartet nicht aktiv auf Ereignisse und verbraucht somit Rechenleistung, sondern befindet sich im Zustand `WAIT`.

```
//--- ConsumerTask.java
//
public class ConsumerTask extends OSEK {
  public ConsumerTask( int inTask, boolean inAuto ) {
```

```
    //--- Geerbten Konstruktor aufrufen
    super( inTask, inAuto );
  }

  public synchronized void OSEK_Notify() {
    notify();
  }

  public synchronized void OSEK_Start() {
    start();
  }

  public void run() {
    EventMaskRefType theEventMask =
      new EventMaskRefType();
    boolean theDoneFlag = false;
    while( theDoneFlag == false ) {
      System.out.println( "Task " + m_Task +
                          " wartet auf Event" );
      WaitEvent( 7 );
      GetEvent( m_Task, theEventMask );
      ClearEvent( theEventMask.DATA );
      if( (theEventMask.DATA & 1) == 1 ) {
        System.out.println( "Task " + m_Task +
                            " Event 1" );
      } // if ...
      if( (theEventMask.DATA & 2) == 2 ) {
        System.out.println( "Task " + m_Task +
                            " Event 2" );
      } // if ...
      if( (theEventMask.DATA & 4) == 4 ) {
        System.out.println( "Task " + m_Task +
                            " Event 4" );
        theDoneFlag = true;
      } // if ...
    } // while ...
    TerminateTask();
  }
}
// EndOfFile
```

D.6 Win32x86-Beispiel

Die beiden vollständig aufgeführten Programmlistings realisieren das in Kapitel 11 gezeigte erweiterte Beispiel mit dem RS232 Service Task.

Das komplette Programm besteht aus folgenden Dateien[1]:

- `service.c`
- `ServiceTask.oil`

Das folgende Programmlisting der Datei `service.c` enthält die vollständige Umsetzung des Beispiels:

```
#include "os.h"

#include <stdio.h>
#include <stdlib.h>
#include <time.h>

/* OSEK declarations */
DeclareAlarm(Sekunden_ALARM);
DeclareAlarm(Task_B_ALARM);
DeclareResource(RS232_RESOURCE);
DeclareEvent(RS232_EVENT);
DeclareEvent(Timer_EVENT);
DeclareEvent(Task_B_EVENT);
DeclareTask(Task_A_TASK);
DeclareTask(Task_B_TASK);
DeclareTask(RS232_TASK);

char *connectString ="DEMO share";
char g_RS232_SendBuffer[ 32];

TASK(Task_A_TASK)
{
 /*--- Lokale Daten, nur innerhalb des Tasks sichtbar.*/
  int theSekunden;
  int theMinuten;
  int theStunden;

  /*--- Lokale Eventmaske */
  EventMaskType theEvents;

  /*--- Initialisieren der lokalen Variablen */
  theSekunden = 0;
  theMinuten  = 0;
  theStunden  = 0;
```

1 Es sind nur die für die Erzeugung des Projekts relevanten Dateien aufgeführt.

```
/*--- Start des Tasks */
printf( "Start Task_A_TASK\n" );

/*--- Endlosschleife, das heisst, der Task terminiert sich
      nicht selbststaendig */
while( 1 ) {
  /*--- Warten auf das naechste Event vom Timer */
  WaitEvent( Timer_EVENT );

  /*--- Event lesen und loeschen */
  GetEvent(  Task_A_TASK, &theEvents );
  ClearEvent( Timer_EVENT );

  /*--- Zeit um eine Sekunde erhoehen */
  theSekunden++;
  if( theSekunden > 59 ) {
    theSekunden = 0;
    theMinuten++;
    if( theMinuten > 59 ) {
      theMinuten = 0;
      theStunden++;
    } // if ...
  } // if ...

  /*--- Ressource anfordern */
  switch( GetResource( RS232_RESOURCE ) ) {
    case E_OS_ID: {
      printf( "Task_A:<E_OS_ID>\n" );
      break;
    }
    case E_OS_ACCESS: {
      printf( "Task_A:<E_OS_ACCESS>\n" );
      break;
    }
    case E_OK: {
      sprintf( g_RS232_SendBuffer, "%d%:%02d:%02d",
               theStunden, theMinuten, theSekunden );

      /*--- Ressource freigeben */
      ReleaseResource( RS232_RESOURCE );

      /*--- Event senden an den RS232_TASK, um ihn zu
            aktivieren */
      SetEvent( RS232_TASK, RS232_EVENT );
      break;
```

```
      }
    } // switch ...
  } // while ...

  TerminateTask(); /* or ChainTask() */
}

TASK(Task_B_TASK)
{
  /*--- Lokale Eventmaske */
  EventMaskType theEvents;

  /*--- Initialisieren des Zufallgenerators */
  srand( (unsigned)time( NULL ) );

  /*--- Start des Tasks */
  printf( "Start Task_B_TASK\n" );

  /*--- Ersten Alarm starten */
  SetRelAlarm( Task_B_ALARM, 100, 0 );

  while( 1 ) {
    /*--- Warten auf das naechste Event */
    WaitEvent( Task_B_EVENT );

    /*--- Event lesen und loeschen */
    GetEvent(  Task_B_TASK, &theEvents );
    ClearEvent( Task_B_EVENT );

    /*--- Ressource anfordern */
    switch( GetResource( RS232_RESOURCE ) ) {
      case E_OS_ID: {
        printf( "Task_B:<E_OS_ID>\n" );
        break;
      }
      case E_OS_ACCESS: {
        printf( "Task_B:<E_OS_ACCESS>\n" );
        break;
      }
      case E_OK: {
        sprintf( g_RS232_SendBuffer,
                 "Task_B_TASK sendet Daten" );

        /*--- Ressource freigeben */
        ReleaseResource( RS232_RESOURCE );
```

```
        /*--- Event senden an den RS232_TASK, um ihn zu
              aktivieren */
        SetEvent( RS232_TASK, RS232_EVENT );
        break;
      }
    } // switch ...

    /*--- Neuen Alarm starten mit einer Zufallszahl */
    rand();
    SetRelAlarm( Task_B_ALARM, rand() % 200, 0 );
  } // while ...

  TerminateTask(); /* or ChainTask() */
}

TASK(RS232_TASK)
{
  /*--- Lokale Eventmaske */
  EventMaskType theEvents;

  /*--- Start des Tasks */
  printf( "Start RS232_TASK\n" );

  /*--- Endlosschleife */
  while( 1 ) {
    /*--- Warten auf das naechste Event */
    WaitEvent( RS232_EVENT );

    /*--- Event lesen und loeschen */
    GetEvent(  RS232_TASK, &theEvents );
    ClearEvent( RS232_EVENT );

    /*--- Ressource anfordern */
    switch( GetResource( RS232_RESOURCE ) ) {
      case E_OS_ID: {
        printf( "Task_B:<E_OS_ID>\n" );
        break;
      }
      case E_OS_ACCESS: {
        printf( "Task_B:<E_OS_ACCESS>\n" );
        break;
      }
      case E_OK: {
        printf( g_RS232_SendBuffer );
```

```
        printf( "\n" );

        /*--- Ressource freigeben */
        ReleaseResource( RS232_RESOURCE );
        break;
      }
    } // switch ...
  } // while ...

  TerminateTask();
}
// EndOfFile
```

Die zu dem Beispiel gehörende OIL-Datei sieht wie folgt aus:

```
#include<Win32x86.oil>
CPU OSEK_Win32x86
{
  OS ServiceTask_OS
  {
    MICROCONTROLLER = Intel80x86;
    GUITRACE = FALSE;
    WIN32X86_REALTIMECLOCK = NOT_USED;
    CC = AUTO;
    SCHEDULE = AUTO;
    STATUS = EXTENDED;
    STACKCHECK = TRUE;
    EXTRA_RUNTIME_CHECKS = TRUE;
    USERMAIN = FALSE;
    STARTUPHOOK = FALSE;
    ERRORHOOK = FALSE;
    SHUTDOWNHOOK = FALSE;
    PRETASKHOOK = FALSE;
    POSTTASKHOOK = FALSE;
    PREISRHOOK = FALSE;
    POSTISRHOOK = FALSE;
    USEGETSERVICEID = FALSE;
    USEPARAMETERACCESS = FALSE;
    SERVICETRACE = FALSE;
    USELASTERROR = FALSE;
  };
  TASK Task_A_TASK
  {
    TYPE = AUTO;
    AUTOSTART = TRUE;
```

```
    SCHEDULE = NON;
    CALLSCHEDULER = DONTKNOW;
    PRIORITY = 12;
    ACTIVATION = 1;
    STACKSIZE = 4000;
    RESOURCE = RS232_RESOURCE;
    EVENT = Timer_EVENT;
  };
  TASK Task_B_TASK
  {
    TYPE = AUTO;
    AUTOSTART = TRUE;
    SCHEDULE = NON;
    CALLSCHEDULER = DONTKNOW;
    PRIORITY = 20;
    ACTIVATION = 1;
    STACKSIZE = 4000;
    RESOURCE = RS232_RESOURCE;
    EVENT = Task_B_EVENT;
  };
  TASK RS232_TASK
  {
    TYPE = AUTO;
    AUTOSTART = TRUE;
    SCHEDULE = NON;
    CALLSCHEDULER = DONTKNOW;
    PRIORITY = 10;
    ACTIVATION = 1;
    STACKSIZE = 4000;
    EVENT = RS232_EVENT;
  };
  COUNTER System_COUNTER
  {
    WIN32X86_TYPE = WIN32X86_TIMER1;
    MINCYCLE = 1;
    MAXALLOWEDVALUE = 1000;
    TICKSPERBASE = 5;
    TIME_IN_NS = 10000000;
  };
  ALARM Sekunden_ALARM
  {
    ACTION = SETEVENT
    {
      TASK = Task_A_TASK;
      EVENT = Timer_EVENT;
```

```
    };
    AUTOSTART = TRUE
    {
      ALARMTIME = 100;
      CYCLETIME = 100;
    };
    COUNTER = System_COUNTER;
  };
  ALARM Task_B_ALARM
  {
    ACTION = SETEVENT
    {
      TASK = Task_B_TASK;
      EVENT = Task_B_EVENT;
    };
    AUTOSTART = FALSE;
    COUNTER = System_COUNTER;
  };
  EVENT Timer_EVENT
  {
    MASK = 4;
  };
  EVENT Task_B_EVENT
  {
    MASK = 8;
  };
  EVENT RS232_EVENT
  {
    MASK = 16;
  };
  RESOURCE RS232_RESOURCE
  {
    RESOURCEPROPERTY = STANDARD;
  };
};
// EndOfFile
```

D.7 Abfüllanlage mit UML, C++ und OSEK

Die folgenden Listings zeigen, wie eine Integration von C++-Programmcode innerhalb eines OSEK/VDX-Projekts möglich ist. Als Beispiel wurde die Reinigung der Flaschen der Abfüllanlage aus Kapitel 11 gewählt. Die Klasse `Reinigung` ist nicht vollständig implementiert und zeigt die prinzipiellen Möglichkeiten der Verwendung der OSEK/VDX-Funktionen innerhalb des C++-Programmcodes.

Das komplette Programm besteht aus folgenden Dateien[2]:

- Reinigung.c
- Reinigung.cpp
- ReinigungWrapper.h
- ReinigungWrapper.cpp
- service.c
- ServiceTask.oil

```
#ifndef _Reinigung_H_
#define _Reinigung_H_

#include "OS.h"

class Reinigung{
  public:
    Reinigung ();
    void run ();
  private:
    enum StateEnumeration {st_AUSGABE = 1,
      st_DEFEKT = 2, st_HEILE = 3, st_INIT = 4,
      st_LEER = 5, st_REINIGEN = 6, st_SAUBER = 7};
    StateEnumeration m_CurrentState;
    EventMaskRefType m_EventMaskRef;
    EventMaskType m_EventMask;
    void entry_init ();
    void entry_leer ();
    void entry_heile ();
    void entry_sauber ();
    void entry_ausgabe ();
    void entry_defekt ();
    void exit_leer ();
    void exit_heile ();
    void exit_reinigen ();
    void exit_sauber ();
    void exit_ausgabe ();
    void exit_defekt ();
    bool con_heile_to_reinigen ();
    bool con_sauber_to_reinigen ();
    bool con_reinigen_to_sauber ();
    bool con_sauber_to_ausgabe ();
```

2 Es sind nur die für die Erzeugung des Projekts relevanten Dateien aufgeführt.

```
    bool con_sauber_to_defekt ();
    bool con_defekt_to_leer ();
    bool con_ausgabe_to_leer ();
    bool con_heile_to_defekt ();
};
extern Reinigung g_Reinigung;

#endif //_Reinigung_H_
// EndOfFile
```

Die Datei `Reinigung.cpp` mit dem Programmcode der Klasse `Reinigung` und dem generierten Programmcode aus dem Zustandsdiagramm:

```
#include "Reinigung.h"
#include "OS.h"

Reinigung::Reinigung () {
  entry_init();
  m_CurrentState = st_INIT;
}
void Reinigung::run () {
  switch (m_CurrentState ) {
    case st_LEER: {
      if ((m_EventMask & ev_NFV) == ev_NFV ) {
        exit_leer();
        entry_heile();
        m_CurrentState = st_HEILE;
      } // if ...
      break;
    }
    case st_HEILE: {
      if (con_heile_to_reinigen()== true) {
        exit_heile();
        m_CurrentState = st_REINIGEN;
      }
      else if (con_heile_to_defekt() == true) {
        exit_leer();
        entry_defekt();

        m_CurrentState = st_DEFEKT;
      } // if ...
      break;
    }
    case st_REINIGEN: {
      if (con_reinigen_to_sauber() == true) {
```

```
        exit_reinigen();
        entry_sauber();
        m_CurrentState = st_SAUBER;
      } // if ...
      break;
    }
    case st_AUSGABE: {
      if (con_ausgabe_to_leer() == true) {
        exit_ausgabe();
        entry_leer();
        m_CurrentState = st_LEER;
      } // if ...
      break;
    }
    case st_DEFEKT: {
      if (con_defekt_to_leer() == true) {
        exit_defekt();
        entry_leer();
        m_CurrentState = st_LEER;
      } // if ...
      break;
    }
    case st_SAUBER: {
      if (con_sauber_to_ausgabe() == true) {
        exit_sauber();
        entry_ausgabe();
        m_CurrentState = st_AUSGABE;
      }
      else if (con_sauber_to_reinigen() == true) {
        entry_sauber();
        m_CurrentState = st_REINIGEN;
      }
      else if (con_sauber_to_defekt() == true) {
        exit_sauber();
        entry_defekt();
        m_CurrentState = st_DEFEKT;
      } // if ...
      break;
    }
    case st_INIT: {
      entry_leer();
      m_CurrentState = st_LEER;
      break;
    }
    // Standard-Default-Zweig...
```

```
    default: {
      break;
    }
  } // switch ...

  WaitEvent( ev_NFV | ev_NSFZ | ev_REINIGUNG_ALARM );
  GetEvent(  Reinigung_TASK, &m_EventMask );
}

void Reinigung::entry_init () {}
void Reinigung::entry_leer () {
  SetRelAlarm( Reinigung_TASK, 100, 0 );
}
void Reinigung::entry_heile () {}
void Reinigung::entry_sauber () {}
void Reinigung::entry_ausgabe () {}
void Reinigung::entry_defekt () {}
void Reinigung::exit_leer () {}
void Reinigung::exit_heile () {}
void Reinigung::exit_reinigen () {}
void Reinigung::exit_sauber () {}
void Reinigung::exit_ausgabe () {}
void Reinigung::exit_defekt () {}
bool Reinigung::con_heile_to_reinigen () {
  if( (m_EventMask & ev_REINIGUNG_ALARM) ==
        ev_REINIGUNG_ALARM ) {
    return( true );
  }
  return( false );
}
bool Reinigung::con_sauber_to_reinigen () {
  return( true );
}
bool Reinigung::con_reinigen_to_sauber () {
  return( true );
}
bool Reinigung::con_sauber_to_ausgabe () {
  return( true );
}
bool Reinigung::con_sauber_to_defekt () {
  return( true );
}
bool Reinigung::con_defekt_to_leer () {
  return( true );
}
```

```
bool Reinigung::con_ausgabe_to_leer () {
  return( true );
}
bool Reinigung::con_heile_to_defekt () {
  return( true );
}

Reinigung g_Reinigung;
// EndOfFile
```

Die beiden Dateien `ReinigungWrapper.h` und `ReinigungWrapper.cpp` dienen zum Sicherstellen der Kompatibilität der Aufrufkonventionen zwischen ANSI-C und C++.

```
#ifndef _ReinigungWrapper_h
#define _ReinigungWrapper_h

#ifdef __cplusplus
extern "C" {
#endif
void g_Reinigung_run();
#ifdef __cplusplus
}
#endif
#endif
// EndOfFile
```

```
#include "ReinigungWrapper.h"
#include "Reinigung.h"

extern "C" {
void g_Reinigung_run() {
  g_Reinigung.run();
}
}
// EndOfFile
```

Die `Service.c`-Datei enthält die OSEK-Tasks.

```
#include "os.h"
#include <stdio.h>
#include <stdlib.h>
#include "ReinigungWrapper.h"

DeclareAlarm(Zufuehrung_ALARM);
DeclareAlarm(Puffer_ALARM);
```

```
DeclareEvent(ev_NFZ);
DeclareEvent(ev_NFV);
DeclareEvent(ev_NSF);
DeclareEvent(ev_NSFZ);
DeclareTask(Zufuehrung_TASK);
DeclareTask(Reinigung_TASK);
DeclareTask(Puffer_TASK);

char *connectString ="DEMO share";

TASK(Zufuehrung_TASK)
{
  /*--- Lokale Eventmaske */
  EventMaskType theEvents;

  printf( " Start <Zufuehrung_TASK>\n" );

  while(1) {
    WaitEvent( ev_NFZ ); // neue Flasche zufuehren
    GetEvent(  Zufuehrung_TASK, &theEvents );
    ClearEvent( ev_NFZ );
    SetRelAlarm( Zufuehrung_ALARM, 100, 0 );
  } // while ...
  TerminateTask();
}

TASK(Reinigung_TASK)
{
  while( 1 ) {
    g_Reinigung_run();
  } // while ...
  TerminateTask();
}

TASK(Puffer_TASK)
{
  /*--- Lokale Eventmaske */
  EventMaskType myEvents;

  printf( " Start <Puffer_TASK>\n" );

  while(1) {
    WaitEvent( ev_NSF ); // neue saubere Flasche
    GetEvent(  Puffer_TASK, &myEvents );
    ClearEvent( ev_NSF );
```

```
    printf( "Alarm->ev_NSFZ\n" );
    SetRelAlarm( Puffer_ALARM, 200, 0 );
  }
  TerminateTask();
}
// EndOfFile
```

OIL-Datei für die Generierung des Betriebssystems:

```
#include<Win32x86.oil>
CPU OSEK_Win32x86
{
  OS ServiceTask_OS
  {
    MICROCONTROLLER = Intel80x86;
    GUITRACE = FALSE;
    WIN32X86_REALTIMECLOCK = NOT_USED;
    CC = AUTO;
    SCHEDULE = AUTO;
    STATUS = EXTENDED;
    STACKCHECK = TRUE;
    EXTRA_RUNTIME_CHECKS = TRUE;
    USERMAIN = FALSE;
    STARTUPHOOK = FALSE;
    ERRORHOOK = FALSE;
    SHUTDOWNHOOK = FALSE;
    PRETASKHOOK = FALSE;
    POSTTASKHOOK = FALSE;
    PREISRHOOK = FALSE;
    POSTISRHOOK = FALSE;
    USEGETSERVICEID = FALSE;
    USEPARAMETERACCESS = FALSE;
    SERVICETRACE = FALSE;
    USELASTERROR = FALSE;
  };
  TASK Zufuehrung_TASK
  {
    TYPE = AUTO;
    AUTOSTART = TRUE;
    SCHEDULE = NON;
    CALLSCHEDULER = DONTKNOW;
    PRIORITY = 1;
    ACTIVATION = 1;
    STACKSIZE = 4000;
    EVENT = ev_NFZ;
  };
  TASK Reinigung_TASK
```

```
{
  TYPE = AUTO;
  AUTOSTART = TRUE;
  SCHEDULE = NON;
  CALLSCHEDULER = DONTKNOW;
  PRIORITY = 2;
  ACTIVATION = 1;
  STACKSIZE = 4000;
  EVENT = ev_NFV;
  EVENT = ev_NSFZ;
  EVENT = ev_REINIGUNG_ALARM;
};
TASK Puffer_TASK
{
  TYPE = AUTO;
  AUTOSTART = TRUE;
  SCHEDULE = NON;
  CALLSCHEDULER = DONTKNOW;
  PRIORITY = 3;
  ACTIVATION = 1;
  STACKSIZE = 4000;
  EVENT = ev_NSF;
};
COUNTER System_COUNTER
{
  WIN32X86_TYPE = WIN32X86_TIMER1;
  MINCYCLE = 1;
  MAXALLOWEDVALUE = 1000;
  TICKSPERBASE = 5;
  TIME_IN_NS = 10000000;
};
ALARM Zufuehrung_ALARM
{
  ACTION = SETEVENT
  {
    TASK = Reinigung_TASK;
    EVENT = ev_NFV;
  };
  AUTOSTART = FALSE;
  COUNTER = System_COUNTER;
};
ALARM Puffer_ALARM
{
  ACTION = SETEVENT
  {
```

```
      TASK = Reinigung_TASK;
      EVENT = ev_NSFZ;
    };
    AUTOSTART = FALSE;
    COUNTER = System_COUNTER;
  };
  ALARM Reinigung_ALARM
  {
    ACTION = SETEVENT
    {
      TASK = Reinigung_TASK;
      EVENT = ev_REINIGUNG_ALARM;
    };
    AUTOSTART = FALSE;
    COUNTER = System_COUNTER;
  };
  EVENT ev_NFZ
  {
    MASK = 1;
  };
  EVENT ev_NFV
  {
    MASK = 2;
  };
  EVENT ev_NSF
  {
    MASK = 4;
  };
  EVENT ev_NSFZ
  {
    MASK = 8;
  };
  EVENT ev_REINIGUNG_ALARM
  {
    MASK = 16;
  };
};
// EndOfFile
```

Anhang E

Literatur und Links

E.1 Literatur

- 3SOFT Fachartikel [1]: Jochen Schoof, OSEKtime – Betriebssystemstandard für X-by-wire, in: Zentrum für Verkehr der TU Braunschweig (Hrsg.), Automatisierungs- und Assistenzsysteme für Transportmittel, Fortschritt-Berichte VDI Reihe 12 Nr. 525, VDI Verlag 2003, S. 122-133
- 3SOFT Fachartikel [2]: Jochen Schoof, OSEK/VDX 2002: Bestandsaufnahme und Perspektiven in: C. Grote, R. Ester (Hrsg.), Embedded Intelligence 2002, Band I, Weka Verlag 2002, S. 275-282
- Joseph Lemieux: Programming in the OSEK/VDX Environment, CMP Books Lawrence, Kansas 66046, ISBN: 1-57820-081-4
- Friedrich Bollow, Matthias Homann, Klaus-Peter Köhn: C und C++ für Embedded Systems, mitp-Verlag, ISBN: 3-8266-0750-3
- Dr. T. Erle: UML. Das Einsteigerseminar, vmi-Buch, ISBN: 3-8266-7006-X
- Grady Booch, Jim Rumbaugh, Ivar Jacoson: Das UML-Benutzerhandbuch, Addison-Wesley, ISBN: 3-8273-1486-0
- Tom DeMarco: Spielräume, Hanser, ISBN: 3-446-21665-0
- Tom DeMarco, Bärentango, Hanser, ISBN: 3-446-22333-9
- Andreas Willert: Leitfaden für kreative Softwareentwicklung, ISBN: 3-8311-0594-4
- Programmierregeln für die Erstellung von Software für Steuerungen mit Sicherheitsaufgaben, Schriftenreihe der Bundesanstalt für Arbeitsschutz und Arbeitsmedizin, ISBN: 3-89701-212-X
- Peter Goad, Jill Nicola: Objektorientierte Programmierung, Prentice Hall Verlag GmbH, München, ISBN: 3-930436-08-6
- Rainer Burkhardt: UML Unified Modeling Language, Addison-Wesley, ISBN: 3-8273-1407-0

E.1.1 C und C++

- Herbert Schildt: C Ent-Packt, mitp-Verlag, ISBN: 3-8266-0732-5
- Brian W. Kernighan, Dennis M. Ritchie: Programmieren in C, Carl Hanser Verlag, 2. Ausgabe 1990

- Stephan Prata: C Primer Plus. Third Edition, Sams Publishing 1999
- Samuel P. Harbinson, Guy L. Stelle Jr.: C ein Referenzhandbuch, Wolfram's/Prentice Hall Co-Edition, 1991
- Herbert Schildt: C++ Ent-Packt, mitp-Verlag, ISBN: 3-8266-0731-7
- Bjarne Stoustroup: Die C++ Programmiersprache, Addison-Wesley, ISBN: 3-8273-1660-X

E.1.2 Java

- Herbert Schildt: Java Ent-Packt, mitp-Verlag, ISBN: 3-8266-0736-8
- Udo Müller: Java – Das Lehrbuch, mitp-Verlag, ISBN: 3-8266-1333-3
- Herbert Schildt: Java Ge-Packt, mitp-Verlag, ISBN: 3-8266-0716-3

E.1.3 Parallele Prozesse

- Christan Maurer: Grundzüge der Nichtsequentiellen Programmierung, Springer-Verlag, 1999
- Ralf Guido Herrtwich, Günter Hommel: Nebenläufige Programme, Springer-Verlag, 2. Auflage 1994
- Gerhard-Helge Schildt, Wolfgang Kastner: Prozessautomatisierung, Springer-Verlag/Wien, 1998

E.1.4 OSEK/VDX Spezifikationen

- OSEK/VDX Operating System , Version 2.2.1
- OSEK/VDX Time-Triggered Operating System
- OSEK/VDX System Generation OIL, Version 241
- OSEK/VDX Network Management, Version 2.5.2
- OSEK/VDX Communication, Version 3.0.1
- OSEK/VDX Fault-Tolerant Communication, Version 1.0
- OSEK/VDX Binding, Version 1.4.1

E.2 Links im Internet (kleine Auswahl)

OSEK /VDX Homepage

http://www.osek-vdx.org

E.2.1 UML-Werkzeug objectiF

http://www.microtool.de

http://www.jeckle.de/umltools.htm

http://www.jeckle.de/uml_pub.htm

E.2.2 Hersteller von OSEK/VDX Systemen

http://www.3soft.de

http://www.metrowerks.com

http://www.mathworks.de

http://www.vector-cantech.com

http://www.sysgo.de

http://www.windriver.de

E.2.3 Debugger und andere Werkzeuge

http://www.lauterbach.com

E.2.4 Schulungen und Dienstleistungen

http://www.microconsult.de

E.2.5 Suchmaschine

http://www.google.de

E.2.6 Acrobat Reader (*.pdf Files)

http://www.computerchannel.de/download

http://download.cnet.com

E.2.7 C, C-FAQs

http://www.eskimo.com

http://www.lysator.liu.se/c

E.2.8 Terminalprogramm Tera Term

http://www.hp.vector.co.jp/authors/VA002416/teraterm.html

E.2.9 MISRA

http://misra.org.uk

CD zum Buch

Die diesem Buch beigefügte CD enthält die Quellen zu den vorgestellten Beispielen und Demo-Versionen der Tools der Firmen 3Soft und microTOOL.

Auf der CD befinden sich die drei Hauptverzeichnisse Java, OSEK und UML.

Verzeichnisstruktur mit ihren Inhalten:

Java	JavaApp	Java Programm, Hello World. Erstellt mit der Mac OS X Entwicklungsumgebung.
	JavaAWTApp	Java Programm mit Verwendung der AWT. Erstellt mit der Mac OS X Entwicklungsumgebung.
	JavaAWTApplet	Java Applet mit Verwendung der AWT. Erstellt mit der Mac OS X Entwicklungsumgebung.
	workspace	Bei dem Workspace handelt es sich um eine Arbeitsumgebung der freien Java Entwicklungsumgebung Eclipse. In diesem Workspace sind alle besprochenen Beispiele enthalten. Eclipse steht sowohl für Windows als auch Mac OS X Systeme zur Verfügung. Um den Workspace verwenden zu können, kann der aktuelle Workspace mit den Workspace von der CD ausgetauscht werden. Ebenfalls können die Projekte durch Import in das aktuelle Workspace integriert werden. Eclipse stellt dafür einen Import Mechanismus zur Verfügung. Vorsicht: Wenn der aktuelle Workspace bereits eigene Projekte enthält, dann ist der Austausch durch Überschreiben mit Datenverlusten verbunden. Der aktuelle Workspace sollte deshalb vorher gesichert werden. Ist beim Starten von Eclipse kein Workspace vorhanden, dann wird automatisch ein neuer leerer Workspace angelegt.
OSEK	In diesem Verzeichnis befinden sich, neben der Demo-Version von ProOSEK 4.0 - Win32x86 - 09.03.04, die zwei Projekte `ServiceTask` und `Abfuellanlage`.	
	ProOSEK 4.0 Win32x86 Demo	In diesem Verzeichnis befindet sich die Demo-Version von ProOSEK 4.0 - Win32x86 - 09.03.04. Es handelt sich hierbei um eine OSEK Implementierung, die auf einem Standard Windows Rechner mit Windows 2000 oder Windows XP Betriebssystem lauffähig ist. Die Installation und die ersten Schritte sind in den vorhergehenden Kapiteln beschrieben worden. Die zur Verfügung stehenden Leistungsmerkmale sind in dieser Demoversion eingeschränkt, so können z. B. nur vier Tasks verwendet werden. Diese Einschränkungen sind für die ersten Schritte mit OSEK nicht relevant.Die Installierung des Programms kann direkt von der CD erfolgen.

		Dazu ist das Programm `ProOSEK_Win32x86_2004_03_09_setup`.exe in diesem Verzeichnis zu starten und den einzelnen Schritten der Installierung zu folgen.
	ServiceTask	Das Projekt ist unter Visual Studio 6.0 erstellt und kann problemlos in ein Visual Studio 7.0 Projekt konvertiert werden. Das Projekt muss von der CD auf die Festplatte kopiert und die Eigenschaften[1] der Dateien auf nicht schreibgeschützt gesetzt werden, da sonst die bei der Übersetzung benötigten Dateien nicht angelegt werden können. Der Start erfolgt durch Aufruf der `osek.sln` Datei.
	Abfuellanlage	Das Projekt ist wie das Projekt ServiceTask unter Visual Studio 6.0 erstellt und kann problemlos in ein Visual Studio 7.0 Projekt konvertiert werden. Das Projekt muss von der CD auf die Festplatte kopiert und die Eigenschaften der Dateien auf nicht schreibgeschützt gesetzt werden, da sonst die bei der Übersetzung benötigten Dateien nicht angelegt werden können. Der Start erfolgt durch Aufruf der `osek.sln` Datei.
UML	Das Verzeichnis enthält eine Demoversion von objectiF 4.7 der Firma miroTOOL. Wie bei der ProOSEK 4.0 Demoversion ist diese Version eingeschränkt. Die Einschränkungen sind die Anzahl der Diagramme pro Diagrammtype und die Anzahl der Codegenerierungsläufe . (Die Anzahl der Generierungsläufe ist auf einhundert beschränkt, wobei die Anzahl der generierten Dateien gezählt wird. D. h. es sollten die Anzahl der verwendeten Dateien möglichst gering gehalten werden, um die max. Anzahl der Generierungen nicht vorzeitig zu erreichen. Dies kann z. B. durch das zusammenlegen mehrerer Klassen in einer Datei erreicht werden. Bei der Anlegung eines neuen Projektes stehen wieder die einhundert Generierungsläufe zur Verfügung.) Diese Einschränkungen erlauben das Erstellen von relative komplexen Systemen, so das eine Einarbeitung in das Thema und Evaluierung des Werkzeuges problemlos möglich ist. Die Installierung des Programms erfolgt durch Aufruf des Programms `Setup.exe` das sich in diesem Verzeichnis befindet. In seltenen Fällen, dem Autor ist nur ein Fall bekannt, muss vorher der Inhalt dieses Verzeichnisses samt Unterverzeichnisse auf die Festplatte kopiert werden und von dort der Aufruf von `Setup.exe` erfolgen, um die Installierung durchzuführen.	

1 Die Eigenschaften von Dateien können für einen ganzen Verzeichnisbaum incl. der Unterverzeichnisse oder für einzelne Dateien durchgeführt werden. Dazu ist das Verzeichnis bzw. die Datei auszuwählen und anschließend mit der rechten Maustaste das Kontextmenü zu öffnen. Im Kontextmenü wird die Auswahl Eigenschaften angeboten.

F.1 Verwendete Programme und Betriebssysteme

Programm	Betriebssystem
Project Builder v2.1	Mac OS X 10.2
Eclipse	Mac OS X 10.2, Windows 2000, XP und NT 4.0
objectiF	Windows 2000, XP und NT 4.0
ProOSEK 4.0	Windows 2000, XP und NT 4.0
Visual Studio 6.0	Windows 2000, XP und NT 4.0
Visual Studio 7.0	Windows 2000, XP und NT 4.0

Bei dem auf der Begleit-CD enthaltenen Programm ProOSEK handelt es sich um eine im Funktionsumfang beschränkte Demo-Version, die lediglich zur Illustration grundsätzlicher Prinzipien dient. Diese darf ausschließlich für nicht gewerbliche Zwecke verwendet werden. 3SOFT leistet für das genannte Programm keinerlei Unterstützung. Dies gilt für die Installation wie für den Betrieb des Programms. Kein Teil des Programms, insbesondere weder das Quellprogramm noch das Objektprogramm, darf an Dritte weitergeben werden. Das Programm oder die dazugehörigen Dokumente dürfen nur für eigene Anwendungszwecke benutzt werden. Die Nutzung für Zwecke Dritter ist ausdrücklich untersagt. Im Hinblick darauf, dass 3SOFT das Programm unentgeltlich überlässt, werden Ansprüche wegen Mängeln und die Haftung von 3SOFT für den Fall leichter Fahrlässigkeit oder für den Fall, dass 3SOFT gar kein Verschulden trifft, mit Ausnahme der Haftung für Körperschäden ausgeschlossen. In keinem Fall haftet 3SOFT für mittelbare Schäden oder entgangenen Gewinn.

Stichwortverzeichnis

D

E

F

G

H

I

J

K

L

M

N

O

P

Q

R

S

T

U

V

W

X

Z